电力行业"十四五"规划教材

"十四五"职业教育河南省规划教材

U0643100

电厂汽轮机
（第四版）

主　编　孙为民　杨巧云

编　写　王学斌　李丽萍　王统彬

中国电力出版社

CHINA ELECTRIC POWER PRESS

内 容 提 要

本书系统地阐述了汽轮机级的工作原理、汽轮机结构及零件强度、汽轮机调节保护系统、汽轮机运行等内容，同时对汽轮机的凝汽设备和供热机组的基本情况也有介绍。本书在加强基本理论的同时，密切结合我国汽轮机发展的实际，尽量反映国内外有关的先进技术，并力求贯彻针对性和实用性原则，努力体现高职高专的特色。

本书可作为高等职业院校电厂热能动力装置专业和火电厂集控运行专业的教材，也可作为函授专科相应专业的教材或参考书。对于从事热力工程专业的科技工作者，也不失为一本有价值的参考书。

图书在版编目(CIP)数据

电厂汽轮机/孙为民，杨巧云主编. —4 版. —北京：中国电力出版社，2024.1（2025.6重印）
ISBN 978-7-5198-7720-0

Ⅰ.①电⋯　Ⅱ.①孙⋯②杨⋯　Ⅲ.①火电厂—蒸汽透平—高等职业教育—教材　Ⅳ.①TM621.4

中国国家版本馆 CIP 数据核字(2023)第 243199 号

出版发行：中国电力出版社
地　　址：北京市东城区北京站西街 19 号(邮政编码 100005)
网　　址：http://www.cepp.sgcc.com.cn
责任编辑：李　莉（010—63412538）
责任校对：黄　蓓　常燕昆
装帧设计：郝晓燕
责任印制：吴　迪

印　　刷：廊坊市文峰档案印务有限公司
版　　次：2005 年 3 月第一版　2024 年 1 月第四版
印　　次：2025 年 6 月北京第四次印刷
开　　本：787 毫米×1092 毫米　16 开本
印　　张：18.5
字　　数：465 千字　插页 1 张
定　　价：**56.00** 元

版 权 专 有　侵 权 必 究

本书如有印装质量问题，我社营销中心负责退换

前　言

本书配套
数字资源

　　依据教育部办公厅印发的《关于加快推进现代职业教育体系建设改革重点任务的通知》要求，开展职业教育优质教材建设，此次修订紧扣热能发电与工程类专业人才培养目标，服务"双碳"战略，企业学校共同开发教材，企业人员深度参与，突出体现"以学生为中心"；融入虚拟仿真实训，通过"线上仿真机"，强化技能实战"做中学，做中教"；深度对接发电企业标准，将课程思政元素、实际解决方案、岗位能力要求、标准等内容有机融入教材，反映最新生产技术、工艺、规范和未来技术发展，体现教学改革要求及高素质技术技能人才培养特色。

　　在必备知识上"精讲"、在技能操作上"多练"。针对难点，通过大量"科普式"微课，深入浅出、生动有趣、化难为易，实现"精讲"；通过提供"在线仿真机"使学习者"随时可学、随处可练"，实现"多练"。

　　本次修订整体设计为"台阶式上升"，注重图文并茂，近 100 个微课、视频通过二维码形式分布在各章节中，方便读者及时扫码浏览，适合移动学习终端设备应用。数字资源还附学习指导和习题集，方便读者自学。

　　本次修订在原教材的基础上，由孙为民负责统稿工作，并统筹微课设计和数字资源制作。博努力（北京）仿真技术有限公司免费提供了在线仿真训练系统，并协助建设了数字资源库。

　　承蒙山东大学能源与动力学院孙奉仲教授，在百忙之中审阅了本书，并提出许多宝贵意见，在此深表感谢。

　　由于编者水平和经历所限，书中难免有不妥之处，恳请同行和读者批评指正。

编者

2023 年 12 月

第一版前言

　　本书为教育部职业教育与成人教育司推荐教材，是根据教育部审定的电力技术类专业主干课程的教学大纲编写而成的，并列入教育部《2004～2007 年职业教育教材开发编写计划》。本书经中国电力教育协会和中国电力出版社组织专家评审，被列为全国电力高等职业教育规划教材，作为高等职业教育电力技术类专业教学用书。

　　本书体现了职业教育的性质、任务和培养目标；符合职业教育的课程教学基本要求和有关岗位资格和技术等级要求；具有思想性、科学性、适合国情的先进性和教学适应性；符合职业教育的特点和规律，具有明显的职业教育特色；符合国家有关部门颁发的技术质量标准。本书既可以作为学历教育教学用书，也可作为职业资格和岗位技能培训教材。

　　本书共分七章，主要内容包括汽轮机级的工作原理、多级汽轮机、汽轮机的变工况、汽轮机结构及零件强度、汽轮机的凝汽设备、汽轮机调节和汽轮机运行等。

　　郑州电力高等专科学校孙为民编写绪论、第一章和第六章，并参加了第二章和第三章部分内容的编写；第二章的部分内容和第五章由武汉电力职业技术学院王学斌编写；第三章的部分内容由郑州电力高等专科学校李丽萍编写；第四章由武汉电力职业技术学院杨巧云编写；第七章由保定电力职业技术学院王统彬编写。本书由孙为民、杨巧云担任主编，孙为民负责全书的统稿工作。

　　本书由山东大学能源与动力学院孙奉仲教授和山东菏泽发电厂教授级高工杨祥良担任主审。二位审稿老师提出的许多宝贵意见使编者受益匪浅。同时，本书在编写过程中，参考了有关兄弟院校和企业的诸多文献、资料，并得到有关院校老师和同事们的热情帮助，在此一并表示衷心的感谢。

　　限于编者水平，书中疏漏与不足之处在所难免，恳请读者批评指正。

编　者

2004 年 12 月

第二版前言

随着经济的快速发展，我国发电行业已经发展到历史上最为辉煌的时期，装机总容量 2008 年底已达 7.9 亿 kW，超超临界压力 1000MW 机组已有数十台投入运行。与此同时，国家对于节能减排的重视，使得我们面临新的挑战，新技术、新设备不断涌现，同时也给我们提出了更高的要求。

本书在修订时力争展现现代汽轮机方面的最新技术、最新发展，全面反映现代汽轮机的原理、结构、调节等内容，深浅适当，分量合适。在内容的叙述上，尽量做到层次清晰，由浅入深，循序渐进，并力求保证学科的系统性、完整性，同时又适当减低理论的难度，充分体现职业教育的性质、任务和培养目标；具有思想性、科学性、适合国情的先进性和教学适应性；符合职业教育的特点和规律，具有明显的职业教育特色。

本次修订主要由原班编写人员完成。郑州电力高等专科学校孙为民编写绪论、第一章和第六章，并参加了第二章和第三章部分内容的编写；第二章的部分内容和第五章由武汉电力职业技术学院王学斌编写；第三章的部分内容由郑州电力高等专科学校李丽萍编写；第四章由武汉电力职业技术学院杨巧云编写；第七章由保定电力职业技术学院王统彬编写。本书由孙为民、杨巧云担任主编，孙为民负责全书的统稿工作。

本书由山东大学能源与动力学院孙奉仲教授和山东菏泽发电厂教授级高工杨祥良担任主审。二位审稿老师提出的许多宝贵意见使编者受益匪浅。同时，本书在编写过程中参考了有关兄弟院校和企业的诸多文献、资料，并得到有关院校老师和专家的热情帮助，在此一并表示衷心的感谢。

限于编者水平，书中疏漏与不足之处在所难免，恳请读者批评指正。

编　者

2009 年 11 月

第三版前言

电力行业是国民经济的基础性工业，具有资金密集和技术密集的特点，需要从业人员具备较高的理论水平和动手操作能力。社会发展要求发电企业安全、高效、清洁生产。为适应这些要求，对机组的运行、维护、安装、检修等水平提出了更高的要求。

高职高专的电厂热能动力装置专业是一个技术应用性很强的专业，主要服务企业是火力发电厂、核能发电厂、电力建设公司、热力公司等。这些电力企业对机组的安装、检修、运行维护的安全性和经济性要求越来越高，要求受聘人具备基本功扎实、上手快。为了适应这种新形势和新要求，本书在编写时采用以突出能力培养为核心的教学理念，体现新技术、新工艺和新方法的应用，全面反映现代汽轮机的原理、结构、调节等内容，深浅适当，分量合适。在内容叙述上，做到了层次清晰，由浅入深，循序渐进，保证了学科的系统性、完整性，同时又降低了理论难度；遵循技术技能人才成长规律，知识传授与技术技能培养并重，充分体现"精讲多练、够用、适用、能用、会用"的原则；符合职业教育的特点和规律，具有明显的职业教育特色。此次修订，从工程实际出发，紧密联系生产实际，在第七章增加了超临界及超超临界压力汽轮机的固体颗粒侵蚀、气流激振及运行特点等内容。

本书编写分工如下：郑州电力高等专科学校孙为民教授编写绪论、第一、第六章，武汉电力职业技术学院王学斌副教授编写第二、第五章，郑州电力高等专科学校李丽萍教授编写第三章，武汉电力职业技术学院杨巧云教授编写第四章，保定电力职业技术学院王统斌副教授编写第七章。本书由孙为民、杨巧云主编，孙为民负责全书的统稿工作和数字资源的制作、收集与整理。

本书数字资源包括 PPT、电子教案、试题库、视频和微课，可通过二维码扫描获取。

本书由山东大学能源与动力工程学院孙奉仲和国电菏泽发电厂教授级高工杨祥良担任主审。在编写过程中，参考了有关兄弟院校和企业的诸多文献、资料，并得到有关院校老师和同事们的热情帮助，在此表示衷心的感谢。

由于编者水平有限，书中不妥之处在所难免，恳请读者批评指正。

编者

2017 年 6 月

目　　录

绪 论

绪论
数字资源

微课 0-1
汽轮机的概念

一、汽轮机在国民经济中的地位

汽轮机又名"蒸汽透平"，是以水蒸气为工质，将热能转变为机械能的高速旋转式原动机。它与其他原动机（如燃气轮机，柴油机等）相比，具有单机功率大、效率高、运转平稳、单位功率制造成本低和使用寿命长等优点，广泛用于常规火电厂和核电站中驱动发电机来生产电能。汽轮机与发电机的组合称为汽轮发电机组，全世界由汽轮发电机组发出的电量约占各种形式发电总量的 80% 左右。汽轮机可以设计成变速运行，用于驱动泵、风机、压气机和船舶螺旋桨等。此外，汽轮机的排汽或中间抽汽可用来满足生产和生活上供热的需要，这种用于热能和电能联合生产的热电式汽轮机，具有更高的经济性，对节约能源和环境保护具有重要意义。所以汽轮机是现代化国家中重要的动力机械设备。

二、汽轮机的发展概述

1883 年瑞典工程师拉伐尔（Laval）创造出世界上第一台轴流式汽轮机，这是一台 3.7kW 的单级冲动式汽轮机，转速高达 26000r/min，相应的圆周速度为 475m/s。在这台汽轮机中，拉伐尔解决了等强度轮盘、挠性轴和缩放喷管等较为复杂的汽轮机技术问题。

1884～1894 年，英国工程师帕森斯（C. A. Parsons）相继创造了轴流式多级反动式汽轮机、辐流式汽轮机和背压式汽轮机。

1900 年前后，美国工程师寇蒂斯（Curtis）创造出了复速级单级汽轮机。与此同时，法国工程师拉托（Rateau）和瑞士工程师崔利（Zoelly）分别在拉伐尔的基础上制造出了多级冲动式汽轮机。

这样在前后十几年的时间里，已形成了汽轮机的两种基本类型，即多级冲动式和多级反动式汽轮机。

1903～1907 年间，出现了热能、电能联合生产的汽轮机，即背压式和调节抽汽式汽轮机，以满足其他工业部门对蒸汽的需要。

1920 年左右，随着蒸汽动力装置循环的改进，出现了采用回热循环的汽轮机。这种汽轮机的应用提高了装置的循坏效率，特别是创造了提高单机功率的条件。所以，此后采用回热循环的汽轮机几乎完全代替了原来的纯凝汽式汽轮机，一直使用到现在。

1925 年出现了第一台中间再热式汽轮机。这种汽轮机的优点是减少了末级的蒸汽湿度，能提高汽轮机的相对内效率和在再热参数选择合适时提高循环效率。

1912 年瑞典的容斯特罗姆兄弟创造了具有两个反向转子的辐流式汽轮机，这种汽轮机的缺点是不能制造成大功率机组。1930 年德国西门子公司将辐流式高压级与普通的任何一种轴流式低压级结合起来，制造成一种能应用较高参数的汽轮机。

至此，今天所能见到的电站汽轮机主要类型已经基本具备。

自汽轮机产生到现在的一百多年时间里，其发展速度很快，尤其是近几十年发展更加迅速，其发展的主要特点是：

1. 增大单机功率

世界工业发达国家的汽轮机生产在 20 世纪 60 年代已达到 500～600MW 机组等级水平。1972 年瑞士 BBC 公司制造的 1300MW 双轴全速汽轮机（24MPa/538℃/538℃、$n=3600r/min$）在美国投入运行；1976 年西德 KWU 公司制造的单轴半速（$n=1500r/min$）1300MW 饱和蒸汽参数汽轮机投入运行；1982 年世界最大 1200MW 单轴全速汽轮机（24MPa/540℃/540℃）在苏联投入运行。增大单机功率不仅能迅速发展电力生产，而且具有下列优点：

（1）单位功率投资成本低。大功率机组单位功率用的材料、人工等相应减少，降低了成本。

（2）单机功率越大，机组的热经济性越好。如国产引进型 300MW 机组的热耗率为 8091kJ/(kW·h)，而国产 100MW 机组的热耗率为 9252kJ/(kW·h)，前者为后者的 87%。

（3）加快电站建设速度，降低电站建设投资和运行费用。

2. 提高蒸汽参数

增大单机功率后适宜采用较高的蒸汽参数。当今世界上 300MW 以上容量的机组均采用亚临界或超临界压力的机组，甚至采用超超临界压力的机组。蒸汽初温度多采用 535～565℃，即尽量控制在珠光体钢所允许的 565℃ 以下，力求不用或少用奥氏体钢。

3. 提高效率

采用中间再热和燃气-蒸汽联合循环，可以提高电厂效率。

4. 提高机组的运行水平

现代大型机组增设和改善了保护、报警和状态监测系统，有的还配置了智能化故障诊断系统，提高了机组运行、维护和检修水平，增强了机组运行的可靠性，并保证了规定的设备使用寿命。

目前世界上生产多级轴流冲动式汽轮机的主要制造企业有美国的通用电气公司(GE)、英国的通用电气公司(GEC)、日本的东芝公司和日立公司、意大利的安莎多公司以及俄罗斯的列宁格勒金属工厂、哈尔科夫透平发动机厂和乌拉尔透平发动机厂等。制造反动式汽轮机的企业有美国西屋公司(WH)、欧洲 ABB 公司、日本的三菱公司、英国帕森斯公司、法国电气机械公司(CMR)等。另外，法国的阿尔斯通-大西洋公司(AA)，既生产冲动式汽轮机也生产反动式汽轮机。

我国自 1955 年制造第一台中压 6MW 汽轮机以来，在以后的近 50 年时间里，已经走完了从中压机组到超临界压力 600MW 机组的全过程，特别是近十几年内，发展较快。这预示着我国将制造出更大功率等级的汽轮机，逐步赶上世界先进水平。

我国生产汽轮机的主要工厂有上海汽轮机有限公司、哈尔滨汽轮机有限责任公司、东方汽轮机有限公司，其次有北京北重汽轮电机有限责任公司、青岛捷能汽轮机集团股份有限公司和武汉汽轮发电机厂等，还有以生产工业汽轮机为主的杭州汽轮机股份有限公司和以生产燃气轮机为主的南京汽轮机有限责任公司等。

三、汽轮机的分类及型号

（一）汽轮机的分类

汽轮机的用途广泛，类型繁多，可以从不同的角度对汽轮机进行分类。

1. 按工作原理分类

（1）冲动式汽轮机。主要由冲动级组成，蒸汽主要在喷管叶栅（或静叶栅）中膨

微课 0-2　汽轮机的分类和型号

胀，在动叶栅中只有少量膨胀。

（2）反动式汽轮机。主要由反动级组成，蒸汽在喷管叶栅（或静叶栅）和动叶栅中都进行膨胀，且膨胀程度相同。现代喷管调节的反动式汽轮机，因反动级不能做成部分进汽，故第一级调节级常采用单列冲动级或双列速度级。

2. 按热力特性分类

（1）凝汽式汽轮机。蒸汽在汽轮机中膨胀做功后，进入高度真空状态下的凝汽器，凝结成水。

（2）背压式汽轮机。排汽压力高于大气压力，直接用于供热，无凝汽器。当排汽作为其他中、低压汽轮机的工作蒸汽时，称为前置式汽轮机。

（3）调整抽汽式汽轮机。从汽轮机中间某几级后抽出一定参数、一定流量的蒸汽（在规定的压力下）对外供热，其排汽仍排入凝汽器。根据供热需要，有一次调整抽汽和二次调整抽汽之分。

（4）中间再热汽轮机。蒸汽在汽轮机内膨胀做功过程中被引出，再次加热后返回汽轮机继续膨胀做功。

背压式汽轮机和调整抽汽式汽轮机统称为供热式汽轮机。目前凝汽式汽轮机均采用回热抽汽和中间再热。

3. 按主蒸汽参数分类

进入汽轮机的蒸汽参数是指进汽的压力和温度，按不同的压力等级可分为：

（1）低压汽轮机：主蒸汽压力小于 1.5MPa。

（2）中压汽轮机：主蒸汽压力为 2～4MPa。

（3）高压汽轮机：主蒸汽压力为 6～10MPa。

（4）超高压汽轮机：主蒸汽压力为 12～14MPa。

（5）亚临界压力汽轮机：主蒸汽压力为 16～18MPa。

（6）超临界压力汽轮机：主蒸汽压力大于 22.15MPa。

（7）超超临界压力汽轮机：主蒸汽压力大于 32MPa。

注：对于超超临界压力汽轮机目前没有完全统一的定义。工程上，当蒸汽压力达到30～35MPa，温度达到 593～650℃或更高参数时，称为超超临界参数。不同国家或地区的分类不一致。如日本通过把主蒸汽或再热蒸汽温度提高到 593℃或 600℃来生产超超临界压力汽轮机，而欧洲则把蒸汽参数提高到 28MPa 或 580℃来生产超超临界压力汽轮机。

此外，按汽流方向分类，可分为轴流式、辐流式；按用途分类，可分为电站汽轮机、工业汽轮机、船用汽轮机；按汽缸数目分类，可分为单缸、双缸和多缸汽轮机；按机组转轴数目分类，可分为单轴和双轴汽轮机；按工作状况分类，可分为固定式和移动式汽轮机等。

（二）国产汽轮机产品型号组成及蒸汽参数表示法

为了便于识别汽轮机的类别，常用一些符号来表示它的基本特性或用途，这些符号称为汽轮机的型号。我国生产的汽轮机所采用的系列标准及型号已经统一，主要由汉语拼音和数字所组成。

1. 产品型号组成

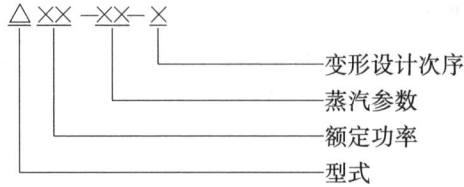

$$\triangle \times\times -\times\times-\times$$

- 变形设计次序
- 蒸汽参数
- 额定功率
- 型式

2. 汽轮机型号的汉语拼音代号

汽轮机型号的汉语拼音代号见表 0-1。

表 0-1 汽轮机型号的汉语拼音代号

代号	N	B	C	CC	CB	H	Y
型式	凝汽式	背压式	一次调整抽汽式	二次调整抽汽式	抽汽背压式	船用	移动式

3. 汽轮机型号中蒸汽参数表示法

汽轮机型号中蒸汽参数表示法见表 0-2。

表 0-2 汽轮机型号中蒸汽参数表示法

型 式	参数表示方法	示 例
凝汽式	主蒸汽压力/主蒸汽温度	N100－8.83/535
中间再热式	主蒸汽压力/主蒸汽温度/中间再热温度	N300－16.7/535/538
抽汽式	主蒸汽压力/高压抽汽压力/低压抽汽压力	C50－8.83/0.98/0.118
背压式	主蒸汽压力/背压	B50－8.83/0.98
抽汽背压式	主蒸汽压力/抽汽压力/背压	CB25－8.82/0.98/0.118

注 功率单位为 MW，压力单位 MPa，温度单位为℃。

四、本书的主要内容及学习方法

本书以电站汽轮机为研究对象，主要讨论汽轮机的工作原理、汽轮机的调节、凝汽设备、汽轮机主要零部件的结构和强度以及汽轮机运行等。

学习这门课程的突出特点是，每个方面的问题所依据的理论不同。例如在学习汽轮机原理时，主要涉及工程热力学和流体力学方面的知识；在学习汽轮机的结构和强度计算时，主要用到工程力学方面的知识；在学习汽轮机调节时，主要用到自动调节原理方面的知识；在学习凝汽设备时，主要用到传热学方面的知识等。虽然各个侧面的学习方法和研究方法不同，但它们又是互相联系和彼此影响的。此外本书的内容与发电厂的生产实际有着密切的联系，它有较强的实践性，因此除重视掌握基本理论和基本知识外，还必须注意加强理论联系实际，为毕业后尽快上岗打下坚实的基础。

第一章　汽轮机级的工作原理

第一章
数字资源

第一节　概　　述

一、蒸汽的冲动作用原理和反动作用原理

在汽轮机中，级是最基本的工作单元，在结构上它是由喷管和其后的动叶栅所组成。蒸汽的热能转变成机械能的能量转变过程就是在级内进行的。汽轮机从结构上可分为单级汽轮机和多级汽轮机。只有一个级的汽轮机称单级汽轮机。有多个级的汽轮机称多级汽轮机。

微课 1-1　蒸汽的作用原理

图 1-1 是最简单的单级汽轮机主要部分结构图。动叶按一定的距离和一定的角度安装在叶轮上形成动叶栅，并构成许多相同的蒸汽通道。动叶栅装在叶轮上，与叶轮以及转轴组成汽轮机的转动部分，称为转子。静叶按一定的距离和一定的角度排列形成静叶栅，静叶栅固定不动，构成的蒸汽通道称为喷管。具有一定压力和温度的蒸汽先在喷管中膨胀，蒸汽压力、温度降低，速度增加，使其热能转换成动能，从喷管出来的高速汽流，以一定的方向进入动叶通道，在动叶通道中汽流速度改变，对动叶产生一个作用力，推动转子转动，完成动能到机械能的转换。

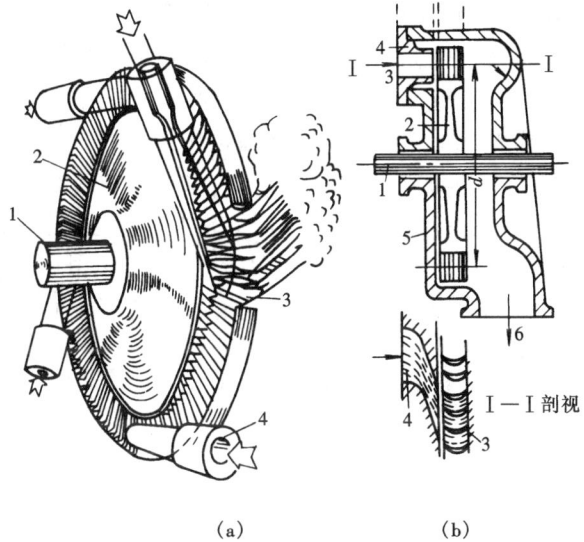

在汽轮机的级中能量的转变是通过冲动作用原理和反动作用原理两种方式实现的。

图 1-1　单级汽轮机主要部分结构简图
(a)立体图；(b)剖面图
1—主轴；2—叶轮；3—动叶；4—喷嘴；5—汽缸；6—排汽口

1. 冲动作用原理

由力学可知，当一运动的物体碰到另一个静止的或速度不同的物体时，就会受到阻碍而改变其速度的大小和方向，同时给阻碍它运动的物体一个作用力，这个力称为冲动力。冲动力的大小取决于运动物体的质量和速度变化，质量越大，冲动力越大；速度变化越大，冲动力越大。若在冲动力的作用下，阻碍运动的物体速度改变，则运动物体就做出了机械功。根据能量守恒定律，运动物体动能的变化值就等于其做出的机械功。利用冲动力做功的原理就是冲动作用原理。

在汽轮机中，从喷管中流出的高速汽流冲击在汽轮机的动叶上，受到动叶的阻碍，而改变了其速度的大小和方向，同时汽流给动叶施加了一个冲动力。图 1-2 所示为无膨胀的动叶

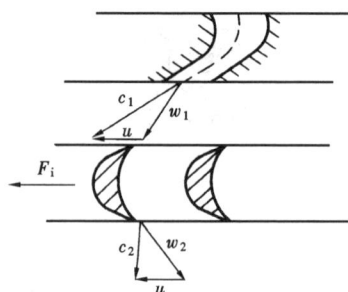

图 1-2 蒸汽流过无膨胀
动叶通道时速度的变化

通道，蒸汽以速度 w_1 进入通道，由于受到动叶的阻碍不断地改变运动方向，最后以速度 w_2 流出动叶，则蒸汽对动叶施加了一个轮周方向的冲动力 F_i，该力对动叶做功使动叶带动转子转动。F_i 的大小主要决定于单位时间内通过动叶通道的蒸汽质量及其速度的变化。蒸汽质量越大，速度变化越大，则冲动力就越大。

2. 反动作用原理

反动力的产生与冲动力的产生原因不同。反动力是由原来静止或运动速度较小的物体，在离开或通过另一物体时，骤然获得一个较大的速度增加而产生的。例如火箭内燃料燃烧所产生的高压气体以很高的速度从火箭尾部喷出，这时从火箭尾部喷出的高速气流就给火箭一个与气流方向相反的作用力，在此力的推动下火箭就向上运动。这种由于膨胀加速产生的作用力称为反动力。在汽轮机中，蒸汽在动叶构成的汽道内膨胀加速时，汽流必然对动叶片作用一个反动力，推动叶片运动，做机械功。这就是反动做功原理。

随着反动力的产生，蒸汽在动叶栅中完成了两次能量的转换，首先是蒸汽经动叶通道膨胀，将热能转换成蒸汽流动的动能，同时随着蒸汽的加速，则又给动叶栅一个反动力，推动转子转动，完成动能到机械功的转换。

一般情况下，蒸汽在动叶通道中流动时，一方面给动叶栅一个冲动力 F_i 的作用，另一方面，在动叶栅中继续膨胀，给动叶栅一个反动力 F_r 的作用，这两个力的方向都不与轮周方向一致。两个力的合力 F 作用在动叶栅上，其在轮周方向上的分力 F_u 使动叶栅旋转而产生机械功，如图 1-3 所示。

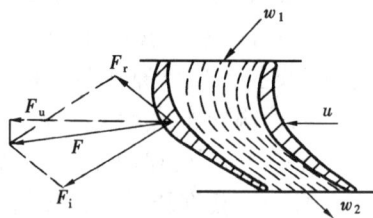

图 1-3 蒸汽在动叶通道内
膨胀时对动叶的作用力

二、反动度和级的类型

（一）汽轮机级的反动度

实际汽轮机的级，大多按冲动和反动两种原理做功，蒸汽在级中膨胀的热力过程如图 1-4 所示。0 点是级前的蒸汽状态点，0^* 点是汽流等熵滞止到初速等于零的状态点，p_1、p_2 分别为喷管出口压力和动叶出口压力。蒸汽从 0^* 滞止状态点在级内等熵膨胀到 p_2 时的焓（沿用习惯的说法，实际应为比焓，本书中如不加特别说明，焓均指比焓）降 Δh_t^* 为级的滞止理想焓降。按同样的定义，Δh_n^* 为蒸汽在喷管中的滞止理想焓降，而 Δh_b 为蒸汽在动叶中的理想焓降。

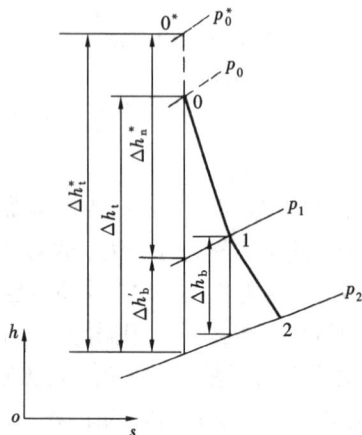

图 1-4 级的热力过程线

通常用反动度 Ω_m 来衡量蒸汽在动叶栅中膨胀的程度。它等于蒸汽在动叶栅中膨胀时的理想焓降 Δh_b 和蒸汽在整个级中膨胀时的滞止理想焓降 Δh_t^* 之比，即

$$\Omega_m = \frac{\Delta h_b}{\Delta h_t^*} \tag{1-1}$$

根据图 1-4，式(1-1)又可表示为

$$\Omega_{\mathrm{m}} = \frac{\Delta h_{\mathrm{b}}}{\Delta h_{\mathrm{n}}^* + \Delta h_{\mathrm{b}}'} \approx \frac{\Delta h_{\mathrm{b}}}{\Delta h_{\mathrm{n}}^* + \Delta h_{\mathrm{b}}}$$

因为在 h-s 图上等压线向着熵增方向有扩张趋势，所以 $\Delta h_{\mathrm{b}}'$ 不等于 Δh_{b}，但可认为 $\Delta h_{\mathrm{b}}'$ ≈ Δh_{b}。根据式(1-1)又可得到

$$\Delta h_{\mathrm{b}} = \Omega_{\mathrm{m}} \Delta h_{\mathrm{t}}^*, \quad \Delta h_{\mathrm{n}}^* = (1 - \Omega_{\mathrm{m}}) \Delta h_{\mathrm{t}}^*$$

由上式可知，Ω_{m} 越大，Δh_{b} 越大，则蒸汽对动叶栅的反动力也越大。

实际上蒸汽参数沿动叶高度是变化的，所以在动叶不同直径截面上的理想焓降是不同的，因此，反动度沿动叶高度亦不相同。用 Ω_{m} 表示动叶平均直径截面上的理想焓降所确定的反动度，称为平均反动度。对较短的直叶片级，由于蒸汽参数沿叶高差别不大，所以通常不计反动度沿叶高的变化，均用平均反动度表示级的反动度。对于长叶片级，在计算不同截面时，必须用相应截面的反动度。

(二)汽轮机级的类型及特点

根据蒸汽在级通流部分的流动方向，可将汽轮机级分为轴流式(汽流方向与轴平行)和辐流式(汽流方向和轴垂直)两种。目前国内发电用汽轮机绝大多数为轴流式。轴流式级通常可分为下列几种。

1. 冲动级和反动级

按蒸汽在动叶通道内膨胀程度的不同，即反动度的大小不同，轴流式级可分为冲动级和反动级。

(1)冲动级。反动度 $\Omega_{\mathrm{m}} = 0$ 的级称为纯冲动级，如图 1-5 所示。它的工作特点是蒸汽只在喷管叶栅中膨胀，在动叶栅中不膨胀而只改变其流动方向，当不考虑损失时，动叶通道进出口压力相等，相对速度也相等(即 $w_1 = w_2$)，且 $\Delta h_{\mathrm{b}} = 0$，故 $\Delta h_{\mathrm{t}}^* = \Delta h_{\mathrm{n}}^*$。它的结构特点是，动叶叶型几乎为对称弯曲，即动叶通道内各通流截面近似相同。纯冲动级做功能力大，但效率比较低，现代汽轮机均不采用纯冲动级，而是采用带少量反动度($\Omega_{\mathrm{m}} = 0.05 \sim 0.2$)的冲动级。它的工作特点是蒸汽的膨胀大部分在喷管叶栅中进行，只有一小部分在动叶栅中进行，即 $p_1 > p_2$，$\Delta h_{\mathrm{n}} > \Delta h_{\mathrm{b}}$。蒸汽作用在动叶栅上的力主要是冲动力，还有一小部分是反动力。这种级的做功能力比反动级大，效率比纯冲动级高，所以得到了广泛的应用。

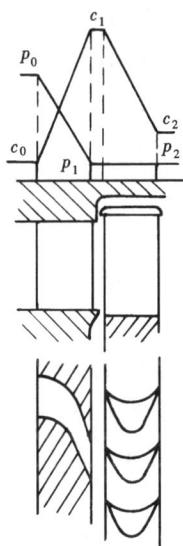

图 1-5　纯冲动级中压力和速度变化示意

微课 1-2　冲动级的结构

(2)反动级。反动度 $\Omega_{\mathrm{m}} \approx 0.5$ 的级称为反动级。它的工作特点是蒸汽在喷管和动叶通道中的膨胀程度相等，即 $p_1 > p_2$，$\Delta h_{\mathrm{n}} \approx \Delta h_{\mathrm{b}} \approx 0.5 \Delta h_{\mathrm{t}}$(因为 $c_0^2/2$ 一般较小)。由于蒸汽在动叶中的膨胀占了整级膨胀的一半，产生的反动力很大，所以在这种级中做功的力基本上冲动力和反动力各占一半。这种级的结构特点是动叶叶型与喷管叶型相同，如图 1-6 所示。反动级的效率比纯冲动级高，但做功能力较小。

微课 1-3　反动级结构

2. 压力级和速度级

按蒸汽的动能转换为转子的机械能的过程不同，还把汽轮机的级分为速度级和压力级两种。

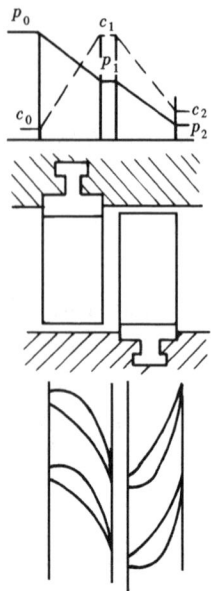

图1-6 反动级中蒸汽
压力和速度变化示意

微课1-4 双列速
度级的结构

（1）压力级。蒸汽的动能转换为转子的机械能的过程在级内只进行一次的级，称为压力级。这种级在叶轮上只装一列动叶栅，故又称单列级。压力级可以是冲动级，也可以是反动级。

（2）速度级。蒸汽的动能转换为转子的机械能的过程在级内进行一次以上的级，称为速度级，速度级可以是双列的和多列的。

蒸汽从单列级动叶通道流出时，仍具有一定的速度 c_2，其带走的动能为 $\frac{c_2^2}{2}$，这部分动能在本级中无法转变成机械功，称为余速损失。

当级的焓降很大时，动叶的排汽余速 c_2 也很大，仍具有一定的做功能力，此时，可以在同一叶轮的第一列动叶后再装一列动叶，由于第一列动叶出口的汽流方向与叶轮旋转方向相反，所以在两列动叶之间还要装设一列固定在汽缸上的导向叶片。第一列动叶通道的排汽经过导向叶片后改变方向，然后进入第二列动叶通道继续做功。这种只有一列喷管，后面有两列或更多列动叶片的级，称为速度级。采用最多的是同一叶轮上装有两列动叶片的双列速度级，又称复速级。速度级是冲动式的，蒸汽在速度级中流动时，主要在喷管中膨胀加速，在动叶和导向叶片通道中基本不膨胀，所以可将速度级看作是单列冲动级的延伸。图1-7绘出了复速级中汽流压力和速度的变化。

复速级的做功能力很大，但效率低，通常在一级内要求承担很大的焓降时才采用复速级。常用于单级汽轮机和中、小型多级汽轮机的第一级。

3. 调节级和非调节级

按通流面积是否随负荷大小而变，又可将汽轮机的级分为调节级和非调节级。

（1）调节级。通流面积能随负荷改变而改变的级称为调节级。如喷管调节汽轮机的第一级，这种级在运行时，可通过改变其通流面积来控制其进汽量，从而达到调节汽轮机负荷的目的。一般中小型汽轮机用复速级作为调节级，而大型汽轮机常用单列冲动级作为调节级。

（2）非调节级。通流面积不随负荷改变而改变的级称为非调节级。调节级与非调节级的另一个不同是，调节级总是做成部分进汽，而非调节级可以是全周进汽，也可以是部分进汽。

三、现代汽轮机的结构简介

多级冲动式汽轮机和反动式汽轮机在现代电厂中都获得了广泛应用。这两种类型汽轮机的差异不仅表现在工作原理上，而且还表现在结构上，前者为隔板型，后者为转鼓型。

图1-8（见文后插页）是东方汽轮机厂生产的300MW冲动式多级汽轮机的纵剖面图。虽然汽轮机由很多部件组成，但概括

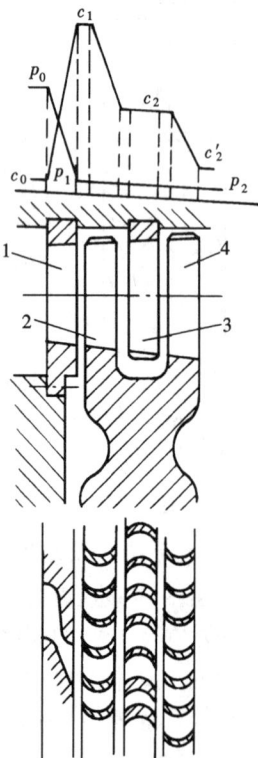

图1-7 复速级中汽流压力和
速度变化示意
1—喷管；2—第一列动叶；
3—导叶；4—第二列动叶

地看，仍分为两大部分，即转动部分和静止部分。转动部分即转子，转子主要由主轴、叶轮、动叶片及联轴器组成。静止部分主要由汽缸、隔板、静叶以及轴承组成。转动部分和静止部分之间的密封是用汽封实现的，它的作用是减少转动表面和静止表面之间的间隙中可漏过的工质流量，以保证汽轮机有较高的效率。在汽轮机内部，凡是有压差而又不希望有大量工质流过的地方都装有汽封，如隔板汽封、叶顶汽封等，在汽缸的两端，转轴穿出汽缸的地方均装有轴封。汽缸的作用是形成一个空间，容纳蒸汽在其中流动和转子在其中旋转，并支持装在汽缸内的其他部分。隔板装在汽缸上，而喷管叶栅（静叶）装在隔板上。轴承分支持轴承和推力轴承，支持轴承是用来承受转子的重量及确定转子在汽缸中的径向位置的；推力轴承是用来承受转子的轴向推力及确定转子在汽缸中的轴向位置的。该汽轮机采用双缸双排汽型式，从锅炉来的新蒸汽从高中压缸中间进入高压缸，然后逐级流动做功，高压缸末端的排汽回到锅炉的再热器再热后进入中压缸，从前向后流动做功，中压缸的排汽经导汽管进入低压缸中部。低压缸为完全对称结构，蒸汽向两侧流动做功后，乏汽从两侧的排汽口排入凝汽器。

图 1-9（见文后插页）为哈尔滨汽轮机厂制造的亚临界压力 600MW 反动式汽轮机纵剖面图。其特点是动叶片直接嵌装在鼓形转子的外缘上，喷管装在汽缸内部圆周的表面上或持环上，没有轮盘和隔板。叶片的一端可以是自由的，叶片与汽缸或喷管与转子之间形成很小的间隙，也可以在叶片端部附加一条围带，以形成汽封。该汽轮机为四缸四排汽式，即有一个独立的高压缸和一个独立的中压缸，两个完全相同的低压缸。

第二节　汽轮机级的工作过程

蒸汽在汽轮机级中的流动，实际上是有黏性、非连续和非定常的三元流动。为了便于对蒸汽流动进行分析与研究，需将复杂的流动简化为能反映蒸汽实际流动的主要规律的简单流动模型，为此作如下假定：

（1）蒸汽在叶栅通道中的流动为稳定流动，即汽流通道内任一点的蒸汽参数不随时间变化。当汽轮机的负荷和参数变化不大时，可以近似地认为是稳定流动。

（2）蒸汽在叶栅通道中的流动是一元流动，即在叶栅通道中汽流参数只沿流动方向变化，而在其垂直截面上是不变的。

（3）蒸汽在叶栅通道中的流动是绝热的，即认为级内蒸汽与外界无热交换。

通过以上假定，则把蒸汽在级内的复杂流动简化为绝热的一元稳定流。实践证明，这种一元流动模型，不但可以说明汽轮机级的能量转换过程和变工况特性，而且对叶片较短的级可以获得足够精确的计算结果。但对叶片较长的级误差较大，这时应采用简化的二元或三元流动模型。

一、可压缩流体一元流动的基本方程

在讨论汽轮机级内蒸汽的能量转换以及进行级的热力计算时，需要用到可压缩流体的一元流动基本方程。

1. 状态方程

汽流在某一截面上的各状态参数之间的关系由状态方程式确定，对于理想气体的状态方程式为

$$pv = RT \qquad (1-2)$$

式中　p——气体压力，Pa；

　　　v——气体比体积，m^3/kg；

　　　T——热力学温度，K；

　　　R——通用气体常数，$R=461.76J/(kg \cdot K)$。

对于水蒸气，由于其性质复杂，至今尚未能建立起它的纯理论的状态方程式，即使是通过理论和实验相结合而得到的过热水蒸气状态方程式，也极为复杂。因此，在实际计算水蒸气的有关问题时，主要采用水蒸气图表来确定其状态。

蒸汽从一个状态变化到另一个状态的过程可以是各种各样的，而每一种过程均可用一定的过程方程式来描述。蒸汽等熵膨胀过程方程式可写成

$$pv^\kappa = 常数 \qquad (1-3)$$

其中，κ——等熵指数，随气体的状态变化而变化。对于过热蒸汽，$\kappa=1.3$；对于湿蒸汽，$\kappa=1.035+0.1x$（其中 x 为过程初态的干度）；对于干饱和蒸汽；$\kappa=1.135$。

蒸汽的绝热过程方程式可表示为

$$pv^n = 常数 \qquad (1-4)$$

式中　n——多变过程指数。

2. 连续方程

连续方程式是以数学公式来表达流体流动时的质量守恒定律。对于稳定流动，流过通道不同截面上的流量不变，即

$$G = \frac{Ac}{v} = \frac{A_1 c_1}{v_1} = \frac{A_2 c_2}{v_2} = 常数 \qquad (1-5)$$

式中　G——流过通道各横截面的蒸汽质量流量，kg/s；

　　　A——通道内相应横截面的面积，m^2；

　　　c——垂直于面积 A 的汽流速度，m/s；

　　　v——截面 A 上的蒸汽比体积，m^3/kg。

式（1-5）即为可压缩流体稳定流动的连续方程，它表示在稳定流动中通道截面积、汽流速度、汽流比体积之间的相互关系，不论是理想气体还是实际气体，以及流动中是否有损失，均适用。

对上式进行微分，可得到连续方程的微分表达式：

$$\frac{dA}{A} + \frac{dc}{c} - \frac{dv}{v} = 0 \qquad (1-6)$$

式（1-6）表示通道截面积的变化率与速度和比体积的变化率有关。如果流动中速度变化率大于比体积变化率，则通道截面积将随速度的增大而减小；反之，则随速度的增大而增大。

3. 运动方程

运动方程是反映作用于汽流上的力与汽流速度变化之间的关系式。一元无损失流动的运动方程式为

$$cdc = -vdp \qquad (1-7)$$

上式中的负号说明，在无损失流动过程中，压力和速度是相反方向变化的，即当通道内

汽流压力降低时，则汽流的速度增加；反之，汽流的压力升高时，速度减小。

4. 能量方程

对于稳定流动，根据能量守恒定律，输入系统的能量必须等于输出系统的能量。若略去势能的变化，则系统的能量方程式可写成

$$h_0 + \frac{c_0^2}{2} + q = h_1 + \frac{c_1^2}{2} + w \tag{1-8}$$

式中　c_0、c_1——蒸汽流入和流出系统时的速度，m/s

h_0、h_1——蒸汽流入和流出系统时的焓值，J/kg；

q——每千克质量蒸汽流过系统时从外界吸收的热量，J/kg；

w——每千克质量蒸汽流过系统时对外界做出的机械功，J/kg。

能量方程式（1-8）对有损失和无损失的流动都适用。

二、蒸汽在喷管中的膨胀过程

蒸汽流经喷管时，压力逐渐降低，速度逐渐增加，使蒸汽的热能不断转变为蒸汽的动能。图 1-10 为蒸汽在喷管中的热力过程线，0 点是喷管前蒸汽的状态点，0^*是喷管前的滞止状态点。具有初速 c_0、初压 p_0、初焓 h_0 的蒸汽在喷管中膨胀到背压 p_1，在无损失情况下，沿着等熵线 0—1t 膨胀到 1t 点，喷管的焓降为 Δh_n，在有损失的情况下，膨胀的热力过程沿 0—1 线进行，喷管出口实际状态点为 1。

微课 1-5　蒸汽
在喷管中
的膨胀过程

（一）喷管中的汽流速度

1. 喷管出口汽流的理想速度

在进行喷管计算时，一般喷管前的蒸汽参数及喷管后的压力均为已知。若喷管前的蒸汽参数为 p_0、t_0，初速为 c_0，背压为 p_1，膨胀过程如图 1-10 所示，则喷管出口的理想速度 c_{1t} 可由下述方法求出。

在轴流式汽轮机中，由于喷管是固定不动的，因此蒸汽通过喷管时，不对外做功，即 $w=0$。若蒸汽在喷管中流动时，与外界无热交换，即 $q=0$。则根据式（1-8）蒸汽在喷管中的能量转换规律为

$$h_0 + \frac{c_0^2}{2} = h_{1t} + \frac{c_{1t}^2}{2} \tag{1-9}$$

则喷管出口的理想速度 c_{1t} 为

图 1-10　蒸汽在喷管中
膨胀的热力过程线

$$c_{1t} = \sqrt{2(h_0 - h_{1t}) + c_0^2} = \sqrt{2\Delta h_n + c_0^2} \tag{1-10}$$

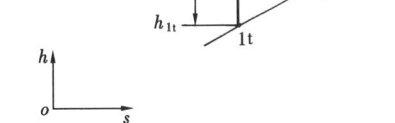

式中　h_{1t}——蒸汽等熵膨胀的终点焓，kJ/kg；

Δh_n——蒸汽在喷管中的理想焓降，$\Delta h_n = h_0 - h_{1t}$。

若用滞止焓来进行计算，只要将滞止点的焓：

$$h_0^* = h_0 + \frac{c_0^2}{2}$$

代入式（1-9）即得到

$$c_{1t} = \sqrt{2(h_0^* - h_{1t})} = \sqrt{2\Delta h_n^*}$$

式中　Δh_n^*——蒸汽在喷管中的理想滞止焓降，$\Delta h_n^* = h_0^* - h_{1t}$。

若用初始状态参数直接计算，则可由以下方法进行计算。

因蒸汽在喷管中的流动为等熵过程，则

$$h = c_p T = \frac{\kappa}{\kappa - 1} RT = \frac{\kappa}{\kappa - 1} pv$$

将 h 值代入能量方程式（1-9）中，可改写为

$$\frac{c_{1t}^2 - c_0^2}{2} = h_0 - h_{1t} = \frac{\kappa}{\kappa - 1}(p_0 v_0 - p_1 v_1)$$

$$= \frac{\kappa}{\kappa - 1} p_0 v_0 \left[1 - \left(\frac{p_1}{p_0}\right)^{\frac{\kappa-1}{\kappa}} \right] \tag{1-11}$$

则

$$c_{1t} = \sqrt{\frac{2\kappa}{\kappa - 1} p_0 v_0 \left[1 - \left(\frac{p_1}{p_0}\right)^{\frac{\kappa-1}{\kappa}} \right] + c_0^2} \tag{1-12}$$

或

$$c_{1t} = \sqrt{\frac{2\kappa}{\kappa - 1} p_0^* v_0^* \left[1 - \left(\frac{p_1}{p_0^*}\right)^{\frac{\kappa-1}{\kappa}} \right]}$$

$$= \sqrt{\frac{2\kappa}{\kappa - 1} p_0^* v_0^* \left(1 - \varepsilon_n^{\frac{\kappa-1}{\kappa}} \right)} \tag{1-13}$$

式中　ε_n——喷管压力比，$\varepsilon_n = \dfrac{p_1}{p_0^*}$。

2. 临界速度和临界压力

由工程热力学可知，气体声速 $a = \sqrt{\kappa pv} = \sqrt{\kappa RT}$。理想气体的等熵指数 κ 和气体常数 R 是不变的，所以声速正比于热力学温度 T 的平方根，将随着温度的降低而降低。而蒸汽在喷管中膨胀时，汽流速度逐渐增加，由于压力、温度不断的降低，声速逐渐降低，因此会出现在某一截面上汽流速度等于当地声速的临界状态。与当地声速相等的汽流速度称为临界速度，用 c_{cr} 表示。此时汽流所处的状态参数称为临界参数，用 p_{cr}、c_{cr} 等表示。c_{cr} 可由如下方法求得：

由式（1-11）得

$$\frac{\kappa}{\kappa - 1} p_0 v_0 + \frac{c_0^2}{2} = \frac{\kappa}{\kappa - 1} pv + \frac{c^2}{2} = \frac{\kappa}{\kappa - 1} p_0^* v_0^*$$

将 $a = \sqrt{\kappa pv}$ 代入上式，则有

$$\frac{c^2}{2} + \frac{a^2}{\kappa - 1} = \frac{(a_0^*)^2}{\kappa - 1} \tag{1-14}$$

当 $c = c_{cr} = a$ 时，式（1-14）为

$$c_{cr} = \sqrt{\frac{2}{\kappa + 1}} a_0^* = \sqrt{\frac{2\kappa}{\kappa + 1} p_0^* v_0^*} = \sqrt{\kappa p_{cr} v_{cr}} \tag{1-15}$$

由上式可看出，对一定的流体，临界速度的大小只与初始参数（p_0^*，v_0^*）有关，而与过程中是否有损失无关。

根据式（1-15）可得出临界压力为

$$p_{cr} = \left(\frac{2}{\kappa + 1}\right) p_0^* \frac{v_0^*}{v_{cr}}$$

可见，为了确定临界压力 p_{cr}，需知道从状态（p_0^*，v_0^*）膨胀到（p_{cr}，v_{cr}）的过程性

质，为此，假定为等熵膨胀，则有 $\dfrac{v_0^*}{v_{cr}} = \left(\dfrac{p_{cr}}{p_0^*}\right)^{\frac{1}{\kappa}}$。于是

$$p_{cr} = p_0^* \left(\frac{2}{\kappa+1}\right)^{\frac{\kappa}{\kappa-1}} \tag{1-16}$$

$$\varepsilon_{cr} = \frac{p_{cr}}{p_0^*} = \left(\frac{2}{\kappa+1}\right)^{\frac{\kappa}{\kappa-1}} \tag{1-17}$$

ε_{cr} 即为临界压力比，它是汽流达到声速时的压力（临界压力）与滞止压力 p_0^* 之比。它仅与蒸汽性质有关。对过热蒸汽，$\kappa = 1.3$，则 $\varepsilon_{cr} \approx 0.546$；对于干饱和蒸汽，$\kappa = 1.135$，则 $\varepsilon_{cr} = 0.577$。

3. 喷管出口汽流的实际速度

蒸汽在喷管中的流动实际上是有损失的，摩擦阻力使蒸汽出口速度降低，同时摩擦又加热蒸汽本身，使蒸汽出口焓值升高，如图 1-10 中的 1 点所示，热力过程线变为 0—1 线。用喷管速度系数 φ 来表示喷管出口理想速度与实际速度之间的差别，则

$$c_1 = \varphi c_{1t} \tag{1-18}$$

喷管速度系数的大小，反映了喷管损失的多少。喷管损失为蒸汽在喷管中流动时的动能损失，用 $\Delta h_{n\xi}$ 表示：

$$\Delta h_{n\xi} = \frac{c_{1t}^2}{2} - \frac{c_1^2}{2} = \frac{c_{1t}^2}{2}(1-\varphi^2) = (1-\varphi^2)\Delta h_n^* \tag{1-19}$$

系数 φ 的大小主要与喷管高度、表面粗糙度、汽道形状以及通道前后压力比等因素有关。由于影响 φ 的因素多而复杂，难以用理论计算精确求得，故喷管速度系数 φ 通常由试验方法求得。图 1-11 是根据试验数据整理的渐缩喷管的速度系数随喷管高度 l_n 变化的曲线。从图可

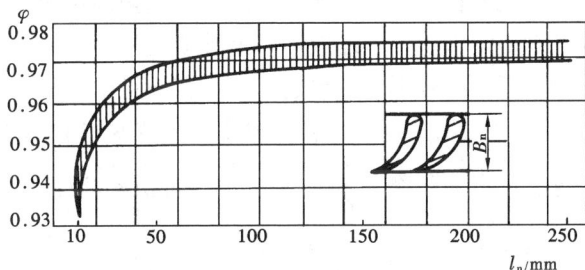

图 1-11 渐缩喷管速度系数 φ 随喷管高度 l_n 的变化曲线

见，φ 随喷管高度 l_n 的减小而减小。当喷管高度小于 $12\sim15\text{mm}$ 时，φ 急剧下降。因此为了减小喷管损失，喷管高度不应小于 15mm。图中上面一条线对应的喷管宽度 $B_n = 55\text{mm}$，下面一条线对应的喷管宽度 $B_n = 80\text{mm}$，显然，宽度小时损失小，因此在强度允许的条件下，应尽量采用宽度较小的窄喷管，以增大 φ 值。

通常渐缩喷管的流动损失不大，为计算方便，一般取 $\varphi = 0.97$，而把其中与高度有关的损失抽出来另用经验公式计算。

（二）喷管截面的变化规律

由连续方程式的微分形式式（1-6）可知，汽流的速度和比体积的变化规律与喷管截面积的变化有关。这表明在喷管中获得一定的汽流参数变化必须有一定的喷管截面积的变化与之对应。下面分析等熵流动时汽流参数变化与喷管截面积的变化规律。

将等熵过程方程式（1-3），微分得

$$\frac{dv}{v} = -\frac{1}{\kappa}\frac{dp}{p} \tag{1-20}$$

把式（1-7）两边同除 c^2，得

$$\frac{\mathrm{d}c}{c} = -\frac{v}{c^2}\mathrm{d}p \tag{1-21}$$

将式（1-20）和式（1-21）代入连续方程式（1-6）得

$$\frac{\mathrm{d}A}{A} = -\frac{1}{\kappa}\frac{\mathrm{d}p}{p} + \frac{v}{c^2}\mathrm{d}p = \frac{\kappa pv - c^2}{\kappa c^2}\frac{\mathrm{d}p}{p} \tag{1-22}$$

把声速 $a = \sqrt{\kappa pv}$ 代入，得

$$\frac{\mathrm{d}A}{A} = \frac{a^2 - c^2}{c^2}\frac{1}{\kappa}\frac{\mathrm{d}p}{p} = (Ma^2 - 1)\frac{\mathrm{d}c}{c} \tag{1-23}$$

式中　Ma——马赫数，$Ma = \dfrac{c}{a}$。

根据式（1-23），为使蒸汽在喷管中膨胀加速（$\mathrm{d}c > 0$），喷管截面的变化规律应该是：

当喷管内汽流为亚声速流动时（$Ma < 1$），则 $\mathrm{d}A < 0$，这种汽流通道的截面积随着汽流加速而逐渐减小的喷管称为渐缩喷管。

当喷管内汽流为超声速流动时（$Ma > 1$），则 $\mathrm{d}A > 0$，这种汽流通道的截面积随着汽流加速而逐渐增大的喷管称为渐扩喷管。

当喷管内汽流速度等于当地声速时（$Ma = 1$），则 $\mathrm{d}A = 0$，喷管的截面积达到最小值，通常称为临界截面或喉部截面。

欲使汽流在喷管中从亚声速连续加速至超声速，则汽流通道的截面积沿汽流方向的变化应为渐缩变为渐扩，呈缩放形。这种喷管称为缩放喷管或拉伐尔喷管。亚声速汽流先在渐缩部分中加速，到喉部达到声速，然后在渐扩部分呈超声速汽流进一步加速。

图 1-12 绘出了蒸汽在喷管中各项参数及喷管截面积沿汽流通道的变化规律。在亚声速区，随着压力的下降，$\dfrac{\mathrm{d}c}{c} > \dfrac{\mathrm{d}v}{v}$，故截面积逐渐缩小；在超声速区，随着压力的降低，$\dfrac{\mathrm{d}c}{c} < \dfrac{\mathrm{d}v}{v}$，故截面积逐渐增大。图中汽流速度 c_1 线与 a 线的交点即为临界点。

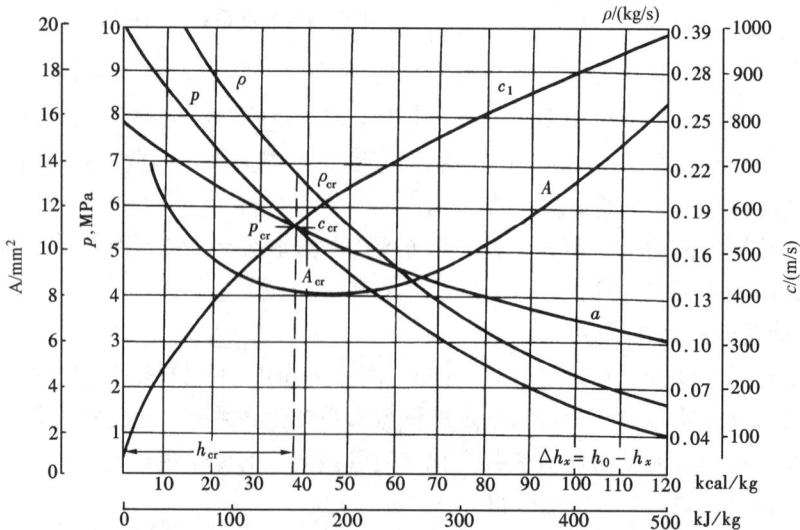

图 1-12　蒸汽在喷管中各项参数及喷管截面沿汽流通道的变化规律
h_0—喷管进口蒸汽焓；h_x—喷管汽道中某一截面处的焓

（三）喷管流量计算

1. 喷管的理想流量

流经喷管的蒸汽流量可根据连续方程求得。在稳定流动中，流经任一截面的流量相同，因此可选取任意一截面来计算，但通常取最小截面（渐缩喷管和缩放喷管均可）或出口截面（对渐缩喷管二者为同一截面）。

对于等熵流动，通过喷管的理想流量 G_t 为

$$G_t = A_n \frac{c_{1t}}{v_{1t}}$$

式中　A_n——喷管出口面积，m^2；

　　　c_{1t}——喷管出口理想速度，m/s；

　　　v_{1t}——喷管出口理想比体积，m^3/kg。

又由于

$$c_{1t} = \sqrt{\frac{2\kappa}{\kappa-1} p_0^* v_0^* \left[1 - \left(\frac{p_1}{p_0^*} \right)^{\frac{\kappa-1}{\kappa}} \right]}$$

$$\frac{1}{v_{1t}} = \frac{1}{v_0^*} \left(\frac{p_1}{p_0^*} \right)^{\frac{1}{\kappa}}$$

则

$$G_t = A_n \sqrt{\frac{2\kappa}{\kappa-1} \frac{p_0^*}{v_0^*} \left[\varepsilon_n^{\frac{2}{\kappa}} - \varepsilon_n^{\frac{\kappa+1}{\kappa}} \right]} \tag{1-24}$$

令 $\dfrac{dG}{d\varepsilon_n} = 0$，可求得通过喷管最大流量时的 ε_n 值为

$$\varepsilon_n = \left(\frac{2}{\kappa+1} \right)^{\frac{\kappa}{\kappa-1}} = \varepsilon_{cr} \tag{1-25}$$

由式（1-25）可见，当 ε_n 等于临界压力比 ε_{cr} 时，通过喷管的流量达到最大值，称为临界流量 $(G_t)_{cr}$。将 ε_{cr} 的表达式代入式（1-24），并整理得

$$(G_t)_{cr} = A_n \sqrt{\kappa \left(\frac{2}{\kappa+1} \right)^{\frac{\kappa+1}{\kappa-1}} p_0^* / v_0^*} = \lambda A_n \sqrt{p_0^* / v_0^*} \tag{1-26}$$

式中 $\lambda = \sqrt{\kappa \left(\dfrac{2}{\kappa+1} \right)^{\frac{\kappa+1}{\kappa-1}}}$，仅与蒸汽性质有关。对于过热蒸汽，$\kappa=1.3$，$\lambda=0.667$；对于干饱和蒸汽，$\kappa=1.135$，$\lambda=0.635$；对于湿蒸汽，$\kappa=1.035+0.1x$，所以 λ 值也随干度 x 的变化而变化。

将不同的 λ 值代入式（1-26）中，则有

对过热蒸汽　　　　$(G_t)_{cr} = 0.667 A_n \sqrt{p_0^* / v_0^*}$ $\tag{1-27}$

对饱和蒸汽　　　　$(G_t)_{cr} = 0.635 A_n \sqrt{p_0^* / v_0^*}$ $\tag{1-28}$

由此可见，对于一定的喷管和蒸汽，临界流量只与蒸汽的初参数有关，并随初压 p_0^* 的升高而增加。

将式（1-24）中的 G_t 和 ε_n 绘成曲线，如图 1-13 中的 OBC 曲线所示。当 $\varepsilon_n=1$ 时，$G_t=0$；随着 ε_n 的逐渐减小，流量 G_t 沿着 CB 线逐渐增加，当 $\varepsilon_n=\varepsilon_{cr}$ 时，$G_t=(G_t)_{cr}$；继续

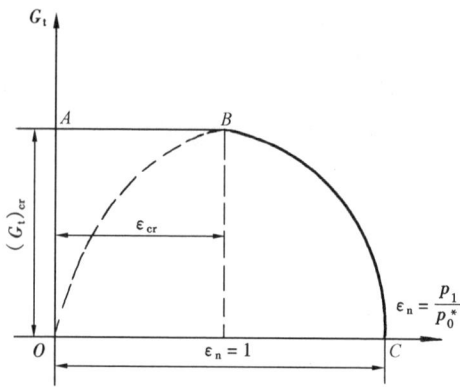

图1-13　渐缩喷管的流量曲线

减小 ε_n 时，按式（1-24）的关系，流量应沿 BO 线逐渐减小，但这不符合实际，事实上当汽流在喷管最小截面上达临界时，由于该截面上的汽流速度及蒸汽参数都达到临界状态，且不随背压进一步降低而变化，所以流过喷管的流量保持临界值不变，如图1-13中的 AB 线所示。因此喷管流量 G_t 与压力比 ε_n 的真实关系为曲线 ABC。

2. 流过喷管的实际流量

实际流动过程中由于存在着损失，因此流过喷管的实际流量不等于理想流量，它们之间的关系可表示为

$$G = A_n \frac{c_1}{v_1} = A_n \frac{\varphi c_{1t}}{v_1} \frac{v_{1t}}{v_{1t}} = \varphi \frac{v_{1t}}{v_1} G_t = \mu_n G_t \tag{1-29}$$

式中 $\mu_n = \varphi \dfrac{v_{1t}}{v_1}$ 称为喷管的流量系数，是实际流量与理想流量之比。影响流量系数的因素很多，很难用纯理论的方法来准确计算，通常用实验的方法求得。图1-14是根据试验数据绘制的喷管和动叶的流量系数曲线。从图中可知，流量系数与蒸汽的状态有关。当喷管在过热蒸汽区工作时，由于喷管损失转变成的热量加热了蒸

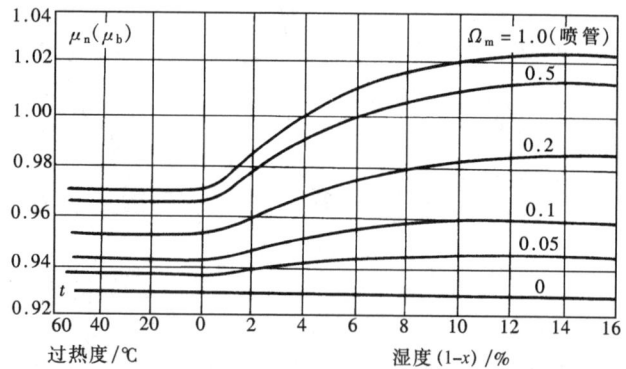

图1-14　喷管和动叶的流量系数

汽本身，使实际比体积 v_1 大于理想比体积 v_{1t}，所以 $\mu_n < \varphi$，$\mu_n < 1$，但在此区域内由于喷管损失所引起的比体积变化较小，可近似认为 $\mu_n = \varphi$，一般取 $\mu_n = 0.97$。当喷管在湿蒸汽区工作时，由于蒸汽通过喷管的时间很短，有一部分应凝结成水珠的饱和蒸汽来不及凝结，未能放出汽化潜热，产生了"过冷"现象，即蒸汽没有获得这部分蒸汽凝结时所放出的汽化潜热，而使蒸汽温度较低，蒸汽的实际比体积小于理想比体积，即 $\dfrac{v_{1t}}{v_1} > 1$，于是就可能出现实际流量大于理想流量的情况，一般计算时取 $\mu_n = 1.02$。

考虑了流量系数后，实际临界流量 $G_{cr} = \mu_n (G_t)_{cr}$ 的计算公式为

过热蒸汽（$\mu_n = 0.97$）：　$G_{cr} = 0.647 A_n \sqrt{p_0^*/v_0^*}$ 　　　　　　(1-30)

饱和蒸汽（$\mu_n = 1.02$）：　$G_{cr} = 0.648 A_n \sqrt{p_0^*/v_0^*}$ 　　　　　　(1-31)

由于上面两个求临界流量的公式近似相等，因此，在实际使用时，无论是过热蒸汽还是饱和蒸汽，均用式（1-32）计算：

$$G_{cr} = 0.648 A_n \sqrt{p_0^*/v_0^*} \tag{1-32}$$

式中 G_{cr}——通过喷管的临界流量，kg/s；

　　A_n——喷管出口面积，缩放喷管为喉部面积，m^2；

　　p_0^*——喷管前滞止状态的蒸汽压力，Pa；

　　v_0^*——喷管前滞止状态的蒸汽比体积，m^3/kg。

3. 彭台门系数

在利用上述公式计算时，必须先判断喷管中的汽流是亚声速流还是临界流，然后再选用式（1-29）或式（1-32）计算。在实际计算中，为方便起见，引入一个流量比的概念，它是通过喷管的任一流量与同一初始状态下的临界流量之比，即 $\beta = G/G_{cr}$，称之为彭台门系数，其值为

$$\beta = \frac{G}{G_{cr}} = \frac{G_t}{(G_t)_{cr}} = \sqrt{\frac{\frac{2}{\kappa-1}(\varepsilon_n^{\frac{2}{\kappa}} - \varepsilon_n^{\frac{\kappa+1}{\kappa}})}{\left(\frac{2}{\kappa+1}\right)^{\frac{\kappa+1}{\kappa-1}}}}$$

（1-33）

可见，β 值的大小只与压力比 ε_n 和等熵指数 κ 有关。当 κ 值一定时，在亚临界条件下，β 值仅与 ε_n 有关，且 $\beta < 1$；而在临界和超临界的条件下，$\beta = 1$，与 ε_n 无关。

为使用方便，通常将 β 与 ε_n 的关系绘成如图1-15所示的曲线，计算时根据 ε_n 在图上查得 β 值，然后利用式（1-34）计算通过喷管的实际流量：

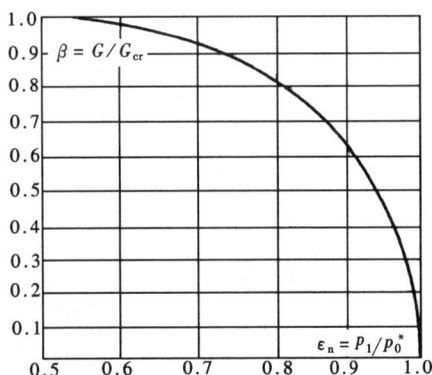

图 1-15　渐缩喷管的 β 曲线

$$G = 0.648\beta A_n \sqrt{p_0^*/v_0^*}$$

（1-34）

利用式（1-34）计算时不需事先判断喷管中的流动是否达到临界。

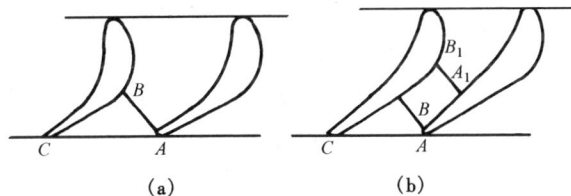

图 1-16　喷管斜切部分

(a) 渐缩喷管；(b) 缩放喷管

（四）蒸汽在喷管斜切部分的流动

在汽轮机中为了使从喷管出来的汽流顺利地进入动叶栅，在喷管出口处均具有一段斜切部分（在动叶栅出口处也带有斜切部分），如图1-16所示，其中 ABC 为它的斜切部分。这种带斜切部分的喷管，称为斜切喷管。在某些流动状态下，对汽流的速度大小和方向都将产生一定的影响。

1. 蒸汽在喷管斜切部分的膨胀特点

（1）渐缩斜切喷管中，当 $\varepsilon_n \geqslant \varepsilon_{cr}$ 时，喷管喉部截面 AB 上的压力与喷管的背压 p_1 相等。这时，汽流只在喷管的渐缩部分中膨胀，而在斜切部分 ABC 中汽流不膨胀，$c_1 \leqslant c_{cr}$，斜切部分对汽流速度的大小和方向都不起影响，只起导向作用。此时流出喷管的汽流方向与动叶运动方向成一角度 α_1，称为喷管的出汽角。喷管的平均出汽角可以近似按式（1-35）计算：

$$\alpha_1 = \arcsin\left(\frac{AB}{AC}\right) = \arcsin\left(\frac{AB}{t_n}\right) \tag{1-35}$$

式中　AB——喷管喉部截面宽度（自 A 至相邻叶片背弧的垂直距离）；

　　　　t_n——喷管的节距（相邻两叶片相应点间的周向距离）。

（2）渐缩斜切喷管中，当 $\varepsilon_n < \varepsilon_{cr}$ 时，喷管喉部截面 AB 上保持临界状态，即压力为 p_{cr}，速度为 c_{cr}。此时为了使出口汽流压力等于背压，在斜切部分中将发生压力降，从 AB 截面上的临界压力 p_{cr} 膨胀到背压 p_1，从而使出口速度大于声速。

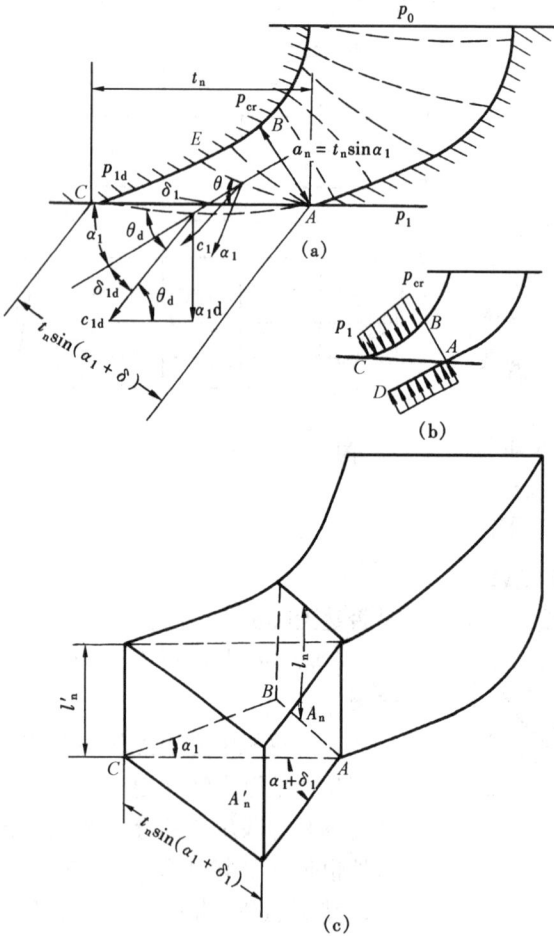

由图 1-17（a）可知，A 点的汽流压力由临界压力突然降低到喷管出口处压力 p_1，因此 A 点是一个扰动源。自 A 点引射出一束特性线（膨胀波），如图 1-17（a）中虚线所示，并且背压 p_1 越低，最后一根特性线越接近出汽边 AC。汽流通过特性线压力降低，速度增大。由于在斜切部分内从 A 点产生一束膨胀波，所以在斜切部分内汽流的压力沿两个方向降低：一是沿流动方向降低，使汽流加速，达到超声速；另一是沿汽流流动垂直的方向降低，使 BC 侧压力大于 AD 侧，如图 1-17（b）所示。汽流在此压差作用下绕 A 点向 AD 侧偏转一角度 δ_1，称为汽流偏转角，这时汽流以（$\alpha_1 + \delta_1$）角从喷管中流出。

由此可见，汽流在渐缩喷管斜切部分发生膨胀的条件是：喷管的背压 p_1 必须小于临界压力。而膨胀时汽流方向发生偏转的原因，是为了满足超声速汽流膨胀而需要扩大通流面积的要求。

（3）缩放喷管，如图 1-16（b）所示，A_1B_1 是喉部截面，AB 是出口截面。AB 截面上所能达到的最低压力就是设计压力 p_{ca}，$p_{ca} < p_{cr}$，所以喷管背压 p_1 只有在低于 p_{ca} 时，汽流在斜切部分才发生膨胀并产生偏转。

图 1-17　蒸汽在斜切部分的膨胀
(a) 斜切部分内汽流的偏转；(b) 斜切部分两侧压力分布情况；(c) 喷管斜切部分的立体示意

2. 汽流偏转角的近似计算

汽流在喷管斜切部分中的偏转角可利用连续方程近似地求出。假设在斜切部分中汽流流动是一元稳定流动，并且近似为等熵过程，则通过喷管最小截面 A_n 的临界流量和出口截面 A'_n 的流量应该相等，见图 1-17（c）。

$$G = \frac{A_n c_{cr}}{v_{cr}} = \frac{t_n c_{cr} l_n \sin\alpha_1}{v_{cr}}$$

$$G' = \frac{A'_n c_{1t}}{v_{1t}} = \frac{t_n c_{1t} l'_n \sin(\alpha_1 + \delta_1)}{v_{1t}}$$

式中　l_n——喷管最小截面处的高度，m；

$\quad\quad l'_n$——喷管出口截面处的高度，m；

$\quad c_{cr}$、v_{cr}——最小截面处的汽流速度和蒸汽的比体积，m/s 和 m³/kg；

$\quad c_{1t}$、v_{1t}——出口截面上的汽流速度和蒸汽的比体积，m/s 和 m³/kg。

在一般情况下，$l_n = l'_n$，又由于 $G = G'$，于是

$$\sin(\alpha_1 + \delta_1) \approx \sin\alpha_1 \frac{v_{1t} c_{cr}}{v_{cr} c_{1t}} \tag{1-36}$$

上式是汽流偏转角的近似计算式，称为贝尔公式。利用此式计算时，需查 h-s 图。为计算方便，还可用下面方法确定汽流偏转角的大小。

因汽流在斜切部分为等熵流动，则有

$$\frac{v_{1t}}{v_{cr}} = \left(\frac{p_{cr}}{p_1}\right)^{\frac{1}{\kappa}} = \left(\frac{p_{cr}}{p_0^*}\frac{p_0^*}{p_1}\right)^{\frac{1}{\kappa}} = \left(\frac{\varepsilon_{cr}}{\varepsilon_n}\right)^{\frac{1}{\kappa}} = \left(\frac{2}{\kappa+1}\right)^{\frac{1}{\kappa-1}} \varepsilon_n^{-\frac{1}{\kappa}}$$

及

$$\frac{c_{cr}}{c_{1t}} = \frac{\sqrt{\frac{2\kappa}{\kappa+1} p_0^* v_0^*}}{\sqrt{\frac{2\kappa}{\kappa-1} p_0^* v_0^* (1 - \varepsilon_n^{\frac{\kappa-1}{\kappa}})}} = \sqrt{\frac{\kappa-1}{(\kappa+1)(1 - \varepsilon_n^{\frac{\kappa-1}{\kappa}})}}$$

将上式代入式（1-36）中，得

$$\sin(\alpha_1 + \delta_1) \approx \frac{\left(\frac{2}{\kappa+1}\right)^{\frac{1}{\kappa-1}} \sqrt{\frac{\kappa-1}{\kappa+1}}}{\varepsilon_n^{\frac{1}{\kappa}} \sqrt{1 - \varepsilon_n^{\frac{\kappa-1}{\kappa}}}} \sin\alpha_1 \tag{1-37}$$

只要已知喷管压力比 ε_n、蒸汽等熵指数 κ 及喷管出汽角 α_1，就可求出汽流在喷管斜切部分的偏转角 δ_1。

3. 斜切部分的膨胀极限与极限压力

蒸汽在喷管的斜切部分的膨胀是有限度的，其所能膨胀到的最低压力称为极限压力 p_{1d}，此时的压力比称极限压力比 $\varepsilon_{1d} = \dfrac{p_{1d}}{p_0^*}$。如果喷管后的压力低于 p_{1d}，则斜切部分出口截面处的压力始终维持 p_{1d}，并引起汽流在出口外膨胀，造成附加的能量损失。

在极限膨胀时，喷管出口边 AC 与最后一根特性线重合，它与汽流方向的夹角（$\alpha_1 + \delta_{1d}$）为马赫角 θ_d［见图 1-17（a）］，而马赫角与马赫数 Ma_{1d} 有如下的关系：

$$\sin\theta_d = \frac{1}{Ma_{1d}} = \frac{a_{1d}}{c_{1d}}$$

于是

$$\sin(\alpha_1 + \delta_{1d}) = \frac{v_{1d} c_{cr}}{v_{cr} c_{1d}} \sin\alpha_1 = \frac{1}{Ma_{1d}} = \frac{a_{1d}}{c_{1d}} \tag{1-38}$$

或

$$\sin\alpha_1 = \frac{a_{1d} v_{cr}}{v_{1d} c_{cr}} \tag{1-39}$$

式中　　Ma_{1d}——对应喷管极限工况下的出口处马赫数；

　　　　a_{1d}——蒸汽在极限压力下的声速，m/s；

　　　　c_{1d}——极限压力下喷管出口的汽流速度，m/s；

　　　　v_{1d}——极限压力下蒸汽的比体积，m^3/kg。

对于等熵过程

$$\frac{v_{cr}}{v_{1d}} = \left(\frac{p_{1d}}{p_{cr}}\right)^{\frac{1}{\kappa}} = \varepsilon_{1d}^{\frac{1}{\kappa}}\varepsilon_{cr}^{-\frac{1}{\kappa}}$$

$$\frac{a_{1d}}{c_{cr}} = \frac{\sqrt{\kappa p_{1d} v_{1d}}}{\sqrt{\frac{2\kappa}{\kappa+1}p_0^* v_0^*}} = \sqrt{\frac{\kappa+1}{2}\varepsilon_{1d}^{\frac{\kappa-1}{\kappa}}}$$

代入式（1-39），并整理得

$$\varepsilon_{1d} = \frac{p_{1d}}{p_0^*} = \left(\frac{2}{\kappa+1}\right)^{\frac{1}{\kappa-1}}(\sin\alpha_1)^{\frac{2\kappa}{\kappa+1}} \tag{1-40}$$

$$p_{1d} = \varepsilon_{cr}(\sin\alpha_1)^{\frac{2\kappa}{\kappa+1}}p_0^* \tag{1-41}$$

式（1-40）说明，对一定的汽流，ε_{1d}只与α_1角有关，并随着α_1角的增大而增大。若将$\varepsilon_n = \varepsilon_{1d}$代入式（1-37）中，可求得相应的极限偏转角$\delta_{1d}$。

以上讨论的蒸汽在喷管斜切部分中膨胀时的偏转以及极限压力等概念，对动叶栅的斜切部分同样适用。

三、蒸汽在动叶栅中的流动

现代汽轮机中一般采用冲动级和反动级，蒸汽在动叶通道中有一定的膨胀和加速，动叶通道的形状与喷管相似，其不同之处是动叶本身以圆周速度u旋转。只要把喷管的蒸汽参数换为动叶栅的相对参数，那么前面讨论蒸汽在喷管中流动时，建立起的一些概念及相应公式，如滞止参数、临界参数、斜切部分的膨胀与汽流偏转等都可以用在动叶上。因此在分析蒸汽在动叶中的流动情况时不再对这些问题进行讨论，只分析蒸汽在动叶通道中流动的特殊问题。

微课 1-6　蒸汽在动叶栅中的膨胀过程

动叶片本身在做匀速圆周运动，其圆周速度u可由下式确定：

$$u = \frac{n\pi d_b}{60}$$

式中　　n——汽轮机的转速，r/min；

　　　　d_b——动叶栅的平均直径，m。

由于参考坐标的不同，同一股汽流其速度的大小和方向是不同的。相对于静止的汽缸，蒸汽在动叶中的速度称为绝对速度c，相对于具有圆周速度u（即牵连速度）的动叶片，其速度为相对速度w。它们之间的关系为

$$c = w + u$$

上式各量之间的关系，可由矢量三角形确定。在汽轮机中，这种三角形称为速度三角形。可以根据速度三角形去研究汽轮机级的功率和效率。

1. 动叶进口速度三角形

在动叶进口速度三角形中，绝对速度c_1的大小和方向角α_1在喷管计算中均已求出，应

注意当蒸汽在喷管斜切部分有膨胀时，c_1 的方向角应为 $(\alpha_1 + \delta_1)$。

c_1、α_1、u 已知后，按比例作图可以画出动叶通道进口速度三角形，并用图解法求出通道进口相对速度 w_1 的大小和方向角 β_1，如图 1-18 所示。也可以根据余弦定理用解析法求得

$$w_1 = \sqrt{c_1^2 + u^2 - 2uc_1\cos\alpha_1} \qquad (1\text{-}42)$$

$$\beta_1 = \arcsin\frac{c_1\sin\alpha_1}{w_1} = \arctan\frac{c_1\sin\alpha_1}{c_1\cos\alpha_1 - u}$$
$$(1\text{-}43)$$

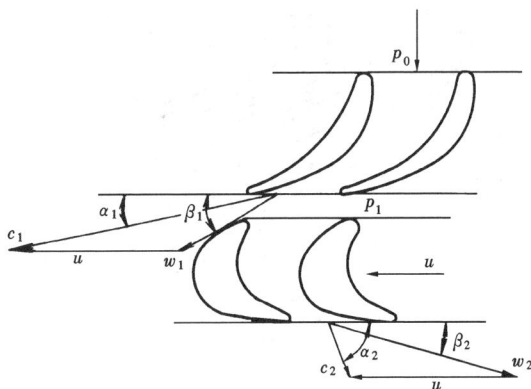

图 1-18　动叶栅进口速度三角形

为了使汽流顺利地进入动叶栅，而不发生碰撞，动叶栅的几何进口角 β_{1g} 应等于进汽角 β_1。

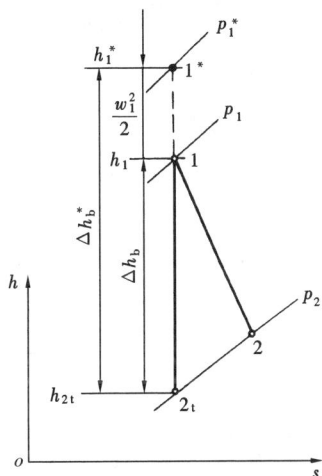

图 1-19　蒸汽在动叶栅中的热力过程

2. 动叶栅出口的汽流相对速度

图 1-19 为蒸汽在动叶栅中的热力过程。1 点为动叶栅前蒸汽实际状态点，此点焓值为 h_1，速度为 w_1，压力为 p_1。1^* 为动叶栅前蒸汽的滞止状态点，即将 w_1 滞止到零的状态。若蒸汽在动叶中的流动是等熵的，则热力过程为 $1-2t$，出口焓值为 h_{2t}，若流动为有损失的绝热过程，则热力过程线为 $1-2$，出口焓值为 h_2。图中 Δh_b^* 为动叶滞止理想焓降，Δh_b 为动叶理想焓降。

若蒸汽在动叶栅中的流动为等熵过程，则此时能量方程式为

$$h_1 + \frac{w_1^2}{2} = h_{2t} + \frac{w_{2t}^2}{2} \qquad (1\text{-}44)$$

所以，动叶栅出口的汽流相对速度为

$$w_{2t} = \sqrt{2(h_1 - h_{2t}) + w_1^2} = \sqrt{2\Omega_m\Delta h_t^* + w_1^2} = \sqrt{2\Delta h_b^*}$$
$$(1\text{-}45)$$

实际上，蒸汽在动叶通道内流动时是有损失的。因此与喷管一样引入一动叶速度系数 ψ 来考虑实际速度与理想速度之间的差别，于是动叶栅出口实际相对速度 w_2 可表示为

$$w_2 = \psi w_{2t} = \psi\sqrt{2\Delta h_b^*} \qquad (1\text{-}46)$$

蒸汽在动叶栅中的动能损失称为动叶损失。在绝热条件下，损失的动能又转变为热量加热蒸汽本身，使动叶出口蒸汽的焓值由 h_{2t} 增加到 h_2（见图 1-19）。动叶损失 $\Delta h_{b\xi}$ 可表示为

$$\Delta h_{b\xi} = \frac{1}{2}(w_{2t}^2 - w_2^2) = (1-\psi^2)\frac{w_{2t}^2}{2} = (1-\psi^2)\Delta h_b^* \qquad (1\text{-}47)$$

动叶速度系数 ψ 与叶型、叶高、反动度及表面粗糙度等因素有关，尤其是与 l_b 和 Ω_m 的关系较为密切。在热力计算中为了方便，一般将 ψ 值中随动叶高度 l_b 变化的有关损失取出

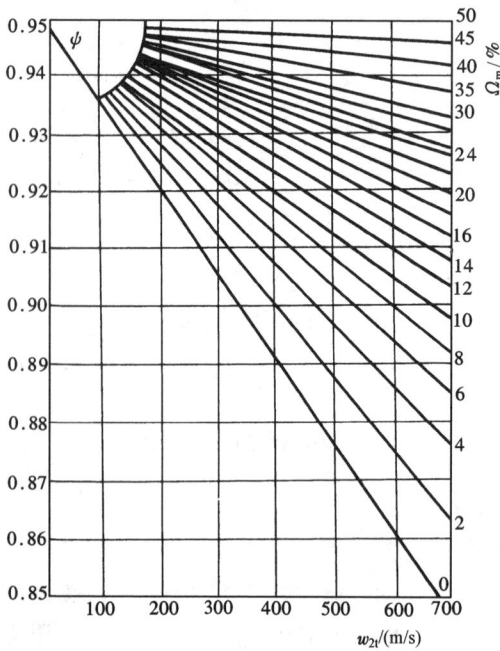

图 1-20　动叶速度系数 ψ 与 Ω_m 和 w_{2t} 的关系曲线

和喷管一起作为级的叶高损失，而 ψ 值中仅考虑随 Ω_m 及 w_{2t} 的变化，并绘制成曲线，如图 1-20 所示。通常取 $\psi = 0.85 \sim 0.95$。

3. 动叶出口速度三角形

与进口处相同，在动叶通道出口处由相对速度 w_2、绝对速度 c_2 和圆周速度 u 组成出口速度三角形，如图 1-18 所示，图中的 β_2 角称为动叶栅的出汽角，对于冲动级，β_2 常比 β_1 小 $3° \sim 10°$。蒸汽流出动叶栅的绝对速度 c_2 的大小和方向角 α_2 也可用图解法和解析法求得，即

$$c_2 = \sqrt{w_2^2 + u^2 - 2uw_2\cos\beta_2} \quad (1\text{-}48)$$

$$\alpha_2 = \arcsin\frac{w_2\sin\beta_2}{c_2} = \arctan\frac{w_2\sin\beta_2}{w_2\cos\beta_2 - u} \quad (1\text{-}49)$$

$$w_2 = \psi\sqrt{2\Delta h_b + w_1^2} \quad (1\text{-}50)$$

为了使用方便，常将动叶栅进出口速度三角形绘制在一起，如图 1-21 所示。

蒸汽在动叶栅中做功后，以绝对速度 c_2 离开动叶栅，这部分动能 $c_2^2/2$ 在动叶栅中没有转变为机械功，成为这一级的损失，称为余速损失，即

$$\Delta h_{c2} = \frac{c_2^2}{2} \quad (1\text{-}51)$$

在多数汽轮机中，大多数级的余速动能可能被下级部分或全部利用。凡余速动能被下级利用的级称为中间级，反之，称为孤立级。通常用余速利用系数 $\mu = 0 \sim 1$ 来表示余速动能被利用的程度。μ_0 表示上级余速动能在本级被利用的程度，而以 μ_1 表示本级余速动能被下一级利用的程度，则本级被下一级利用的余速能量为 $\mu_1\Delta h_{c2}$，余速损失为 $(1-\mu_1)\Delta h_{c2}$。但对本级而言，这两部分都未做功。

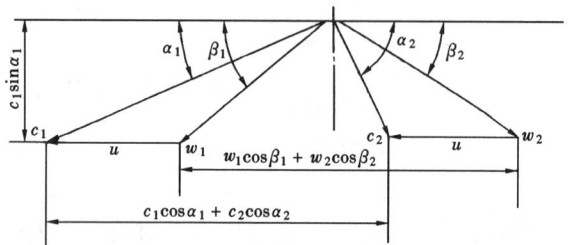

图 1-21　动叶栅进出口速度三角形

第三节　级的轮周功率与轮周效率

一、蒸汽作用在动叶片上的力和轮周功率

微课 1-7　蒸汽作用在动叶片上的力

1. 蒸汽作用在动叶片上的力

蒸汽在弯曲的动叶通道内转向加速，是受到动叶给汽流的反作用力和动叶通道

两侧压差（$p_1 - p_2$）作用的结果。如果令 F'_b
表示动叶片作用在蒸汽上的合力，根据牛顿第
三定律，则蒸汽作用在动叶上的力 F_b 与 F'_b
大小相等，方向相反。

　　蒸汽流过动叶通道的情况如图 1-22 所
示。假设在 δt 时间内有质量为 δm 的蒸汽以
速度 w_1 流入动叶通道，当流动为稳定流动
时，则同样的蒸汽质量 δm 以速度 w_2 流出动
叶通道。这时蒸汽的动量发生了变化，这种
变化是由于蒸汽所受到的作用力而引起的。
设 F'_u 为动叶片作用于汽流上的圆周力，则
根据动量定律，汽流在周向（u 方向）的动
量方程为

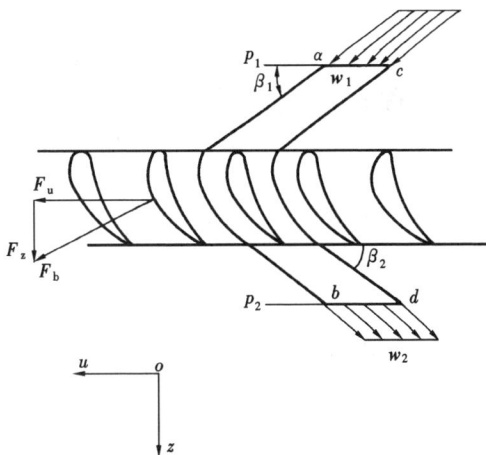

图 1-22　蒸汽流过动叶栅的汽流图

$$F'_u \delta t = \delta m (w_{2u} - w_{1u})$$
$$= \delta m (-w_2 \cos\beta_2 - w_1 \cos\beta_1)$$

或　　　　　　　　$$F'_u = \frac{\delta m}{\delta t}(-w_2 \cos\beta_2 - w_1 \cos\beta_1) \qquad (1\text{-}52)$$

令 $G = \dfrac{\delta m}{\delta t}$ 为单位时间流过的蒸汽质量，则蒸汽对动叶片所作用的力为

$$F_u = -F'_u = G(w_1 \cos\beta_1 + w_2 \cos\beta_2) \qquad (1\text{-}53)$$

　　根据速度三角形的关系可见 $w_1 \cos\beta_1 + w_2 \cos\beta_2 = c_1 \cos\alpha_1 + c_2 \cos\alpha_2$，故

$$F_u = G(c_1 \cos\alpha_1 + c_2 \cos\alpha_2) \qquad (1\text{-}54)$$

圆周力 F_u 是对动叶片做功的力，此力越大，汽轮机的功率越大。

　　同理，令 F'_z 为动叶片作用于汽流上的轴向分力，则汽流在轴向的动量方程为

$$[F'_z + A_z(p_1 - p_2)]\delta t = \delta m(w_2 \sin\beta_2 - w_1 \sin\beta_1)$$

或　　　　　　$$F'_z = \frac{\delta m}{\delta t}(w_2 \sin\beta_2 - w_1 \sin\beta_1) - A_z(p_1 - p_2) \qquad (1\text{-}55)$$

于是，蒸汽作用于动叶上的轴向力 F_z 为

$$F_z = -F'_z = G(w_1 \sin\beta_1 - w_2 \sin\beta_2) + A_z(p_1 - p_2) \qquad (1\text{-}56)$$

或　　　　　　　$$F_z = G(c_1 \sin\alpha_1 - c_2 \sin\alpha_2) + A_z(p_1 - p_2) \qquad (1\text{-}57)$$

其中 A_z 为动叶通道的轴向投影面积。当为全周进汽时，$A_z = \pi d_m l_b$，若为部分进汽时，则
$A_z = \pi d_m l_b e$。

　　轴向力 F_z 只能对叶轮产生轴向推力而不做功，为了减小推力轴承的负担，要求它越小
越好。

　　蒸汽对动叶片的总作用力 F_b 为

$$F_b = \sqrt{F_u^2 + F_z^2} \qquad (1\text{-}58)$$

2. 轮周功率

　　单位时间内圆周力 F_u 在动叶片上所做的功称为轮周功率，它等于圆周力 F_u 与
圆周速度 u 的乘积，即

微课 1-8　级的
轮周功率

$$P_u = F_u u = Gu(c_1 \cos\alpha_1 + c_2 \cos\alpha_2) \tag{1-59}$$

或
$$P_u = Gu(w_1 \cos\beta_1 + w_2 \cos\beta_2) \tag{1-60}$$

用 G 除上式，则得到 1kg 蒸汽所做的轮周功，或称为级的做功能力，用 P_{ul} 表示，即

$$P_{ul} = u(c_1 \cos\alpha_1 + c_2 \cos\alpha_2) \tag{1-61}$$

或
$$P_{ul} = u(w_1 \cos\beta_1 + w_2 \cos\beta_2) \tag{1-62}$$

在动叶片的进出口速度三角形中，根据余弦定理得

$$w_1^2 = c_1^2 + u^2 - 2uc_1 \cos\alpha_1$$
$$w_2^2 = c_2^2 + u^2 + 2uc_2 \cos\alpha_2$$

将 $uc_1 \cos\alpha_1$ 和 $uc_2 \cos\alpha_2$ 代入式（1-59）中，即可得到轮周功率的另一种表达形式，即

$$P_u = \frac{G}{2}\left[(c_1^2 - c_2^2) + (w_2^2 - w_1^2)\right] \tag{1-63}$$

则 1kg 蒸汽所做的功为

$$P_{ul} = \frac{1}{2}\left[(c_1^2 - c_2^2) + (w_2^2 - w_1^2)\right] \tag{1-64}$$

由上式可看出，$\frac{1}{2}c_1^2$ 为 1kg 蒸汽带入动叶片的动能；$\frac{1}{2}c_2^2$ 为 1kg 蒸汽带出动叶片的动能；$\frac{1}{2}(w_2^2 - w_1^2)$ 为 1kg 蒸汽在动叶片中因理想焓降 Δh_b 而造成的实际动能的变化。每千克蒸汽所做的功为以上各项能量的代数和。级的热力过程线见图 1-23。

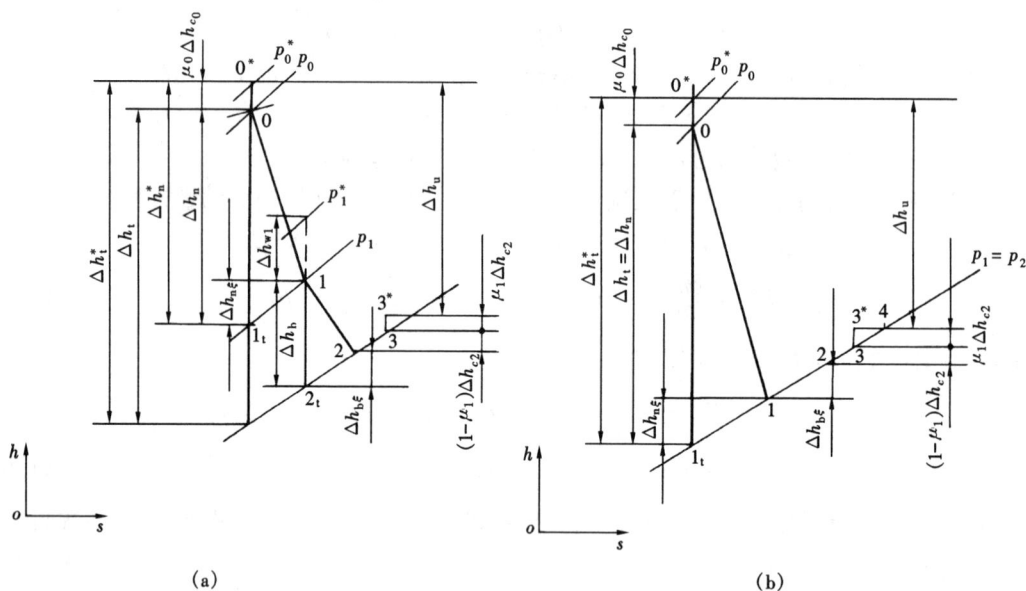

图 1-23　级的热力过程线

(a) 带反动度的冲动级；(b) 纯冲动级

二、级的轮周效率

汽轮机级的轮周效率是指蒸汽在级内所做的轮周功 P_{ul} 与蒸汽在该级中所具有的理想能量 E_0 之比，即

$$\eta_{\text{u}} = \frac{P_{\text{ul}}}{E_0} \tag{1-65}$$

通常级的理想能量为级的滞止理想焓降 Δh_{t}^{*} 减去被下级所利用的余速动能 $\mu_1 \Delta h_{c2}$；因 $\mu_1 \Delta h_{c2}$ 是下一级喷管的进口初速动能，并没有在本级消耗掉，如不扣除，那么 $\mu_1 \Delta h_{c2}$ 既算在本级 E_0 中，又算在下一级 E_0 中，这样就重复了。因此

$$E_0 = \mu_0 \frac{c_0^2}{2} + \Delta h_{\text{t}} - \mu_1 \frac{c_2^2}{2} = \Delta h_{\text{t}}^{*} - \mu_1 \frac{c_2^2}{2} \tag{1-66}$$

如只考虑喷管、动叶、余速三项损失，不考虑级内其他损失时，余速被利用后级的热力过程线如图 1-23 所示。图中绘出了带反动度的冲动级和纯冲动级的热力过程线。

图中的 Δh_{u} 为级的轮周有效焓降，它是用焓降表示的 1kg 蒸汽所做的轮周功，可由能量平衡方程式求得，即

$$\Delta h_{\text{u}} = \mu_0 \frac{c_0^2}{2} + \Delta h_{\text{t}} - \Delta h_{\text{n}\xi} - \Delta h_{\text{b}\xi} - \Delta h_{c2} \tag{1-67}$$

令 $\Delta h_{\text{t}}^{*} = \Delta h_{\text{n}}^{*} + \Delta h_{\text{b}} = \dfrac{c_{\text{a}}^2}{2}$，$c_{\text{a}}$ 称为级的理想速度，它是假定级的滞止焓降 Δh_{t}^{*} 全部在喷管中降落所获得的理想速度。于是轮周效率表示为

$$\eta_{\text{u}} = \frac{2u(c_1 \cos\alpha_1 + c_2 \cos\alpha_2)}{c_{\text{a}}^2 - \mu_1 c_2^2} \tag{1-68}$$

用能量平衡的方式表示的轮周效率为

$$\eta_{\text{u}} = \frac{\Delta h_{\text{u}}}{E_0} = \frac{\Delta h_{\text{t}}^{*} - \Delta h_{\text{n}\xi} - \Delta h_{\text{b}\xi} - \Delta h_{c2}}{E_0}$$

$$= \frac{E_0 - \Delta h_{\text{n}\xi} - \Delta h_{\text{b}\xi} - (1 - \mu_1)\Delta h_{c2}}{E_0} \tag{1-69}$$

或

$$\eta_{\text{u}} = 1 - \zeta_{\text{n}} - \zeta_{\text{b}} - (1 - \mu_1)\zeta_{c2} \tag{1-70}$$

式中 ζ_{n}——喷管损失系数，$\zeta_{\text{n}} = \dfrac{\Delta h_{\text{n}\xi}}{E_0}$； $\tag{1-70a}$

ζ_{b}——动叶损失系数，$\zeta_{\text{b}} = \dfrac{\Delta h_{\text{b}\xi}}{E_0}$； $\tag{1-70b}$

ζ_{c2}——余速损失系数，$\zeta_{c2} = \dfrac{\Delta h_{c2}}{E_0}$。 $\tag{1-70c}$

轮周效率是衡量汽轮机级的工作经济性的一个重要指标，应尽可能提高其值。从公式（1-70）中可见，轮周效率取决于 ζ_{n}、ζ_{b}、ζ_{c2} 三项损失系数和余速利用系数 μ_1，减小这三项损失系数和提高 μ_1，就能够提高轮周效率。而喷管和动叶的叶型选定后，φ 和 ψ 值基本上就确定了，则影响轮周效率的主要因素是余速损失系数 ζ_{c2} 和余速利用系数 μ_1，为此提高轮周效率可以从减小动叶出口绝对速度 c_2 和提高余速利用系数 μ_1 两方面入手。

三、速度比及其与轮周效率的关系

通常把轮周速度 u 与喷管出口汽流速度 c_1 之比称为速度比，简称速比，用 x_1 表示，即

微课 1 - 9 速比与
轮周效率的关系

$$x_1 = \frac{u}{c_1}$$

速比对轮周效率的大小影响很大，此外它还影响着级的做功能力，所以它是汽轮机级的一个非常重要的特性参数。下面将分析速比与轮周效率的关系，以便找出对应于轮周效率最高时的速比，即最佳速比。

（一）纯冲动级的最佳速比

1. 余速不被利用

对于纯冲动级，由于 $\Omega_m = 0$，$\Delta h_b = 0$，所以 $w_{2t} = w_1$，即 $w_2 = \psi w_{2t} = \psi w_1$，$c_a = c_{1t}$。假设不利用上一级余速，本级的余速也不被下一级利用，$\mu_0 = \mu_1 = 0$，于是式（1-68）可表示为

$$\eta_u = \frac{2u(c_1 \cos\alpha_1 + c_2 \cos\alpha_2)}{c_{1t}^2} = \frac{2u(w_1 \cos\beta_1 + w_2 \cos\beta_2)}{c_{1t}^2}$$

$$= \frac{2u}{c_{1t}^2} w_1 \cos\beta_1 \left(1 + \psi \frac{\cos\beta_2}{\cos\beta_1}\right) \tag{1-71}$$

由速度三角形知 $w_1 \cos\beta_1 = c_1 \cos\alpha_1 - u$ 和 $c_1 = \varphi c_{1t}$ 及 $x_1 = u/c_1$ 代入式（1-71）得

$$\eta_u = 2\varphi^2 x_1 (\cos\alpha_1 - x_1)\left(1 + \psi \frac{\cos\beta_2}{\cos\beta_1}\right) \tag{1-72}$$

由上式可看出，速度系数 φ 和 ψ 越大，轮周效率也就越高，因此应尽量改善叶栅的气动特性以提高速度系数 φ 和 ψ。适当减小 α_1 和 β_2 也可以提高轮周效率，但过分减小 α_1 和 β_2，由于汽道的弯曲程度增大，流动恶化，φ 和 ψ 值便下降，反而使轮周效率降低。叶型一经选定，φ 和 ψ、α_1 和 β_2 的数值亦基本确定，这样轮周效率只随速比 x_1 的变化而变化。当 $x_1 = 0$ 时，即 $u = 0$，轮周效率等于零；当 $x_1 = \cos\alpha_1$ 时，即 $u = c_1 \cos\alpha_1$，汽流作用在动叶片上的圆周力等于零，轮周效率也为零。因此 x_1 在由 0 连续变化到 $\cos\alpha_1$ 的过程中，必存在一个使轮周效率达最大值的速度比，即最佳速比 $(x_1)_{op}^{im}$。所以最佳速比可以通过对式（1-72）求极值的方法得到，即

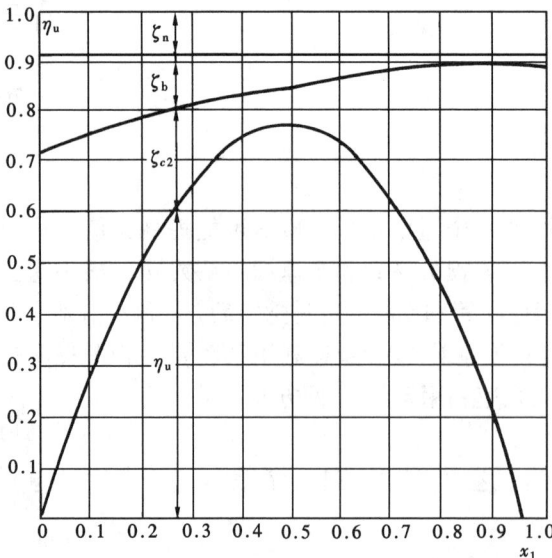

图 1-24　纯冲动级 $x_1 - \eta_u$ 关系曲线

$$\frac{\partial \eta_u}{\partial x_1} = 2\varphi^2 \left(1 + \psi \frac{\cos\beta_2}{\cos\beta_1}\right)(\cos\alpha_1 - 2x_1) = 0$$

由于 $2\varphi^2 \left(1 + \psi \frac{\cos\beta_2}{\cos\beta_1}\right) \neq 0$，所以只有 $\cos\alpha_1 - 2x_1 = 0$

于是

$$(x_1)_{op}^{im} = \frac{\cos\alpha_1}{2} \tag{1-73}$$

将式（1-72）中 x_1 与 η_u 的关系绘制成曲线，如图 1-24 所示，此曲线称为轮周效率曲线。

在一定的条件下可以用速度三角形分析纯冲动级最佳速比的物理意义。

对于纯冲动级，因 $\beta_1 \approx \beta_2$，$w_2 \approx w_1$。则在相同的 α_1 和 c_1 下取不同的 u 可作出如图 1-25 所示的不同速度三角

形。为便于分析，将出口速度三角形反向和进口速度三角形画在一起，由图可见当$u/c_1 = \cos\alpha_1/2$时，$\alpha_2 = 90°$，c_2达到最小值。由此可见，最佳速比就是使动叶出口绝对速度c_2的方向角为90°（即轴向排汽），从而使c_2值最小，η_u最高时的速比。

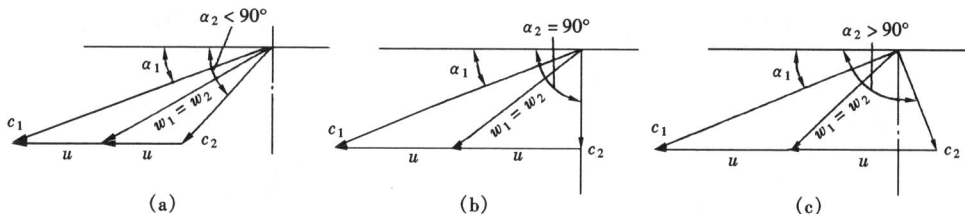

图 1-25 不同速比下纯冲动级的速度三角形

(a) $\alpha_2 < 90°$；(b) $\alpha_2 = 90°$；(c) $\alpha_2 > 90°$

在汽轮机中，一般$\alpha_1 = 10° \sim 16°$，最后几级的α_1可增大到20°，因此纯冲动级的最佳速比$(x_1)_{op}^{im} = 0.47 \sim 0.49$。

在汽轮机的设计和实验研究中，由于c_1为未知，或因喷管与动叶之间间隙很小，不易测得，故在实用中往往采用$x_a = u/c_a$来代替x_1，x_a称为假想速比。经简单推导，可得x_a与x_1有如下关系：

$$x_a = x_1\varphi\sqrt{1-\Omega_m} \tag{1-74}$$

对于纯冲动级$\Omega_m = 0$，则$x_a = \varphi x_1$，因此在式（1-72）中，若用x_a代替x_1，则式变为

$$\eta_u = 2x_a(\varphi\cos\alpha_1 - x_a)(1+\psi)$$

对应的最佳速比为

$$(x_a)_{op}^{im} = \frac{1}{2}\varphi\cos\alpha_1$$

若$\varphi = 0.97$，$\alpha_1 = 11° \sim 20°$，则$(x_a)_{op} = 0.476 \sim 0.456$。

2. 考虑余速利用

上面讨论的是级后余速动能不被下级利用的孤立级的情况，如单级汽轮机、多级汽轮机的调节级等，均属于这种情况。下面将讨论级后余速动能被下级利用的中间级，其轮周效率和速比的关系。

余速利用后，μ_0和μ_1不等于零，此时轮周效率可表示为

$$\eta_u = \frac{2u(c_1\cos\alpha_1 + c_2\cos\alpha_2)}{c_a^2 - \mu_1 c_2^2}$$

根据纯冲动级的条件：$c_1 = \varphi c_a$，$w_2 = \psi w_1$，$\beta_1 = \beta_2$，并利用动叶出口速度三角形的关系，经代换可得

$$\eta_u = \frac{2x_a(\varphi\cos\alpha_1 - x_a)(1+\psi)}{1 - \mu_1[\varphi^2\psi^2 + x_a^2(1+\psi)^2 - 2x_a\varphi\psi(1+\psi)\cos\alpha_1]} \tag{1-75}$$

将式（1-75）对x_a求一阶偏导数，并令其为零，则可得到最佳速比为

$$(x_a)_{op}^{im} = k - \sqrt{k(k - \varphi\cos\alpha_1)} \tag{1-76}$$

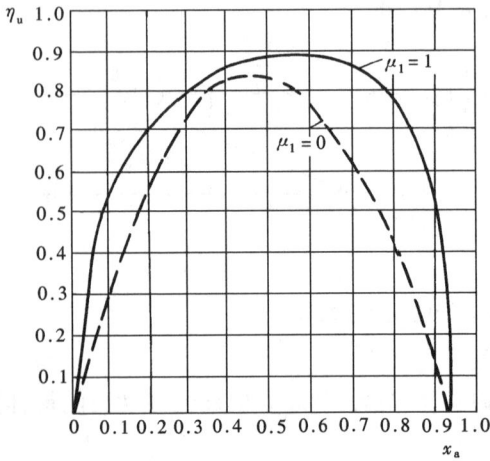

图 1-26　纯冲动级在不同的余速利用情况
下轮周效率和速比的关系曲线

式中　　$k = \dfrac{1 - \mu_1\varphi^2\psi^2}{\mu_1\varphi(1 - \psi^2)\cos\alpha_1}$

取 φ、ψ、α_1 为常用数值，根据式 (1-75) 绘出 $\mu_1 = 1$ 和 $\mu_1 = 0$ 时的轮周效率 η_u 与假想速比 x_a 的关系曲线。如图 1-26 所示。由图中可见：

(1) 余速利用提高了轮周效率。

(2) 中间级效率曲线在最大值附近变化平稳。这是因为 x_a 对轮周效率的影响主要是通过对余速损失 Δh_{c2} 的影响表现出来的，由于 x_a 偏离最佳值使 c_2 和 Δh_{c2} 增大，所以轮周效率降低，但在余速动能被利用时，c_2 的大小就不再影响着轮周效率，x_a 的变化只能通过对其他参数的影响，而影响轮周效率，所以 x_a 对 η_u 的影响就减弱了。

根据轮周效率曲线顶部比较平坦的特点，在汽轮机设计中，稍微降低一点效率便可较大地降低 x_a，而在级的直径一定时，降低 x_a 将使 c_a 和 Δh_t^* 增大，即提高了级的做功能力。

(3) 余速利用使最佳速比值增大。这是因为轮周效率所考虑的三项损失系数 ζ_n，ζ_b，ζ_{c2} 中喷管损失系数 ζ_n 不随 x_a 的变化而变化，动叶损失系数 ζ_b 随着 x_a 的增加而逐渐减小（因 w_1 随着 u 的增加而减小），因此轮周效率是随着 x_a 的增加而逐渐提高的。

（二）反动级的最佳速比

反动级中，$\Omega_m = 0.5$，$\Delta h_n \approx \Delta h_b \approx \dfrac{1}{2}\Delta h_t$（因为 $\dfrac{c_0^2}{2}$ 一般较小），这表明在喷管叶栅和动叶栅中汽流的流动情况基本上是一样的。因此在实用中为了简化加工工艺，喷管和动叶采用相同的叶型。于是，$\alpha_1 = \beta_2$，$\varphi = \psi$，若余速全部被利用，即 $\mu_0 = \mu_1 = 1$，则 $c_1 = w_2,c_2 = w_1$，$\beta_1 = \alpha_2$。将以上关系代入 η_u 的计算式中，则反动级的轮周效率为

$$\eta_u = \frac{c_1^2 - c_2^2 + w_2^2 - w_1^2}{c_{1t}^2 + w_{2t}^2 - w_1^2 - c_2^2} = \frac{2(c_1^2 - w_1^2)}{2\left(\dfrac{c_1^2}{\varphi^2} - w_1^2\right)}$$

$$= \frac{c_1^2 - (c_1^2 + u^2 - 2c_1 u\cos\alpha_1)}{\dfrac{c_1^2}{\varphi^2} - (c_1^2 + u^2 - 2c_1 u\cos\alpha_1)}$$

$$= \frac{x_1(2\cos\alpha_1 - x_1)}{x_1(2\cos\alpha_1 - x_1) + \left(\dfrac{1}{\varphi^2} - 1\right)}$$

$$= \frac{1}{1 + \dfrac{\dfrac{1}{\varphi^2} - 1}{x_1(2\cos\alpha_1 - x_1)}} \tag{1-77}$$

为了得到 η_u 的最大值，必须使上式中 $x_1(2\cos\alpha_1 - x_1)$ 最大。令

$$\frac{\mathrm{d}x_1(2\cos\alpha_1 - x_1)}{\mathrm{d}x_1} = 0$$

就可得到最佳速比

$$(x_1)_{\mathrm{op}}^{\mathrm{re}} = \left(\frac{u}{c_1}\right)_{\mathrm{op}}^{\mathrm{re}} = \cos\alpha_1 \tag{1-78}$$

利用 c_a 和 c_1 的关系可以求得 c_a 和 x_1 的关系式。

$$x_a = \frac{x_1}{\sqrt{x_1(2\cos\alpha_1 - x_1) + \dfrac{2}{\varphi^2} - 1}} \tag{1-79}$$

及

$$(x_a)_{\mathrm{op}}^{\mathrm{re}} = \frac{\cos\alpha_1}{\sqrt{\cos^2\alpha_1 + \dfrac{2}{\varphi^2} - 1}} \tag{1-80}$$

若取 $\varphi = \psi = 0.93$，$\alpha_1 = 20°$，则 $(x_a)_{\mathrm{op}}^{\mathrm{re}} = 0.635$，$(x_1)_{\mathrm{op}}^{\mathrm{re}} = 0.94$。

同样，根据反动级的速度三角形也可看出反动级最佳速比的物理意义：根据反动级的特点，可画出进出口速度三角形，如图 1-27 所示，只有当 $u = c_1\cos\alpha_1$ 时，α_2 才等于 $90°$，c_2 才达到最小值，此时 $\left(\dfrac{u}{c_1}\right)_{\mathrm{op}}^{\mathrm{re}} = (x_1)_{\mathrm{op}}^{\mathrm{re}} = \cos\alpha_1$。

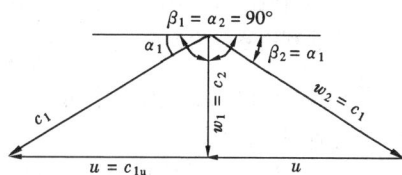

图 1-27　反动级最佳速比下的速度三角形

图 1-28 所示为反动级的轮周效率 η_u 与速比 x_1 的关系曲线（取 $\alpha_1 = 20°$，$\varphi = \psi = 0.93$）。从图中可知，反动级轮周效率曲线在最大值附近变化亦是比较平缓的，所以速比在一定范围内偏离最佳值时不会引起效率的明显下降，这是中间级所共有的特点。

在各自的最佳速比下，反动级的轮周效率高于纯冲动级，这是由于蒸汽在反动级的动叶片中有膨胀，动叶损失较小，另外反动级的级间距离小，余速能够被下一级所利用，使级的效率有所提高。

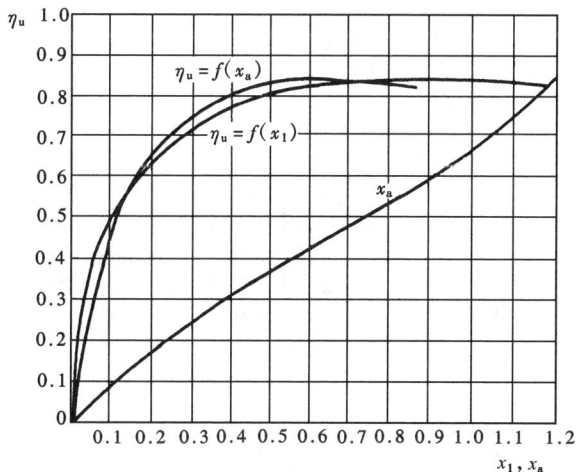

由于反动级的最佳速比要比冲动级的大，所以在相同圆周速度 u 下，反动级所能承担的焓降小，即它的做功能力小。因此，在相同的初终参数和圆周速度下，反动式汽轮机的级数要比冲动式的多。

上面讨论了纯冲动级和反动级速比与轮周效率的关系。对于不同反动度 Ω_m 的级，其最佳速比 $(x_1)_{\mathrm{op}}$ 在不同的余速动能利用系数 μ 下随 Ω_m 的变化规律，如图 1-29 所示。该图曲线是在 $\varphi = 0.96$、$\psi = 0.86$ 和 $\alpha_1 = 14°$

图 1-28　反动级轮周效率与速比 x_1 和 x_a 的关系

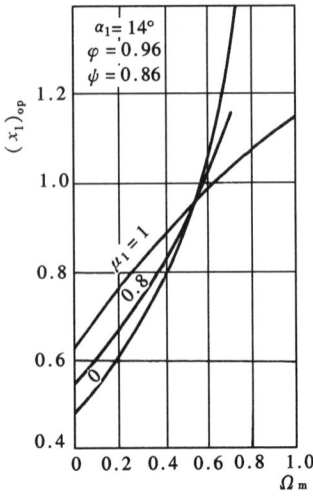

图 1-29　最佳速度比与反动度和
余速利用系数的关系

时做出的。当 φ、ψ 和 α_1 为其他数值时，图中曲线的规律不会变。由图可见最佳速比是随反动度的增大而增大的，而余速不利用（$\mu=0$）比余速利用（$\mu>0$）的级增大幅度快得多。

（三）复速级的最佳速比

1. 复速级的热力过程

复速级有纯冲动式和带部分反动度的冲动式两种。为了改善叶片通道内的流动状况，通常复速级不做成纯冲动级，而是在动叶和导叶内采用适当的反动度。但因复速级一般都是部分进汽的，所以采用的反动度不宜过大；否则，会使通过不进汽的动叶通道的漏汽损失增大，反而使效率降低。目前常见的复速级内总的反动度值在（5%～15%）之间。至于各列叶片中反动度的分配，则应按复速级各列叶片高度平滑变化来确定。图1-30所示为不同反动度下，轮周效率与速比的关系，图中效率曲线上的数字表示各列叶片上反动度的百分数。由图中可见，采用了适当反动度之后，除了能提高轮周效率之外，还会使最佳速比值增大。

图 1-31 为带有一定反动度的复速级的热力过程线。蒸汽在各叶栅通道中的膨胀是有损失的绝热过程。0 点是级的进口点，膨胀是沿 0—1—2—3—4 线进行的，4 点是出口点。复速级通常被作为调节级，因调节级后汽室空间较大，蒸汽流余速无法被下级利用，全部变成了损失，这部分损失加热了蒸汽本身，使出口熔值由 4 点升到 5 点。

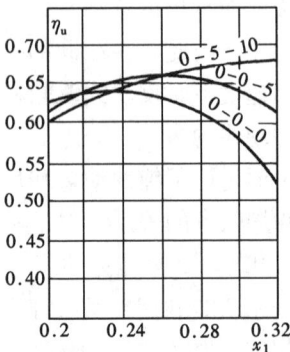

图 1-30　反动度对复速级效率的影响

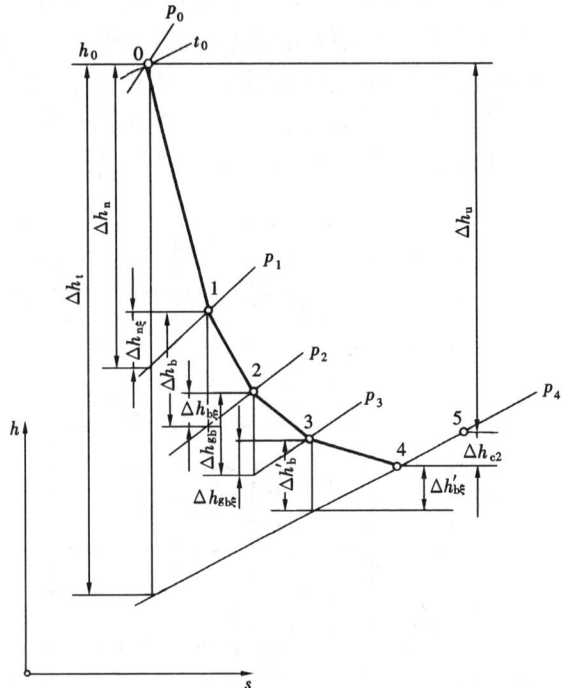

图 1-31　具有反动度复速级的热力过程线

若用 Ω_b、Ω_{gb} 和 Ω'_b 分别表示第一列动叶、导叶和第二列动叶中的反动度，则各列叶栅中的焓降分别为：

喷管焓降 $\qquad\qquad\qquad \Delta h_n = (1 - \Omega_b - \Omega_{gb} - \Omega'_b)\Delta h_t$

第一列动叶焓降 $\qquad\qquad \Delta h_b = \Omega_b\Delta h_t$

导叶焓降 $\qquad\qquad\qquad \Delta h_{gb} = \Omega_{gb}\Delta h_t$

第二列动叶焓降 $\qquad\qquad \Delta h'_b = \Omega'_b\Delta h_t$

于是，各列叶栅出口的汽流速度为

喷管出口汽流速度 $\qquad\qquad c_1 = \varphi\sqrt{2\Delta h_n}$

第一列动叶出口汽流速度 $\quad w_2 = \psi\sqrt{2\Delta h_b + w_1^2}$

导叶出口汽流速度 $\qquad\quad c'_1 = \varphi_{gb}\sqrt{2\Delta h_{gb} + c_2^2}$

第二列动叶出口汽流速度 $\quad w'_2 = \psi'\sqrt{2\Delta h'_b + w_1'^2}$

其中 φ_{gb} 和 ψ' 分别表示导叶和第二列动叶的速度系数。

2. 复速级的速度三角形

由于复速级有两列动叶栅，所以有两对进出口速度三角形（见图1-32），第一列动叶的进出口速度三角形与单列级的表示方法一样，第二列动叶进出口速度三角形中各量均在相应的符号上加一上标"'"，以示区别。此外，为了避免在导向叶栅的进口处发生碰撞，导向叶栅的进口角必

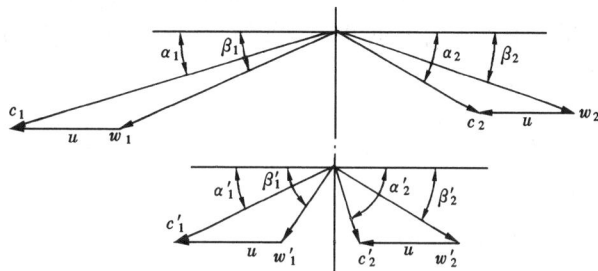

图 1-32　复速级的速度三角形

须等于第一列动叶的出汽角 α_2；同样，第二列动叶的进口角必须等于其进汽角 β_1。

3. 复速级的轮周功

复速级的轮周功 p_{ul} 是指单位质量蒸汽通过复速级时，在两列动叶上所产生的有效机械功之和。

$$P_{ul} = P_{ul}^{I} + P_{ul}^{II} = u[(c_1\cos\alpha_1 + c_2\cos\alpha_2) + (c'_1\cos\alpha'_1 + c'_2\cos\alpha'_2)] \qquad (1-81)$$

若假定复速级的 $\Omega_m = 0$，且蒸汽在级中流动是无损失的绝热过程，则 $w_1 = w_2$，$c_2 = c'_1$，$w'_2 = w'_1$，$\beta_1 = \beta_2$，$\alpha_2 = \alpha'_1$，$\beta'_1 = \beta'_2$。又因复速级的余速不能被利用，所以 $\mu_0 = \mu_1 = 0$。为了直观地进行比较，将出口速度三角形方向转180°与进口速度三角形画在同一个方向，则无损失纯冲动式复速级的速度三角形画成图1-33所示的形式，由图可见，各汽流速度在圆周方向上的分速度有如下关系：

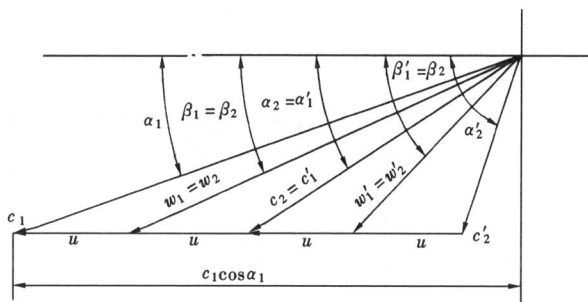

图 1-33　无损失纯冲动式复速级的速度三角形

$$c_2\cos\alpha_2 = c'_1\cos\alpha'_1 = c_1\cos\alpha_1 - 2u$$

$$c'_2\cos\alpha'_2 = c_1\cos\alpha_1 - 4u$$

把以上关系代入式（1-81）

中，得

$$P_{\mathrm{u}l} = 4u(c_1\cos\alpha_1 - 2u) \tag{1-82}$$

4. 复速级的轮周效率和最佳速比

根据轮周效率的定义，得

$$\eta_{\mathrm{u}} = \frac{P_{\mathrm{u}l}}{\Delta h_{\mathrm{t}}^*} = \frac{4u(c_1\cos\alpha_1 - 2u)}{c_{1\mathrm{t}}^2/2} = 8\varphi^2 x_1(\cos\alpha_1 - 2x_1) \tag{1-83}$$

于是

$$(x_1)_{\mathrm{op}}^{\mathrm{ve}} = \frac{\cos\alpha_1}{4} \tag{1-84}$$

或

$$(x_{\mathrm{a}})_{\mathrm{op}}^{\mathrm{ve}} = \frac{\varphi\cos\alpha_1}{4} \tag{1-85}$$

从图 1-33 中也可看出，当 $(x_1)_{\mathrm{op}}^{\mathrm{ve}} = \dfrac{\cos\alpha_1}{4}$，即 $c_1\cos\alpha_1 = 4u$ 时，第二列动叶排汽速度 c_2' 的方向角应等于 90°，即轴向排汽，此时复速级的余速损失最小。

根据速度三角形也可求出各列叶栅的能量损失，并用能量方程求出复速级的轮周功和轮周效率，即

喷管损失 $$\Delta h_{\mathrm{n}\xi} = \frac{c_{1\mathrm{t}}^2}{2}(1-\varphi^2)$$

第一列动叶损失 $$\Delta h_{\mathrm{b}\xi} = \frac{w_{2\mathrm{t}}^2}{2}(1-\psi^2)$$

导叶损失 $$\Delta h_{\mathrm{gb}\xi} = \frac{c_{1\mathrm{t}}'^2}{2}(1-\varphi_{\mathrm{gb}}^2)$$

第二列动叶损失 $$\Delta h'_{\mathrm{b}\xi} = \frac{w_{2\mathrm{t}}'^2}{2}(1-\psi'^2)$$

余速损失 $$\Delta h_{c2} = \frac{c_2'^2}{2}$$

$$P_{\mathrm{u}l} = \Delta h_{\mathrm{t}} - \Delta h_{\mathrm{n}\xi} - \Delta h_{\mathrm{b}\xi} - \Delta h_{\mathrm{gb}\xi} - \Delta h'_{\mathrm{b}\xi} - \Delta h_{c2} \tag{1-86}$$

$$\eta_{\mathrm{u}} = \frac{\Delta h_{\mathrm{t}} - \Delta h_{\mathrm{n}\xi} - \Delta h_{\mathrm{b}\xi} - \Delta h_{\mathrm{gb}\xi} - \Delta h'_{\mathrm{b}\xi} - \Delta h_{c2}}{\Delta h_{\mathrm{t}}}$$

$$= 1 - \zeta_{\mathrm{n}} - \zeta_{\mathrm{b}} - \zeta_{\mathrm{gb}} - \zeta'_{\mathrm{b}} - \zeta_{c2} \tag{1-87}$$

（四）速度级与单列级的比较

1. 不同级的做功能力比较

当 α_1、φ 以及 n 和 d_{m} 相同时，在各自的最佳速比下纯冲动级（$\Omega_{\mathrm{m}}=0$）与反动级做功能力之比为

$$\frac{(x_1)_{\mathrm{op}}^{\mathrm{im}}}{(x_1)_{\mathrm{op}}^{\mathrm{re}}} = \frac{(u/c_1)^{\mathrm{im}}}{(u/c_1)^{\mathrm{re}}} = \frac{\sqrt{\Delta h_{\mathrm{t}}^{\mathrm{re}}/2}}{\sqrt{\Delta h_{\mathrm{t}}^{\mathrm{im}}}} = \frac{\cos\alpha_1/2}{\cos\alpha_1} = \frac{1}{2}$$

$$\Delta h_{\mathrm{t}}^{\mathrm{re}} : \Delta h_{\mathrm{t}}^{\mathrm{im}} = 1 : 2 \tag{1-88}$$

上式说明反动级的焓降比纯冲动级小一半，若全机的理想焓降相同，则反动式汽轮机的

级数要比冲动式汽轮机多一倍。

在各自的最佳速比下复速级和单列纯冲动级（$\Omega_m=0$）做功能力的比较为

$$\frac{\Delta h_t^{ve}}{\Delta h_t^{im}}=\frac{c_1^{ve2}/2\varphi^2}{c_1^{im2}/2\varphi^2}=\frac{c_1^{ve2}}{c_1^{im2}}=\frac{[u/(x_1)_{op}^{ve}]^2}{[u/(x_1)_{op}^{im}]^2}=\frac{(x_1)_{op}^{im2}}{(x_1)_{op}^{ve2}}=\frac{\cos^2\alpha_1/4}{\cos^2\alpha_1/16}=\frac{4}{1} \tag{1-89}$$

上式说明复速级的焓降是单列纯冲动级焓降的四倍。

综合式（1-88）、式（1-89）可看出，在相同的 α_1、φ 以及 u 的条件下，复速级的焓降最大，相当于单列纯冲动级的 4 倍，反动级的 8 倍，也就是说，复速级的做功能力近似相当于单列纯冲动级的 4 倍，反动级的 8 倍。

2. 轮周效率的比较

图 1-34 绘出了复速级和单列冲动级的轮周效率与速比 x_1 的关系曲线。图中 η_u^{I} 代表单列冲动级的轮周效率，η_u^{II} 代表复速级的轮周效率。由图中可见，喷管的能量损失系数 ζ_n 为一常数，它不随 x_1 的变化而变；第一列动叶能量损失系数 ζ_b 随 x_1 的减小而增大。

在单列冲动级中，曲线 aa′ 与 bb′ 之间的区域表示余速损失 ζ_{c2}，在 $x_1=0.45\sim0.5$ 处，ζ_{c2} 达到最小值，此时轮周效率最高。在复速级中，由于第一列动叶出口速度在第二列动叶中再次得到利用，使余速

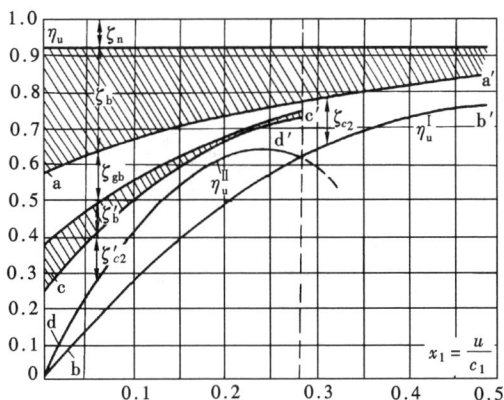

图 1-34　单列级与复速级 $\eta_u - x_1$ 关系曲线

损失减少，余速损失系数仅处在曲线 cc′ 与 dd′ 之间的区域。但汽流经过导叶和第二列动叶时，又增加了导叶损失 ζ_{gb} 和第二列动叶损失 ζ_b'。从图中可知，速比 x_1 在 0～0.28 的范围内变化时，复速级的三项损失 ζ_{gb}、ζ_b' 和 ζ_{c2}' 之和小于单列级的余速损失 ζ_{c2}。所以复速级的轮周效率高于单列冲动级，并且在 $x_1=0.2\sim0.28$ 之内复速级的轮周效率达到最大。因此只有在 $x_1<0.28$ 时复速级才有被采用的价值，经济上才有利。从图中也可看出，复速级的轮周效率最高值低于单列级的最高值，因此，只有在一级中要求利用很大焓降时，例如中小型汽轮机的调节级，才采用复速级，这样虽然经济性稍低一些，但可使机组的结构紧凑，并使汽缸内的最高压力和温度有较多的降低，有利于机组的运行和降低金属材料等级。

第四节　汽轮机的级内损失和级效率

一、级内损失

在汽轮机通流部分中与流动、能量转换有直接联系的损失称为汽轮机的级内损失。这些损失均将消耗一部分有用功，使级的效率下降，因此为了提高汽轮机的效率，必须了解产生这些损失的原因以及减小这些损失所采用的方法。

级内损失主要有叶栅损失、余速损失、扇形损失、叶轮摩擦损失、部分进汽损失、漏汽损失、湿汽损失等。应注意，并不是每一级都同时存在着这些损失，如在全周进汽的级中就

不存在部分进汽损失；在叶片较长又不采用扭曲叶片的级中，才存在扇形损失；工作在湿蒸汽区里的级才会产生湿汽损失。因此在分析级内各项损失时，要根据其实际情况来定。

（一）叶栅的几何参数及叶栅损失

微课 1-10　叶栅损失

由相同叶片构成的汽流通道的组合体称为叶栅。如果叶栅是静止的，则称为静叶栅，若叶栅是转动的，则称为动叶栅。汽轮机的叶栅还可分成冲动式叶栅和反动式叶栅。反动式叶栅包括喷管叶栅和反动度较大的动叶栅，叶栅前后有静压差，汽道断面进口到出口逐渐收缩，如图 1-35（a）所示。冲动式叶栅包括冲动式动叶栅和导向叶栅，叶栅前后静压力近似相等，汽流通过时主要改变流动方向，基本不加速，但在实用中为了减小流动损失，汽道截面都略有收缩，即有一定的反动度，如图1-35（b）所示。

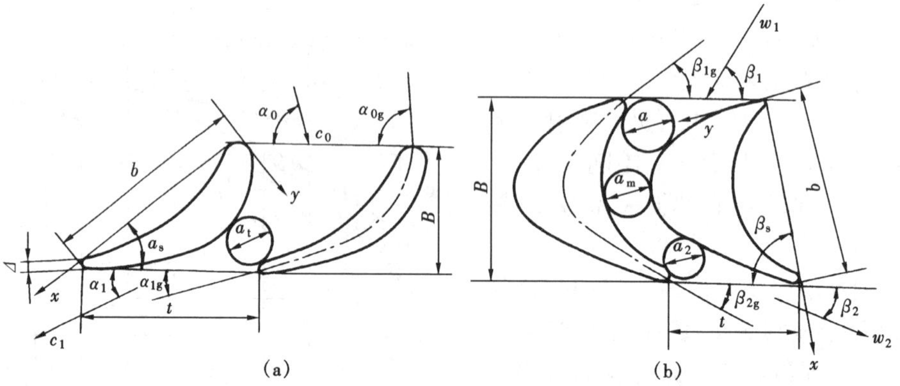

图 1-35　叶栅参数

（a）喷管叶栅；（b）动叶栅

叶片的横截面形状称为叶型，其周线称为型线。叶型沿叶高不变，称为等截面叶片（或称直叶片）；反之，则称为变截面叶片（或称扭曲叶片）。

反映叶栅几何特性的主要参数（见图 1-35）有，叶栅的平均直径 d_m、叶片高度 l、叶栅节距 t、叶栅宽度 B、叶型弦长 b、出口边厚度 Δ、进口边宽度 a、出口边宽度 a_1 与 a_2 等。

由于进出口参数相同时，几何相似的叶栅中汽流保持近似的特性，所以决定叶栅几何形状的参数都可以用一些无因次的相对值表示。在汽轮机中常用的相对参数有相对节距 $\bar{t} = \dfrac{t}{b}$，相对高度 $\bar{l} = \dfrac{l}{b}$，径高比 $\theta = \dfrac{d_m}{l}$ 等。

另外还有一些与叶栅通道形状和汽流方向有关的汽流角和叶型角，也是叶栅几何特性的重要参数。图 1-35 中 α_1 和 β_2 为喷管叶栅和动叶栅的出口汽流角；α_0 和 β_1 为进口汽流角；α_s 和 β_s 为叶栅的安装角，它是叶栅额线与弦长之间的夹角，对一定的叶型，安装角直接影响到叶栅汽道的形状和出口汽流角 α_1（β_2）的大小；α_{0g} 和 β_{1g} 为叶型进口角，它是叶型中弧线在前缘点的切线与叶栅前额线之间的夹角，它只随安装角变化，与汽流无关。叶型几何进口角与汽流进口角之差称为汽流冲角，用 δ 表示，当叶型几何进口角大于汽流角时，称为正冲角，反之称为负冲角。

叶栅损失包括喷管损失 $\Delta h_{n\xi}$ 和动叶损失 $\Delta h_{b\xi}$，从产生原因看，它由叶型损失、叶端损失和冲波损失所组成。

1. 叶型损失

叶型损失是指蒸汽流过叶型表面时所产生的能量损失，由附面层中的摩擦损失、附面层分离时的涡流损失及尾迹损失组成。

（1）附面层中的摩擦损失。根据流体力学知识，具有黏滞性的蒸汽流经叶栅时，在叶型表面形成附面层，并沿着流动方向，附面层逐渐增厚，如图 1-36（a）所示。在附面层中汽流存在着速度差，产生内摩擦力，形成损失。附面层厚度越大，损失越大。而附面层厚度主要与叶型表面粗糙度以及叶型表面压力分布有关，如果沿汽流前进方向压力降落很快，则汽流速度必定增加较快，加速汽流会使附面层的厚度减薄，摩擦损失减小。因此，在冲动级中采用一定反动度，使蒸汽流过动叶栅时相对速度增加，可以减小摩擦损失。减小汽流流经的表面积，可以减小摩擦阻力，因此应合理地减小叶栅中的叶片数并相应地增加相对节距 $\bar{t}$。

（2）附面层分离时的涡流损失。当叶型表面的附面层增加到一定厚度时，就要出现停滞与倒流，如图 1-36（b）所示。这时，汽流质点离开叶栅背弧，造成附面层的分离，产生了涡流损失。从图中可见，叶型弯曲程度越大、正冲角越大时，越容易在叶片背弧造成附面层分离。这种涡流造成的能量损失往往大于附面层中的摩擦损失。反动式叶型由于蒸汽在流道内膨胀程度大，不易在背弧上形成脱离，再加上附面层中的摩擦损失也小，这也是反动式叶型的速度系数比冲动式高的原因。

叶片的弯曲程度可大致用 $(\alpha_{1g}+\alpha_{2g})$ 或 $(\beta_{1g}+\beta_{2g})$ 进行衡量，其值越大，弯曲程度越小，速度系数越高。

（3）尾迹损失。由于叶型出口边总有一定的厚度 Δ，沿每只叶片背面和腹面而来的两部分汽流不能立即汇合，因而在出口边之后形成充满涡流的尾迹区，如图 1-37 所示。尾迹中汽流的相互作用而产生的能量损失称为尾迹损失。试验表明，出口边厚度 Δ 越小，这种损失越小。叶栅通道喉部宽度增加，尾迹区减小，尾迹损失也减小。除此之外，叶栅的安装角、节距、进汽角、出汽角、出口形状等都对尾迹损失有影响。

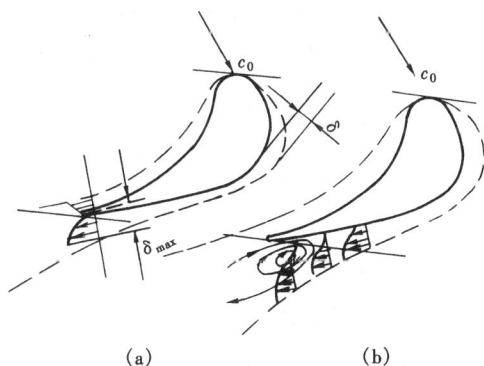

图 1-36　叶栅叶型上的附面层分布示意
（a）没有分离的流动；（b）有分离的流动

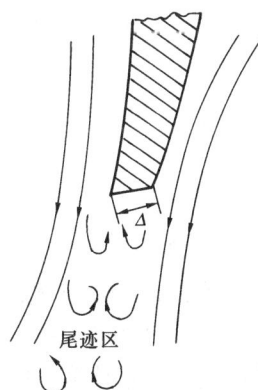

图 1-37　尾迹损失

2. 叶端损失

叶端损失是指蒸汽流过叶栅时，在其通道的顶部和根部也要形成附面层产生摩擦损失。另外，在两个端面上由于内弧侧压力大于背弧侧压力，附面层内的汽流在由进口流向出口的同时，还要产生由内弧向背弧的横向运动（称为二次流），与背弧上沿主流方向形成的附面层混合并堆积成两个对称、方向相反的旋涡组成的涡流（见图 1-38），由此所产生的损失称为二次流损失。在叶片中部，由于蒸汽流速大，上述压差被汽流的离心力（方向有背弧指向内弧）所平衡，故不会形成二次流损失。

叶端损失即由二次流损失和端部附面层的摩擦损失两部分组成。

各种试验表明，影响叶端损失的因素很多，如叶型、叶栅的安装角、节距、进汽角等，其中最主要因素是相对高度 $\bar{l} = \dfrac{l}{b}$。当 $\bar{l}$ 大于某一值时，由于叶栅两端部旋涡对汽道中主流的影响不再增大，所以叶端损失的绝对值不再随 $\bar{l}$ 的增加而改变，因此 $\bar{l}$ 越大，叶端损失在总的损失中所占比重就越小。但当叶栅高度一定时，增大 $\bar{l}$ 就必须减小弦长 b，因此在强度允许的范围内，应尽量采用较窄的叶栅。

在短叶栅中叶端损失特别严重，为了减小这项损失，使叶栅斜切部分在高度上有少量的缩小，这样汽流在斜切部分略有加速，可减薄叶栅出口段背弧上的附面层，减小汽流向根部端面的流动，使根部的流动损失减小。

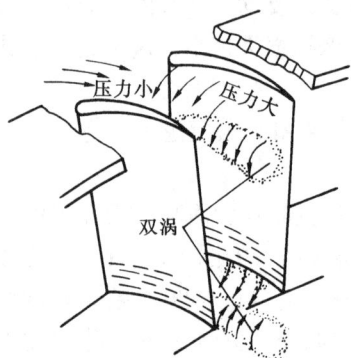

图 1-38　叶栅中汽流的二次流损失

3. 冲波损失

叶栅中汽流在跨声速和超声速范围内流动时可能会产生冲波，产生冲波时，汽流突然被压缩（即压力升高，流速降低）产生能量损失，同时附面层加厚脱离也造成很大损失。

通过上述分析可知，叶栅的几何参数和汽流参数都对叶栅损失产生很大影响，如相对高度 $\bar{l}$、汽流速度、汽流角、安装角 α_s 等，另外叶栅的相对节距 $\bar{t}$ 对叶栅损失也有很大影响。图 1-39 为叶型损失系数 ζ_p 与相对节距 $\bar{t}$ 的关系。由图可见，存在一个使损失最小的相对节距 $(\bar{t})_{op}$，称为最佳相对节距，$\bar{t}$ 偏离 $(\bar{t})_{op}$，损失就增大，因此，设计时应尽量选取最佳值。

叶栅损失的计算采用式（1-19）和式（1-47），即

$$\Delta h_{n\xi} = \frac{c_{1t}^2}{2}(1-\varphi^2) \ \text{及} \ \Delta h_{b\xi} = \frac{w_{2t}^2}{2}(1-\psi^2)$$

φ 和 ψ 取值时，若不考虑叶片高度的影响，即 φ 取 0.97，ψ 查图 1-20 得到，叶端损失单独用叶高损失 Δh_l 计算，即

$$\Delta h_l = \frac{a}{l}\Delta h_u \tag{1-90}$$

式中　a——经验系数，由试验确定，对单列级，$a=1.2$（未包括扇形损失），或 $a=1.6$（包括扇形损失），对双列级，$a=2$；

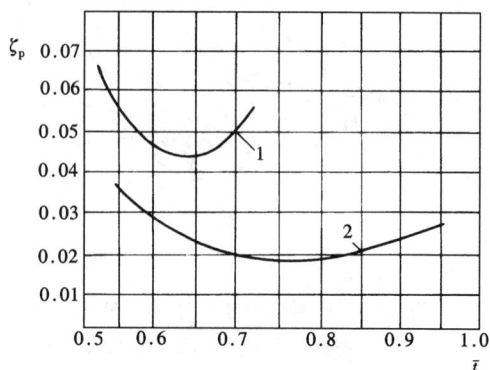

图 1-39　叶栅损失系数与相对节距的关系
1—冲动式；2—反动式

Δh_u——不包括叶高损失的轮周有效焓降，$\Delta h_u = \Delta h_t^* - \Delta h_{n\xi} - \Delta h_{b\xi} - \Delta h_{c2}$，kJ/kg；

l——叶栅高度，对单列级为喷管高度，双列级为各列叶栅的平均高度，mm。

（二）余速损失 Δh_{c2}

该项损失前面已讨论，不再赘述。

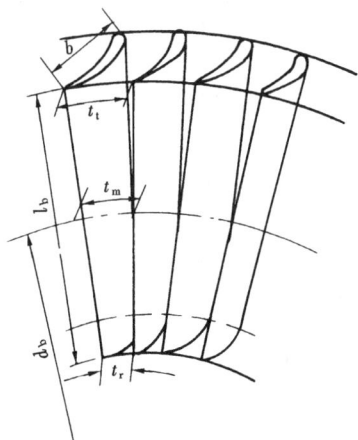

（三）扇形损失 Δh_θ

由于汽轮机的叶栅是环形叶栅，如图1-40所示。在级中不论叶片长短，汽流参数和叶栅的几何参数（节距、进汽角等）沿叶片高度是变化的，叶片越高，变化越大。如果在设计时不考虑这种参数沿叶高的变化，仍采用等截面的直叶片进行计算，则只能保证一个截面上（通常为平均直径 d_m 处的截面）的参数符合设计条件下的最佳值，而其他截面上由于偏离设计条件将引起附加损失。这些附加损失统称为扇形损失 Δh_θ，其大小通常用下列半经验公式计算：

$$\zeta_\theta = 0.7\left(\frac{l_b}{d_b}\right)^2$$
$$\Delta h_\theta = \zeta_\theta E_0 \qquad (1\text{-}91)$$

图 1-40　环形叶栅

式中　l_b——动叶高度，m；

d_b——动叶栅的平均直径，m。

由上式可知，扇形损失的大小与径高比 $\theta = d_b/l_b$ 的平方成反比，θ 越小，扇形损失越大。当 $\theta > 12$ 时，可采用等截面直叶片，设计和加工都比较方便，但存在着扇形损失；当 $\theta < 8$ 时，应采用扭叶片，这时虽加工较困难，但可避免扇形损失。

（四）叶轮摩擦损失 Δh_f

叶轮在充满着蒸汽的汽室中转动，由于蒸汽具有黏性，使叶轮带动着贴在叶轮侧面及外缘表面上的蒸汽质点以相同的速度运动，而紧贴隔板壁和汽缸壁的蒸汽速度近似为零，因此，在叶轮两侧及外缘的间隙中，蒸汽沿轴向形成层与层间的速度差，从而形成了蒸汽微团之间以及蒸汽微团与叶轮之间的摩擦。为了克服这种摩擦和带动蒸汽质点运动，要消耗一部分轮周功。同时，由于紧靠叶轮两侧的蒸汽质点随着叶轮一起转动，受离心力的作用产生向外的径向流动，而靠近隔板处的蒸汽质点由于速度小，离心力也小，自然向中心移动，填补叶轮处径向流动的蒸汽，以保持汽体的连续性。于是在叶轮两侧的子午面内形成了蒸汽的涡流运动，如图1-41所示。克服摩擦阻力和涡流所消耗的功叫叶轮摩擦损失。此项损失通常由实验确定，目前广泛采用斯托陀拉的经验公式计算：

$$\Delta P_f = k_1 \left(\frac{u}{100}\right)^3 d^2 \frac{1}{v} \qquad (1\text{-}92)$$

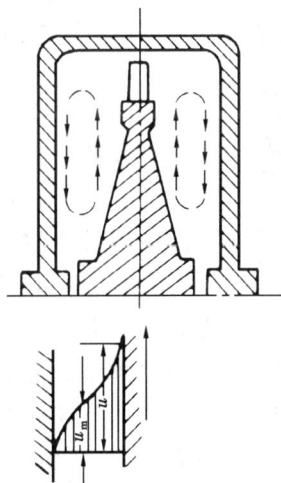

图 1-41　级汽室内的汽流速度分布

微课 1 - 11
扇形损失和
叶轮摩擦损失

式中　ΔP_f——摩擦损失所消耗的功率，kW；

　　　k_1——经验系数，对过热蒸汽 $k_1=1.0$，对饱和蒸汽 $k_1=1.2\sim1.3$；

　　　u——圆周速度，m/s；

　　　d——级的平均直径，m；

　　　v——汽室中蒸汽的平均比体积，m³/kg。

如果用热量单位 kJ/kg 表示叶轮摩擦损失，则

$$\Delta h_f = \frac{\Delta P_f}{G} \tag{1-93}$$

式中　G——级的进汽量，kg/s。

叶轮摩擦损失也可用损失系数来表示，即

$$\zeta_f = \frac{\Delta h_f}{E_0} = \frac{\Delta P_f}{P_t} \approx k\,\frac{dx_a^3}{el_n\sin\alpha_1\mu_n\,\sqrt{1-\Omega_m}} \tag{1-94}$$

$$P_t = G\Delta h_t^* = \mu_n e\pi dl_n\sin\alpha_1 c_a\,\sqrt{1-\Omega_m}\,\Delta h_t^*/v_{1t}$$

式中　P_t——级的理想功率；

　　　k——试验系数。

由式（1-92）可知，影响叶轮摩擦损失的主要因素有圆周速度 u、级的蒸汽比体积 v 及级的平均直径 d。从汽轮机高压级到低压级，u、v、d 都呈增大趋势，但 v 增大得特别显著，因此对叶轮摩擦损失影响最大。在汽轮机的高压部分，由于比体积小，摩擦损失较大；低压部分，由于比体积大，则摩擦损失较小，有时甚至可略去不计。

叶轮摩擦损失还与流量 G 成反比，故低负荷下及小功率汽轮机，由于流量较小，因此这项损失影响较大。另外叶轮摩擦损失系数与速比的三次方成正比，当 x_a 增大时，ζ_f 将急剧增大。

减少叶轮摩擦损失应从以下两方面着手，一方面从设计上应尽量减小叶轮与隔板间腔室的容积，即减小叶轮与隔板间的轴向距离。如反动式汽轮机采用无叶轮的鼓形转子，则无叶轮摩擦损失；另一方面在制造上应尽可能降低叶轮的表面粗糙度。

（五）部分进汽损失 Δh_e

微课 1-12
部分进汽损失、漏汽损失

如果将喷管均匀布置在隔板（或蒸汽室）的整个圆周上，使蒸汽沿整个圆周进汽，这种进汽方式称为全周进汽。但在某些高压级中，当流过喷管的蒸汽容积流量过小时，若仍采用全周进汽，则喷管叶栅高度可能会小于极限值 15mm，这样小的喷管叶栅不但加工困难，而且流动损失很大。在这种情况下，为了增高喷管的高度，将喷管布置在部分圆周上，使蒸汽沿部分圆弧进汽，这种进汽方式称为部分进汽，如图 1-42 所示。此外，由于配汽方式的需要，调节级通常采用部分进汽。常用装有喷管的弧段长度 $Z_n t_n$（Z_n 为喷管数）与整个圆周长度 πd_m 的比值 e 来表示部分进汽的程度，称为部分进汽度，即

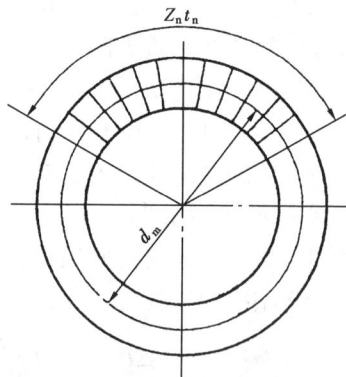

图 1-42　喷管在圆周上的分布

$$e = \frac{Z_n t_n}{\pi d_m} \tag{1-95}$$

由于部分进汽而带来的能量损失称为部分进汽损失，它由鼓风损失和斥汽损失两部分组成。

1. 鼓风损失 Δh_w

鼓风损失发生在不装喷管的弧段内。在部分进汽的级中，只有在装有喷管的工作弧段内有工作蒸汽通过动叶通道，在不装喷管的非工作弧段内无工作蒸汽通过，但在这段的轴向间隙中充满了停滞的蒸汽。当动叶转到这段非工作弧段时，动叶两侧面就与这弧段内的停滞蒸汽发生摩擦，产生摩擦损失。同时像鼓风机叶片那样，将停滞的蒸汽从一侧鼓到另一侧，消耗了一部分有用功，产生鼓风损失。需要注意的是动叶片是全周布置的，所以鼓风损失是连续存在的。鼓风损失 Δh_w 通常用下列的经验公式计算：

$$\Delta h_w = B_e \frac{1}{e}(1 - e - 0.5 e_c) E_0 x_a^3 \tag{1-96}$$

式中　e——部分进汽度；

　　　e_c——护罩所占弧长与整周弧长之比；

　　　B_e——与级型有关的系数，对单列级 $B_e = 0.15$，对复速级 $B_e = 0.55$。

由上述分析可知，部分进汽度 e 越小，鼓风损失越大。为此，除应选择合理的 e 值外，常采用一种护罩装置，如图 1-43 所示，就是把处在不装喷管弧段部分的动叶两侧用护罩将叶片罩住。这时，叶片只在护罩内少量的蒸汽中转动，减小了鼓风损失。

2. 斥汽损失 Δh_s

斥汽损失发生在装有喷管的进汽弧段内。当工作叶片经过非工作弧段时，动叶通道内充满了停滞的蒸汽，而当带有停滞蒸汽的动叶汽道转到进汽弧段时，从喷管出来的汽流为了吹走和加速这部分停滞蒸汽，必然要消耗一部分动能。此外，由于叶轮高速旋转和压力差的作用，在喷管组出口端 A 点后的轴向间隙处将产生很大的漏汽（见图 1-44），而在喷管组的进入端 B 处将出现抽吸现象，将一部分停滞蒸汽

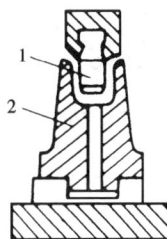

图 1-43　部分进汽时采用护罩的示意
1—叶片；2—护罩

吸入动叶通道，扰乱了主流形成了损失。上述三方面损失统称为斥汽损失 Δh_s，其大小可用下列经验公式计算：

$$\Delta h_s = c_s \frac{1}{e} \frac{S_n}{d_n} E_0 x_a \tag{1-97}$$

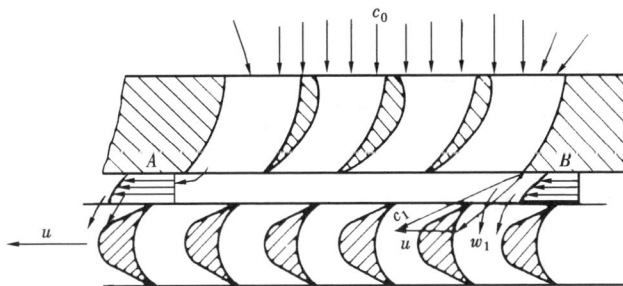

图 1-44　部分进汽的蒸汽流动示意

式中　S_n——喷管的组数；

　　　d_n——喷管叶栅的平均直径，m；

　　　c_s——经验系数，对单列级，$c_s = 0.012$，对复速级，$c_s = 0.016$。

由式（1-97）中可知斥汽损失不仅与部分进汽度有关，还与喷管组数有关。

总的部分进汽损失 Δh_e 为

$$\Delta h_e = \Delta h_w + \Delta h_s \tag{1-98}$$

由上述讨论可知，为减少部分进汽损失，部分进汽度不宜太小，但从减小叶高损失来说，e 又不宜太大，故在选用时 e 应综合考虑，原则是使这两项损失之和为最小。此外，还应设法减少喷管组数，以及减少两组喷管之间的间隙，使其不大于喷管叶栅的节距。同时，喷管组在圆周上安排时，应设法避免因隔板中分面结构影响，而使喷管组数增加。

（六）漏汽损失 Δh_δ

在汽轮机的通流部分中，隔板和转轴之间、动叶顶部与汽缸之间，在转鼓结构的反动级中静叶与转鼓之间都存在着间隙，并且各间隙前后的蒸汽都存在着压差，因此将会发生不同程度的漏汽，造成损失，称为漏汽损失。

1. 隔板漏汽损失 Δh_p

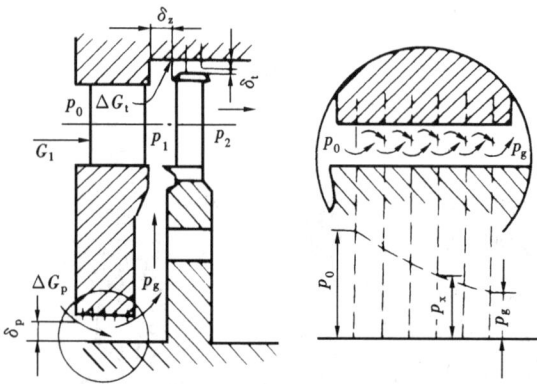

图 1-45　冲动式级漏汽示意

在冲动式汽轮机的级中，由于隔板和转轴之间存在着较大的压差，因此一部分蒸汽 ΔG_p（见图 1-45）将绕过喷管从隔板与转轴之间的间隙中漏到后面的隔板与叶轮之间的汽室中，由于这部分漏汽不经过喷管通道，所以不参加做功，形成漏汽损失。此外，这部分蒸汽还可能通过喷管和动叶根部之间的轴向间隙流入动叶通道，由于 ΔG_p 不是从喷管中以正确的方向进入动叶通道，因此不但不做功，反而扰乱了动叶中的主流，造成附加能量损失。

由于漏汽量正比于间隙面积和间隙两侧的压差，所以为了减少漏汽损失，应从减小间隙面积和压差着手，具体可采取下列措施：

（1）在隔板与转轴处采用梳齿形汽封，如图 1-45 所示。因为梳齿形汽封的间隙可以做得很小，而且汽流通过每个齿隙时就发生一次节流作用，所以每个齿只承担整个压差的一部分，这样，漏汽面积和压差都减小，漏汽量也减小了。

（2）在动叶根部设置轴向汽封，减小漏汽进入动叶。

（3）在叶轮上开平衡孔，并在动叶根部采用适当的反动度，使隔板漏汽通过平衡孔流到级后，避免漏汽进入动叶，扰乱主汽流。

由于在一个汽封齿隙中蒸汽的流动情况大致与蒸汽在简单渐缩喷管中的流动相似，所以漏汽量 ΔG_p 的计算公式基本上也与喷管流量的公式类似，为

$$\Delta G_p = \frac{\mu_p A_p c_{1p}}{v_{1t}} = \mu_p A_p \frac{\sqrt{2\Delta h_n^*}}{v_{1t}\sqrt{Z_p}} \tag{1-99}$$

$$A_p = \pi d_p \delta_p$$

式中　Z_p——汽封高低齿齿数，如果是平齿，则应修正，$Z_p = \dfrac{Z+1}{2}$；

　　　v_{1t}——汽封齿出口理想比体积，m^3/kg；

Δh_n^*——喷管中的滞止理想焓降，kJ/kg；

　μ_p——汽封流量系数，一般 $\mu_p=0.7\sim0.8$；

　A_p——汽封间隙面积，m^2；

　δ_p——汽封间隙的大小；

　d_p——汽封齿的平均直径；

　c_{1p}——汽封齿出口流速。

隔板漏汽损失为

$$\Delta h_p = \frac{\Delta G_p}{G} \Delta h'_u \tag{1-100}$$

$$\Delta h'_u = \Delta h_t^* - \Delta h_{n\xi} - \Delta h_{b\xi} - \Delta h_1 - \Delta h_\theta - \Delta h_{c2}$$

式中　G——级流量，kg/s；

　$\Delta h'_u$——轮周有效焓降，kJ/kg。

2. 叶顶漏汽损失 Δh_t

对于带有反动度的冲动级，由于动叶前后有压差，并且在动叶顶部压差最大，又由于动叶顶部和汽缸之间，隔板与叶轮之间存在着径向间隙 δ_r 和轴向间隙 δ_z，因此，从喷管中流出的蒸汽有一部分 ΔG_t 不通过动叶通道而漏到级后，这部分漏汽没有做功，称为叶顶漏汽损失。

为减小这项损失，可在围带上安装径向汽封和轴向汽封；对无围带的动叶片，可将动叶顶部削薄以达到汽封的作用；尽量设法减小扭叶片顶部的反动度。

动叶顶部漏汽量可用下列公式计算：

$$\Delta G_t = \frac{\mu_t A_t c_t}{v_{2t}} = \frac{e\mu_t \pi (d_b + l_b)\delta_t \sqrt{2\Omega_t \Delta h_t^*}}{v_{2t}} \tag{1-101}$$

式中　e——部分进汽度；

　μ_t——叶顶间隙的流量系数，一般 $\mu_t=0.58$；

　Δh_t^*——级的滞止理想焓降，kJ/kg；

　Ω_t——叶顶反动度；

　δ_t——动叶顶部当量间隙。

对于叶顶围带上同时装有轴向与径向汽封的结构，如图 1-45 所示，则

$$\delta_t = \frac{\delta_z}{\sqrt{1 + Z_r \left(\dfrac{\delta_z}{\delta_r}\right)^2}} \tag{1-102}$$

式中　δ_z——顶部轴向间隙；

　δ_r——顶部径向间隙；

　Z_r——叶顶径向汽封齿数。

动叶顶部漏汽损失为

$$\Delta h_t = \frac{\Delta G_t}{G} \Delta h'_u \tag{1-103}$$

对于反动级，为了减小轴向推力，通常采用转鼓结构，如图 1-46 所示，$\delta_1 = \delta_2 = \delta_r$。其叶顶漏汽损失常用下列经验公式计算：

$$\Delta h_t = 1.72 \frac{\delta_r^{1.4}}{l_b} E_0 \qquad (1\text{-}104)$$

微课 1-13
湿汽损失、反映
有效焓降的级的
热力过程线

（七）湿汽损失 Δh_x

多级凝汽式汽轮机的最后几级常在湿蒸汽区域内工作，级中存在着湿汽损失，这是因为：

（1）湿蒸汽在喷管中膨胀加速时，一部分蒸汽凝结成水滴，使做功的蒸汽量减少。

（2）由于水滴本身不膨胀加速，所以悬浮在蒸汽中的水滴是依靠蒸汽带动的，因此主汽流要消耗一部分动能。

图 1-46　反动级中漏汽示意

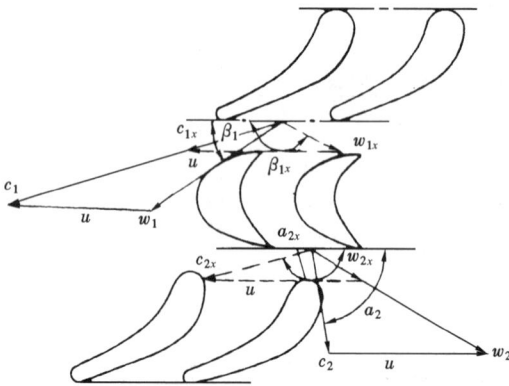

（3）虽然水滴由于汽流的带动而得到了加速，但其流出喷管的速度 c_{1x} 只能达到蒸汽速度 c_1 的 $10\% \sim 13\%$，在同样的圆周速度 u 下，水滴进入动叶时的入口角 β_{1x} 远大于蒸汽角 β_1，如图 1-47 所示。这时水滴正好冲击在动叶进口边背弧上，阻止了叶轮的旋转，从而消耗了一部分轮周功去克服这个阻力，造成损失。同理，在动叶栅出口由于水珠流速低于蒸汽流速，所以蒸汽按正确方向进入下一级喷管时，水珠只能撞击在喷管静叶片的背弧上，扰乱了主流造成损失。

（4）湿蒸汽在喷管中膨胀时，由于汽态变化非常快，蒸汽的一部分还来不及凝结成水，汽化潜热没有释放出来，形成了过饱和蒸汽或称过冷蒸汽，致使蒸汽的理想焓降减小，形成过冷损失。

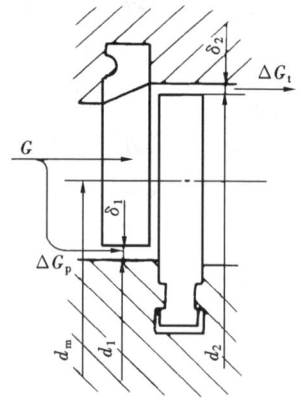

图 1-47　水珠对动、静叶冲击的示意

湿汽损失通常用下列经验公式计算：

$$\Delta h_x = (1 - x_m)\Delta h_i' \qquad (1\text{-}105)$$

式中　x_m——级的平均蒸汽干度；

$\Delta h_i'$——未计湿汽损失的级有效焓降，kJ/kg。

除了产生湿汽损失外，湿蒸汽中的水珠打击在动叶进口边的背弧上，将使该处受到冲蚀，呈蜂窝状，影响汽轮机的安全。受冲蚀最严重的部位是动叶顶部背弧处，这是因为离心力的作用使叶顶的湿度比叶根大，同时动叶圆周速度向叶顶逐渐增大，水珠的冲击力随之增大，致使冲蚀严重。为了提高湿蒸汽级的效率和防止动叶被水滴侵蚀损坏，常采用下列两种方法：一是采用去湿装置，减少湿蒸汽中的水分；二是提高动叶的抗侵蚀能力。

图 1-48 为一常见的去湿装置，它是利用水滴的离心力使水滴经过槽道 1 进入捕水室 2，然后沿捕水室 2 流至汽缸下部的疏水槽 3 中，最后流入低压加热器或凝汽器。另外还可以采用具有吸水缝的空心叶片（见图 1-49）等。

提高动叶抗冲蚀能力的方法有：在叶片进汽边背弧上镶焊硬质合金、镀铬、局部淬硬、电火花硬化、氮化等。目前常用的办法是将司太立合金作的薄片焊在动叶顶部进汽边的背弧上，如图 1-50 所示。

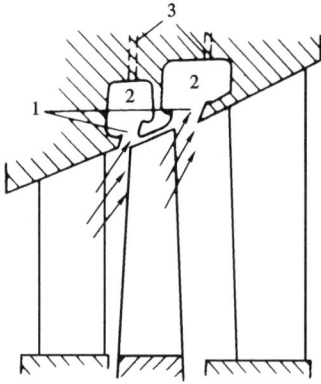

图 1-48　去湿装置示意
1—捕水口槽道；2—捕水室；3—疏水槽

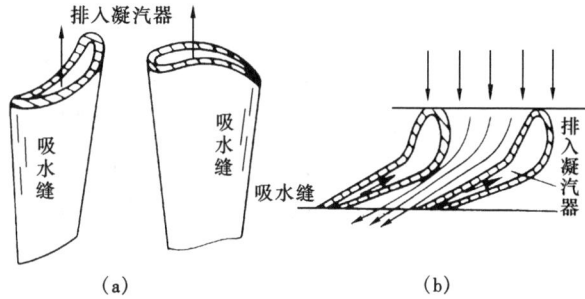

图 1-49　喷管静叶片的吸水缝
（a）吸水缝在静叶片弧面；（b）吸水缝在出汽边

虽然采用了以上各项措施，但为了安全起见，一般规定汽轮机末级叶片后排汽的最大可见湿度不超过 12%～15%。

二、汽轮机级的相对内效率和内功率

以上分析结果表明，级内存在着各种损失，因此，蒸汽在级内进行能量转换时，不能全部将其热能转换成转轴的有效机械功，要有一部分能量消耗于各项损失之中。在绝热过程中，级内所有的能量损失都将重新转变成热能，加热蒸汽本身，因此级内损失使动叶出口的排汽焓值升高。考虑了级内各项损失后，级的热力过程线如图 1-51 所示。图中 0^* 点代表级前滞止状态点，1^* 点代表动叶进口的滞止状态点，若这一级的余速动能被下级部分利用时，则 4^* 点为下级进口的滞止状态点。图中的 $\Sigma\Delta h$ 表示除喷管损失 $\Delta h_{n\xi}$、动叶损失 $\Delta h_{b\xi}$、余速损失 Δh_{c2} 之外的级内各项损失之和；Δh_i 称为级的有效焓降，它表示 1kg 蒸汽所具有的理想能量中最后在转轴上转变为有效功的那部分能量。显然，级内损失越大，Δh_i 就越小。级的有效焓降 Δh_i 与级的理想能量 E_0 之比称为级的相对内效率，即

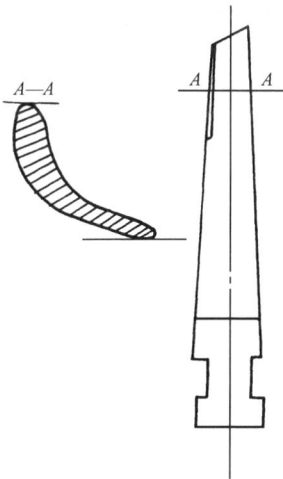

图 1-50　焊有贴边的动叶

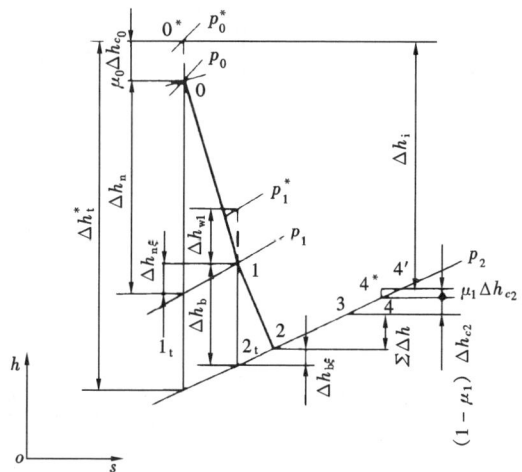

图 1-51　级有效焓降的冲动级的热力过程线

$$\eta_{ri} = \frac{\Delta h_i}{E_0} = \frac{\Delta h_t^* - \Delta h_{n\xi} - \Delta h_{b\xi} - \Delta h_{c2} - \Delta h_l - \Delta h_\theta - \Delta h_f - \Delta h_e - \Delta h_\delta - \Delta h_x}{\Delta h_t^* - \mu_1 \Delta h_{c2}}$$

(1-106)

或　　　　　　$$\eta_{ri} = 1 - \zeta_n - \zeta_b - (1 - \mu_1)\zeta_{c2} - \zeta_l - \zeta_\theta - \zeta_f - \zeta_e - \zeta_\delta - \zeta_x \qquad (1-107)$$

级的相对内效率反映了级内能量转换的完善程度，它的大小与所选用的叶型、速比、反动度、叶栅高度等有密切的关系，也与蒸汽的性质、级的结构有关。

级的内功率可由级的有效焓降和蒸汽流量来确定，即

$$P_i = \frac{D\Delta h_i}{3600} \qquad (1-108)$$

式中　D——级的进汽量，kg/h。

三、级内损失对最佳速比的影响

前面讨论的最佳速比概念是针对轮周效率提出的，而实际上，轮周效率并没有全面地反映出级内能量转换的效果，而级的相对内效率才是全面反映级内能量转换效果的最终指标。因此，只有保证获得最大相对内效率的速比，才是级的最佳速比。这就还需要分析除轮周损失以外的其他级内损失对最佳速比的影响，即根据计算级内损失的经验公式，求得这些损失与速比的关系，之后在轮周效率曲线的基础上减去级内各项损失，最后得到级的相对内效率曲线。

例如，某工作于过热蒸汽区的部分进汽的扭叶片调节级，显然该级没有湿汽损失和扇形损失，除轮周损失（即喷管、动叶、余速三项损失）之外，该级还有叶高损失、叶轮摩擦损失、鼓风损失、斥汽损失和漏汽损失，该级的相对内效率可表达为

$$\eta_{ri} = \eta_u - \zeta_l - \zeta_f - \zeta_w - \zeta_s - \zeta_\delta \qquad (1-109)$$

由前面的分析可知，ζ_l、ζ_w、ζ_s、ζ_f 和 ζ_δ 都是随速比的增大而增大，且 ζ_f 和 ζ_w 与速比成三次方关系，所以它随速比的增大而增加得更剧烈。只要将 $\zeta_l + \zeta_f + \zeta_w + \zeta_s + \zeta_\delta = f(x_a)$ 的曲线加绘在该级 η_u-x_a 曲线图上，就可求得 η_{ri}-x_a 关系曲线，如图 1-52 所示。由图中可以看出，级内损失使级的相对内效率的最大值低于轮周效率的最大值，而且还会使最佳速比值减小，即相对内效率最高时的最佳速比小于轮周效率最高时的最佳速比。

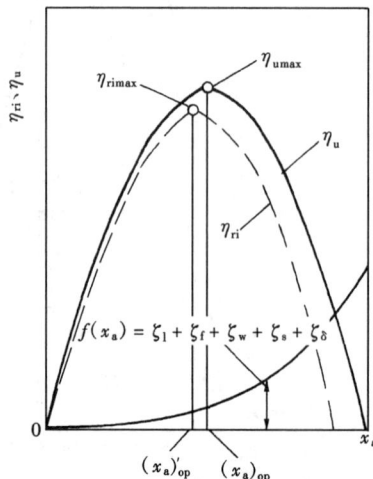

图 1-52　级内损失对最佳速比的影响

第五节 级的热力设计原理

由直叶片构成的级称为直叶片级；由扭叶片构成的级称为扭叶片级。这里重点讨论直叶片级的热力设计问题，因为直叶片级不仅可用于一些多级汽轮机的高压部分，而且它的热力设计也是扭叶片级的热力设计基础。

级的热力设计的主要任务是确定级的几何结构参数、热力参数以及级的效率和功率，设计方法有速度三角形法和模拟法两种。直叶片级大多采用速度三角形法，它的特点是以一元流动为理论基础，以平均截面的参数为代表，通过基本方程和速度三角形的求解来完成级的热力计算。

级的相对内效率的大小与所选用的叶型、速比、反动度和级的结构参数等一系列因素有关。只有实现这些参数的最优选择，才能使设计的级具有较大的做功能力和较高的效率。

一、叶型的选择

1. 叶栅型式的选择

喷管叶栅的型式是根据其压力比 ε_n 的大小选定的。当 ε_n 大于或等于临界压力比 ε_{cr} 时，应采用渐缩斜切喷管；当 $\varepsilon_n < \varepsilon_{cr}$ 但还大于极限压力比 ε_{1d}（$0.3 \sim 0.4$）时，仍采用渐缩斜切喷管，此时可利用其斜切部分来满足汽流膨胀的要求；只有当 $\varepsilon_n \leqslant 0.3$ 时，才采用缩放斜切喷管，这是因为缩放斜切喷管不但加工比较困难，而且在工况变动时效率较低，所以在汽轮机中尽量避免采用。

选用动叶叶型时，除了要根据动叶压比 $\varepsilon_b = \dfrac{p_2}{p_1^*}$ 判断动叶中的流动是否超临界外，还应考虑动叶的型线与喷管型线配对的要求。

我国使用的部分喷管叶型和动叶叶型如表 1-1 和表 1-2 所示。就喷管而言，一般压力级采用 HQ-2、TC-1A 或 TC-2A 型，复速级在亚声速区采用 HQ-2 或 TC-1A 型，而在超声速区则采用 TC-2A(B)型。

表 1-1　　　　　　　　　　　　　常用喷管叶栅的几何特性

项目	叶型编号	相对节距 $\overline{t}_n$	进汽角 $\alpha_0 /$（°）	出汽角 $\alpha_1 /$（°）	备　注
喷管	HQ-2	$0.74 \sim 0.90$	$70 \sim 100$	$11 \sim 13$	A：亚声速 B：近声速 T：汽轮机 C：喷管
	TC-1A	$0.74 \sim 0.90$	$70 \sim 100$	$10 \sim 14$	
	TC-2A（B）	$0.70 \sim 0.90$	$70 \sim 100$	$13 \sim 17$	
	TC-3A	$0.65 \sim 0.85$	$70 \sim 100$	$16 \sim 22$	

2. 叶栅出口汽流角 α_1 和 β_2 的选择

α_1 的大小影响到汽轮机的做功能力、效率及叶片高度。适当减小 α_1 可使做功能力增加，轮周效率提高，但 α_1 过小，将导致 β_1、β_2 减小，使汽流在动叶栅中转折厉害，使动叶损失增加，反而引起轮周效率下降，故 α_1 不能太小。在高压段，一般冲动级 $\alpha_1 = 11° \sim 14°$，反动级 $\alpha_1 = 14° \sim 20°$；在低压级中蒸汽比体积变化剧烈，为了保证通流部分平滑变化，常将 α_1 逐级增大，所以后面几级冲动级 α_1 可达 20°左右。

复速级中，因为喷管出口汽流速度比圆周速度大得多，为了不使 β_1 和 β_2 太小，α_1 可取大些，一般为 $13°\sim18°$。

动叶栅出汽角一般按下列关系选取：

冲动级 $\beta_2=\beta_1-(3°\sim5°)$

复速级 $\beta_2=\beta_1-(3°\sim5°)$，$\alpha'_1=\alpha_2-(5°\sim10°)$，$\beta'_2=\beta'_1-(7°\sim8°)$

上面给出了选取出汽角的范围，具体确定时，要和反动度选择配合，使叶栅高度逐渐增加，保证通流部分光滑的变化。

表 1-2 　　　　　　　　　　常用动叶叶型的基本几何特性

项目	叶型编号	进汽角 $\beta_1/(°)$	出汽角 $\beta_2/(°)$	安装角 $\beta_s/(°)$	相对节距 $\bar{t}_b$
	HQ-1	22～23	19～21	76～79	0.60～0.80
	TP-0A	14～25	13～15	76～79	0.60～0.75
	TP-1A（B）	18～33	16～19	76～79	0.60～0.70
动叶	TP-2A（B）	25～40	19～22	76～79	0.58～0.65
	TP-3A	28～45	24～28	77～80	0.56～0.64
	TP-4A	35～50	28～32	74～78	0.55～0.64
	TP-5A	40～55	32～36	76～79	0.52～0.60

注 P—动叶片；A、B、T代表的意义与表 1-1 相同。

二、级的特性参数的确定

1. 速比 x_a 的选择

速比是影响汽轮机技术经济指标的一个重要特性参数。速比选择是否恰当，不仅对余速损失的大小有很大影响，而且对叶轮摩擦损失、部分进汽损失、叶高损失等也有一定影响。在级的直径一定的条件下，速比还和汽轮机的级数有关。因此速比是一个既影响热经济性，又影响制造成本的特性参数，设计时必须合理选择。

在考虑了各种因素的影响之后，设计时常用的速比范围如下：

复速级 $x_a=0.22\sim0.26$；

冲动级 $x_a=0.46\sim0.52$；

反动级 $x_a=0.65\sim0.70$。

2. 冲动级内反动度的合理确定

反动度是汽轮机级的一个重要参数，对汽轮机的级效率有很大影响。一般先选定根部反动度 Ω_r，然后计算出平均反动度 Ω_m 和叶顶反动度 Ω_t。图1-53为不同根部反动度时蒸汽在级内的流动情况。

当根部反动度较大时，在动叶通道根部进出口有较大的压力差，从喷管流出的汽流将有一部分从进口侧的轴向间隙处漏出，并与隔板漏汽一起，通过平衡孔流到级后，减少了动叶中的做功蒸汽，造成损失，如图1-53（a）所示。而且，当根部反动度较大时，不论是直叶片［见式（1-111）］还是扭叶片（见本章第七节），其叶顶的反动度更大，动叶顶部的漏汽量随之增加，故采用过大的根部反动度是不恰当的。

当根部反动度很小或为负值时，动叶根部进口压力略大于或低于出口压力，因此隔板漏汽的部分或全部有可能不再经过平衡孔流到级后，而是通过动叶根部轴向间隙被吸入动叶通道。不仅如此，当根部负反动度较大时，一部分级后蒸汽将通过平衡孔倒流回来，经轴向间隙被吸入汽道，如图1-53（b）所示。被吸入汽道的这部分蒸汽，不仅不能做功，反而干扰了主流，造成损失。试验证明，吸汽对损失的影响比漏汽更为严重。在这种情况下，虽

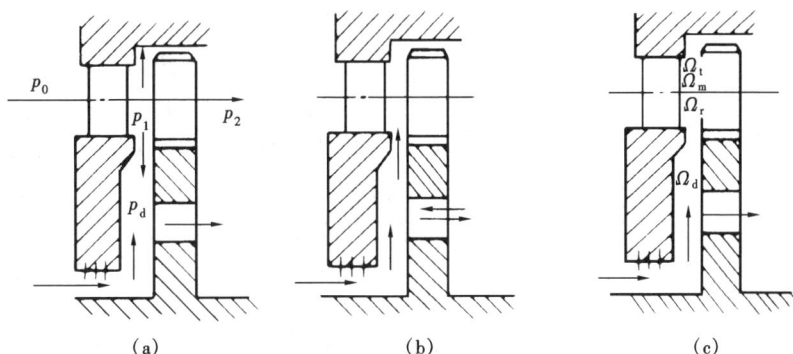

图 1-53　根部反动度不同时蒸汽在级内的流动情况
(a) 根部漏汽；(b) 根部吸汽；(c) 根部不吸不漏

然叶顶漏汽量有所减小，但仍不足以抵消吸汽损失的增加，因此采用很小的根部反动度也是不合理的。

　　试验表明，当根部反动度 $\Omega_r=0.03\sim0.05$ 时，能使叶根处不吸不漏，而隔板汽封处过来的蒸汽通过平衡孔漏到级后，根部不产生漏汽和吸汽的附加损失，提高了级效率。显然，选取这样的根部反动度是比较合理的。选定了 Ω_r 之后，可用下式求出平均反动度 Ω_m 和叶顶反动度 Ω_t：

$$\Omega_m = 1-(1-\Omega_r)\left(\frac{d_b-l_b}{d_b}\right) \tag{1-110}$$

$$\Omega_t = 1-(1-\Omega_r)\left(\frac{d_b-l_b}{d_b+l_b}\right) \tag{1-111}$$

　　3. 级的动静叶栅面积比的确定

　　级的反动度是通过动、静叶栅的具体结构来实现的。只有选择合理的动、静叶型和使动、静叶栅的面积比 $\frac{A_b}{A_n}$ 保持在较佳的范围内，才能实现所需的反动度。一般汽轮机常用的动、静叶栅面积比 $f=\frac{A_b}{A_n}$ 的范围如下：

　　对于直叶片压力级：$\Omega_m=5\%\sim20\%$，$f=1.85\sim1.65$（径高比 $\theta=\frac{d_b}{l_n}$ 越大，Ω_m 越大，f 取偏小值）；

　　对于扭叶片级：$\Omega_m=20\%\sim40\%$，$f=1.7\sim1.4$；

　　对于复速级：$\Omega_m=3\%\sim8\%$，$f_n:f_b:f_{gb}:f'_b=1:(1.6\sim1.45):(2.6\sim2.35):(4\sim3.2)$；

　　对于具体一级而言，需要通过计算，以确保级的反动度在合适的范围内。

　　三、级的某些结构因素对效率的影响

　　级内某些结构因素对汽轮机运行的安全性和经济性有重要影响，故设计时必须合理地加以确定，以提高经济性和安全性。这些结构因素大致有以下几项。

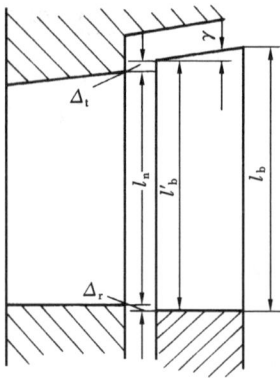

图 1-54 级的通流部分示意

1. 盖度

盖度是指动叶栅的进口高度 l'_b 超过喷管出口高度 l_n 的那部分叶高，用 Δ 表示，即 $\Delta = l'_b - l_n = \Delta_t + \Delta_r$，$\Delta_t$ 称为顶部盖度，Δ_r 称为根部盖度，如图 1-54 所示。

盖度的采用一方面能适应汽流径向扩散的要求，使汽流较好地进入动叶通道，减少叶顶漏汽损失；另一方面防止由于制造和装配上的误差，使动静叶错位而造成喷管出口汽流撞击在围带和叶根上，产生额外的损失。但是如果盖度太大，将使汽流突然膨胀，以致在动叶顶部和根部产生很大的径向分速度，形成旋涡，降低级的效率，因此应有一个最佳盖度。盖度对级效率的影响如图 1-55 所示。当没有径向汽封时，盖度增加使叶顶漏汽损失减小，级效率显著提高，装有径向汽封时，盖度对级效率的影响已不明显。

计算时，盖度可从表 1-3 中选取。从表中可见顶部盖度 Δ_t 要大于根部盖度 Δ_r，这是因为离心力的作用，汽流被压向顶部，所以必须有较大的盖度。

当蒸汽的比体积 v_{2t} 与 v_1 差别不大时，为了制造方便，可使动叶进出口高度相等，即 $l'_b \approx l_b$，但在汽轮机的末几级中，蒸汽压力较低并且反动度较大，比体积增加较快，所以动叶片的出口高度 l_b 比 l'_b 要大得多，使动叶片的端部形成扩散形（见图 1-54），一般应使扩散角 γ 不大于 $15°\sim 20°$，否则易形成涡流损失。

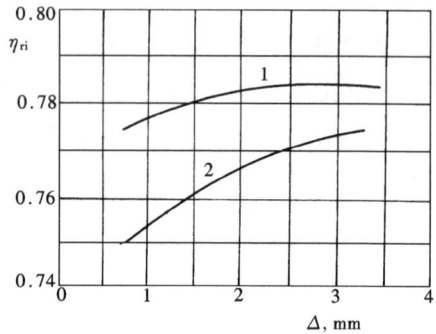

图 1-55 在一定速比下盖度
对级效率的影响
1—有径向汽封；2—无径向汽封

表 1-3 叶高与盖度之间的关系 （mm）

喷管高度 l_n	<50	50~90	91~150	>150
顶部盖度 Δ_t	1.5	2	2~2.5	2.5~3.5
根部盖度 Δ_r	0.5	1	1~1.5	1.5
直径之差（$d_b - d_n$）	1	1	1	1~2

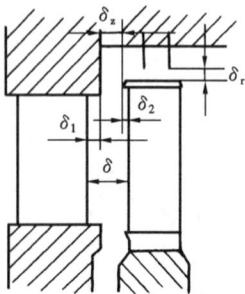

图 1-56 动叶顶部轴向
和径向间隙示意

2. 动静叶之间的轴向间隙

为防止动静摩擦，动叶和静叶、动叶和持环之间必然有轴向间隙和径向间隙，如图 1-56 所示。总的轴向间隙由三部分组成，即 $\delta = \delta_1 + \delta_2 + \delta_z$，其中 δ_z 称为开式轴向间隙，δ_1 和 δ_2 分别称为喷管和动叶的闭式轴向间隙。

从减小叶顶漏汽损失和缩短机组轴向长度来看，开式轴向间隙 δ_z 取得越小越好，但考虑到机组在启停和变工况运行时动静部分要发生热膨胀，如 δ_z 取得太小，有可能使动静之间发生摩擦，故应从安全、经济两方面考虑确定开式轴向间隙 δ_z 的取值，一般

取 $\delta_z=1.5\sim2.0mm$。对调峰机组或热胀差较大的机组，δ_z 取得稍大些，有些机组低压缸中 δ_z 甚至达 $7\sim8mm$。

闭式轴向间隙 δ_1 和 δ_2 的增大对级效率的影响有两方面，一方面使喷管出汽边到动叶进汽边之间的轴向距离增大，可减小喷管出口尾迹的影响，从而使动叶进口的汽流趋于均匀，这有利于级效率的改善；另一方面使汽流运动的距离增长，因而增加了汽流与汽道上下端面之间的摩擦，这不利于级效率的提高。因此，δ_1 和 δ_2 有一个较佳的范围，设计时，一般采用表 1-4 推荐的数据。

表 1-4　　　　　　　　　　　级的轴向间隙与叶高的关系　　　　　　　　　（mm）

喷管高度 l_n	<50	50~90	90~150	>150	
喷管闭式间隙 δ_1	1~2	2~3	3~4	4~6	
动叶闭式间隙 δ_2	2.5	2.5	2.5	2.5	$\delta_z=1.5$
总轴向间隙 δ	5~6	6~7	7~8	8~10	

3. 径向间隙

在叶顶加装围带和径向汽封可显著地减小叶顶漏汽。试验表明，在 $\delta_z=1.5mm$、$\Omega_r=0.03mm$、$\theta=40°$ 的条件下，装设径向平齿汽封（汽封齿数为 2，$\delta_r=1mm$）后，可提高级的效率 2%，故大功率汽轮机的高压部分普遍采用叶顶径向汽封。

从减小漏汽角度看，δ_r 越小越好，但从机组振动和热膨胀看，δ_r 也不能取的太小。因此，δ_r 的选取也要从安全、经济两方面考虑。一般设计时可取 $\delta_r=0.5\sim1.5mm$，当叶高较大时，取偏大值；反之，取偏小值。

应当指出，叶顶漏汽不仅与径向间隙的大小有关，而且与径向汽封的齿数和开式轴向间隙的大小有关。当开式轴向间隙因胀差需要取较大值时，需适当增加径向汽封的齿数和减小径向间隙，以控制叶顶漏汽量的增加。

在隔板与轴之间装置隔板汽封，可以有效地减小隔板漏汽。对隔板较厚的高压级，一般采用高低齿汽封，齿数也较多，对低压级可采用平齿汽封。汽封凹槽的开档 Δ 和径向间隙 δ_p（见图 1-57）都要取的恰当，δ_p 太大，封汽效果不好，δ_p 太小热胀时容易发生动静摩擦。Δ 太大，齿数就减小，漏汽量增加；Δ 太小，当胀差增大时，齿片容易碰坏。一般 $\Delta=11\sim12mm$，δ_p－$0.5\sim1.5mm$。

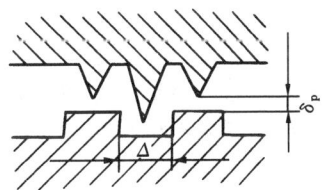

图 1-57　隔板汽封凹槽示意

4. 叶片宽度

叶片宽度增大，将增大端部损失，对较短叶片级的影响更大，所以采用窄叶片是有利的，但是叶片宽度减小，将使叶片强度减弱，同时在汽道表面粗糙度相同的情况下，叶片宽度减小，雷诺数也随之减小，导致叶型能量损失显著增加，因此存在一个最佳宽度。一般设计时，根据叶片强度的估算，选择一档合理的叶片宽度。

5. 平衡孔

在叶轮轮面上开设平衡孔主要是为了减小轴向推力。当叶根反动度过大或过小时，平衡孔会使叶根的漏汽或吸汽损失增大，致使级效率降低。此外，平衡孔对级效率的影响还与隔

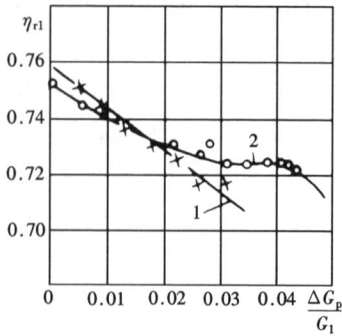

图 1-58 隔板漏汽量变化时
平衡孔对级效率的影响
1—无平衡孔；2—有平衡孔

板漏汽量有关。由图 1-58 可知，当隔板漏汽量 ΔG_p 较小时，无平衡孔的级效率（曲线 1）高于有平衡孔的级效率（曲线 2）；当隔板漏汽量 ΔG_p 较大时，有平衡孔的级效率高于无平衡孔的级效率。这是因为当 ΔG_p 较小时，平衡孔起到了叶轮前后漏汽通道的作用，使叶根漏汽相对增多；当 ΔG_p 较大，平衡孔可以减小吸汽损失。可见，只有在叶根反动度适当以及隔板漏汽量较大时，采用平衡孔才对提高级效率有利。平衡孔通流面积的大小应能使隔板漏汽量全部通过平衡孔流到级后，而且保证动叶根部不吸不漏，只有这样，级才具有较高的效率。

6. 拉金

当动叶较长时，根据动叶振动调频的需要，常采用拉金把叶片成组地连接起来。但拉金使汽流受阻，并使汽流产生扰动，因而使级效率下降。试验表明，单排拉金使级效率降低约 1%～2%，椭圆拉金可以改善动叶后速度场的不均匀性，减小级效率的降低。多排拉金的相互作用对汽流会产生更不利的影响，所造成的损失可能超过各单排之和，所以应尽量避免采用装设拉金来调频。

综上所述，在进行级的热力设计时，不仅应进行级的热力计算，而且还必须对各种结构因素的影响加以综合考虑，这样才能使设计的汽轮机既安全又经济。

四、喷管和动叶主要尺寸的确定

当叶型确定后，便可根据连续方程来确定动静叶的出口截面和叶片高度。

（一）喷管叶栅尺寸的确定

1. 渐缩斜切喷管

（1）当 $\varepsilon_n \geqslant \varepsilon_{cr}$ 时，与汽流速度 c_{1t} 相垂直的喷管叶栅出口截面积 A_n 与通过级的蒸汽流量的关系为

$$A_n = \frac{G v_{1t}}{\mu_n c_{1t}} \qquad (1\text{-}112)$$

若喷管叶栅的实际通流面积由图 1-59 所示的 Z_n 个通道的喉部面积 $a_n l_n = l_n t_n \sin\alpha_1$ 所组成，则喷管叶栅的出口总面积为

$$A_n = Z_n t_n l_n \sin\alpha_1 \qquad (1\text{-}113)$$

式中　$Z_n t_n$——通过汽流的弧长。

当级为部分进汽时，喷管出口高度 l_n 为

$$l_n = \frac{A_n}{e\pi d_n \sin\alpha_1} = \frac{G v_{1t}}{e\pi d_n \mu_n c_{1t} \sin\alpha_1} \qquad (1\text{-}114)$$

（2）当 $0.3 < \varepsilon_n < \varepsilon_{cr}$ 时，汽流在斜切部分发生膨胀偏转，此时要计算出喷管喉部面积 $(A_n)_{min}$ 之外，还需计算出汽流偏转角 δ。具体计算方法如下：

$$(A_n)_{min} = \frac{G}{0.648 \sqrt{p_0^* / v_0^*}} \qquad (1\text{-}115)$$

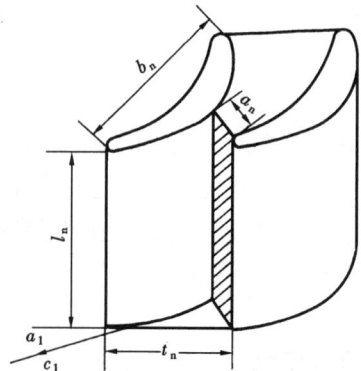

图 1-59 喷管汽道示意

$$l_n = \frac{(A_n)_{\min}}{e\pi d_n \sin\alpha_1} \qquad (1\text{-}116)$$

$$\sin(\alpha_1 + \delta_1) \approx \sin\alpha_1 \frac{v_{1t} c_{cr}}{v_{cr} c_{1t}} \qquad (1\text{-}117)$$

2. 缩放斜切喷管

缩放喷管的出口截面积和出口高度仍可按式
（1-112）和式（1-114）计算，但由图 1-60 可知，
此时喷管出口面积已不是喉部面积，它等于 $A_n =$
$Z_n l_n a_n$，所以喷管的出口处宽度 a_n 为

图 1-60　缩放喷管示意

$$a_n = \frac{A_n}{Z_n l_n}$$

喷管的喉部面积为

$$(A_n)_{\min} = \frac{G}{0.648 \sqrt{p_0^* / v_0^*}} = Z_n (l_n)_{cr} a_{\min}$$

如果 $(l_n)_{cr} \approx l_n$，则从上式可确定喉部宽度 $a_{\min}$。

在缩放喷管中，为了防止在渐扩部分汽流从汽流通道壁面脱离而引起涡流损失，要求喷
管扩张角 γ 不要过大。通常采用 $\gamma = 6° \sim 12°$。于是扩张部分长度 L 为

$$L = \frac{a_n - a_{\min}}{2\tan\dfrac{\gamma}{2}} \qquad (1\text{-}118)$$

（二）动叶栅尺寸的确定

动叶栅尺寸的计算基本上与喷管叶栅尺寸计算一样。但由于汽流在动叶栅内多半是亚临
界流动，因此常用下式计算动叶栅出口面积和出口高度：

$$A_b = \frac{G v_{2t}}{\mu_b w_{2t}} \qquad (1\text{-}119)$$

$$l_b = \frac{A_b}{e\pi d_b \sin\beta_2} \qquad (1\text{-}120)$$

动叶进口高度 l'_b 无须计算，由喷管高度 l_n 加盖度 Δ 来确定，即 $l'_b = l_n + \Delta_t + \Delta_r$。

五、级通流部分热力计算

通常情况下，已知级前蒸汽参数 p_0、t_0，级后压力 p_2，蒸汽流量 G，进入本级的初
速 c_0，级的平均直径 d_m 和汽轮机转速 n。根据这些条件选定级的反动度 Ω_m；选定静动
叶叶型和节距，可得静动叶汽流出口角 α_1 和 β_2；选定速度系数 φ、ψ，然后进行级的热
力计算。

热力计算的步骤如下：第一步，计算静动叶栅出口汽流速度，画出动叶进出口速度三角
形和热力过程线，算出级的轮周功率和轮周效率；第二步，计算静动叶的出口面积和叶高；
第三步，除轮周损失外，分析级内存在的其他各项损失，并计算出各项损失的大小；第四
步，算出该级的相对内效率和内功率。

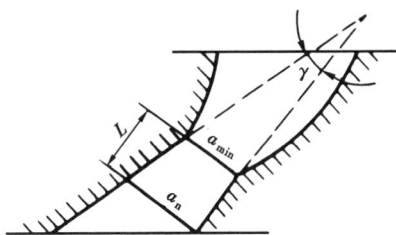

第六节　级 的 热 力 计 算 示 例

本节的目的是通过例题将级的热力计算的内容贯穿在一起，以便对级的工作原理有进一步的了解。

现以国产 N200-12.75/535/535 型汽轮机的某高压级为例，说明等截面直叶片级的热力计算程序。为便于理解和掌握，大体上把热力计算过程分为几个主要步骤。

已知数据：级前压力 $p_0 = 4.187$MPa，温度 $t_0 = 398℃$，级后压力 $p_2 = 4.247$MPa，级流量 $G = 165.833$kg/s，初速 $c_0 = 48.5$m/s，余速利用系数 $\mu_0 = 1$，转速 $n = 3000$r/min。该级通流部分结构如图 1-61 所示，试对该级进行热力计算。具体计算如下。

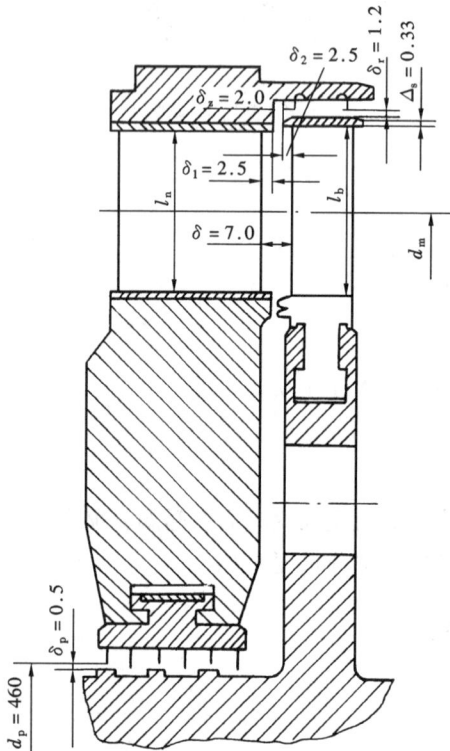

图 1-61　级的通流部分结构

一、喷管部分计算

1. 级的滞止理想焓降 Δh_t^*

根据级的进出口参数 p_0、t_0、p_2，在水蒸气 h-s 图上查得级的进口焓值 $h_0 = 3192.684$kJ/kg，等熵出口焓值 $h'_{2t} = 3155.482$kJ/kg。由级的进口滞止焓值 $h_0^* = h_0 + \dfrac{c_0^2}{2} = 3192.684 + \dfrac{48.5^2}{2 \times 10^3} = 3193.860$kJ/kg，查 h-s 图得到级的进口滞止压力 $p_0^* = 4.866$MPa。级的滞止理想焓降 Δh_t^* 为

$$\Delta h_t^* = h_0^* - h'_{2t} = 3193.861 - 3155.482 = 38.378 \ (kJ/kg)$$

2. 平均反动度的确定

为了确定喷管的滞止理想焓降，必须先确定级的反动度。选级的平均反动度 $\Omega_m = 0.195$。

3. 喷管的滞止理想焓降 Δh_n^*

$$\Delta h_n^* = (1 - \Omega_m)\Delta h_t^* = (1 - 0.195) \times 38.378 = 30.894 (kJ/kg)$$

4. 喷管出口汽流速度 c_{1t} 和 c_1

$$c_{1t} = \sqrt{2\Delta h_n^*} = \sqrt{2 \times 30.894 \times 10^3} = 248.6 (m/s)$$

$$c_1 = \varphi c_{1t} = 0.97 \times 248.6 = 241.1 (m/s)$$

5. 喷管等熵出口参数 h_{1t}、v_{1t}、p_1

首先由 h_0 和 Δh_n^* 求出喷管出口理想焓值 h_{1t}：

$$h_{1t} = h_0^* - \Delta h_n^* = 3193.860 - 30.894 = 3162.966 (kJ/kg)$$

然后在 h-s 图上，从进口状态等熵膨胀到 h_{1t}，查出等熵比热容 $v_{1t} = 0.0661$m³/kg、出口压

力 $p_1 = 4.365\text{MPa}$。

6. 喷管压力比 ε_n

$$\varepsilon_n = \frac{p_1}{p_0^*} = \frac{4.365}{4.866} = 0.897 > \varepsilon_{cr}$$

由此可见,喷管中为亚声速汽流,故采用渐缩喷管。选喷管型号为 TC-1A 型,$\alpha_1 = 12°$,$\sin\alpha_1 = 0.2079$。

7. 隔板漏汽量 ΔG_p

$$\Delta G_p = \mu_p A_p \frac{\sqrt{2\Delta h_n^*}}{v_{1t}\sqrt{Z_p}} = 0.75 \times 7.23 \times 10^{-4} \times \frac{\sqrt{2 \times 30.894 \times 10^3}}{0.0652\sqrt{6}} = 0.844(\text{kg/s})$$

其中 $$A_p = \pi d_p \delta_p = \pi \times 460 \times 0.5 \times 10^{-2} = 7.23 \ (\text{cm}^2)$$

式中 μ_p——汽封流量系数,取 $\mu_p = 0.75$;

Z_p——隔板汽封片数,取 $Z_p = 6$。

8. 喷管出口面积 A_n

因为是亚声速流动,故选用下式计算 A_n

$$A_n = \frac{G_n v_{1t}}{\mu_n c_{1t}} = \frac{(165.833 - 0.844) \times 0.0661}{0.97 \times 248.6} \times 10^4 = 452.3(\text{cm}^2)$$

式中 μ_n——喷管流量系数,由于叶高损失单独计算,故取 $\mu_n = 0.97$;

G_n——喷管进口流量,$G_n = G - \Delta G_p$。

9. 速比 x_a

当反动度确定后,为保证级的性能良好,相应地选择速比 $x_a = 0.505$。应当指出,一般在热力方案设计时,应选择若干个 x_a 值,平行地进行热力计算,然后通过各方案的技术经济比较,确定设计时的速比值。

10. 级的假想速度 c_a

$$c_a = \sqrt{2\Delta h_t^*} = \sqrt{2 \times 38.378 \times 10^3} = 277.0(\text{m/s})$$

11. 级的圆周速度 u

$$u = c_a x_a = 277.0 \times 0.505 = 139.9(\text{m/s})$$

12. 级的平均直径 d_m

$$d_b = \frac{60u}{\pi n} = \frac{60 \times 139.9 \times 10^3}{3000\pi} = 891(\text{mm})$$

若已知 d_b,可由 d_b 先算出 u,再算 x_a,校核 x_a 是否在最佳范围内。

对喷管的平均直径 d_n,严格地说,应根据盖度的数值来确定,现取 $d_n = d_b - 1 = 890\text{mm}$。但由于 d_n 和 d_b 相差不大,计算中往往取 $d_n = d_b = d_m = 891\text{mm}$。

13. 喷管高度 l_n

根据估算,叶片较高,故取部分进汽度 $e = 1$。

$$l_n = \frac{A_n}{e\pi d_m \sin\alpha_1} = \frac{452.3 \times 10^2}{0.891\pi \times 10^3 \times 0.2079} = 77.7(\text{mm})$$

为了制造方便,取喷管的计算高度为整数值,这里取 $l_n = 78\text{mm}$。

14. 喷管损失 $\Delta h_{n\xi}$

$$\Delta h_{n\xi} = (1 - \varphi^2)\Delta h_n^* = (1 - 0.97^2) \times 30.894 = 1.826(\text{kJ/kg})$$

15. 喷管出口焓值 h_1

$$h_1 = h_{1t} + \Delta h_{n\xi} = 3162.966 + 1.826 = 3164.792 (kJ/kg)$$

16. 作出动叶进口速度三角形

根据上面求得的 c_1、α_1、u 之值作出动叶进口速度三角形，如图 1-62 所示。

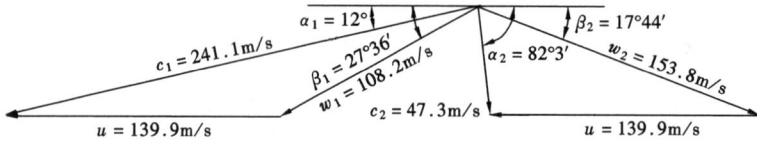

图 1-62 级的速度三角形

由图求得

$$w_1 = \sqrt{c_1^2 + u^2 - 2uc_1\cos\alpha_1}$$
$$= \sqrt{241.1^2 + 139.9^2 - 2 \times 241.1 \times 139.9 \times \cos 12°}$$
$$= 108.2 \ (m/s)$$

$$\beta_1 = \arcsin\frac{c_1\sin\alpha_1}{w_1} = \arcsin\frac{241.1 \times 0.207\,9}{108.2} = 27°36'$$

$$\frac{w_1^2}{2} = \frac{108.2^2}{2 \times 10^3} = 5.584 \ (kJ/kg)$$

二、动叶部分计算

17. 动叶出口相对速度 w_{2t} 和 w_2

$$w_{2t} = \sqrt{2\Omega_m\Delta h_t^* + w_1^2} = \sqrt{2 \times 0.195 \times 38.378 \times 10^3 + 108.2^2} = 163.3 \ (m/s)$$

$$w_2 = \psi w_{2t} = 0.942 \times 163.3 = 153.8 \ (m/s)$$

式中 ψ——动叶速度系数，由图 1-20 查得 $\psi = 0.942$。

18. 动叶等熵出口参数 h_{2t}、v_{2t}

由 h-s 图，从喷管实际出口状态点 p_1、h_1，等熵膨胀到 p_2，查得 $h_{2t} = 3157.15kJ/kg$，$v_{2t} = 0.066\,7m^3/kg$。

19. 动叶高度 l_b

因该级动叶进口比体积相差不大，故取 $l_b = l'_b$。根据喷管高度 l_n 有

$$l_b = l_n + \Delta_t + \Delta_r = 78 + 2 + 1 = 81 \ (mm)$$

20. 动叶顶部漏汽量 ΔG_t

$$\Delta G_t = \frac{\mu_t A_t c_t}{v_{2t}} = \frac{e\mu_t\pi(d_b + l_b)\delta_t\sqrt{2\Omega_t\Delta h_t^*}}{v_{2t}}$$

根部反动度 $\quad \Omega_r = 1 - (1 - \Omega_m)\dfrac{d_b}{d_b - l_b} = 1 - (1 - 0.195)\dfrac{891}{891 - 81} = 0.114\,5$

顶部反动度 $\quad \Omega_t = 1 - (1 - \Omega_r)\dfrac{d_b - l_b}{d_b + l_b} = 1 - (1 - 0.114\,5)\dfrac{891 - 81}{891 + 81} = 0.262$

动叶顶部当量间隙　　　$\delta_t = \dfrac{\delta_z}{\sqrt{1+Z_r\left(\dfrac{\delta_z}{\delta_r}\right)^2}} = \dfrac{2.0}{\sqrt{1+2\times\left(\dfrac{2.0}{1.2}\right)^2}} = 0.781$（mm）

式中　Z_r——动叶径向汽封齿数，取 $Z_r = 2$；

　　　μ_t——叶顶间隙的流量系数，$\mu_t = 0.58$。

$$\Delta G_t = \frac{0.58\times\pi\ (891+81)\ \times 0.781\times 10^{-6}\times\sqrt{2\times 0.262\times 38.378\times 10^3}}{0.066\ 7}$$

$$= 2.946\ (\text{kg/s})$$

21. 动叶出口面积 A_b

$$A_b = \frac{G_b v_{2t}}{\mu_b w_{2t}} = \frac{162.043\times 0.066\ 7}{0.964\times 163.3}\times 10^4 = 690.6(\text{cm})^2$$

式中　μ_b——动叶流量系数，查图 1—14，得 $\mu_b = 0.964$；

　　　G_b——动叶进口流量，$G_b = G_n - \Delta G_t = 164.989 - 2.946 = 162.043$（kg/s）。

22. 动叶汽流出口角 β_2

$$\sin\beta_2 = \frac{A_b}{\pi d_b l_b} = \frac{690.6\times 10^2}{891\times 81\pi} = 0.304\ 6$$

由此得 $\beta_2 = 17°44'$。

根据动静叶的工作条件和配对要求，动叶型号选用 TP-1A 型。

23. 作动叶出口速度三角形

由 w_2、β_2、u 作出动叶出口速度三角形，如图 1-62 所示。

由图求得

$$c_2 = \sqrt{w_2^2 + u^2 - 2w_2 u\cos\beta_2}$$

$$= \sqrt{153.8^2 + 139.9^2 - 2\times 153.8\times 139.9\times\cos 17°44'}$$

$$= 47.3\ (\text{m/s})$$

$$\alpha_2 = \arcsin\frac{w_2\sin\beta_2}{c_2} = \arcsin\frac{153.8\times 0.304\ 6}{47.3} = 82°3'$$

24. 动叶损失 $\Delta h_{b\xi}$

$$\Delta h_{b\xi} = (1-\psi^2)\ \Delta h_b^* = (1-\psi^2)\ \frac{w_{2t}^2}{2}$$

$$= (1-0.942^2)\ \frac{163.3^2}{2\times 10^3} = 1.502\ (\text{kJ/kg})$$

25. 余速损失 Δh_{c2}

$$\Delta h_{c2} = \frac{c_2^2}{2} = \frac{47.3^2}{2\times 10^3} = 1.119\ (\text{kJ/kg})$$

三、轮周效率 η_u 的计算

26. 轮周有效焓降 Δh_u

$$\Delta h_u = \Delta h_t^* - \Delta h_{n\xi} - \Delta h_{b\xi} - \Delta h_{c2}$$

$$= 38.378 - 1.826 - 1.502 - 1.119 = 33.931\ (\text{kJ/kg})$$

27. 级的理想能量 E_0

因为是中间级，级后无抽汽，故取 $\mu_1=1$，则

$$E_0=\Delta h_0^*-\mu_1\Delta h_{c2}=38.378-1.119=37.259\ (\text{kJ/kg})$$

28. 轮周效率 η_u

$$\eta_u=\frac{\Delta h_u}{E_0}=\frac{33.931}{37.259}=0.911$$

29. 校核轮周效率

$$p_{u1}=u\ (c_1\cos\alpha_1+c_2\cos\alpha_2)$$

$$=139.9\times\ (241.1\times\cos12°+47.3\cos82°3')\ \times10^{-3}=33.908\ (\text{kJ/kg})$$

$$\eta'_u=\frac{p_{u1}}{E_0}=\frac{33.908}{37.259}=0.910$$

两种方法计算的 η_u 和 η'_u 基本一致，所以可以认为以上计算结果是正确的。

四、级内损失的计算

由于该级在过热蒸汽区工作，没有湿汽损失，而且该级全周进汽，没有部分进汽损失，故只有叶高损失 Δh_l、扇形损失 Δh_θ、叶轮摩擦损失 Δh_f 和漏汽损失 Δh_δ。

30. 叶高损失 Δh_l

$$\Delta h_l=\frac{a}{l}\Delta h_u=\frac{1.6}{78}\times33.931=0.696\ (\text{kJ/kg})$$

式中取系数 $a=1.6$ 时，已包括扇形损失，故 Δh_θ 不需另外计算。

31. 叶轮摩擦损失 Δh_f

$$\Delta P_f=k_1\left(\frac{u}{100}\right)^3 d^2\frac{1}{v}=1.07\times\left(\frac{139.9}{100}\right)^3\times\frac{(891\times10^{-3})^2}{0.0666}=34.845(\text{kW})$$

其中

$$v=\frac{v_1+v_2}{2}=\frac{0.0663+0.0669}{2}=0.0666\ (\text{m}^3/\text{kg})$$

$$\Delta h_f=\frac{\Delta P_f}{G}=\frac{38.845}{165.833}=0.210\ (\text{kJ/kg})$$

32. 漏汽损失 Δh_δ

叶顶漏汽损失 Δh_t 为

$$\Delta h_t=\frac{\Delta G_t}{G}\Delta h'_u=\frac{2.946}{165.833}\times33.235=0.590\ (\text{kJ/kg})$$

其中

$$\Delta h'_u=\Delta h_u-\Delta h_l=33.931-0.696=33.235\ (\text{kJ/kg})$$

隔板漏汽损失 Δh_p 为

$$\Delta h_p=\frac{\Delta G_p}{G}\Delta h'_u=\frac{0.844}{165.833}\times33.235=0.169\ (\text{kJ/kg})$$

于是

$$\Delta h_\delta=\Delta h_t+\Delta h_p=0.590+0.169=0.759\ (\text{kJ/kg})$$

33. 级内各项损失之和 $\Sigma\Delta h$

$$\Sigma\Delta h=\Delta h_l+\Delta h_f+\Delta h_\delta$$

$$=0.696+0.210+0.759$$

$$=1.665 \ (\text{kJ/kg})$$

五、级效率及内功率的计算

34. 级的有效焓降 Δh_i

$$\Delta h_i = \Delta h_u - \Sigma \Delta h = 33.931 - 1.665$$

$$= 32.266 \ (\text{kJ/kg})$$

35. 级效率 η_{ri}

$$\eta_{ri} = \frac{\Delta h_{ri}}{E_0} = \frac{32.266}{37.259} = 0.866$$

36. 级的内功率 P_i

$$P_i = G\Delta h_i = 165.833 \times 32.266$$

$$= 5350.8 \ (\text{kW})$$

37. 作出级的热力过程线

级的热力过程线如图 1-63 所示。

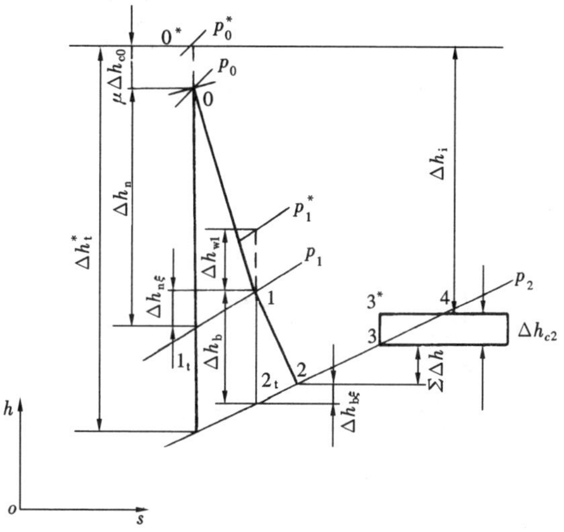

图 1-63　级的热力过程线

第七节　扭　叶　片　级

一、概述

前面在对级的通流部分进行分析计算时，认为汽流参数沿叶高和周向不变，用平均直径上的参数代替整个叶高上各处的参数，即采用一元流动为依据的设计方法。对于径高比 $\theta = \frac{d_m}{l} > 8 \sim 12$ 的短叶片级，采用这种一元流理论进行级的设计，可以获得满意的工程效果，而且计算简便，叶片易于加工，制造成本低。但随着汽轮机单机功率的增大，蒸汽容积流量必然增大，特别是凝汽式汽轮机的末几级，需要更大的通流面积，因此径高比较小，叶片很长。若仍以一元流动为依据，以平均直径处的参数计算，不考虑汽流参数沿叶高的变化，设计成直叶片，将产生很大的附加损失，使级效率显著降低。附加损失表现为以下几方面。

1. 沿叶高圆周速度不同引起的损失

当径高比较小（$\theta < 8 \sim 12$）、叶片较长时，从叶根到叶顶，半径的显著变化使圆周速度相差很大。例如，东方汽轮机厂生产的 N300-16.7/537/537 型汽轮机，其末级平均直径 $d_m = 2520\text{mm}$，叶片高度 $l_b = 851\text{mm}$，$\theta = 2.96$，叶顶圆周速度 $u_t = 529.5\text{m/s}$，叶根圆周速度 $u_r = 263\text{m/s}$，两圆周速度相差一倍。

微课 1-14
长叶片级

为了便于分析圆周速度沿叶高变化引起的损失，假定喷管出口汽流速度 c_1 和汽流角 α_1 沿叶高不变，按比例作出叶根、叶顶和平均直径处的速度三角形，如图 1-64 所示。

由图可见，由于圆周速度沿叶高逐渐增加，汽流进入动叶的进汽角 β_1 沿叶高逐渐增大，这时若动叶仍按平均直径处的速度三角形设计，并采用等截面直叶片，则除了平均直径外，其他直径处的汽流在进入动叶通道时，都将产生程度不同的撞击。在 $d > d_m$ 处，汽流撞击

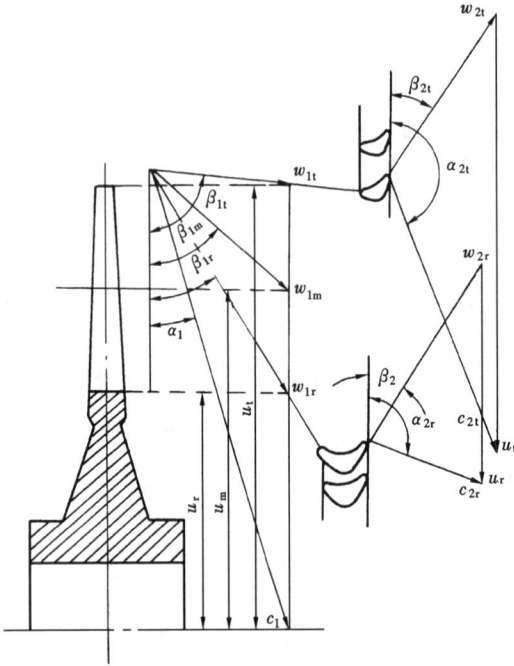

图 1-64　速度三角形沿叶高的变化

动叶背弧；在 $d < d_m$ 处，汽流撞击动叶内弧，从而造成能量损失。同时，动叶汽流出口绝对速度 c_2 及其方向角 α_2 沿叶高也将发生很大的变化，造成级后汽流扭曲，使下一级汽流进口条件恶化，产生附加能量损失。

2. 沿叶高节距不同引起的损失

汽轮机叶栅是具有一定半径的环形叶栅，当径高比 θ 较小时，从叶根到叶顶，叶栅节距相差较大。以国产 N200-12.75/535/535 型汽轮机的末级动叶栅为例，其叶根节距 $t_r = 37.77\text{mm}$，平均节距 $t_m = 56.1\text{mm}$，叶顶节距 $t_t = 74.75\text{mm}$，叶顶节距为叶根的两倍。若仍采用直叶片，在平均直径处取最佳节距，则在其他直径处因偏离最佳节距所造成的损失将随 θ 的减小而迅速地增加。

3. 轴向间隙中汽流径向流动所引起的损失

当蒸汽从静、动叶栅流出时，由于有圆周方向的分速度 c_{1u} 和 c_{2u} 的存在，蒸汽在静、动叶栅出口的轴向间隙中受到离心力的作用，又由于在一元流设计中没有平衡措施，所以引起轴向间隙中汽流的径向流动，这种径向流动不会转变成轮周功，纯属一种损失，叶片越长，这种损失越大。

上述分析说明，在径高比较小（$\theta < 8 \sim 12$）的长叶片级中，沿叶高不同直径处的汽流状态与平均直径处相差较大，且随着径高比的减小，这种差别更加明显，若仍按一元流设计成等截面直叶片，沿叶高叶栅的叶型不变，则在平均直径以外的其他截面，汽流特性和叶栅几何特性不能匹配，造成损失。为此应按二元流或三元流理论考虑汽流参数沿叶高变化的影响，把长叶片设计成型线沿叶高而变化的变截面叶片，即扭叶片，如图 1-65 所示。通常当 $\theta = 8$ 时，较好的扭叶片比直叶片提高效率约 $1.5\% \sim 2.5\%$；当 $\theta = 6$ 时，提高效率约 $3\% \sim 4\%$；当 $\theta = 4$ 时，提高效率可达 $7\% \sim 8\%$。可见 θ 越小，效率的提高越显著。采用扭叶片虽可提高效率，但扭叶片的加工困难，成本较高。究竟在什么条件下采用扭曲叶片，要根据提高效率的收益和制造成本的增加等有关方面的因素通过技术经济比较来确定。前面所说的按 $\theta = 8 \sim 12$ 来划分直叶片的范围仅仅是相对的，随着扭叶片加工工艺水平的提高和制造成本的下降，扭叶片的使用范围也越来越广泛，最初扭叶片只用在 $\theta < 5$ 的末几级，目前在大功率汽轮机的高中压部分也采用扭叶片，如哈尔滨汽轮机厂生产的 300MW 和 600MW 反动式汽轮机的全部静叶和动叶均采

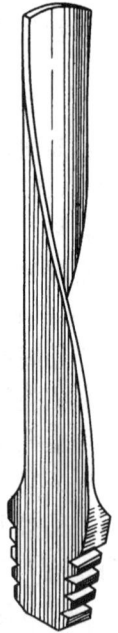

图 1-65　扭转的自由叶片

用了扭叶片，东方汽轮机厂生产的 300MW 冲动式汽轮机高中压缸压力级动叶也全部采用扭叶片。

二、扭叶片级的设计方法

目前在扭叶片级的设计中普遍采用径向平衡方法，即在级的轴向间隙中确定汽流的平衡条件，使之不产生径向流动，由此建立汽流流动的模型，从而得出不同轴向间隙中汽流参数沿叶高的变化规律。径向平衡方法又分简单径向平衡方法和完全径向平衡方法。简单径向平衡法是假定汽流在级的轴向间隙中作与轴对称的圆柱面运动，这是按二元流建立的汽流流动模型，此计算方法较好地克服了一元流理论中的缺陷，使级效率显著提高，应用较广。随着单机功率不断增大，末级叶片高度也越来越大，有的叶片高度可达 1320mm，其 $\theta <$ 2.42，使轴向间隙中的流动不再保持与轴对称的圆柱面流动。因此再用简单径向平衡方法来确定这种叶片的扭曲规律，就难以符合汽流的实际情况，而使级效率降低。对于 $\theta < 3$ 的叶

图 1-66　轴对称任意
回转面示意
1—流线；2—流线与子午面
的交线；3—子午面

片常采用完全径向平衡方法来确定扭叶片的扭曲规律，完全径向平衡法是假定汽流在级的轴向间隙中作任意回转面流动，如图 1-66 所示，这是理想的三元流动模型。

根据简单径向平衡理论，列出平衡方程，在某些特定条件（即平衡条件）下，可求得参数沿叶高变化的具体规律，即扭曲规律，称之为流型。显然，给出不同的平衡条件，径向平衡方程就会有不同的解，而不同的解也就确定了不同的流型。常用的流型有等环流流型，等 α_1 流型，等密流流型等。这些流型有一个共同缺点，就是反动度或动静叶片轴向间隙内的汽流压力沿叶高增大，而且变化剧烈。另外，为了减小叶顶反动度，必须减小叶根反动度。当根部反动度较低时，特别是在 $\theta < 3$ 的情况下，根部会出现负反动度，有的甚至低达 $\Omega_r =$ -0.2，因而使汽流在根部汽道中形成扩压段，引起附面层脱离而形成倒涡流，使损失显著增加；叶根处喷管出口速度增大使动叶根部进口马赫数增大，易于产生冲波，加剧动叶根部附面层的脱离，致使汽流阻塞，流线向上偏移，影响级的通流能力和做功能力；根部负反动度的存在使隔板汽封的前后压差增大，漏汽损失增加，并产生动叶根部的吸汽作用，扰乱主汽流而使流动损失增加；此外，在负反动度区域内，动叶中汽流不再是膨胀做功过程，而是扩压耗功过程，使动叶根部汽流反而消耗一部分轮周功。当 θ 很小而根部反动度为正值时，顶部反动度就会更大，Ω_t 甚至高达 0.8 以上，使动叶顶部前后压差增大，漏汽损失增加；同时也使动叶顶部某些截面的弯曲应力增加，影响安全；此外，由于反动度沿叶高变化剧烈，故级的平均反动度较大（一般 $\Omega_r = 0.03 \sim 0.05$，$\Omega_m$ 常在 $0.4 \sim 0.5$ 左右），与此对应的最佳速比也较大，因此级的做功能力也随之降低。

由上分析可见，造成这些问题的根本原因在于简单径向平衡方程有一定的局限性。它假定汽流为轴对称的圆柱面流动，无法控制反动度沿叶高的变化，要解决这些问题只能采用三元流的简化模型和完全径向平衡方程。

在汽轮机设计中，常把等环流流型称为自由涡流型，把由简单径向平衡方程推导出的反动度沿叶高变化难以控制的其他流型称之为受迫涡流型，而把由完全径向平衡方程导出的反动度沿叶高的变化加以控制的流型称为可控涡流型或控制涡流型。所谓"可控"就是指反动

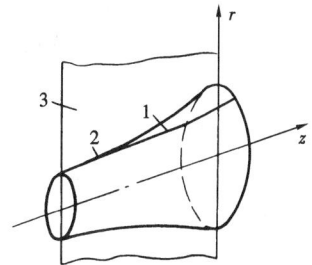

度沿叶高的变化可被控制。

流型是随着汽轮机设计水平的发展而发展的。以日本三菱重工生产的 700MW 蒸汽轮机高、中压缸的反动式叶片为例说明其发展经历的几个阶段，即从基于自由涡流型的二维设计，到基于可控涡流型的准三维设计，最后是考虑了体积力的用全三维设计方法设计的三维叶片，即弯曲叶片。三菱重工将上述三种设计方法设计的叶片在模化比 0.5 的三级模型透平上进行了实验。在设计工况下基于可控涡流型的准三维设计叶片比基于自由涡流型的二维设计叶片的级效率提高了 2%，而弯叶片的级效率比基于可控涡流型的准三维设计叶片又提高了 2%。由于全三维设计的弯叶片效率得到了明显提高，正逐渐被采用。1990 年英国 GEC公司在即将投入使用的大型蒸汽轮机上采用正倾斜的末级静叶，以改善根部区域的流动状况。单级模型实验结果表明，静叶根部反动度提高，根部总效率也得到了提高。1991 年德国西门子公司开始采用弯扭叶片对过去生产的汽轮机末级隔板进行改进。德国 ABB 公司为了提高汽轮机效率在汽轮机次末级和末级叶片开始采用全三维叶片。目前，我国三大汽轮机厂均将弯扭叶片应用在超临界压力 600MW 及以上的机组上。

复习思考题及习题

1. 什么叫汽轮机的级？为什么复速级具有两列动叶，仍被认为是一个级？

2. 何谓级的反动度？根据反动度如何将级进行分类？

3. 何谓纯冲动级、反动级、带反动度的冲动级、复速级？蒸汽在纯冲动级、反动级、带反动度的冲动级、复速级通流部分内压力和速度如何变化？

4. 简述纯冲动级、反动级、带反动度的冲动级、复速级的工作特点和结构特点。

5. 什么是冲动作用原理和反动作用原理？在什么情况下，动叶栅受反动力作用？

6. 说明冲动级的工作原理和级内能量转换过程及特点。

7. 说明反动级的工作原理和级内能量转换过程及特点。

8. 喷管速度系数 φ 与哪些因素有关？

9. 喷管的流量系数 μ_n 与哪些因素有关？

10. 蒸汽在喷管的斜切部分中的膨胀条件是什么？膨胀结果又如何？

11. 何谓斜切喷管的极限压力？

12. 什么是最佳速度比？纯冲动级、反动级和纯冲动式复速级的最佳速度比的表达式各为什么？其值大约是多少？

13. 汽轮机的级内损失一般包括哪几项？造成这些损失的原因是什么？

14. 什么是汽轮机的相对内效率？什么是级的轮周效率？影响级的轮周效率的因素有哪些？

15. 在相同的轮周速度 u、喷管速度系数 φ 和喷管出汽角 α_1 的条件下分析比较反动级、纯冲动级和复速级的做功能力和效率。

16. 冲动级级内反动度如何确定？

17. 影响级效率的结构因素有哪些？

18. 何谓扭叶片级？简述扭叶片级的设计方法。

19. 在 $h\text{-}s$ 图上画出级后余速部分被下一级利用时级的热力过程线。

20. 某汽轮机级的滞止理想焓降为 $\Delta h_t^* = 53\text{kJ/kg}$，动叶中转换的焓降为 $\Delta h_b = 4\text{kJ/kg}$，试求该级的平均反动度和蒸汽在喷管中的滞止理想焓降 Δh_n^*。

21. 已知喷管前的蒸汽压力 $p_0 = 8.4\text{MPa}$，温度 $t_0 = 490℃$，初速度 $c_0 = 100\text{m/s}$，喷管后压力 $p_1 = 5.8\text{MPa}$，喷管速度系数 $\varphi = 0.97$。试求：

(1) 喷管前蒸汽滞止焓、滞止压力；

(2) 喷管出口汽流速度；

(3) 当喷管后蒸汽压力由 $p_1 = 5.8\text{MPa}$ 降到临界压力时的临界速度。

22. 已知汽轮机的某级滞止理想焓降 $\Delta h_t^* = 78.5\text{kJ/kg}$，且知 $\varepsilon_n > \varepsilon_c$，级的反动度 $\Omega_m = 0.2$，喷管速度系数 $\varphi = 0.95$。求：

(1) 选择喷管型式；

(2) 喷管出口实际速度；

(3) 喷管损失。

23. 已知进入喷管的蒸汽压力 $p_0 = 0.09\text{MPa}$，蒸汽干度 $x_0 = 0.95$，初速 $c_0 = 0$；喷管后的蒸汽压力 $p_1 = 0.07\text{MPa}$，流量系数 $\mu_n = 1.02$，喷管出口截面积 $A_n = 0.001\ 2\text{m}^2$，试求通过喷管的蒸汽流量和彭台门系数。

24. 已知渐缩喷管出口截面积 $A_n = 0.70\text{m}^2$，喷管出口角 $\alpha_1 = 19°$，喷管后蒸汽压力 $p_1 = 0.01\text{MPa}$，干度 $x_1 = 0.92$，通过喷管的蒸汽流量 $G = 26\text{kg/s}$，喷管速度系数 $\varphi = 0.97$，初速可忽略不计。试求喷管前蒸汽压力 p_0 及干度 x_0，以及喷管斜切部分的汽流偏转角。

25. 已知某级动叶片出口速度 $c_2 = 100\text{m/s}$，$\alpha_2 = 90°$，其平均直径 $d_b = 1\text{m}$，工作转速 $n = 3000\text{r/min}$，试求动叶的圆周速度及动叶出口相对速度的大小和方向。

26. 带反动度的冲动级 $u = 160.5\text{m/s}$，速比 $x_1 = 0.54$，反动度 $\Omega_m = 0.13$，速度系数 $\varphi = 0.97$、$\psi = 0.938$，动叶进出汽角的关系为 $\beta_2 = \beta_1 - 6.7°$，喷管出汽角 $\alpha_1 = 11.67°$，计算并绘出动叶进出口速度三角形。

27. 已知机组某纯冲动级喷管出口蒸汽速度 $c_1 = 766.8\text{m/s}$，喷管出汽角 $\alpha_1 = 20°$，动叶圆周速度 $u = 365.76\text{m/s}$。若动叶进出口角度相等，喷管速度系数 $\varphi = 0.96$，动叶速度系数 $\psi = 0.8$，通过该级的蒸汽流量 $G = 1.2\text{kg/s}$，不计级的余速利用。试求：

(1) 蒸汽进入动叶的角度 β_1 和相对速度 ω_1；

(2) 蒸汽作用在叶片上的切向力 F_u；

(3) 级的轮周功率 P_u 和轮周效率 η_u。

28. 某机组级前蒸汽压力 $p_0 = 2.0\text{MPa}$，温度 $t_0 = 350℃$，焓 $h_0 = 3132\text{kJ/kg}$，初速 $c_0 = 70\text{m/s}$；级后蒸汽压力 $p_2 = 1.5\text{MPa}$，由初态等熵膨胀至级后压力 p_2 时的焓 $h_{2t} = 3056\text{kJ/kg}$。喷管出汽角 $\alpha_1 = 18°$，反动度 $\Omega_m = 20\%$，动叶进出汽角 $\beta_2 = \beta_1 - 6°$，级的平均直径 $d_m = 1080\text{mm}$，转速 $n = 3000\text{r/min}$，喷管速度系数 $\varphi = 0.95$，动叶速度系数 $\psi = 0.94$。试求：

(1) 动叶出口相对速度 w_2 和绝对速度 c_2；

(2) 喷管、动叶中的能量损失、余速动能；

(3) 绘出动叶进出口速度三角形。

第二章 多级汽轮机

第二章
数字资源

第一节 多级汽轮机的工作特点

为了满足电力生产日益增长的需要，世界各国都在生产大功率、高效率的汽轮发电机组。要想增大汽轮机的功率，则应增加汽轮机的理想焓降和蒸汽流量。若仍设计成单级汽轮机，则理想焓降增加，将使喷管出口速度相应增大，为了保持汽轮机级在最佳速比范围内工作，就必须相应地增加级的圆周速度，而增大圆周速度要受到叶轮和叶片材料强度条件的限制，所以焓降不能无限制地增加；增加级的蒸汽流量，则要增加级通流面积，即增大级的平均直径或叶片高度，同样将受到材料强度的限制。那么提高汽轮机蒸汽初参数和降低背压，既能提高机组循环热效率，又能增大汽轮机功率，但焓降的增加不能仅靠单级来完成，否则，喷管出口速度将非常大，为保证级在最佳速比附近工作，又将会出现材料强度所不允许的、极大的圆周速度。因此要增大汽轮机功率、又要保证高效率唯一的途径，就是采用多级汽轮机，其中每一级只利用总焓降的一小部分。

多级汽轮机是由按工作压力高低顺序排列的若干级组成的，常见的多级汽轮机有两种，即多级冲动式汽轮机和多级反动式汽轮机。

微课 2-1
多级汽轮机
的结构

图 1-8（见文后插页）是东方汽轮机厂生产的 300MW 冲动式多级汽轮机的纵剖面图。由图可见，该机组高压缸内有 10 级（1 个单列冲动级作调节级，其余 9 个为压力级）；中压缸内有 6 级；低压缸内为对称分流，布置有 6×2 个压力级。从结构上说，该机组共有 28 级，但由于蒸汽在低压缸内为对称分流，两部分的工作情况相同，故从热力过程的特点上说，该机组共有 22 级。

图 1-9（见文后插页）为哈尔滨汽轮机厂制造的亚临界压力 600MW 反动式汽轮机纵剖面图。它由 1 个单列调节级、10 个高压反动级、2×9 个中压反动级和 2×2×7 个低压反动级组成，因此从结构上说它有 57 级，而从热力过程上看，它有 27 级。

蒸汽进入汽轮机后依次通过各级膨胀做功，压力逐级降低，比体积则不断增大，尤其当压力较低而又进入饱和区后，比体积增加得更快。因此，为了使逐级增大的容积流量顺利通过各级，各级通流面积必须相应逐级扩大，形成向低压部分逐渐扩张的通流部分。

蒸汽在多级汽轮机中膨胀做功过程可以用 h-s 图上的热力过程线表示，如图 2-1 所示。$0'$ 点是第一级喷管前的蒸汽状态点，根据第一级的各项级内损失，可定出第一级的排汽状态点 2 点（1 点是第一级喷管后的状态点），将 $0'$ 点与 2 点之间用一条光滑曲线连起，则得出了第一级的热力过程

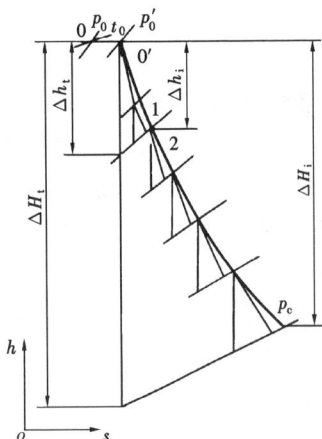

图 2-1 多级汽轮机的热力过程

线。而第二级的进汽状态点又是第一级的排汽状态点，同样可绘出第二级的热力过程线；以此类推，可绘出以后各级的热力过程线。把各级的过程线顺次连接起来就是整个汽轮机的热力过程线。图中 p_c 为汽轮机的排汽压力，也称为汽轮机的背压，ΔH_t 为汽轮机的理想焓降，ΔH_i 为汽轮机的有效焓降，从图中可看出，汽轮机的有效焓降 ΔH_i 等于各级有效焓降 Δh_i 之和，即 $\Delta H_i = \Sigma \Delta h_i$。整个汽轮机的内功率等于各级内功率之和。汽轮机的相对内效率为

$$\eta_{ri} = \frac{\Delta H_i}{\Delta H_t} \tag{2-1}$$

一、多级汽轮机的特点

（一）多级汽轮机的优越性

1. 多级汽轮机的循环热效率大大提高

多级汽轮机的焓降比单级汽轮机增大很多，可以采用较高的进汽参数和较低的排汽参数，还可以采用回热循环和再热循环，从而大大提高了机组的循环热效率。

2. 多级汽轮机的相对内效率明显提高

（1）多级汽轮机每一级承担的焓降不必很大，可以保证各级都在最佳速比附近工作。

（2）在一定的条件下，多级汽轮机的余速动能可以全部或部分地被下一级利用。

（3）多级汽轮机级的焓降较小，可以采用渐缩喷管，避免了采用难以加工、效率较低的缩放喷管。

（4）当级的焓降较小时，根据最佳速比的要求，可相应减小级的平均直径，从而可适当增加叶栅高度，减小叶栅的端部损失。

（5）多级汽轮机具有重热现象（详见后述）。

3. 多级汽轮机单位功率的投资大大减小

多级汽轮机的单机功率可远远大于单级汽轮机，因而使单位功率汽轮机组的造价、材料消耗和占地面积都比单级汽轮机大大减小，容量越大的机组减小得越多。

（二）多级汽轮机存在的问题

（1）增加了一些附加的能量损失，如级间漏汽损失、湿汽损失等。

（2）由于级数多，相应地增加了机组的长度和质量。

（3）由于新蒸汽和再热蒸汽温度的提高，多级汽轮机高中压缸前面若干级的工作温度较高，故对零部件的金属材料要求提高。

（4）级数增加，零部件增多，使多级汽轮机的结构更为复杂。

总之，多级汽轮机的优越性远大于其存在的不足，故在工业中得到了广泛的应用。

二、多级汽轮机的余速利用

在多级汽轮机中，上一级的排汽就是下一级的进汽，当叶型选择及结构布置合理时，上一级排汽的余速动能可以全部或部分地作为下一级的进汽动能而被利用。

1. 余速利用对级效率的影响

根据第一章级的内效率表达式为

$$\eta_{ri} = \frac{\Delta h_i}{E_0} = \frac{\Delta h_t^* - \Sigma \Delta h - \Delta h_{c2}}{\Delta h_t^* - \mu_1 \Delta h_{c2}}$$

式中　$\Sigma \Delta h$——不包括余速损失的所有级内损失。

微课 2-2
多级气轮机
的优点及余
速利用

当本级余速不被下级利用时，有 $\mu_1 = 0$，则：

$$\eta'_{ri} = \frac{\Delta h_i}{E_0} = \frac{\Delta h_t^* - \Sigma \Delta h - \Delta h_{c2}}{\Delta h_t^*}$$

当余速动能被下一级利用时，$\mu_1 > 0$，则 $\eta_{ri} > \eta'_{ri}$，即本级余速被下一级利用后，可以提高本级的内效率。

2. 余速利用对整机效率的影响

余速利用对整机效率的影响可用图 2-2 说明。在相同的进汽参数和排汽压力下，当各级余速动能都不被利用时，第一级的实际排汽点（即第二级的进汽点）为 c 点 $\left(\frac{c_2^2}{2}\right.$ 为第一级的余速动能 $\left.\right)$，abc 为第一级的热力过程线。依次类推，汽轮机末级排汽状态点为 d 点，整机的有效焓降为 ΔH_i。当各级余速均被利用时，第二级的进汽状态点为 b 点，进口滞止状态点为 c' 点，依次类推，则末级排汽状态点为 d' 点，此时汽轮机的有效焓降变成了 $\Delta H'_i$。由图可见 $\Delta H'_i > \Delta H_i$，说明余速利用后，整机热力过程线左移，整个过程的熵增减小，效率提高。

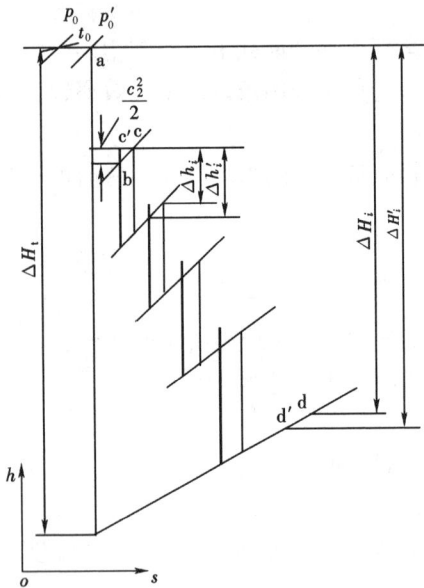

图 2-2 余速利用对整机
热力过程线的影响

3. 实现余速利用的条件

（1）相邻两级的部分进汽度相同。大功率汽轮机除调节级外其余各级均为全周进汽，而调节级与第一非调节级之间部分进汽度不同，故调节级余速基本不能利用。

（2）相邻两级的通流部分过渡平滑。

（3）相邻两级之间的轴向间隙要小，流量变化不大。这两个条件一般都能满足，试验表明，即使两级之间有回热抽汽，对余速利用的影响也不大。

（4）前一级的排汽角 α_2 应与后一级喷管的进汽角 α_{0g} 一致。在变工况时，排汽角 α_2 会有较大的变化，但一般喷管的进汽边都加工成圆角，能适应进汽角度在较大范围内的变化，所以这一条件通常能满足。

综上所述，多级汽轮机的中间级基本上都能充分地利用前一级的余速动能，所以在设计时就不一定要求每一级都轴向排汽，而可以在直径、转速不变的条件下采用比较小的速比来增加每一级可承担的焓降，使总的级数减小。

微课 2-3
多级汽轮机
的重热现象

三、多级汽轮机的重热现象

图 2-3 是一台五级汽轮机的热力过程线。由图可见，当第一级存在级内损失时，其排汽的焓值、温度较没有损失时高，导致第二级的理想焓降为 Δh_{t2}。由于在水蒸气的 h-s 图上等压线沿着熵增的方向呈扩散状，则 Δh_{t2} 大于整机等熵线上的理想焓降 $\Delta h'_{t2}$。同理也有 $\Delta h_{t3} > \Delta h'_{t3}$、$\Delta h_{t4} > \Delta h'_{t4}$、$\Delta h_{t5} > \Delta h'_{t5}$，则

$$\Delta h'_{t1} + \Delta h_{t2} + \Delta h_{t3} + \Delta h_{t4} + \Delta h_{t5} > \Delta h'_{t1} + \Delta h'_{t2} + \Delta h'_{t3} + \Delta h'_{t4} + \Delta h'_{t5}$$

即 $$\Sigma \Delta h_t > \Delta H_t \qquad (2\text{-}2)$$

可见，在多级汽轮机中，由于损失的存在，各级理想焓降之和 $\Sigma\Delta h_t$ 大于整机的理想焓降 ΔH_t。在汽轮机中，前级的损失能使其后面各级的理想焓降增大；或者说，前级的损失在后面各级中还能部分的得到利用，这种现象称为多级汽轮机的重热现象。

由于重热现象而增加的理想焓降占汽轮机理想焓降的比例称为重热系数，即

$$\alpha=\frac{\Sigma\ \Delta h_t-\Delta H_t}{\Delta H_t} \tag{2-3}$$

一般 α 为 0.04～0.08。

设各级的平均内效率为 η_{rim}，汽轮机的内效率为 η_{ri}，则

$$\Delta H_i=\eta_{ri}\Delta H_t=\Sigma\Delta h_i=\eta_{rim}\Sigma\Delta h_t$$

将式（2-3）代入上式得

$$\Delta H_i=\eta_{rim}(1+\alpha)\Delta H_t$$

则

$$\eta_{ri}=\frac{\Delta H_i}{\Delta H_t}=\eta_{rim}\ (1+\alpha) \tag{2-4}$$

式（2-4）说明，由于重热现象，使多级汽轮机的内效率大于各级的平均内效率。可见，重热现象使前面级的损失在后面级中得到了部分利用，使整机内效率提高。但不能说，重热系数越大，多级汽轮机的内效率就越高，因为 α 越大，说明各级的损失越大，重热只能回收利用总损失中的一小部分，而这一小部分远不能补偿损失的增大。

四、多级汽轮机各级段的工作特点

一般情况下，沿着蒸汽的流动方向可把多级汽轮机分为高压段、中压段、低压段三部分，对于分缸的大型汽轮机则分为高压缸、中压缸和低压缸。由于各部分所处的条件不同，因此各段有不同的特点。图 2-3 所示为五级汽轮机的热力过程线。

微课 2-4
多级汽轮机高、
中、低压段
的特点

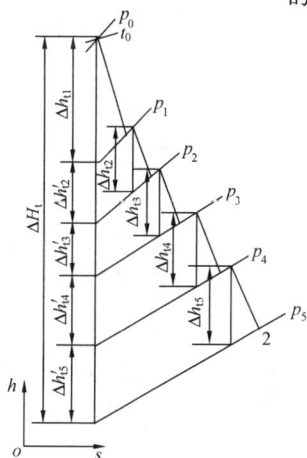

1. 高压段

在多级汽轮机的高压段，工作蒸汽的压力、温度很高，比体积较小，因此通过该级段的蒸汽容积流量较小，所需的通流面积也较小。

在冲动式汽轮机的高压段，级的反动度一般不大，当静动叶根部间隙不吸汽、不漏汽时，根部反动度较小，由于叶片高度较小，故平均直径处的反动度较小。

在高压段的各级中，各级焓降不大，焓降的变化也不大。这是因为通过高压段各级的蒸汽容积流量较小，为了增大叶片高度，以减小端部损失，叶轮的平均直径就较小，相应的圆周速度也较小；为保证各级在最佳速比附近工作，喷管出口汽流速度也较小，故各级焓降不大；由于高压段各级的比体积变化较小，因而各级的直径变化不大，所以各级焓降变化也不大。

2. 低压段

低压段的特点是蒸汽的容积流量很大，要求低压段各级具有很大的通流面积，因而叶片高度势必很大。为了避免叶

图 2-3　五级汽轮机的
热力过程线

高太大，有时不得不把低压段各级的喷管出口汽流角 α_1 取得相当大，使圆周方向分速 c_u 与轮周功减小。

级的反动度在低压段明显增大的原因有两方面：一方面是低压段叶片高度很大，为保证叶片根部不出现负反动度，则平均直径处的反动度较大；另一方面是级的焓降大，为避免喷管出口汽流速度超过声速过多而采用缩放喷管，只有增加级的反动度，减小喷管中承担的焓降。

低压段的蒸汽容积流量很大，故叶轮直径大大增加，圆周速度增加较快。为了保证有较高的级效率，各级均应在最佳速比附近工作，这时各级的焓降相应增加较快。

3. 中压段

中压段的情况介于高压段和低压段之间。为了保证汽轮机通流部分畅通，各级喷管叶高和动叶叶高沿蒸汽流动方向是逐级增大的，故中压段各级的反动度一般介于高压和低压段之间且逐级增加。

第二节　汽轮机的损失及其装置的效率和热经济指标

一、多级汽轮机的损失

多级汽轮机的损失分为两大类，一类是指不直接影响蒸汽状态的损失，称为外部损失，另一类是指直接影响蒸汽状态的损失，称为内部损失。

（一）多级汽轮机的外部损失

外部损失包括机械损失和外部漏汽损失。

微课 2-5
多级汽轮机
的损失

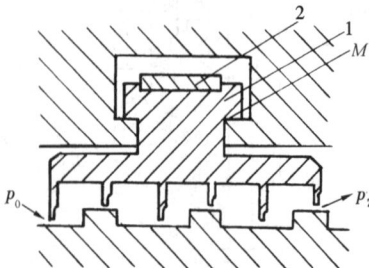

1. 机械损失

汽轮机运行时，要克服支持轴承和推力轴承的摩擦阻力，还要带动主油泵、调速器等，这都要消耗一部分有用功而造成损失，这种损失称为机械损失。

2. 外部漏汽损失

汽轮机的主轴在穿出汽缸两端时，为了防止动静部分的摩擦，总要留有一定的间隙，又由于汽缸内外存在着压差，则必然会使高压端有一部分蒸汽向外漏出，这部分蒸汽不做功，因而造成了能量损失；而在处于真空状态下的低压端会有一部分空气从外向里漏入而破坏真空，增大抽气器的负担，这都将降低机组的效率。为了防止外面空气往凝汽器内漏和利用高压端向外漏出的蒸汽，所有的多级汽轮机均设有一套轴封系统（也称汽缸端部汽封系统）。

装在汽侧压力高于外界大气压处的汽封，称为正压轴封，它的作用是在正常负荷下减少汽轮机内高压蒸汽向外的漏汽量；装在汽侧压力低于外界大气压处的汽封，称为负压轴封，它的作用是防止外界空气漏入汽缸。

在现代汽轮机中，装配在隔板上和轴封上的，用来减少漏汽（气）的最常用的结构是齿形汽封。它的基本零件是呈弧段形状的汽封圈，汽封圈的背弧上都安装着弹簧片，依靠弹簧片的弹力，使每一段汽封圈都紧紧地贴在定位面（即图 2-4 的 M 面）上。汽封圈的具有代表性的横截面形状如图 2-4 所示，汽封圈的内弧上车出了

图 2-4　齿形汽封的横截面
1—汽封圈；2—弹簧片

若干个高低齿，分别与轴封套筒上的凹槽和凸肩相互对应，汽封齿与轴封套筒之间形成了环形间隙，每相邻的两个汽封齿之间形成了一个环形汽室，蒸汽通过这些间隙和汽室从高压（p_0）侧漏到低压（p_z）侧。

用齿形汽封可以减少漏汽的道理，可用连续方程 $G = Ac/v$ 来分析。分析该式可知，要想减少汽封的漏汽量，就要尽量减少漏汽间隙的面积 A 和漏汽速度 c。

由于汽封齿很薄，它一旦与轴封套筒发生了摩擦，其摩擦面积也很小；况且汽封圈上的弹簧片还有退让性，故产生的摩擦力也不太大，因此汽封齿都是尽可能地接近轴封套筒，汽封间隙 δ 一般在 $0.3 \sim 0.7$mm 之间，故漏汽间隙的面积已减小到最低限度。

漏汽速度 c 也能够得到明显的降低。因为漏汽在经过每一个齿隙时，其参数的变化规律与汽流经过一个渐缩喷管时相类似。经过汽封圈的漏汽，由初压 p_0 逐齿降到 p_z，其间汽封圈上的齿数越多，每个齿隙两侧的压差越小，该压差越小，漏汽的速度越低。

通过上面分析可知，齿形汽封能够尽量地减小漏汽间隙，并能有效地降低漏汽速度，这就是它能够减少漏汽的基本原理。

汽轮机各汽缸端部的轴封及其与之相连接的管道和附属设备，称为汽轮机的轴封系统。图 2-5 为上海汽轮机厂 300MW 汽轮机轴封系统。该系统在机组正常运行时，靠高中压缸两端轴封漏汽作为低压端轴封供汽，不需另供轴封用汽，这种系统称为自密封轴封系统。

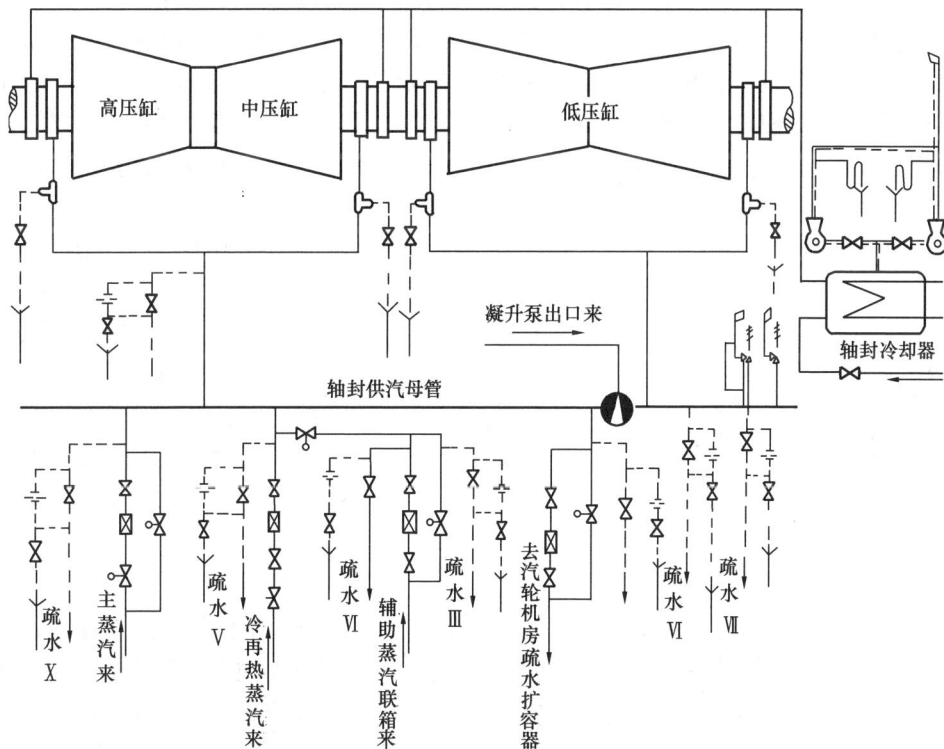

图 2-5 上海汽轮机厂 300MW 汽轮机轴封系统

　　轴封系统所需要的蒸汽与汽轮机的负荷有关。在机组启动、空载和低负荷时，缸内为真空状态，为防止空气漏入，需向各轴封供应低温低压蒸汽，设有定压轴封供汽母管，母管内蒸汽来自再热蒸汽或主蒸汽或辅助蒸汽。机组冷态启动时，用辅助蒸汽向轴封供汽。机组正常运行时，主蒸汽、冷再热蒸汽、辅助蒸汽作为轴封备用汽源，这时低压缸两端轴封用汽靠高、中压缸两端轴封漏汽供给，即实现了自密封（一般 15％额定负荷以上高压排汽端实现自密封，25％额定负荷以上中压排汽端实现自密封）。

　　机组运行过程中，轴封供汽母管的压力维持在 0.02～0.027MPa（表压）。为了预防轴封系统的供汽压力可能超过系统设计的允许压力，系统中装设有一只安全阀，安全阀的动作压力为 0.275～0.79MPa（绝对压力）。

　　由于高中压汽封漏汽混合温度超过了低压汽封所允许的供汽温度，所以在低压供汽母管前设置了一个温度控制站，通过喷水减温器将低压供汽温度控制在 121～177℃范围内，喷水减温的水源为凝结水。

　　（二）多级汽轮机的内部损失

　　多级汽轮机中除了在各级内要产生各种级内损失外，还存在着进汽机构的节流损失、中间再热管道的压力损失及排汽管中的压力损失。这几项损失对蒸汽的状态参数都有影响，因此均属于内部损失。

　　1. 汽轮机进汽机构的节流损失

　　汽轮机的初参数是指（高压）主汽阀前的蒸汽参数。新蒸汽进入汽轮机第一级喷管前，要经过高压主汽阀、调节汽阀、管道和蒸汽室等。蒸汽在流过这些部件时由于摩擦、涡流等要造成压力降低，这个过程为节流过程，过程前后焓值相等，熵增大。由图 2-6 可知，在背压不变的条件下，若进汽机构中没有节流损失，整机的理想焓降为 ΔH_t，由于存在着进汽机构的压力降 Δp_0，使整机的理想焓降变为 $\Delta H_t'$，这种由于节流作用引起的焓降损失 $\Delta H_{t\xi} = \Delta H_t - \Delta H_t'$ 称为进汽机构中的节流损失。

　　进汽机构中的节流损失与管道长短、阀门型线、蒸汽室形状及汽流速度等有关。设计时，当阀门全开时选取蒸汽速度不大于 40～60m/s，这时，若第一级喷管前的压力为 p_0'，则因节流引起的压力损失为

$$\Delta p_0 = p_0 - p_0' = (0.03 \sim 0.05)\, p_0 \tag{2-5}$$

或　　　$p_0' = (0.95 \sim 0.97)\, p_0 \tag{2-6}$

式中 p_0 为主汽阀前压力。主汽阀前的蒸汽参数也即汽轮机的初参数。

　　蒸汽经过两个汽缸之间的连通管时，由于摩擦和二次流等原因所引起的压力损失 Δp_s 为连通管压力的 2％～3％，即

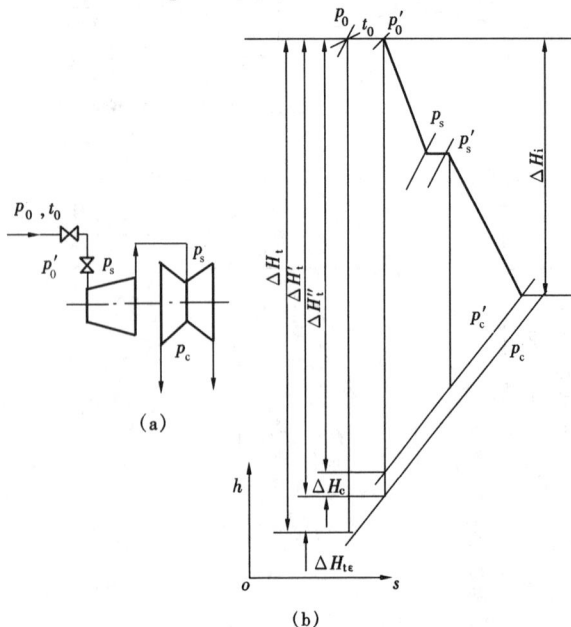

图 2-6　考虑了进排汽机构中损失的热力过程线

（a）系统示意；（b）热力过程曲线

$$\Delta p_s = p_s - p_s' = (0.02 \sim 0.03) \, p_s \tag{2-7}$$

2. 排汽管中的压力损失

蒸汽从最后一级动叶排出后，由排汽管引到凝汽器中，蒸汽在排汽部分流动时，因摩擦和旋涡等造成了压力降低，使汽轮机末级后的静压 p_c' 高于凝汽器内的静压力 p_c，即 $\Delta p_c = p_c' - p_c$。而这部分压降只用于克服排汽部分的流动阻力，并未做功，故是一种损失，称为排汽管损失，通常 $\Delta p_c = (0.02 \sim 0.06) \, p_c$。由图 2-6 可知，由于 Δp_c 的存在，使汽轮机的理想焓降由 $\Delta H_t'$ 降为 $\Delta H_t''$，差值 $\Delta H_c = \Delta H_t' - \Delta H_t''$ 为排汽管压力损失所引起的焓降损失。

为了提高机组的经济性，尽量减小压力损失 Δp_c，通常将排汽管设计成扩压效率较高的扩压管，即在末级动叶后到凝汽器入口之间有一段通流面积逐渐扩大的导流部分，尽可能将排汽动能转变为静压，以补偿排汽管中的压力损失。同时，在扩压段内部和其后部还设置了一些导流环或导流板，使乏汽均匀地布满整个排汽通道，使排汽通畅，减少排汽动能的消耗。

3. 中间再热管道的压力损失

中间再热蒸汽经过再热器和再热冷、热段管道时，由于流动阻力损失要产生压降，其压力损失 Δp_r 约为再热压力 p_r 的 10%。此外，再热蒸汽经过中压主汽阀和中压调节汽阀时也要有压力损失，但因中压调节汽阀只在低负荷时才有调节作用，正常运行时则处于全开状态，故节流损失较小，可取 $\Delta p = 0.02 p_r$。综合上述，两种情况蒸汽流经中间再热器及其管道阀门后所产生的压力损失 $\Delta p_r = (8\% \sim 12\%) \, p_r$。图 2-7 为国产 300MW 汽轮机的热力过程线，图中 1~8 是回热抽汽压力。

二、汽轮机及其装置的效率

发电厂的生产过程实际上是一系列的能量转换过程，从热力学可知，热能是不可能全部转换成机械能的。因此，在汽轮机装置中，通常用各种效率来表示整个能量转换过程中不同阶段的完善程度。

一个机械或装置的输入能量与输出能量之比称为此机械或装置的效率。在分析整个发电厂的经济性时，将汽轮机放在整个热力循环中考虑，即把发电厂的热力循环系统作为研究对象，这时输入循环中的能量为每千克蒸汽在锅炉中的吸热量 Q_0，再分别考虑汽轮发电机组的不同损失后得出不同的能量作为输出能量，这样得到的一组效率称为绝对效率。当分析汽轮发电机组的经济性时，将汽轮发电机组作为研究对象，则输入汽轮发电机组中的能量为汽轮机的理想焓降 ΔH_t，以此而得到的一组效率称为相对效率。

微课 2-6
多级汽轮机及
其装置的效率

（一）相对效率

1. 汽轮机的相对内效率 η_{ri}

相对内效率是衡量汽轮机内能量转换完善程度的指标，而对于汽轮机来说，其输入能量为蒸汽在汽轮机中的理想焓降 ΔH_t（或对应的理想功率 p_t），输出能量为汽轮机的内功率 P_i。其中 $P_t = G\Delta H_t$，$P_i = G\Delta H_i$。故相对内效率为

$$\eta_{ri} = \frac{P_i}{P_t} = \frac{\Delta H_i}{\Delta H_t} \tag{2-8}$$

汽轮机的相对内效率越高，说明其内部损失越小，目前汽轮机的相对内效率已达

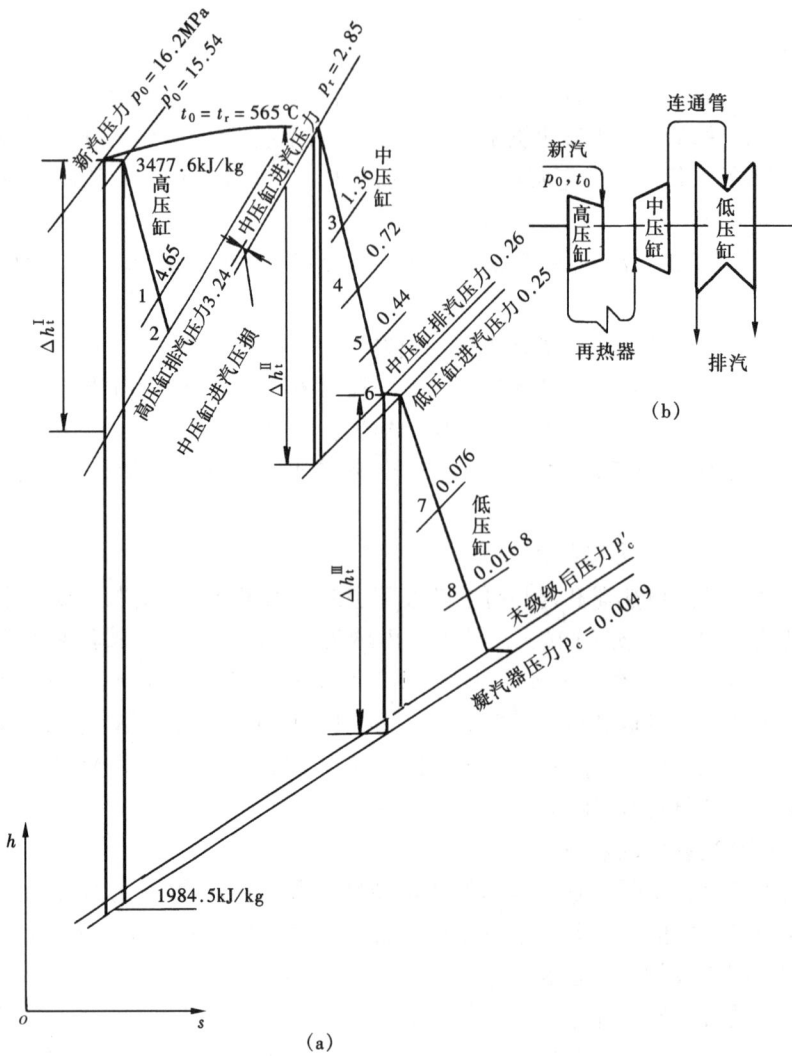

图 2-7　国产中间再热 300MW 汽轮机的热力过程线及系统示意

(a) 热力过程线；(b) 系统示意

78%～90%。

2. 汽轮机的相对有效效率 η_{re}

由前可知，机械损失包括用来带动主油泵和克服轴承摩擦而消耗的功率。为简化问题，现将全部机械损失看成集中于轴承上，则对于轴承来说，其输入能量为汽轮机输出的内功率 P_i，输出能量 P_e 称为有效功率，$P_i - P_e = \Delta P_m$，即为机械损失，故机械效率为

$$\eta_m = \frac{P_e}{P_i} \tag{2-9}$$

机械效率一般较高，大功率机组可达 99% 以上。

若把汽轮机和轴承看成一个整体，其效率称为相对有效效率 η_{re}，此时该装置的输入能量为蒸汽的理想功率 P_t，输出能量为有效功率 P_e，故相对有效效率 η_{re} 为

$$\eta_{re} = \frac{P_e}{P_t} = \frac{P_e}{P_i}\frac{P_i}{P_t} = \eta_m\eta_{ri} \tag{2-10}$$

3. 汽轮发电机组的相对电效率 η_{rel}

若单独讨论发电机，其输入能量为轴承的输出能量，即为有效功率 P_e，由于发电机内有铜损、铁损和机械损失等，使其输出能量变为 P_{el}，称为电功率，$P_e - P_{el} = \Delta P_{el}$ 称为发电机损失，故发电机的效率 η_g 为

$$\eta_g = \frac{P_{el}}{P_e} \tag{2-11}$$

发电机效率与发电机的容量及冷却方式有关，大功率机组一般可达 $97\% \sim 99\%$。将汽轮机、轴承和发电机合在一起看成一个整体，则整个机组的输入能量为理想功率 P_t，输出能量为电功率 P_{el}，而整个机组的效率称为相对电效率 η_{rel}，即

$$\eta_{rel} = \frac{P_{el}}{P_t} = \frac{P_{el}}{P_e}\frac{P_e}{P_i}\frac{P_i}{P_t} = \eta_g\eta_m\eta_{ri} = \eta_g\eta_{re} \tag{2-12}$$

汽轮发电机组的电功率 P_{el} 是向外输送的功率，在无回热抽汽时（蒸汽流量 G 单位为kg/s）

$$P_{el} = G\Delta H_t\eta_{ri}\eta_m\eta_g \tag{2-13}$$

若蒸汽流量用 D（kg/h）表示时，上式变为

$$P_{el} = \frac{D\Delta H_t\eta_{ri}\eta_m\eta_g}{3600} \tag{2-14}$$

当有回热抽汽时

$$P_{el} = \eta_m\eta_g\sum_{j=1}^{n}G_j\Delta H_{ij} = \frac{\eta_m\eta_g}{3600}\sum_{j=1}^{n}D_j\Delta H_{ij} \tag{2-15}$$

其中 G_j（D_j）和 ΔH_{ij} 分别表示第 j 段的流量和有效焓降。$j=1$ 时，表示第一个抽汽口上游的那一段。

（二）绝对效率

当考虑发电厂整个热力循环时，若以 Q_0 作为输入能量，以汽轮发电机组不同的功率作为输出能量所得到的一组效率称为绝对效率。当以汽轮机的理想焓降为输出能量时，所得到的效率称为循环热效率 η_t。朗肯循环的热效率为

$$\eta_t = \frac{\Delta H_t}{Q_0} = \frac{\Delta H_t}{h_0 - h'_c} \tag{2-16}$$

式中的 h_0 为汽轮机新蒸汽的初焓，h'_c 为凝结水的焓，如果略去水泵的压缩功时，h'_c 与锅炉给水的焓值 h_{fw} 相等。当汽轮机采用抽汽回热循环时，h'_c 应为末级高压加热器出口的给水焓值 h_{fw}。

对加给每千克蒸汽的热量最终转变成电能的份额称为绝对电效率 η_{ael}，则

$$\eta_{ael} = \eta_t\eta_{ri}\eta_m\eta_g \tag{2-17}$$

另外绝对效率还有绝对内效率 η_{ai}，绝对有效效率 η_{ae}。任一绝对效率等于同一相对效率与循环效率的乘积。

三、汽轮发电机组的经济指标

火力发电厂除了用以上的各种效率来表示相应范围内的经济性外，还常用每生产 1kW·h的电能所消耗的蒸汽量和热量来表示汽轮发电机组的热经济指标。

（一）汽耗率 d

汽轮发电机组每发 $1kW \cdot h$ 的电所消耗的蒸汽量称为汽耗率 d，单位为 $kg/(kW \cdot h)$。每小时消耗的蒸汽量称为汽耗量 D，单位为 kg/h。

$$d = \frac{D}{P_{el}} = \frac{3600}{\Delta H_t \eta_{rel}} \tag{2-18}$$

由于参数不同的机组，虽然功率相同，但其消耗的蒸汽量却不同，尤其是供热式机组，由于抽汽量不同，更是如此，所以不同类型的机组一般不用 d 来比较其经济性，而是采用能反映机组经济性的另一指标。

（二）热耗率 q

汽轮发电机组每发 $1kW \cdot h$ 的电所消耗的热量，称为热耗率 q，单位 $kJ/(kW \cdot h)$，即

$$q = d(h_0 - h_{fw}) = \frac{3600(h_0 - h_{fw})}{\Delta H_t \eta_{rel}} = \frac{3600}{\eta_{ael}} \tag{2-19}$$

对于中间再热机组而言

$$q = d \left[(h_0 - h_{fw}) + \frac{D_r}{D_0}(h_r - h'_r) \right] \tag{2-20}$$

式中　　D_0——汽轮机总进汽量，kg/h；

　　　　D_r——再热蒸汽量，kg/h；

　　　　h_r、h'_r——再热蒸汽热段焓和冷段焓，kJ/kg。

汽轮发电机组的各种效率及经济指标的大致范围如表 2-1 所示。

表 2-1　　　　　　　　　　　　汽轮发电机组的效率及热经济指标

额定功率 MW	η_{ri}	η_m	η_g	η_{ael}	$d/$ [$kg/(kW \cdot h)$]	$q/$ [$kJ/(kW \cdot h)$]
50~100	0.85~0.87	~0.99	0.98~0.985	0.37~0.39	3.7~3.5	9630~9210
125	0.87	>0.99	>0.985	>0.41	3.2	8790
200	0.89	0.985	0.99	0.428 9	3.019	8393.6
300	0.876 9	0.99	0.99	0.45	3.035	7954.9

四、汽轮机的极限功率和提高单机功率的途径

（一）汽轮机的极限功率

汽轮机的极限功率是指在一定的蒸汽初终参数和转速下，单排汽口凝汽式汽轮机所能获得的最大功率。单排汽口凝汽式汽轮机的功率之所以受到限制，主要是由于最末一级动叶既长又大，离心力太大，而叶片材料强度是有限的，这就限制了末级叶片的高度和末级的平均直径，从而使末级动叶的通汽容积流量受到限制。如亚临界一次中间再热凝汽式汽轮机的末级比体积要比新汽比体积增大 1000 多倍，这就使末级通汽面积大大增加，因此末级的动叶片必然既长又大。

回热抽汽凝汽式汽轮机组的发电极限功率为

$$P_{el,max} = G_{c,max} m \Delta H_t \eta_{ri} \eta_m \eta_g \tag{2-21}$$

式中　　$G_{c,max}$——通过汽轮机末级的最大流量。

微课 2-7
汽轮机极限功率和提高单机功率的途径

由于回热抽汽、端轴封漏汽和厂用抽汽都不通过末级,所以在同一 $G_{c,max}$ 下,回热抽汽式汽轮机的功率将比纯凝汽式的大,m 是增大的倍数,对于中小型机组 $m=1.1\sim1.2$,哈尔滨汽轮机厂制造的 600MW 汽轮机组 $m=1.362$。

式(2-21)中汽轮机的理想焓降 ΔH_t 取决于蒸汽的初终参数。在常见的初终参数下,$\Delta H_t=1000\sim1500$kJ/kg,它的变化范围不大,而效率乘积 $\eta_{ri}\eta_m\eta_g$ 变化更小,接近于常数。所以汽轮机所能发出的最大功率主要取决于通过汽轮机末级的蒸汽流量 $G_{c,max}$。$G_{c,max}$ 可用式(2-22)表示:

$$G_{c,max}=\frac{1}{v_2}\pi d_b l_b w_2 \sin\beta_2=\frac{1}{v_2}\pi d_b l_b c_2 \sin\alpha_2 \qquad (2-22)$$

将径高比 $\theta=d_b/l_b$ 和 $u=n\pi d_b/60$ 代入式(2-22)得

$$G_{c,max}=\frac{3600u^2 c_2 \sin\alpha_2}{\pi n^2 v_2 \theta} \qquad (2-23)$$

式中,取 $\alpha_2\approx90°$,为增大极限功率,可增大排汽速度,但余速损失亦随之增加,使机组效率降低。末级动叶余速损失一般在 $21\sim25$kJ/kg 范围内,不能太大。因此末级动叶余速 c_2 一般在 $205\sim300$m/s 范围内,不会更大。哈尔滨汽轮机厂制造的 600MW 汽轮机的末级余速损失为 30.6kJ/kg,末级动叶余速 $c_2=247$m/s。末级出口比体积 v_2 取决于末级排汽压力,降低凝汽器真空可使 v_2 减小,$G_{c,max}$ 增大,极限功率增大,但降低真空将使全机循环效率降低。由此可见,影响 $G_{c,max}$ 的主要因素是末级轴向排汽面积 $\pi d_b l_b$,然而末级叶高 l_b 和平均直径 d_b 的增大将使动叶离心力增大,受到叶片材料强度的限制。

从国产 300MW(双排汽)、600MW(四排汽)与进口 360MW(双排汽)亚临界一次中间再热汽轮机了解到,汽轮机极限功率可达 $150\sim180$MW。从 1980 年苏联制造的目前世界上最大的五缸六排汽口 1200MW 单轴超临界汽轮机来看,该机组单排汽口极限功率达 200MW,该级具有钛合金的 1200mm 高的末级叶片。

(二)提高单机功率的途径

从上面可知,提高单机极限功率的途径主要应从增大末级叶片轴向面积 $\pi d_b l_b$ 上考虑。

(1)采用高强度、低密度材料,可使末级叶高大大增加,从而提高极限功率。例如,钛基合金的密度只有不锈钢的 57%。

(2)增加单机功率的最有效措施是增加汽轮机的排汽口,即进行分流。采用双排汽口可使单级功率比单排汽口的增大一倍,采用四排汽口可增至四倍。这是目前国内外大型机组普遍采用的方法。

(3)采用低转速,如转速降低一半,由式(2-21)和式(2-23)得,极限功率将增大四倍。对电站用的直接带动发电机的大型汽轮机,由于发电频率不能改变,而发电机的电极数只能成双的增减,所以转速只能降低一半。降低转速虽可使极限功率增大,但级的直径和速比不变时,级的理想焓降与转速的平方成正比,故每级焓降将减少 1/4,全机级数和钢材耗量都将大为增加。若保持各级的焓降不变,则级的直径将增大一倍,也将使汽轮机尺寸和钢材耗量大大增加。一般说来,汽轮机的总质量与转速的三次方成反比,因此总是避免采用降低转速的措施。在轻水堆核电站中,由于只能生产压力较低的饱和蒸汽或微过热蒸汽,全机的理想焓降很小,为了增加功率,流量必然很大。为了解决末级叶片设计的困难,大部分轻水堆核电站采用半转速。

第三节 多级汽轮机的轴向推力

蒸汽在轴流式多级汽轮机的通流部分膨胀做功时，除了对转子作用一个轮周力对外做功之外，还作用一个使转子由高压端向低压端移动的轴向力，这个力称为轴向推力。

一、多级汽轮机的轴向推力

微课 2 - 8
多级汽轮机
的轴向推力

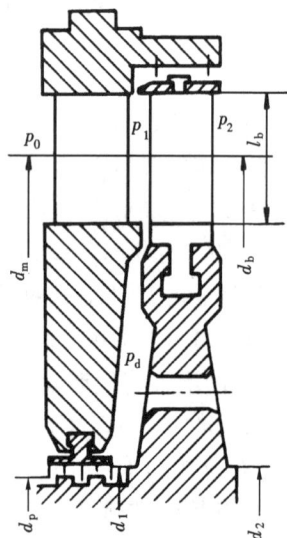

图 2-8 所示为多级冲动式汽轮机中任一个中间级，级前蒸汽压力为 p_0，动叶前压力为 p_1，动叶后压力为 p_2，叶轮前的压力为 p_d，则作用于这个级上的轴向推力由以下几个力组成。

1. 作用在动叶片上的轴向推力 F_{z1}

动叶片上的轴向推力由动叶两侧的蒸汽压力差和汽流的轴向动量变化所产生，即

$$F_{z1} = G(c_1 \sin\alpha_1 - c_2 \sin\alpha_2) + \pi d_b l_b (p_1 - p_2) \tag{2-24}$$

在冲动级中，汽流的轴向分速度通常变化不大，即 $c_1 \sin\alpha_1 \approx c_2 \sin\alpha_2$，故可略去上式中的第一项。当级内反动度或焓降不大时，压力反动度 $\Omega_p = \dfrac{p_1 - p_2}{p_0 - p_2}$ 与焓降反动度 Ω_m 相差不大，而且一般情况下 $\Omega_m > \Omega_p$。所以为了计算方便和安全起见，一般用 $\Omega_m (p_0 - p_2)$ 代替 $(p_1 - p_2)$，因此，上式变为

$$F_{z1} \approx \pi d_b l_b \Omega_m (p_0 - p_2) \tag{2-25}$$

对于部分进汽的冲动级，其轴向推力

$$F_{z1} = e\pi d_b l_b \Omega_m (p_0 - p_2)$$

若是双列速度级，则两列动叶上的轴向推力应分别计算，之后相加。

图 2-8 冲动级结构简图

2. 作用在叶轮轮面上的轴向推力 F_{z2}

$$F_{z2} = \frac{\pi}{4}\left[(d_b - l_b)^2 - d_1^2\right]p_d - \frac{\pi}{4}\left[(d_b - l_b)^2 - d_2^2\right]p_2 \tag{2-26}$$

当叶轮两侧轮毂直径相等，即 $d_1 = d_2 = d$ 时，则

$$F_{z2} = \frac{\pi}{4}\left[(d_b - l_b)^2 - d^2\right](p_d - p_2) \tag{2-27}$$

可见，作用在叶轮轮面上的轴向推力也与该级前后的压力差和反动度成正比变化。由于叶轮面积较大，所以即使叶轮前后压差不大，也会引起很大的轴向推力。故为了减小这个轴向推力，常在叶轮上开设平衡孔，以减小叶轮两侧的压差。由于调节级叶轮前、后汽室相通，可以认为轮面两侧蒸汽的压力相等，所以可以不计算轮面上的轴向推力。对于部分进汽的级，由于不进汽的动叶片上所受到的压力差也为 $p_d - p_2$，因此，在 F_{z2} 的计算式中应增加 $(1-e) \pi d_b l_b (p_d - p_2)$ 一项。对于反动式汽轮机，动叶设置在轮毂上，故只计算轮毂上的轴向推力。

3. 作用在轮毂上或转子凸肩上的轴向推力 F_{z3}

$$F_{z3} = \frac{\pi}{4} (d_2^2 - d_1^2) \ p_x \tag{2-28}$$

式中　d_1、d_2——对应计算面上的内径和外径；

$\quad\quad\ p_x$——对应计算面上的静压力。

4. 作用在轴封凸肩上的轴向推力 F_{z4}

$$F_{z4} = \pi d_p h \sum_{i=1}^{n} \Delta p_i \tag{2-29}$$

式中　d_p——轴封凸肩的直径，m；

$\quad\quad\ h$——凸肩的高度，m；

$\quad\quad\ n$——凸肩的数目。

$\quad\quad\ \Delta p_i$——任一凸肩两侧的压力差，若 Z 个齿隙的压力降相等，则 $\Delta p_i = \dfrac{p_0 - p_d}{z}$。

对于齿形轴封，其齿数 $Z \approx 2n$，则式 2-29 可写成

$$F_{z4} = 0.5\pi d_p h (p_0 - p_d) \tag{2-30}$$

对于平齿轴封，由于凸肩高度 $h=0$，故 $F_{z4}=0$。

运用上面的公式，将转子上各侧面的轴向推力计算出来以后，再将它们都叠加起来，就得出整个转子上的轴向推力 F_z，即

$$F_z = \Sigma F_{z1} + \Sigma F_{z2} + \Sigma F_{z3} + \Sigma F_{z4} \tag{2-31}$$

实际上 ΣF_{z3} 和 ΣF_{z4} 的值相对于 F_z 来说是很小的，故也可以不计算。

在多级汽轮机中，总的轴向推力很大。在反动式汽轮机中它可达到 2～3MN；在冲动式汽轮机中也有 1MN。这么大的轴向推力除靠推力轴承承担外，还要考虑整个转子自身的轴向推力平衡问题。

二、多级汽轮机轴向推力的平衡方法

轴向推力平衡的目的是减少轴向推力，使其符合推力轴承长期安全的承载能力。常见的平衡措施有以下几种：

1. 设置平衡活塞

如图 2-9 所示，就是将高压轴封套的直径 d_x 加大。由于平衡活塞上装有齿形轴封，所以使蒸汽压力由活塞高压侧的压力 p_1 降低到低压侧的 p_x。这样，在平衡活塞两侧压差（$p_1 - p_x$）的作用下，产生一个方向与轴向推力相反的力，从而平衡了一部分轴向推力。

2. 采用具有平衡孔的叶轮

平衡孔用于减少叶轮两侧的压差，以减少转子的轴向推力，特别是对叶轮两侧压差较大的高压级叶轮常采用这种方法。例如：N200-12.75/535/535 型汽轮机的 2～12 级叶轮上均开有 5 个 $\phi 50$ 的平衡孔；N125-13.24/550/550 型汽轮机的高、中压各级叶轮上均开有 7 个 $\phi 50$ 平衡孔。

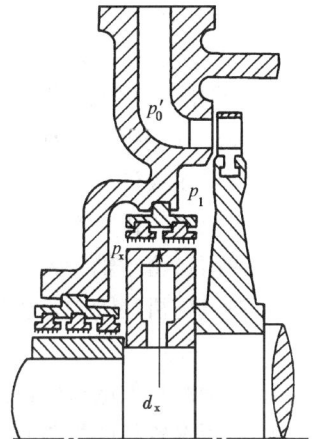

图 2-9　平衡活塞示意

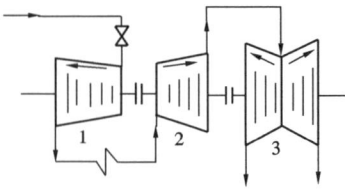

图 2-10　高低压缸反向布置示意
1—高压缸；2—中压缸；3—低压缸

3. 采用相反流动的布置

如果汽轮机是多缸的，则可适当布置汽缸，使不同汽缸中的汽流作相反方向流动，这样不同方向的汽流所引起的轴向推力方向相反，可相互抵消一部分。图 2-10 中采用了高、中压对头布置和低压缸分流的布置，使高、中压缸和低压缸中汽流所引起的轴向推力方向相反，从而使轴向推力相互抵消了一部分，但中间再热机组的高、中压缸不能简单地采用这种相对布置方法。因为在工况变动时，由于再热系统中蒸汽容积的惰性很大，中压缸前压力与高压缸前压力不能同步改变，因此在变工况瞬间无法得到平衡抵消作用，可能会给推力轴承造成很大的推力。这时要求高、中压缸自己单独平衡，或者单独采用平衡活塞，或各自采用分流布置。

对于反动式汽轮机，由于其动叶前后压差比冲动式汽轮机大，所以它的轴向推力也比同类型冲动式汽轮机要大得多，为减小其轴向推力，反动式汽轮机毫无例外地采用转鼓和平衡活塞，活塞直径和前轴封漏汽量也比冲动式汽轮机大。此外，在反动式汽轮机中也应充分利用汽缸或级组对置排列来减少轴向推力。

4. 采用推力轴承

轴向推力经上述方法平衡后，剩余的部分最后由推力轴承来承担。一般要求推力轴承应承受适当的推力，以保证在各种工况下，推力方向不变，使机组能稳定地工作而不发生窜轴现象。为安全起见，核算推力轴承时，其安全系数 n 应大于 $1.5 \sim 1.7$。n 通常用下列公式计算：

$$n = \frac{p_b A_b - \Sigma(F_{z3} + F_{z4})}{\Sigma F_{z1} + \Sigma F_{z2}} \tag{2-32}$$

式中　p_b——推力轴承瓦块承压面上所承受的压力，MPa；

　　　A_b——推力轴承工作瓦块总的承压面积，m^2。

复习思考题及习题

1. 多级汽轮机有何特点？

2. 多级汽轮机的余速利用对汽轮机的内效率有何影响，试在 h-s 图上画出余速利用时多级汽轮机的热力过程线。

3. 多级汽轮机余速利用需满足的条件有哪些？

4. 何谓多级汽轮机的重热现象？其对汽轮机的内效率会产生什么影响？

5. 多级汽轮机的损失有哪些？如何减小这些损失？

6. 何谓自密封轴封系统？

7. 在汽轮机装置中，表示能量转换过程不同阶段完善程度的指标有哪些？它们之间有什么样的关系？

8. 表示汽轮发电机组的经济性指标有哪些？这些指标如何评价机组运行的经济性？

9. 何谓汽轮机的极限功率？提高单机功率的途径有哪些？

10. 多级汽轮机的轴向推力是如何产生的？平衡轴向推力的措施有哪些？

11. 试求蒸汽初参数为 $p_0 = 8.83\text{MPa}$，温度 $t_0 = 535℃$，终参数为 $p_c = 3.04\text{MPa}$，$t_c = 400℃$的背压式汽轮机的相对内效率 η_{ri} 和重热系数 α。

已知调节级汽室压力 $p_2 = 5.88\text{MPa}$，调节级内效率 $\eta_{ri}^s = 0.67$，四个压力级具有相同的焓降和内效率。进汽机构和排汽管中的损失可忽略不计。

第三章　汽轮机的变工况

第三章
数字资源

　　汽轮机的通流部分是在给定的功率、蒸汽参数、转速等条件下设计的。汽轮机在设计条件下的工况称为设计工况。在此工况下运行，汽轮机的效率最高，故其功率称经济功率（汽轮机的额定功率等于或大于经济功率）。在实际运行中，外界负荷变化、蒸汽参数波动或转速变化等，均会引起汽轮机内热力过程的变化和零部件受力情况的变化，从而影响其经济性和安全性。这种与设计条件不相符合的工况称汽轮机的变工况或非设计工况。

　　研究变工况的目的，在于分析汽轮机变工况下的热力过程，了解其效率的变化及主要零部件的受力情况，以保证汽轮机在变工况下安全、经济地运行。本章主要讨论等转速汽轮机在变工况下的热力特性，即主要讨论汽轮机蒸汽流量变动、蒸汽参数变化及不同调节方式对汽轮机工作的影响。

第一节　喷　管　变　工　况

　　为了分析汽轮机的变工况特性，首先必须了解喷管的变工况特性。当喷管前后的蒸汽压力变化时，将引起喷管中沿流程的压力变化及喷管流量的变化。下面对渐缩喷管和缩放喷管的变工况特性分别加以讨论。

一、渐缩喷管

微课 3-1
渐缩喷管
的流量与喷管
前后压力的关系

　　现假定在与汽流方向垂直的截面上的参数是相同的，因此可以用流道中心线各点参数来代表喷管内各截面的参数（见图 3-1）。

　　首先分析喷管初压 p_0^* 不变而背压 p_1 变化时的工况。

　　（1）当 $p_1 = p_0^*$，即压力比 $\varepsilon_n = 1$ 时，喷管中无压力降，蒸汽不流动，其流量为零。此时蒸汽沿喷管流程的压力变化如图 3-1 左侧 abc 曲线所示，流量如图中右侧 d 点所示。

　　（2）当 $p_0^* > p_1 > p_{cr}$，即 $1 > \varepsilon_n > \varepsilon_{cr}$ 时，此时蒸汽在喷管中膨胀加速，压力逐渐下降，至最小截面 $B'B''$ 处压力为 p_1，斜切部分只起导向作用，蒸汽在其内不发生膨胀，如图 3-1 中曲线 ab_1c_1 所示。通过喷管的蒸汽流量随着压力 p_1 或 ε_n 的下降而大致按椭圆规律增加，如图 3-1 中曲线 de 所示。

　　（3）当 $p_1 = p_{cr}$，即压力比 $\varepsilon_n = \varepsilon_{cr}$ 时，此时最小截面 $B'B''$ 处刚好达到临

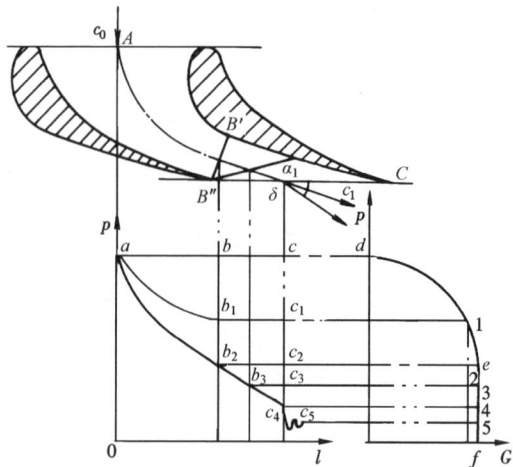

图 3-1　渐缩喷管变工况

界状态，斜切部分仍无膨胀，如图 3-1 中曲线 ab_2c_2 所示。流量则增至最大值 G_{cr}，如图中 e 点所示。

（4）当 $p_1 < p_{cr}$，即 $\varepsilon_n < \varepsilon_{cr}$ 时，此时蒸汽在最小截面上仍为临界状态，而蒸汽在斜切段内发生膨胀至出口压力 p_1，如图 3-1 中的 $ab_2b_3c_3$ 所示。

若 p_1 继续下降，直至 p_1 达到极限压力 p_{1d}，压力比 $\varepsilon_n = \varepsilon_{1d}$，则蒸汽在斜切段内的膨胀已达极限。若 p_1 继续下降，使 $p_1 < p_{1d}$ 即 $\varepsilon_n < \varepsilon_{1d}$，则蒸汽由 p_{1d} 至 p_1 的膨胀将在喷管外进行，这部分是紊乱膨胀，不能用来提高汽流速度，故是附加损失，此种现象通常称为膨胀不足现象。图 3-1 中曲线 $ab_2b_3c_4$ 表示 $p_1 = p_{1d}$ 时蒸汽在喷管内的压力变化，c_4c_5 表示当 $p_1 < p_{1d}$ 时由 p_{1d} 到 p_1 在喷管外的突然膨胀。

当 $p_1 < p_{cr}$ 即 $\varepsilon_n < \varepsilon_{cr}$ 时，蒸汽在最小截面上为临界状态，该截面上的流速等于声速，它不随背压的继续降低而变化。因此蒸汽流量也将保持临界流量，如图 3-1 中 ef 直线段所示。

由上述可见，在一定的喷管初压 p_0^* 下，流经喷管的流量最初随喷管后压力 p_1 的降低而逐渐增加，当 p_1 降至临界压力时，流量达到临界流量即流经喷管的最大流量，此后流量便不再随 p_1 的下降而变化。流量与背压之间的变化关系也可由图 3-2 中曲线 ABC 表示。

实际计算证明：在小于临界流量范围内即图 3-2 中的 BC 曲线可以足够精确地用 1/4 的椭圆弧代替。现以横坐标 $\varepsilon_n = \varepsilon_{cr}$ 这点为椭圆的中心，则得

$$\left(\frac{\varepsilon_n - \varepsilon_{cr}}{1 - \varepsilon_{cr}}\right)^2 + \left(\frac{G}{G_{cr}}\right)^2 = 1 \qquad (3\text{-}1)$$

故

$$\beta = \frac{G}{G_{cr}} = \sqrt{1 - \left(\frac{\varepsilon_n - \varepsilon_{cr}}{1 - \varepsilon_{cr}}\right)^2} \qquad (3\text{-}2)$$

β 称为彭台门系数。这样，通过喷管的任意流量 G 即可表示为

$$G = \beta G_{cr} = 0.648\beta A_n \sqrt{p_0^*/v_0^*} \qquad (3\text{-}3)$$

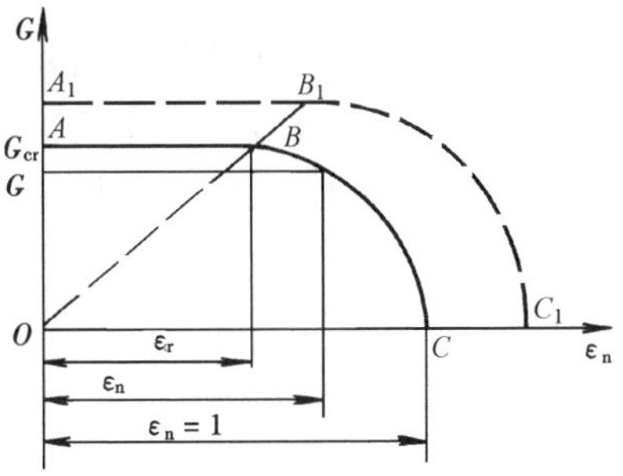

图 3-2　渐缩喷管流量与出口压力的关系曲线

对于任何一个给定的 p_0^* 都可先利用临界压力比的关系求出 p_{cr}，然后利用式（3-2）计算某一背压 p_1 下的彭台门系数 β，于是就可由式（3-3）求得通过喷管的流量 G。

在汽轮机实际变工况范围内，喷管初压 p_0^* 一般也是一个变量。设在保持另一初压 p_{01}^* 下改变背压，则可得到与图 3-2 曲线 ABC 相类似的曲线 $A_1B_1C_1$。改变初压，然后重复上述过程，即可得到一曲线组，称流量网图，如图 3-3 所示。

当喷管的初终参数都变化时，则在变工况下的流量为

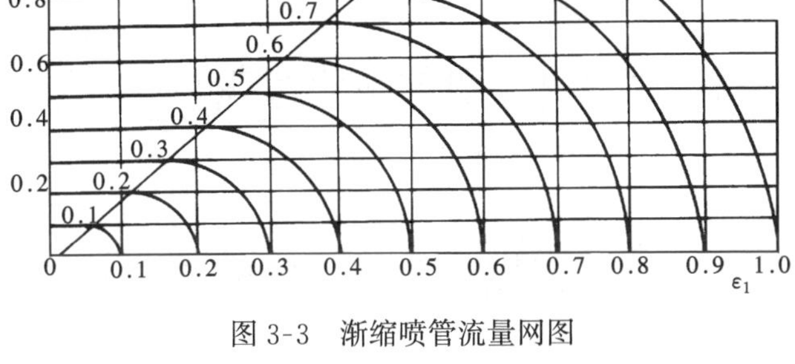

$$G_1 = 0.648\beta_1 A_n \sqrt{p_{01}^*/v_{01}^*} \qquad (3\text{-}4)$$

式中下标"1"表示工况变动后的参数，则

$$\frac{G_1}{G} = \frac{\beta_1}{\beta} \sqrt{\frac{p_{01}^* v_0^*}{p_0^* v_{01}^*}}$$

若近似地将蒸汽视为理想气体，并应用状态方程 $pv = RT$ 于上式，则得

图 3-3　渐缩喷管流量网图

$$\frac{G_1}{G} = \frac{\beta_1}{\beta} \frac{p_{01}^*}{p_0^*} \sqrt{\frac{T_0^*}{T_{01}^*}} \tag{3-5}$$

如果喷管初压变动是由于蒸汽节流而发生的，则因为节流过程中 pv 为常数，在上述情况中有 $p_0^* v_0^* = p_{01}^* v_{01}^*$，于是 $T_0^* = T_{01}^*$，则得

$$\frac{G_1}{G} = \frac{\beta_1}{\beta} \frac{p_{01}^*}{p_0^*} \tag{3-6}$$

如果变动工况前后均为临界工况，则 $\beta = \beta_1 = 1$，故有

$$\frac{G_{cr1}}{G_{cr}} = \frac{p_{01}^*}{p_0^*} \sqrt{\frac{T_0^*}{T_{01}^*}} \tag{3-7}$$

当略去初温变化时，则有

$$\frac{G_{cr1}}{G_{cr}} = \frac{p_{01}^*}{p_0^*} \tag{3-8}$$

上式表明，不同工况下的临界流量与初压成正比。

运用以上各式，便可进行喷管的变工况计算，即可由已知工况确定任意工况下的流量或压力。

在实际计算中利用流量网图采用图解法比较简捷。为了应用方便和扩大适用范围，流量网图一般采用压力比和流量比的相对坐标，如图 3-3 所示，即用初压力的最大值 p_{0m}^* 和与之相应的临界流量的最大值 G_{0m} 为基准，将各个初压 p_0^*、背压 p_1 及流量 G 都表示为相对值。图中纵坐标为任意流量 G 与最大临界流量 G_{0m} 之比 $\beta_m = G/G_{0m}$；横坐标为任意背压 p_1 与最大初压 p_{0m}^* 之比 $\varepsilon_1 = p_1/p_{0m}^*$，图上每一条曲线表示任意工况的初压 p_0^* 与最大初压 p_{0m}^* 之比 $\varepsilon_0 = p_0^*/p_{0m}^*$ 为常数时的流量曲线。利用流量网图可以很方便地根据三个比值 ε_0、ε_1 和 β_m 中的任意两个求出第三个比值。

应该注意的是，流量网图是在假定喷管前的蒸汽初温保持不变的条件下得到的，如果变工况时初温 T_0^* 的变化不能忽略，则计算时可先假定 T_0^* 不变，按流量网图求得变工况的流量，然后再乘以温度校正系数 $\sqrt{T_0^*/T_{01}^*}$，即得实际的蒸汽流量。

另外，在选择最大压力 p_{0m}^* 时，应使各个压力相对值 ε_0、ε_1 都小于或等于 1，否则无法利用上述通用的流量网图来进行计算，p_{0m}^* 本身只是一个中间参数，对计算结果没有影响。

此外，由于喷管进口处的蒸汽速度 c_0 一般不大，所以滞止压力 p_0^* 与 p_0 相差不大，故在使用上述公式和流量网图时可直接使用实际参数 p_0、T_0、v_0。

【例 3-1】 设渐缩喷管前的压力从 $p_0 = 1\text{MPa}$ 降到 $p_{01} = 0.9\text{MPa}$（略去初速），而喷管后压力 $p_1 = 0.7\text{MPa}$ 升高到 $p_{11} = 0.8\text{MPa}$，喷管前的温度从 $t_0 = 320\text{℃}$ 降低到 $t_{01} = 305\text{℃}$。试利用流量网图求通过喷管的流量变化。

解 首先假定温度不变，并取最大初压 $p_{0m} = 1\text{MPa}$。

（1）对于原工况：$\varepsilon_0 = \dfrac{p_0}{p_{0m}} = 1$，$\varepsilon_1 = \dfrac{p_1}{p_{0m}} = \dfrac{0.7}{1.0} = 0.7$，在流量网图中对应 $\varepsilon_0 = 1$ 的曲线，按 $\varepsilon_1 = 0.7$ 查得 $\beta_m = \dfrac{G}{G_{0m}} = 0.94$。

（2）对于新工况：$\varepsilon_{01} = \dfrac{p_{01}}{p_{0m}} = \dfrac{0.9}{1.0} = 0.9$，$\varepsilon_{11} = \dfrac{p_{11}}{p_{0m}} = \dfrac{0.8}{1.0} = 0.8$，由流量网图中对应 $\varepsilon_{01} =$

0.9 的曲线。按 $\varepsilon_{11}=0.8$ 查得 $\beta_{\mathrm{m1}}=\dfrac{G_1}{G_{0\mathrm{m}}}=0.589$。

因此，在不考虑温度变化时可得

$$\frac{G_1}{G}=\frac{G_1}{G_{0\mathrm{m}}}\frac{G_{0\mathrm{m}}}{G}=\frac{\beta_{\mathrm{m1}}}{\beta_{\mathrm{m}}}=\frac{0.589}{0.94}=0.627$$

当考虑温度变化后，则

$$\frac{G_1}{G}=0.627\sqrt{\frac{T_0}{T_{01}}}=0.627\sqrt{\frac{320+273}{305+273}}=0.635$$

即在新工况下，通过喷管的流量为原来流量的 0.635 倍。

【例 3-2】 同上题，试用解析法求变工况后通过喷管的流量变化。

解　（1）对于原工况：

$$p_{\mathrm{cr}}=\varepsilon_{\mathrm{cr}}p_0=0.546\times1.0=0.546\mathrm{MPa}$$

$$\beta=\sqrt{1-\left(\frac{p_1-p_{\mathrm{cr}}}{p_0-p_{\mathrm{cr}}}\right)^2}=\sqrt{1-\left(\frac{0.7-0.546}{1-0.546}\right)^2}=0.94$$

（2）对于新工况：

$$p_{\mathrm{cr}}=\varepsilon_{\mathrm{cr}}p_{01}=0.546\times0.9=0.491\mathrm{MPa}$$

$$\beta_1=\sqrt{1-\left(\frac{p_{11}-p_{\mathrm{cr1}}}{p_{01}-p_{\mathrm{cr1}}}\right)^2}=\sqrt{1-\left(\frac{0.8-0.491}{0.9-0.491}\right)^2}=0.655$$

$$\frac{G_1}{G}=\frac{\beta_1}{\beta}\frac{p_{01}}{p_0}=\frac{0.655}{0.94}\times\frac{0.9}{1.0}=0.627$$

考虑温度变化的影响，则

$$\frac{G_1}{G}=0.627\sqrt{\frac{T_0}{T_{01}}}=0.635$$

即变工况后，通过喷管的流量为原来流量的 0.635 倍。

二、缩放喷管

缩放喷管有一个重要特点，就是它的临界截面不与出口截面相重合，故其变工况特性与渐缩喷管相比就表现出重要的差别。图 3-4 表示在给定的初压 p_0^* 下，沿缩放斜切喷管长度方向上不同截面上汽流压力随背压而变化的情况。

曲线 $AKBC_1$ 代表设计工况下喷管内部的压力变化规律，汽流由进口压力 p_0^* 下降到喉部截面上的临界压力 p_{cr}，再继续降到出口截面上的背压设计值 p_1。在临界截面以前，蒸汽以亚声速流动，从临界截面到出口截面是超

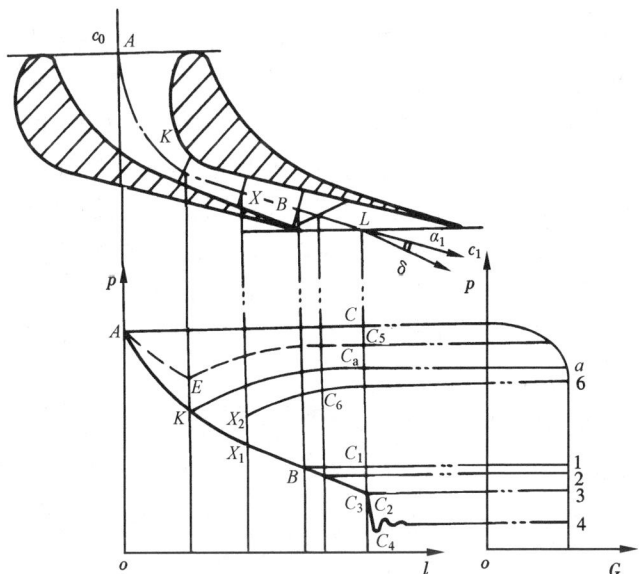

图 3-4　缩放喷管变工况

声速汽流区。

若初压不变，背压发生变化，则工况变化分以下几种情况来讨论：

（1）当背压 $p_{11} < p_1$，即 $\varepsilon_{n1} < \varepsilon_n$ 时，蒸汽在喷管内只膨胀到设计压力 p_1，从 p_1 到 p_{11} 的膨胀须在斜切部分内完成。蒸汽在斜切部分膨胀将发生偏转。此膨胀过程的压力变化如图 3-4 中 $AKBC_2$ 曲线所示。

（2）当 $p_{11} = p_{1d}$（p_{1d} 为喷管斜切部分膨胀的极限压力），即 $\varepsilon_{n1} = \varepsilon_{1d}$ 时，此时喷管斜切部分的膨胀能力得到了完全的发挥，其膨胀曲线如图 3-4 中 $AKBC_3$ 所示。汽流在喷管出口的偏转角达最大值。

（3）当 $p_{11} < p_{1d}$，即 $\varepsilon_{n1} < \varepsilon_{1d}$ 时，蒸汽在斜切部分膨胀所能达到的最低压力只能为极限压力 p_{1d}，自 p_{1d} 至 p_{11} 的降落将在斜切段外进行，这部分在斜切段外的突然膨胀不能增加汽流的动能，因此是一种能量损失，此种现象称为膨胀不足现象。其膨胀过程如图 3-4 中 $AKBC_3C_4$ 曲线所示。

（4）当 $p_{11} > p_1$，即 $\varepsilon_{n1} > \varepsilon_n$ 时，当 p_{11} 略大于设计值时，则将在喷管出口产生冲波。随着 p_{11} 的继续提高，冲波逐渐移到喷管内部。如在某一高于设计值的背压下，冲波将产生在某一截面 X 处（见图 3-4），汽流经过此冲波截面，压力和密度突然升高，而速度则由超声速变为亚声速，产生波阻损失及涡流损失，使喷管效率下降。汽流在冲波截面后，由于已成为亚声速汽流，因此在后面的渐扩部分将继续压缩，直至出口处到达 p_{11} 为止。该过程如图中 $AKX_1X_2C_6$ 曲线所示。背压越高，则产生冲波的截面越靠近喷管喉部截面。缩放喷管这种实际背压高于设计压力的现象称为膨胀过度，其所引起的能量损失大于膨胀不足损失。

（5）当 $p_{11} = p_{1a}$，即 $\varepsilon_{n1} = \varepsilon_{1a}$ 时，p_{1a} 就是使喷管喉部保持临界状态的最高背压，称为特征背压。其压力变化过程如图中 $AKCa$ 曲线所示。该曲线说明，汽流在喷管渐缩部分为逐渐膨胀的过程，喉部仍为临界状态，而在渐扩部分为逐渐压缩过程，蒸汽离开喷管时的速度将低于声速。

（6）当 $p_{11} > p_{1a}$，即 $\varepsilon_{n1} > \varepsilon_{1a}$ 时，其压力变化过程如曲线 AEC_5 所示，该曲线说明喉部已不能保持临界状态，因此在整个喷管内部均是亚声速汽流。

由上述可知，只要背压 $p_{11} \leqslant p_{1a}$，则在缩放喷管的喉部截面上始终保持着临界速度，流量也保持着与初压相对应的临界值 G_{cr}。因此，相对于渐缩喷管来看，缩放喷管变工况除在某些工况下喷管内会发生冲波外，其主要特点是只有当背压大于特征背压 p_{1a}（$p_{1a} > p_{cr}$）时，流量才小于临界流量，所以 p_{1a} 是决定缩放喷管变工况特性的一个重要参数。因此，为了计算缩放喷管变工况，首先就需确定特征背压 p_{1a}（或特征压力比 $\varepsilon_{1a} = p_{1a}/p_0^*$）。

特征背压 p_{1a} 的大小由式（3-9）计算（用于过热蒸汽区工作的缩放喷管）：

$$p_{1a} = \left[0.546 + 0.454 \sqrt{1 - \left(\frac{1}{f_d} \right)^2} \right] p_0^* \tag{3-9}$$

或

$$\varepsilon_{1a} = 0.546 + 0.454 \sqrt{1 - \left(\frac{1}{f_d} \right)^2} \tag{3-10}$$

式中　f_d——缩放喷管的膨胀度，为喷管出口截面积与喉部截面积之比，$f_d = A_n / A_{cr}$。

确定了 ε_{1a} 后，即可进行缩放喷管的变工况计算，对于任意初压 p_0^* 和背压 p_1 可得到与渐缩喷管类似的计算流量公式。

$$G = 0.648 \beta_a A_{cr} \sqrt{p_0^* / v_0^*} \tag{3-11}$$

式中

$$\beta_a = \frac{G}{G_{cr}} = \sqrt{1 - \left(\frac{\varepsilon_n - \varepsilon_{1a}}{1 - \varepsilon_{1a}}\right)^2} \tag{3-12}$$

当初终参数同时改变时，

$$\frac{G_1}{G} = \frac{\beta_{a1}}{\beta_a} \frac{p_{01}^*}{p_0^*} \sqrt{\frac{T_0^*}{T_{01}^*}} \tag{3-13}$$

式中下标"1"表示变工况后的参数。

当忽略初温变化时则有

$$\frac{G_1}{G} = \frac{\beta_{a1}}{\beta_a} \frac{p_{01}^*}{p_0^*} \tag{3-14}$$

若在变工况前后，喷管背压 $p_1 \leqslant p_{1a}$，则 $\beta_{a1} = \beta_a = 1$，故有

$$\frac{G_1}{G} = \frac{p_{01}^*}{p_0^*} \tag{3-15}$$

上式说明，与渐缩喷管一样，对于缩放喷管，不同工况下的临界流量亦与初压成正比。

与渐缩喷管相似，也可以绘制表示初压、背压和流量三者关系的流量网图。但由于不同膨胀度的缩放喷管具有不同的特征压力比 ε_{1a}，因此其流量网图没有通用性，故缩放喷管的变工况计算常采用解析法。

图 3-5 表示喷管速度系数 φ 与压力比 ε_n 之间的变化关系。由图可以看出，A_n / A_{cr} 不同的喷管有不同的 φ - ε_n 曲线，A_n / A_{cr} 越小，曲线变化越平缓。$A_n / A_{cr} = 1$ 的曲线即是渐缩喷管的 φ - ε_n 曲线（如图中虚线所示）。对于渐缩喷管，在 $\varepsilon_n > 0.546$ 时，φ 基本上与 ε_n 无关，而缩放喷管只在设计工况下才能得到较高的速度系数，在变工况下由于产生冲波，速度系数剧烈下降，所以在设计汽轮机时都尽可能避免使用缩放喷管。

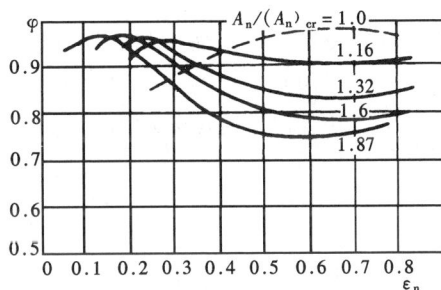

图 3-5 喷管速度系数随压力比的变化曲线

需要指出，动叶与喷管相比虽然作用不同，但如果对动叶中汽流流动按相对运动进行分析，则它与喷管中的汽流流动完全相似，因此上述喷管变工况的一些结论也完全适用于动叶。

第二节 级 与 级 组 的 变 工 况

一、变工况下级前后参数与流量的关系

研究汽轮机级的变工况特性，主要是分析级中各参数随流量变化而变化的基本规律。由于级在临界与亚临界工况下各项参数与流量之间的变化关系不同，须分别讨论。

微课 3-2
级前后压力与
流量的关系，
级组前后压力
与流量的关系

（一）级在临界工况下工作

级中的喷管或动叶两者之一处于临界状态，就称为级在临界工况下工作。

1. 工况变动前后喷管均处于临界状态

此时通过的流量只与喷管前的蒸汽参数有关，而与喷管后和级后压力无关，根据式（3-7）有

$$\frac{G_{cr1}}{G_{cr}} = \frac{p_{01}^*}{p_0^*} \sqrt{\frac{T_0^*}{T_{01}^*}} \tag{3-16}$$

若略去初温变化，则有

$$\frac{G_{cr1}}{G_{cr}} = \frac{p_{01}^*}{p_0^*} \tag{3-17}$$

式（3-17）表明，当级的喷管处于临界状态时，通过该级的流量与级前压力成正比。

2. 工况变动前后动叶均处于临界状态

这种情况与喷管变工况特性一样，若略去温度变化，则通过该级的流量和动叶前的滞止压力成正比，即

$$\frac{G_{cr1}}{G_{cr}} = \frac{p_{11}^*}{p_1^*} \tag{3-18}$$

分析动叶进口截面与动叶进口滞止截面，列连续方程，得出两种工况下动叶进口处的流量方程并整理可得

$$\frac{G_{cr1}}{G_{cr}} = \frac{p_{11}^*}{p_1^*} = \frac{p_{11}}{p_1} \tag{3-19}$$

式（3-19）表明，动叶处于临界状态时，流过该级的流量不仅与动叶前的滞止压力成正比，而且亦与动叶前的实际压力成正比。

由于动叶进口速度可表示为

$$w_1 = \varphi \sqrt{\frac{2\kappa}{\kappa-1} R T_1^* \left[1 - \left(\frac{p_1}{p_1^*} \right)^{\frac{\kappa-1}{\kappa}} \right]}$$

因此，当 $\dfrac{p_1}{p_1^*} = \dfrac{p_{11}}{p_{11}^*}$ 和 $T_1^* = T_{11}^*$ 时 $w_1 = w_{11}$。由速度三角形可知这种情况只有在喷管出口速度 c_1 不变时才可能实现（因 u 不变），即 $c_1 = c_{11}$。

而

$$c_1 = \varphi \sqrt{\frac{2\kappa}{\kappa-1} R T_0^* \left[1 - \left(\frac{p_1}{p_0^*} \right)^{\frac{\kappa-1}{\kappa}} \right]}$$

当 $T_0^* = T_{01}^*$ 时，可得 $\dfrac{p_1}{p_0^*} = \dfrac{p_{11}}{p_{01}^*}$，即 $\dfrac{p_{11}}{p_1} = \dfrac{p_{01}^*}{p_0^*}$，代入式（3-19）得

$$\frac{G_{cr1}}{G_{cr}} = \frac{p_{11}^*}{p_1^*} = \frac{p_{11}}{p_1} = \frac{p_{01}^*}{p_0^*} \tag{3-20}$$

式（3-20）表明，如果动叶在各工况下均处于临界状态时，则流过该级的流量与级前压力成正比。由此可得出结论：只要级在临界状态下工作，不论临界状态是发生在喷管中还是发生在动叶中，通过该级的流量均与级前压力成正比，而与级后压力无关。若级前温度不能略去，则应乘上修正系数 $\sqrt{T_0^*/T_{01}^*}$。

（二）级在亚临界工况下工作

这时不论在喷管内，还是在动叶内均未达临界，在此条件下，可由任意一级喷管出口截面上的连续方程式推出以下结果：

$$\frac{G_1}{G} = \sqrt{\frac{p_{01}^2 - p_{21}^2}{p_0^2 - p_2^2}} \sqrt{\frac{T_0}{T_{01}}} \tag{3-21}$$

上式说明，当级内未达到临界状态时，通过级的流量不仅与级前参数有关，而且还与级后参数有关。

（三）一种工况下级处于临界状态，而在另一种工况下级处于亚临界状态

对于这种情况，无法给出级内流量与蒸汽参数之间的具体关系式。这种情况一般只发生在凝汽式汽轮机的最后一级与调节级中，常采用详细核算法来计算，这里不再叙述。

二、变工况下级组前后压力与流量的关系

级组是一些流量相等、工况变化时通流面积不变的若干个相邻级的组合，它可以是整个汽轮机，亦可以是汽轮机中的某几个级。分析级组的变工况主要是研究级组前后蒸汽参数与流量之间的变化关系。

工况变动时，级组蒸汽流量 G 与初压 p_0、背压 p_z 的关系可用图 3-6 所示的斯托陀拉流量锥表示。图中横坐标为级组后压力 p_z，OA 坐标为级组前压力 p_0，纵坐标为流量 G。由图可见，如初压保持不变，例如等于 OA，则流量与背压的关系如曲线 BFD_1C 所示，其中 FD_1C 段近似为一椭圆曲线，表示级组背压 p_z 增加时，流量 G 减小。BF 段为一水平线，表示级组在此区域处于临界状态，故流量不变。由此可见，级组的流量与背压的关系与喷管流量曲线相似。但必须清楚，级组的临界压力指的

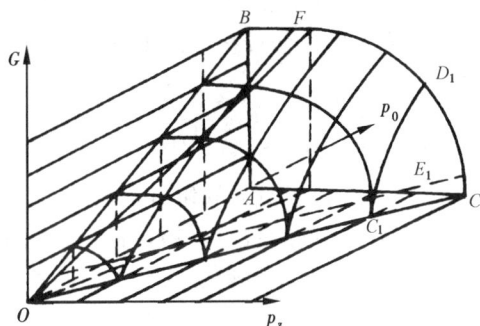

图 3-6 斯托陀拉流量锥

是当级组中任一级处于临界状态时级组的最高背压 p_{zcr}，级组的临界压力比 ε_{zcr} 是级组的临界压力 p_{zcr} 与级组初压 p_0 之比。显然级组包含的级数越多，其临界压力比的数值越小，因此与喷管相比，级组的临界压力比要小得多。斯托陀拉实验的级组有 8 级，级组临界压力比 $\varepsilon_{zcr} = 0.06$。

由流量锥可见，如果背压保持不变，例如等于 AE_1，则流量与初压的关系为双曲线，如图中 C_1D_1 所示；如果背压低于级组的临界压力，则流量与初压成正比，如图中 OB 线所示（图中 OBF 区为临界状态区），即

$$\frac{G_{cr1}}{G_{cr}} = \frac{p_{01}}{p_0} \tag{3-22}$$

由于不同级数的级组具有不同的临界压力比，所以按一定临界压力比绘制的流量锥曲线没有通用性。故实际计算级组变工况时常采用解析法。下面分两种情况讨论。

（一）变工况前后级组均达到了临界状态

图 3-7 为任一级组的示意图。在一般情况下，级组中的最后一级首先达到临界状态。这是因为汽轮机各压力级的焓降是逐级由高压向低压增大的，即最后一级的焓降往往最大，流速也常最大，例如某台 300MW 机组第一非调节级的 $\Delta h_{t1} = 22.7 \text{kJ/kg}$，而末级的 $\Delta h_{tn} = 221.10 \text{kJ/kg}$，为第一级的 9.71 倍；而最后一级的蒸汽绝对温度最低，当地声速最小。现假

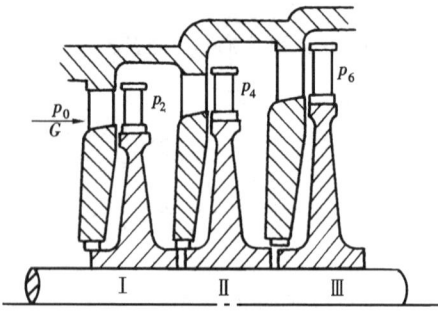

图 3-7　级组示意

定级组的最后一级在工况变动范围内处于临界状态，由前面流量锥的分析可知，通过级组的蒸汽流量与级组前压力成正比（略去温度变化），即

$$\frac{G_1}{G} = \frac{p_{01}}{p_0}$$

若将该级组中的第Ⅰ级去掉，将剩下的各级作为一个新的级组，则新级组仍包含已达临界的最后一级，故级组流量仍与级组前蒸汽压力成正比，亦即与第Ⅱ级级前压力成正比

$$\frac{G_1}{G} = \frac{p_{21}}{p_2}$$

依次类推，若级组由若干级组成，则有

$$\frac{G_1}{G} = \frac{p_{01}}{p_0} = \frac{p_{21}}{p_2} = \cdots = \frac{p_{n1}}{p_n} \tag{3-23}$$

结论：在变工况下，如果级组的最后一级始终处于临界状态，则通过该级组的流量与级组中所有各级的级前压力成正比。若温度变化不能略去，则式（3-23）应为

$$\frac{G_1}{G} = \frac{p_{01}}{p_0}\sqrt{\frac{T_0}{T_{01}}} = \frac{p_{21}}{p_2}\sqrt{\frac{T_2}{T_{21}}} = \cdots = \frac{p_{n1}}{p_n}\sqrt{\frac{T_n}{T_{n1}}} \tag{3-24}$$

（二）变工况前后级组内各级均未达到临界状态

假定级组的级数为 Z 级，此时级组的压力比 $\varepsilon_z > \varepsilon_{zcr}$，由前面分析可知，此时级组流量随背压的变化关系可近似的视为一椭圆曲线，如图 3-8 所示，可写出椭圆方程为

$$\frac{G}{G_{cr}} = \sqrt{1 - \left(\frac{\varepsilon_z - \varepsilon_{zcr}}{1 - \varepsilon_{zcr}}\right)^2} \tag{3-25}$$

变工况后

$$\frac{G_1}{G_{cr1}} = \sqrt{1 - \left(\frac{\varepsilon_{z1} - \varepsilon_{zcr}}{1 - \varepsilon_{zcr}}\right)^2} \tag{3-26}$$

当级组中的级数为无穷多时，级组的临界压力比趋于零，故

$$\frac{G_1}{G} = \frac{G_{cr1}}{G_{cr}}\sqrt{\frac{1 - \varepsilon_{z1}^2}{1 - \varepsilon_z^2}} \tag{3-27}$$

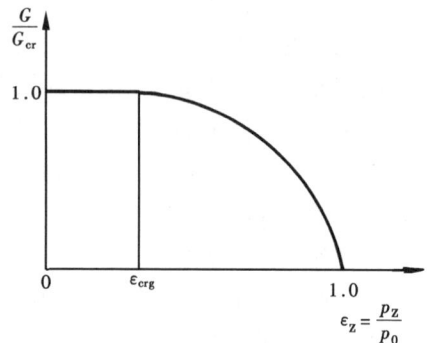

图 3-8　级组流量与级组
压力比之间的关系

将式（3-22）代入上式得

$$\frac{G_1}{G} = \frac{p_{01}}{p_0}\sqrt{\frac{1 - (p_{z1}/p_{01})^2}{1 - (p_z/p_0)^2}} = \sqrt{\frac{p_{01}^2 - p_{z1}^2}{p_0^2 - p_z^2}} \tag{3-28}$$

式（3-28）称为弗留格尔公式，它表明：当工况变化前后级组均未达到临界状态时，级组的流量与级组前后压力平方差的平方根成正比。

当工况变化前后级组前的温度变化较大时，例如在采用喷管调节的汽轮机中，调节级后蒸汽温度在工况变动时变化较大，压力级级组的变工况特性就受到影响，此时应将式(3-28)进行温度修正，即为式（3-29）：

$$\frac{G_1}{G} = \sqrt{\frac{p_{01}^2 - p_{z1}^2}{p_0^2 - p_z^2}} \sqrt{\frac{T_0}{T_{01}}} \qquad (3\text{-}29)$$

对于凝汽式汽轮机，若所取级组的级数较多 $\left(\dfrac{p_z}{p_0}\right)^2$ 和 $\left(\dfrac{p_{z1}}{p_{01}}\right)^2$ 通常很小，故（3-29）式可简化为

$$\frac{G_1}{G} = \sqrt{\frac{p_{01}^2 - p_{z1}^2}{p_0^2 - p_z^2}} \sqrt{\frac{T_0}{T_{01}}}$$

$$= \sqrt{\frac{p_{01}^2\left[1 - \left(\dfrac{p_{z1}}{p_{01}}\right)^2\right]}{p_0^2\left[1 - \left(\dfrac{p_z}{p_0}\right)^2\right]}} \sqrt{\frac{T_0}{T_{01}}}$$

$$\approx \frac{p_{01}}{p_0}\sqrt{\frac{T_0}{T_{01}}} \qquad (3\text{-}30)$$

或

$$\frac{G_1}{G} = \frac{p_{01}}{p_0} \qquad (3\text{-}31)$$

去掉第一压力级，将剩余压力级取成一个级组，与上同理可得

$$\frac{G_1}{G} = \frac{p_{21}}{p_2} = \frac{p_{01}}{p_0}$$

依次类推，凝汽式汽轮机高、中压各级均有

$$\frac{G_1}{G} = \frac{p_{01}}{p_0} = \frac{p_{21}}{p_2} = \cdots = \frac{p_{n1}}{p_n}$$

上式说明，凝汽式汽轮机高、中压各级级前压力与流量成正比。但最末一、二级由于级前的压力已较低，背压的影响已不能忽略，故这几级的级前压力不与流量成正比。然而，在一般工况范围内，特别是计算精度要求不十分高时，仍可认为是正比关系。图 3-9 为某凝汽式汽轮机一些中间级初压和流量的关系曲线。由图可见，各级压力与流量的关系可用通过原点的相应直线来表示，从而证明了上式的正确性。

综上所述可归纳如下：在不同工况下，如果级组的最后一级始终处于临界状态，则应使用式

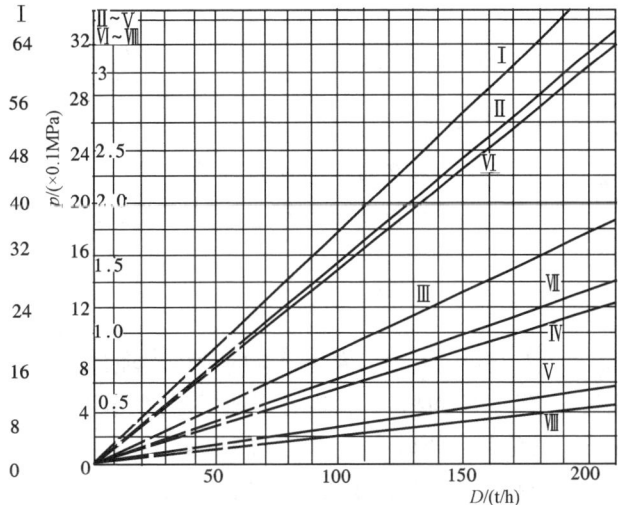

图 3-9 凝汽式汽轮机各级组压力与流量的关系

（3-23）、式（3-24）计算；若级组始终处于亚临界状态，则只能利用式（3-28）或式（3-29）计算。但是对凝汽式汽轮机，除最后一、二级外，无论末级是否达到临界状态，都可利用式（3-23）或式（3-24）进行级组计算。

（三）弗留格尔公式的应用条件

（1）在同一工况下，通过级组中各级的流量应相同。对于回热抽汽式汽轮机，严格地说，不能把所有各级取为一个级组。但实践证明，只要回热系统运行正常，则各段回热抽汽量一般与新汽流量成正比，故仍可以把所有各级（调节级除外）视为一个级组。

（2）在不同工况下，级组中各级的通流面积应保持不变。因此，一般情况下级组中不应包括调节级，因为工况变动时调节级的通流面积将随着调节汽阀开启数目的改变而变化，故不能取在级组内。但在第一阀开启的工况范围内，级组可以包括调节级，因为这时调节级的通流面积并不变化，而且调节汽阀后的蒸汽压力也随流量变化而变化。

（3）严格地讲，弗留格尔公式只适用于具有无穷多级数的级组，但实际计算表明，当级组中的级数不少于 3～4 级时，计算结果的精确度还是足够高的。如果只作粗略的估算，甚至可运用于一级。图 3-10 是不同级数级组的流量曲线，图中 z 表示级组中的级数。由图可以看出，级组的级数越多，应用弗留格尔公式进行计算越精确。

（4）工况变化前后级组均未达到临界状态。

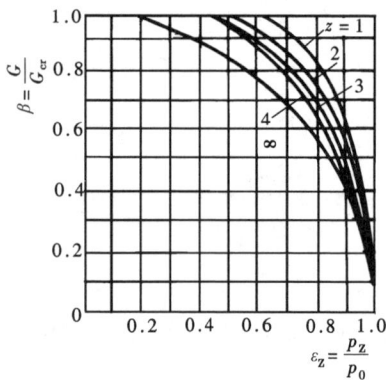

图 3-10 不同级数级组流量曲线

微课 3-3
变工况时
各级焓降及
反动度的变化

（四）弗留格尔公式的应用

弗留格尔公式不但形式简单，而且使用也很方便，在汽轮机运行中常可用来分析或计算确定其内部工况，从而判断运行的经济性和安全性。主要用在两个方面：

（1）监视汽轮机通流部分运行是否正常。即在已知流量（或功率）的条件下，根据运行时各级组前压力是否符合弗留格尔公式，从而判断通流部分面积是否改变。故在运行中常对某些级（称监视段）前的压力加以监视，用以判断通流部分是否有损坏或是否结垢。

（2）可推算出不同流量下各级级前压力，求得各级的压差、焓降，从而确定相应的功率、效率及零部件的受力情况。当然也可由压力推算出通过级组的流量。

三、变工况时各级焓降的变化

汽轮机任一级的理想焓降可近似地用式（3-32）表示：

$$\Delta h_t = \frac{\kappa}{\kappa-1} p_0 v_0 \left[1 - \left(\frac{p_2}{p_0}\right)^{\frac{\kappa-1}{\kappa}}\right] = \frac{\kappa}{\kappa-1} R T_0 \left[1 - \left(\frac{p_2}{p_0}\right)^{\frac{\kappa-1}{\kappa}}\right] \qquad (3-32)$$

式（3-32）说明，级的理想焓降为级前温度及级前后压比的函数。一般来说，工况变动时，汽轮机各级前的温度（除个别级外）变动是不大的。因此级的理想焓降 Δh_t 的变化主要取决于级前后压力比 p_2/p_0 的变化。

首先来看凝汽式机组的各中间级。由前面可知，无论级组是否处于临界，若忽略级前温度变化，则其流量与级前压力成正比，即

$$\frac{G_1}{G} = \frac{p_{01}}{p_0}$$

同理，对此级后面的一级有

$$\frac{G_1}{G} = \frac{p_{21}}{p_2}$$

由此得

$$\frac{p_{21}}{p_2} = \frac{p_{01}}{p_0}, \quad \frac{p_2}{p_0} = \frac{p_{21}}{p_{01}}$$

上式表明，在工况变动时凝汽式汽轮机各中间级的压力比不变，由式（3-32）可知，各中间级的理想焓降也不变或变化不大（当温度变化不能忽略时）。所以，对于发电用的汽轮机来说，由于各级圆周速度不变，因此速比亦不变，级内效率亦不变。故各中间级的内功率与流量成正比。

对于凝汽式汽轮机的最末级，由于其背压 p_z 取决于凝汽器工况和排汽管的压损。不与流量成正比，故其压比 p_z/p_{z-1} 随流量的变化而变化，流量增加时，压比减小，因而末级焓降增加；反之，流量减小时焓降亦减小。由此可知，汽轮机末级在工况变动时，其焓降、速比、效率及内功率等都将发生变化。

应当指出，在负荷偏离设计值较大时，中间级的焓降也要发生变化。

如果背压式汽轮机的末级在不同工况下均处于临界状态，则各级级前压力与流量成正比。但是，背压式汽轮机的末级一般不会达到临界状态，这是由于背压较高，背压的影响不能忽略。不考虑级前温度变化时，则流量与压力的关系为

$$\frac{G_1}{G} = \sqrt{\frac{p_{01}^2 - p_{z1}^2}{p_0^2 - p_z^2}}$$

或

$$p_{01}^2 = \left(\frac{G_1}{G}\right)^2 (p_0^2 - p_z^2) + p_{z1}^2$$

同理对于级后即下一级的级前有

$$p_{21}^2 = \left(\frac{G_1}{G}\right)^2 (p_2^2 - p_z^2) + p_{z1}^2$$

将以上两式相比得

$$\left(\frac{p_{21}}{p_{01}}\right)^2 = \frac{p_2^2 - p_z^2 + p_{z1}^2 \left(\frac{G}{G_1}\right)^2}{p_0^2 - p_z^2 + p_{z1}^2 \left(\frac{G}{G_1}\right)^2}$$

$$= \frac{(p_0^2 - p_z^2) - (p_0^2 - p_2^2) + \left(\frac{G}{G_1}\right)^2 p_{z1}^2}{(p_0^2 - p_z^2) + \left(\frac{G}{G_1}\right)^2 p_{z1}^2}$$

$$= 1 - \frac{p_0^2 - p_2^2}{(p_0^2 - p_z^2) + \left(\frac{G}{G_1}\right)^2 p_{z1}^2} \tag{3-33}$$

分析式（3-33）可知：当流量 G_1 下降时，$\frac{G}{G_1}$ 值增大，比值 $\frac{p_{21}}{p_{01}}$ 增大（一般背压式汽轮

机在工况变动时，其背压保持不变，即 $p_{z1} \approx p_z$）。再由式（3-32）知，级内理想焓降 Δh_t 将减少；反之，当流量增大时，由公式分析得级内理想焓降增加。

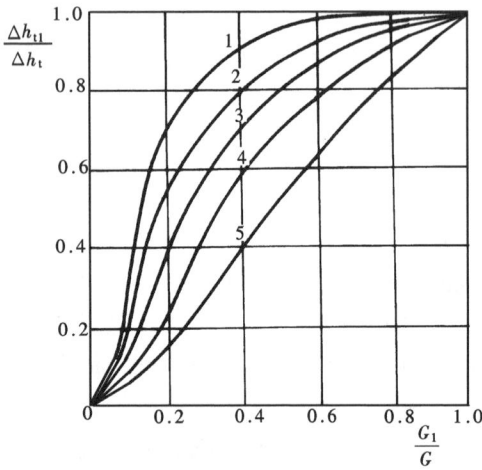

图 3-11　背压式汽轮机在变工况时各级
焓降与流量的关系曲线

由式（3-33）还可看出，p_0 越小，即越接近末级的那些级，流量变化对这些级焓降的影响越大。所以当级组的流量变化时，各级焓降的变化以末级为最大，越处于前面的级焓降变化越小，图 3-11 所示为一背压式汽轮机各级焓降的变化曲线，也说明了上面的结论。

综上所述可知：喷管调节的凝汽式汽轮机，当流量（负荷）改变时，焓降的变化主要发生在调节级和最末级。例如：当流量增加时，调节级的焓降减小，末级的焓降增大；当流量减小时，调节级的焓降增大，末级的焓降减小。所有中间级在流量变化时其焓降基本不变。但在低负荷时，中间级的焓降也会随流量而变。背压式汽轮机除调节级外，最后几级的焓降也发生变化，且流量变化越大，受影响的级数越多。

汽轮机在变工况下运行时，效率要降低，效率的降低主要发生在焓降偏离设计值较大的那些级。

四、变工况时各级反动度的变化

（一）焓降变化时级内反动度的变化

利用弗留格尔公式可以求出变工况后级前后的压力变化，进而导出级焓降的变化，为了了解级在变工况后的热力过程，同时为了核算汽轮机某些零件强度以及轴向推力等的变化，也必须知道级内反动度的变化规律。

在设计工况下，喷管出口速度 c_1 满足喷管叶栅出口截面的连续方程

$$G = A_n c_1 / v_1$$

同理，若忽略喷管与动叶轴向间隙中的比体积变化及径向间隙中的漏汽，并假定在工况变化时级始终处于亚临界状态，则动叶入口速度 w_1 满足动叶栅入口截面的连续方程

$$G = A'_b w_1 / v_1$$

式中　A_n、A'_b——喷管出口及动叶进口的垂直截面积。

因此　　　　　　　　　　　　$A_n c_1 = A'_b w_1$

即　　　　　　　　　　　　　　$\dfrac{w_1}{c_1} = \dfrac{A_n}{A'_b}$

因为叶栅几何尺寸一定，故 $A_n / A'_b =$ 常数，所以

$$\frac{w_1}{c_1} = 常数 \tag{3-34}$$

显然，当工况变动时，动叶入口速度与喷管出口速度之比应满足上述条件，才符合连续流动。

假设工况变动时级内焓降减小，亦即喷管出口速度 c_1 相应减小（即 $c_{11} < c_1$），此时动叶

的实际有效相对速度是 $w_{11}\cos\theta$，显然

$$\frac{w_{11}\cos\theta}{c_{11}} < \frac{w_1}{c_1}$$

这就是说，由喷管出来的蒸汽速度相对较大，而流入动叶的速度相对较小，不能使喷管中流出的汽流全部进入动叶内，并使动叶出口速度 w_{21} 也偏小，动叶对汽流形成阻塞作用。结果使动叶前的压力升高，动叶熵降增加，使汽流得到额外加速，同时由于动叶前压力亦即喷管后压力升高，使喷管内的熵降减小，喷管出口速度减小些，直到符合连续流动的要求。在此过程中，动叶熵降增加而喷管熵降减小，也就是说级内反动度增加。

如果变工况时，级内熵降增大，由图 3-12（a）知，此时

$$\frac{w_{11}\cos\theta}{c_{11}} > \frac{w_1}{c_1}$$

这就是说，工况变动后喷管出口速度相对偏小，而动叶入口速度相对偏大，从而引起动叶出口速度也偏大，使由喷管出来的蒸汽不能充满动叶汽道，这就使得动叶前压力降低，使动叶熵降减小而喷管熵降增大以符合连续流动的要求，结果使级内反动度减少。

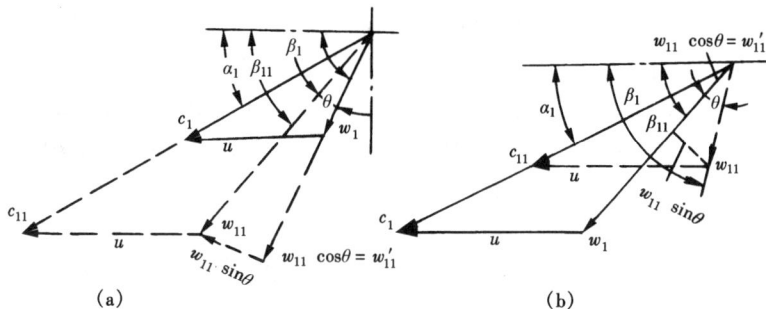

图 3-12　变工况下的动叶进口速度三角形
（a）喷管速度增大时动叶进口速度三角形；
（b）喷管速度减小时动叶进口速度三角形

综合上述可知：工况变动时，若级的熵降减小，则反动度增大；反之，反动度减小。此外，反动度的变化值与原设计值的大小有关，反动度原设计值越小，则熵降改变时引起反动度的变化值越大；反之，反动度原设计值越大，则熵降改变时引起反动度的变化值越小。这是因为在反动度大的级中，w_{21} 的大小主要取决于动叶熵降 Δh_b，因此，在熵降变化时虽 w_{11} 有较大的变化，但 w_{21} 的变化却较小，使 $\frac{w_{21}}{w_2}$ 比较接近于 $\frac{c_{11}}{c_1}$，所以反动度不需改变很大，就能使 w_{21} 和 c_{11} 在新条件下适合 A_n/A'_b 的原有比例关系。因此，在工况变动时级内熵降改变引起反动度的变化，主要发生在冲动级内。当设计反动度过小时，熵降变化后有可能使反动度成为负值，这时蒸汽在动叶中不但没有加速，反而减速，产生压缩流动，将引起较大的附加损失。对于反动级，可以认为熵降变化时其反动度近似不变。

在等转速的汽轮机中，除调节级外的大多数高、中压各级的理想熵降和反动度在实用工况范围内，基本上能保持设计值近似不变，而最末一、二个低压级的理想熵降变化相对较大，但由于这些级在设计工况下一般总是采用较大的反动度，因此它们的反动度在实用的工况变动范围内变化不大。

在实用的变工况范围内，因焓降变化所引起的反动度的变化 $\Delta\Omega_x$，在焓降变化不大 $\left(\text{即速度比 } x_a \text{ 变化不大，} -0.1 < \dfrac{\Delta x_a}{x_a} < 0.2\right)$ 时，一般用下列近似公式计算：

$$\frac{\Delta\Omega_x}{1-\Omega_m} = 0.4\frac{\Delta x_a}{x_a} \tag{3-35}$$

$$\Delta\Omega_x = \Omega_{m1} - \Omega_m$$

$$\Delta x_a = x_{a1} - x_a$$

式中　Ω_m、x_a——设计工况下级的反动度和假想速比；

　　　Ω_{m1}、x_{a1}——变工况下级的反动度和假想速比。

（二）通流面积变化时级内反动度的变化

级内反动度是通过一定的动、静叶栅出口面积比来保证的，在有些情况下，$f = A_b/A_n$ 比值发生了变化，则要引起反动度的改变。实践中引起动、静叶栅面积比改变的可能原因有：

（1）制造加工方面的误差。通流部分的高度或出汽角都有可能与图纸不符；

（2）通流部分结垢，或是动叶遭水分侵蚀引起比值 $f = A_b/A_n$ 改变；

（3）检修时对通流部分进行了变动，如重装叶片或因调整振动频率而车短动叶等。

当面积比 $f = A_b/A_n$ 减小时，从喷管流出的汽流在动叶汽道中引起阻塞使动叶前压力升高，则反动度 Ω_m 将升高；反之，当面积比 $f = A_b/A_n$ 增大时，从喷管出来的汽流将不能充满动叶汽道，使动叶前的压力下降从而引起反动度的减小。

第三节　汽轮机的调节方式及调节级变工况

汽轮机运行时，其输出功率必须与外界负荷相适应，即当外界负荷改变时，汽轮机应有一调节机构，相应地调节其输出功率，使其与外界负荷相适应。由汽轮机的功率方程

$$P_{el} = \frac{D\Delta H_t \eta_{ri} \eta_m \eta_g}{3600}$$

可以看出，为了调节汽轮机的功率，可以调节进入汽轮机的蒸汽量 D 或改变蒸汽在汽轮机中的理想焓降 ΔH_t。从结构上看，汽轮机的调节方式可分为节流调节和喷管调节，过去还有一种旁通调节（旁通调节是一种使汽轮机过负荷的辅助调节方式，它不能单独使用，只能与喷管调节或节流调节结合使用），现在大型机组已不再采用；从运行方式上，可分为定压调节和滑压调节。

一、节流调节

[微课 3-4 节流调节及特点]

节流调节的特点是：所有进入汽轮机的蒸汽都经过一个或几个同时启闭的调节汽阀，然后流向第一级喷管，如图 3-13 所示。这种调节方式主要是用改变调节汽阀开度的方法对蒸汽进行节流，改变汽轮机的进汽压力，从而使蒸汽流量及焓降改变，以适应外界负荷的变化。

工况变动时，调节汽阀的开度改变，但包括第一级在内，所有各级的通流面积均不变化，因此，节流调节第一级的变工况特性与中间级完全相同。若是凝汽式汽轮机的第一级，则其级前压力（即调节汽阀后压力）、级后压力均与流量成正比，其焓降几乎不变，

相应的反动度、速比和级效率都近似不变。但由于蒸汽受到节流引起全机焓降减小，将使整机的内效率有较大的改变。

如图 3-14 所示，在额定功率下，调节汽阀完全开启，蒸汽在机组内的理想焓降为 $\Delta H'_t$，其热力过程如 ab 线所示。在负荷较小的另一工况下，调节汽阀部分开启，新蒸汽受到节流，压力下降为 p''_0，若不考虑流速和散热损失，此节流过程可视为焓值不变过程，蒸汽在机组内的理想焓降变为 $\Delta H''_t$，（假定机组的背压不变），其热力过程如 cd 线所示。因此节流后汽轮机的相对内效率为

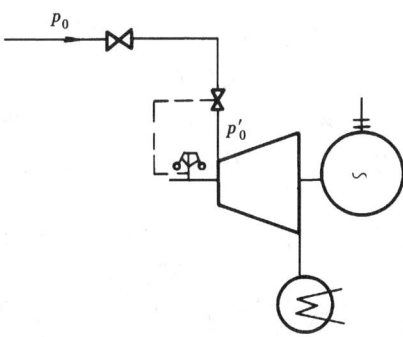

图 3-13　节流调节示意

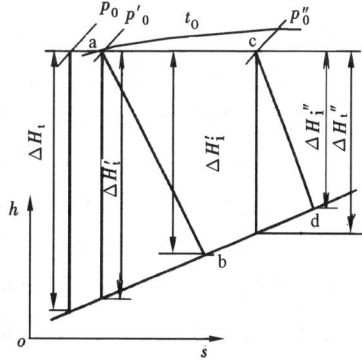

图 3-14　节流调节汽轮机热力过程线

$$\eta_{ri}=\frac{\Delta H''_i}{\Delta H_t}=\frac{\Delta H''_i}{\Delta H''_t}\frac{\Delta H''_t}{\Delta H_t}=\eta'_{ri}\eta_{th} \tag{3-36}$$

式中　η'_{ri}——汽轮机通流部分的内效率，表示通流部分的完善程度；

η_{th}——节流效率，$\eta_{th}=\dfrac{\Delta H''_t}{\Delta H_t}$。

节流效率的大小取决于蒸汽参数和流量。如图 3-15 所示为不同背压下流量与节流效率的一组关系曲线。从图中可见，背压越高，部分负荷下的节流效率越低，这表明背压式汽轮机不宜采用节流配汽。但是，对于高真空的凝汽式汽轮机，在很大的蒸汽量变化范围内，节流效率 η_{th} 下降不多。即在低负荷时，理想焓降 ΔH_t 减少是不大的。例如，当流量减小到 $1/2\sim1/4$ 时，汽轮机的理想焓降只减小 7%～13.3%（高压凝汽机组）。

节流调节的凝汽式汽轮机因没有调节级，所以进汽部分的结构较简单、制造成本低。而且在工况变动时，各级焓降（除最末级外）变化不大，过程曲线只是在 h-s 图上沿等焓线水平移动，故各级前的温度变化很小，从而减小了由温度变化而引起的热变形与热应力，提高

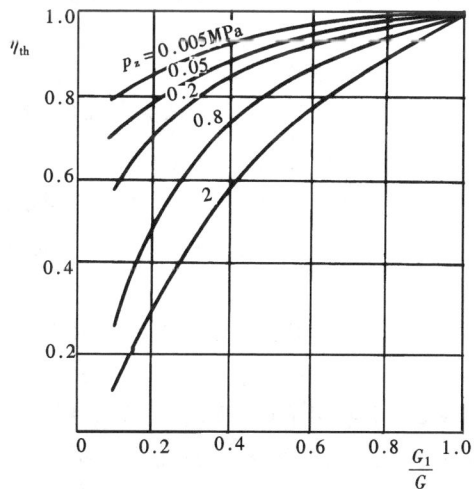

图 3-15　节流效率曲线

了机组的运行可靠性和机动性。但是在部分负荷下由于节流损失，机组经济性下降，因此，节流调节一般用在小机组以及承担基本负荷的大型机组上。大功率机组为了改善低负荷时的经济性，常由定压调节转变为滑压调节。同时为了改善快速增加负荷的性能，在额定负荷下调节阀不全开，留一定余量，或调节汽阀全开，采用切除高压加热器抽汽，以增大做功的蒸汽量。

微课 3-5
喷管调节及特点

二、喷管调节及调节级变工况

（一）喷管调节的工作原理

将汽轮机的第一级喷管分成若干组，每一组各由一个调节阀控制，当汽轮机负荷改变时，依次开启或关闭调节汽阀，以调节汽轮机的进汽量，这种调节进汽的方法称为喷管调节法，其结构示意如图 3-16 所示。当带负荷时，先开启第一个调节汽阀（有时为改善低负荷时的运行性能或减轻调节级叶片的受力和减小热应力等，大型机组的第一、第二两个调节阀同时开启和关闭），然后随着负荷增大，依次开启其他各阀。并且只有当前一个调节汽阀完全开启或接近全开时，下一个阀才开启。反之，当负荷减小时，各阀依次关闭。所以，在任何负荷下只可能有一个调节汽阀没有开足，存在节流损失，故在部分负荷时，机组的效率高于节流调节机组。

喷管调节调节汽阀的个数视汽轮机的具体结构而定，一般在 3～10 个之间。首先开启的调节汽阀的通流量比其余的大些，最后开启的调节汽阀通常作超负荷用。

采用喷管调节的汽轮机第一级，其通流面积随负

图 3-16　喷管调节结构示意
1—主汽阀；2—进汽室；3—喷管组

荷的改变而改变，故该级称为调节级，该级后的汽室常称为调节汽室。调节级的喷管不是整圈布置，而是分成若干个独立的组，由于组与组之间用隔离块隔开，所以调节级总是部分进汽的。

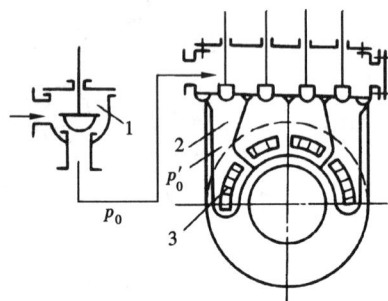

（二）调节级的变工况

为了便于分析，并为了清晰地表明调节级的主要变工况特点，作如下简化假设：

（1）级的反动度 $\Omega_m = 0$，而且在各种工况下保持不变，因此 $p_1 = p_2$；

（2）全开阀后的压力 p_0'，不随流量的增加而降低；

（3）各调节汽阀的开启和关闭完全没有重叠度，即前一个阀完全开启后，后一个阀才开启；

（4）调节级后的蒸汽压力 p_2 与蒸汽流量成正比，而不受调节级后温度变化的影响。

1. 调节级前后压力与流量的关系

图 3-17 绘出了具有四个调节阀和四组喷管的调节级（见图 3-16）在工况变化时，各组喷管的初压、背压和流量的关系 [图 3-17（a）] 及各组喷管在变工况下的流量分配曲线 [图 3-17（b）]。图中 OE 线表示调节级级后压力 p_2 随汽轮机流量变化的关系曲线，对凝汽式汽轮机有

$$p_{21} = p_{11} = \frac{D_1}{D} p_1$$

由图 3-17（a）中可见：第一调节汽阀开启过程中，可以将包括调节级在内的所有各级视为一个级组，因此阀后压力 $p_{0\text{I}}$（也即第一组喷管前压力）与流量成正比，由图中直线 0—3 表示，点 3 为阀门全开时的状态点，此时 $p_{0\text{I}}$ 达到最大值 p_0'，以后在第二、第三及第四只调节汽阀开启过程中，第一只调节汽阀一直保持全开，故该组喷管前的压力保持 p_0' 不变（实际上，由于主汽阀蒸汽流量增加，该压力略有下降），如图中 3—6 线所示。知道了第一组喷管前压力变化规律后，即可求得第一组喷管的临界压力 $p_{\text{cr}}^{\text{I}} = \varepsilon_{\text{cr}} p_{0\text{I}}$，并可绘出该组喷管的临界压力变化曲线，如图中 oad 所示。从图中可知，第一只调节汽阀开启过程中，调节级后压力 p_2 一直小于 p_{cr}^{I}，故流过该组喷管的流量为临界流量且与 $p_{0\text{I}}$ 成正比变化。图 3-17（b）中横坐标表示总流量，纵坐标表示各调节汽阀流量之和，图中 AB 线的 B 点即表示第一个调节汽阀全开时，流过该阀的最大流量；在 BC 段，由于调节级后压力 p_2 仍然小于 p_{cr}^{I} 而且阀门前亦保持最高压力 $p_{0\text{I}} = p_0'$，故仍保持在初压 p_0' 对应下的临界流量不变。直到由于其他阀门的开启使总流量增加，而使背压 p_2 越过 K 点后，p_2 开始大于 p_{cr}^{I}，通过第一调节汽阀的流量开始按椭圆曲线下降，如图中 cg 线所示。

随着负荷的增加，第二个调节汽阀投入工作，在第二个调节汽阀即将开启时，第二组喷管前的压力 $p_{0\text{II}}$ 等于第一阀门全开时调节级后的压力，即点 2 处的压力。这是因为各组喷管后的空间是连通的，因而使得未开启的喷管组前压力也等于喷管后压力。由于点 2 处的压力又是喷管组后的压力，所以此时 $p_2 > p_{\text{cr}}^{\text{II}}$，因此在第二调节汽阀开启的初始阶段，第二组喷管处于亚临界状态，喷管前压力 $p_{0\text{II}}$ 与流量 D_{II} 按双曲线规律变化，如图 3-17（a）中的 2—m 曲线所示。m 点之后，因为 p_2 开始小于 $p_{\text{cr}}^{\text{II}}$，第二组喷管开始出现临界状态，$p_{0\text{II}}$ 与流量成直线关系，如图中 m—4 线所示。当第二个调节汽阀全开时，$p_{0\text{II}}$ 保持 p_0' 不变，如图中 4—6 线所示。与第一个调节汽阀相类似，通过第二个调节汽阀门的流量变化可用图中 $BB'c'g'$ 曲线表示，同样 $c'g'$ 表示第二组喷管处于亚临界状态，流量随背压升高而逐渐下降的情况。图中 BB' 线表示第二个调节汽阀开启到全开过程总流量的变化情况，总流量 $D = D_{\text{I}} + D_{\text{II}}$。

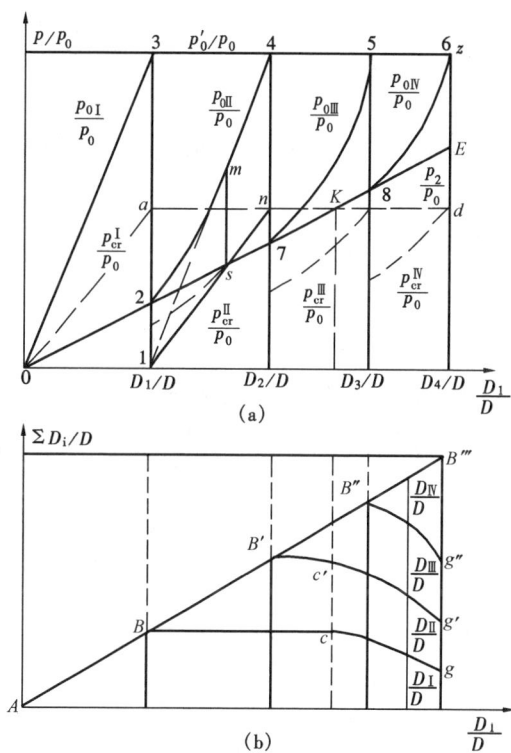

图 3-17 调节级的变工况曲线
(a) 各喷管组前压力分配曲线；
(b) 各喷管组流量分配曲线

第三只阀投入工作时，级后压力 p_2 已经相当高了，如图所示第三组喷管始终处于亚临界状态。第一、二组喷管亦在 K 点开始向亚临界转化。当第三阀全开时总的流量 $D = D_{\text{I}} + D_{\text{II}} + D_{\text{III}}$ 为设计流量。在超负荷范围内运行时，第四个阀投入工作，这时四组喷管均处于亚临界状态。

2. 调节级焓降的变化

工况变动时，调节级焓降是随压力及流量的变化而变化的。在第一只调节阀控制的负荷范围内，蒸汽在第一个喷管组中的焓降就是调节级的焓降，当第一只阀全开时调节级的焓降最大。第二调节阀未开时，第二喷管组的前后压力相等，焓降为零。第二调节阀逐渐开大的过程中，随汽门节流作用的逐渐减弱，p_{0II}增大比p_2增大快些，因而喷管组的理想焓降逐渐变大，直到第二调节阀全开时，第二喷管组中的理想焓降达到该喷管组的最大值，此时，第一、二喷管组前后压力比相等，理想焓降相等，但小于只有第一调节阀全开时的焓降。这是由于调节级背压比p_2/p_0'随流量增加而成正比增加从而造成焓降减小。同理，第三只调节阀开启过程中，第三组喷管中的理想焓降也逐渐增大，到该阀全开时，第三组喷管的焓降达最大值。在此过程中，第一、二调节阀所控制的第一、二喷管组的焓降随压力比p_2/p_0'的升高而继续减小。在此工况下，第一、二、三喷管组前后的压力比p_2/p_0'相等，焓降相等。此时焓降小于第一、二调节阀全开时的焓降。

综上所述，调节级焓降是随汽轮机流量的变化而改变的。流量增加时，部分开启阀门所控制的喷管组焓降增大，全开阀门所控制的喷管组焓降减小。在第一调节阀全开而第二调节阀尚未开启时，调节级焓降达最大值。此时，级前后的压差最大，流过该喷管的流量亦最大，级的部分进汽度则最小，致使调节级叶片处于最大的应力状态。所以当进行调节级强度核算时，最危险工况不是汽轮机的最大负荷，而是第一调节阀刚全开时的运行工况。

调节级的焓降变化，不但会引起反动度、速比和内效率的变化。而且调节级后的蒸汽温度亦随之变化，并且变化幅度较大。所以在使用压力与流量关系式时，温度修正系数$\sqrt{T_0/T_{01}}$不能略去。此外，由于级后蒸汽温度变化较大，将引起较大的热应力和热变形。因此喷管调节汽轮机调节汽室处的汽缸壁可能产生的热应力常常成为限制机组迅速改变负荷的重要因素。

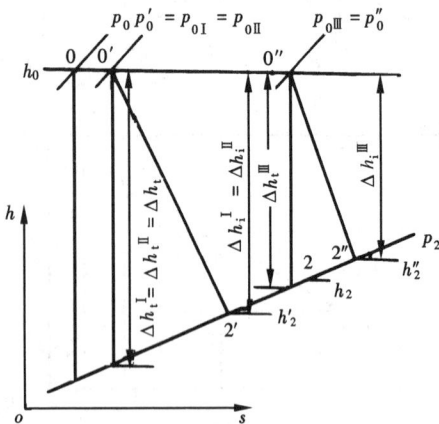

图 3-18　调节级的热力过程线

3. 调节级的热力过程线及效率曲线

调节级的热力过程线如图 3-18 所示。新蒸汽压力为p_0、经过全开的主汽阀和调节汽阀后，压力降至p_0'（$p_0'=0.95p_0$）。在所讨论的工况下，其中两个调节阀已全开，第三个调节阀部分开启，则第一、第二调节汽阀后的压力为$p_{0I}=p_{0II}=p_0'$，第三阀后的压力为$p_{0III}=p_0''$，由于在第三阀中存在较大节流损失，所以$p_{0III}<p_0'$，见图 3-18。调节级后的压力p_2也就是第一非调节级前的压力，对于凝汽式汽轮机，该压力与流量成正比。

进入汽轮机的蒸汽分成两股：一股通过全开的阀门，其过程线为$0'2'$，理想焓降为$\Delta h_t^I=\Delta h_t^{II}=\Delta h_t$，有效焓降为$\Delta h_i^I=\Delta h_i^{II}$，级后终态焓值为$h_2'$；另一股通过部分开启的阀，过程线为$0''2''$，理想焓降为$\Delta h_t^{III}$，有效焓降为$\Delta h_i^{III}$，级后终态焓值为$h_2''$。这两股蒸汽都膨胀到压力$p_2$，并在级后的汽室中混合，然后再一起流入第一非调节级。为了使这两股汽流混合均匀，调节级后的汽室容积较大，混合后的焓值h_2可由热平衡方程求得：

$$(D_I+D_{II})h_2'+D_{III}h_2''=(D_I+D_{II}+D_{III})h_2 \tag{3-37}$$

即
$$h_2 = \frac{(D_{\text{I}} + D_{\text{II}}) \, h'_2 + D_{\text{III}} h''_2}{D}$$

$$= \frac{(D_{\text{I}} + D_{\text{II}}) \, (h_0 - \Delta h_i^{\text{I}}) + D_{\text{III}} \, (h_0 - \Delta h_i^{\text{III}})}{D}$$

$$= h_0 - \left(\frac{D_{\text{I}} + D_{\text{II}}}{D} \Delta h_i^{\text{I}} + \frac{D_{\text{III}}}{D} \Delta h_i^{\text{III}} \right) \tag{3-38}$$

调节级的相对内效率为

$$\eta_{\text{ri}} = \frac{h_0 - h_2}{\Delta h_{\text{t}}} = \frac{D_{\text{I}} + D_{\text{II}}}{D} \frac{\Delta h_i^{\text{I}}}{\Delta h_{\text{t}}} + \frac{D_{\text{III}}}{D} \frac{\Delta h_i^{\text{III}}}{\Delta h_{\text{t}}}$$

$$= \frac{D_{\text{I}} + D_{\text{II}}}{D} \eta_{\text{ri}}^{\text{I}} + \frac{D_{\text{III}}}{D} \eta_{\text{ri}}^{\text{III}} \tag{3-39}$$

式中　D_{I}、D_{II}、D_{III}——通过第一、二、三个调节汽阀的流量；

$\eta_{\text{ri}}^{\text{I}}$、$\eta_{\text{ri}}^{\text{III}}$——流过全开调节汽阀的汽流和流过部分开启调节阀汽流在调节级中的相对内效率。

根据图 3-17 所示的压力与流量关系，可方便地进行调节级的变工况计算。首先从图上求得任一总流量下通过各阀的流量、各阀后压力以及调节级后压力。然后在 h-s 图上由已知压力值求得相应的焓降，并按一般方法计算出 $\eta_{\text{ri}}^{\text{I}}$ 和 $\eta_{\text{ri}}^{\text{III}}$。最后按式（3-39）求得调节级的效率。

图 3-19 是根据计算结果绘制的调节级效率曲线。从图中可见，调节级效率曲线具有明显的波折状。这是因为阀全开时，节流损失小，效率较高。在其他工况下，通过部分开启阀的汽流受到较大的节流，使效率下降。例如，图 3-19 中的 c 点相当于设计工况，此时三个阀全开，故效率具有最大值。求得效率 η_{ri} 之后，就可求出变工况下调节级的功率，以及级后排汽状态点。因此概括地说，调节级的变工况计算是根据设计工况数据以及变工况要求，确定不同流量下的级效率和级后排汽状态点。

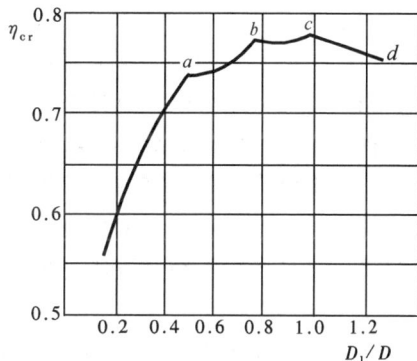

图 3-19　调节级效率曲线

真实的调节级中反动度不等于零，而且随工况变动而变化。此外，各调节汽阀之间又有一定的重叠度，因而调节级变工况计算是相当复杂的。

三、滑压调节

为了既保持节流调节在设计工况下效率较高的优点，同时又避免这种调节方式在部分负荷下节流损失大的缺点，近年来大功率汽轮机往往采用滑压调节。所谓滑压调节是指单元机组中，汽轮机的调节汽阀保持全开或基本全开的状态，通过锅炉调整新汽压力的方法（新汽温度尽可能保持不变），达到改变蒸汽量使其适应汽轮机不同负荷的要求。与定压调节（前述节流调节法和喷管调节法统称为定压调节，

微课 3-6
滑压调节
及特点

其特点是保持主汽阀前的蒸汽初参数不变，通过改变调节汽阀的开度来改变进汽量）相比较，滑压调节有以下特点。

（一）滑压调节的特点

1. 提高了机组运行的可靠性和对负荷的适应性

滑压调节机组在部分负荷下，蒸汽压力降低，而温度基本不变，因此当负荷变化，尤其在机组启、停时，汽轮机各部件的金属温度变化小，减小了热应力和热变形，从而提高了机组运行的可靠性和快速加减负荷的性能，缩短了机组的启、停时间。同时锅炉受热面、主蒸汽管道经常在低于额定条件下工作，提高了它们的可靠性和延长了它们的使用寿命。

2. 提高了机组在部分负荷下运行的经济性

（1）提高了部分负荷下的内效率。机组采用滑压调节后，因所有调节汽阀全开，避免了部分负荷下的节流损失。又由于负荷变动时，蒸汽流量的变化随压力变化基本上是成比例的，而温度基本保持不变，故蒸汽容积流量不变，各级速比、焓降、效率变化亦很小，从而提高了部分负荷下汽轮机效率，主要是高压缸的内效率（因滑压与定压调节对再热后的中低压缸工作不产生影响）。

（2）改善了机组循环热效率。滑压调节时，蒸汽压力的降低引起蒸汽比热容的下降，使高压缸排汽温度即再热器蒸汽温度有所提高，从而改善了低负荷时机组的循环热效率。

（3）给水泵耗功减小。在低负荷时，蒸汽压力降低，锅炉给水压力相应下降，若给水泵采用变速调节，则给水泵耗功将大幅度减小，使电厂效率提高。

3. 高负荷区滑压调节不经济

在较高负荷下采用滑压调节时，由于新汽压力减小，将降低循环热效率，使热耗增加，因此较高负荷时采用滑压调节是不经济的。只有当负荷减小到一定数值，如采用定压调节将因节流损失较大，使调节级效率降低较多时，采用滑压调节才是有利的。也就是说只有当循环热效率的降低小于高压缸内效率的提高、给水泵动力消耗的减小和再热蒸汽温度升高引起热效率提高的三者之和时，采用滑压调节才能提高机组的经济性。

另外，设计工况下新蒸汽压力越高，采用滑压调节的最佳负荷就越大。对于超临界、亚临界压力机组，在负荷低至 25% 左右采用滑压调节，热效率可改善 2%～3%，而 12.75MPa 以下的机组，降压将使循环热效率下降过大，故一般不宜采用滑压调节。

（二）滑压调节的方式

1. 纯滑压调节

采用纯滑压调节时，所有调节阀在整个负荷变化范围内是全开的。这种调节方式实质上是完全由锅炉调整其燃烧来适应负荷变化。但由于锅炉热惯性大，反应迟缓，不但不能适应负荷快速变化，而且对较小负荷变化不能做出反应。虽然直流锅炉热惯性较汽包锅炉小，仍然不能满足调频要求。其优点是可以提高部分负荷下机组的热效率，且热应力小，操作简单，运行稳定。

2. 节流滑压调节

针对上述调节方式的缺点，在稳定负荷时，调节汽阀不开足，尚留有 5%～15% 的开度，负荷降低时进行滑压调节，负荷增加时进行定压调节，亦即调节汽阀开度增大，以迅速适应负荷变化的需要，待负荷增加后，蒸汽压力上升，调节汽阀重又回到稳定负荷下部分开启的位置。这种调节方式虽克服了纯滑压调节对外界负荷变化不敏感的缺点，但在稳定负荷下由于节流损失较大而降低了机组的经济性。

3. 复合滑压调节

这种调节方法又称喷管滑压调节。在高负荷区域采用喷管调节，用改变通流面积的方法调节负荷（定压），以保持机组的高效率，在低负荷区域除 1～2 个调节汽阀处于关闭状态外，其余调节汽阀均全开，进行滑压调节。在极低负荷区域，为了保持锅炉的水循环工况和燃烧的稳定性，以及考虑给水泵轴系临界转速的限制，因而进行较低水平的定压调节。故这种调节方式又称为"定-滑-定"调节方式，它对负荷变化的适应性较好，可大大改善机组的经济性，所以较为实用。如元宝山电厂的法国 300MW 机组就采用这种调节方式，当负荷在额定负荷的 26%～91%区域内为滑压调节，而在 91%以上和 26%以下分别以 18.5MPa 及 5MPa 定压调节。

四、汽轮机轴向推力的变化规律

汽轮机在运行时，负荷及蒸汽初终参数的变化、级间间隙的改变、通流部分的结垢以及水冲击等均会引起汽轮机轴向推力的变化，有时可能达到很大的数值。为了保证轴承安全可靠地工作，防止推力轴承因过负荷而损坏，须了解汽轮机轴向推力的变化规律。

微课 3-7
汽轮机
轴向推力的
变化规律

（一）蒸汽流量变化对轴向推力的影响

根据第二章对多级汽轮机轴向推力的分析可知，作用在某一级上的轴向推力主要决定于其级前后压力差和反动度的乘积。因此，在变工况时，级内轴向推力的变化可表示为

$$\frac{F_{z1}}{F_z} \approx \frac{\Omega_{m1}\Delta p_{s1}}{\Omega_m \Delta p_s} \tag{3-40}$$

式中　　Δp_s——级前后压差，$\Delta p_s = p_0 - p_2$；

Ω_m、Ω_{m1}——变工况前、后级的反动度。

当蒸汽流量变化时，凝汽式汽轮机中间级焓降近于不变，因而反动度不变，但各级前后的压力差随着流量的增加而成正比增大，因此汽轮机级的轴向推力与流量成正比变化，即

$$\frac{F_{z1}}{F_z} \approx \frac{\Delta p_{s1}}{\Delta p_s} = \frac{D_1}{D} \tag{3-41}$$

汽轮机的轴向推力等于各级轴向推力之和。最末级级内压差不与流量成正比，且级内反动度也是变化的，故式（3-41）不再成立。但最末级轴向推力值占汽轮机总轴向推力值的比例较小，因此，仍然可以认为包括末级在内的各压力级总的轴向推力值随负荷的增大而增大，且在最大负荷时达最大值，如图 3-20 曲线 1 所示。

调节级轴向推力的变化较复杂，它与反动度、部分进汽度和级前后压力差等有关。一般调节级有较大的通道使调节级叶轮两侧的压力平衡，故可不计作用在叶轮面上的轴向推力。因此，调节级的轴向推力主要是动叶片上的轴向推力，其值 $F_z = e\pi d_b l_b \Omega_m \Delta p_s$，而且调节级动叶片上的最大轴向推力发生在最大负荷时。虽然此时调节级前后的压差最小，但级的部分进汽度和反动度均为最大。随着流量的减小，其压差增大，但反动度减小，部分进汽度亦随着调节汽阀依次关闭而减小，故轴向推力亦随之减小。但当流量减小到第一调节汽阀全

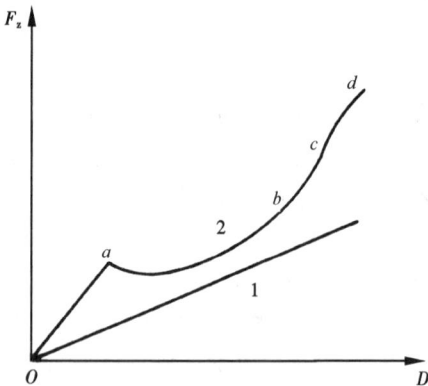

图 3-20　凝汽式汽轮机轴向推力的变化曲线
1—压力级轴向推力的变化；2—考虑调节
级后轴向推力变化

开，第二调节汽阀部分开启时，由于这时调节级后压力已很低，致使在第Ⅰ喷管组后的动叶内达到临界状态，如图 3-20 中的 b 点所示。此后，再降低流量，第Ⅰ喷管和其后动叶中的流量不变，故其动叶前后压差增大和反动度增加，使轴向推力随之增加，如图中的 $b-a$ 所示。从第一调节汽阀开始关闭起，汽轮机转入节流调节，所以此时调节级的轴向推力与其他各级一样随流量成正比减小。因此，在变工况下，调节级的轴向推力呈折线变化，如图 3-20 中的曲线 2 所示，其中 a、b、c、d 点对应于各调节汽阀全开的工况。

总之，调节级和最末级一样，其轴向推力在总轴向推力中所占比例较小，因此一般可近似认为，凝汽式汽轮机总的轴向推力与流量成正比变化，且最大负荷时轴向推力达最大值。

以上结论不仅适用于冲动式汽轮机，也完全适合于反动式汽轮机，只是因反动式汽轮机各级的反动度原设计值较大，因此在变工况时，即使级的焓降变化很大，反动度却变化极小，故其轴向推力与级内压差成正比变化，最大轴向推力也发生在最大负荷，而且其轴向推力的改变远比冲动式汽轮机的小。

背压式汽轮机的非调节级由于级前后压力与流量不成正比，所以级内焓降和反动度是随流量变化而变化的。因此这些级的轴向推力亦将随流量的改变而变化，但并不与流量成正比。例如，当流量减少时，各级的压差减小，但由于这时各级的焓降减小，所以其反动度却增大，故各级的轴向推力并不一定减小，有时可能反而增大，反之亦然。因此，背压式汽轮机总的轴向推力的最大值，可能不是发生在最大负荷，而是发生在某一中间负荷，如图 3-21 所示（图中 Δt 表示推力瓦块的温升）。

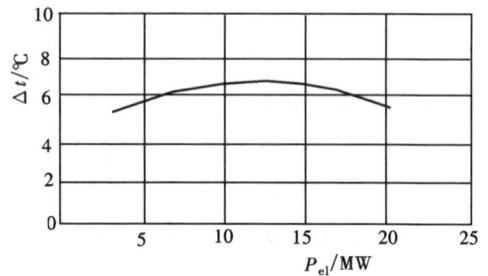

图 3-21　背压式汽轮机推力瓦块温度变化曲线

（二）几种特殊工况的变化对轴向推力的影响

1. 新蒸汽温度降低

此时全机理想焓降减少，导致各级焓降减少，从而引起反动度增加，因此轴向推力增加。

2. 水冲击

当汽轮机发生水冲击时、蒸汽温度降低，反动度增加。另外，当水进入较热的机体时，水部分蒸发，级中压力增高，使轴向推力增大。

当大量水进入汽轮机后，在瞬间全部或部分地堵住了某一级的通流部分，使被堵级前面的压力急剧增高，而级后压力又因蒸汽被吸入凝汽器而降低，因此被堵级遭受了很大的轴向推力，直到蒸汽将所有的水推出为止，这个过程仅持续几分之一秒。

3. 负荷突增

当负荷突然增加时，汽轮机的轴向推力将比正常情况下要大。这是因为此时蒸汽要向前几级的金属传热而使温度降低，级内焓降减小，以致使反动度增加。此外，由于隔板受热比叶轮轮毂快，使隔板汽封间隙增大，漏汽量因此增加，使叶轮前压力增高，致使轴向推力增加。

4. 甩负荷

甩负荷时，转速瞬时上升，速比增加而使反动度增加，所以轴向推力会突然增加。但这种情况对反动式汽轮机影响较小。

5. 叶片结垢

汽轮机通流部分结垢一般是动叶结垢比喷管严重。主要是由于喷管中汽流速度较大，蒸汽中夹带的盐分不易积聚下来。当动叶中结垢较严重时，面积比 $f = A_b/A_n$ 将减小，则该级的反动度增大，使轴向推力增大。

轴向推力的变化将可能危及汽轮机的安全运行。为此，在实际运行中，除装有轴向位移保护装置外，常用测量推力轴承工作瓦块温升的方法来监视轴向推力的变化。

第四节　小容积流量工况与叶片颤振

大功率汽轮机的最后几级，特别是末级，在小容积流量下运行时，出现叶片振动应力升高，转子和静子被加热，末级动叶出口边受到水珠冲蚀，级的有效功率可能是负值等现象，这将影响汽轮机的安全性和经济性。汽轮机负荷大幅度下降（包括只带厂用电及空载）时，蒸汽流量大大下降；供热抽汽汽轮机抽汽量很大时，供热抽汽口后各级蒸汽量大大下降；为利用凝汽式汽轮机排汽供热而提高其背压运行时，末级排汽口蒸汽比体积减小，这些都将使最后几级特别是末级容积流量大为减小。

为了对小容积流量下汽轮机运行的安全性和经济性有一定的认识，下面简要分析大扇度级（径高比较小的级）的小容积流量工况和有此可能诱发的颤振问题。

一、小容积流量工况

1. 小容积流量下大扇度级的流动特性

变工况时，级的容积流量可用相对值表示，$\overline{Gv_1} = \dfrac{G_1 v_{11}}{Gv_1}$，$\overline{Gv_2} = \dfrac{G_1 v_{21}}{Gv_2}$。$G$ 和 G_1

分别表示设计工况和变工况下的流量，v_1、v_2 与 v_{11}、v_{21} 分别表示设计工况和变工况下喷管、动叶出口比体积。容积流量减小过程中，大扇度级内的流动将发生很大变化。图 3-22 所示是大扇度级流线变化图。图 3-22（a）是 $\theta = 2.6$，$\alpha_1 = 20° = $ 常数，$\Omega_m = 0.46$ 的单级透平实验所得的流线变化图，$\overline{Gv_2} = 0.97$ 时，流线接近设计工况；$\overline{Gv_2} = 0.65$ 时，动叶后根部已出现沿圆周方向运动的涡流，但速度比圆周速度 u 小得多，动叶根部流线向上倾斜；$\overline{Gv_2} = 0.50$ 时，动叶后根部涡流区与脱流高度增大；$\overline{Gv_2} = 0.37$ 时，不但动叶后涡流和叶根脱流高度更大，而且喷管与动叶的外缘间隙出现涡流，这一涡流以接近叶顶圆周速度的速度沿圆周方向运动，涡流中心的轨迹是一个圆，喷管中流线向下弯曲，动叶中流线向上弯曲更大；$\overline{Gv_2} = 0.04$ 时，动叶后涡流几乎占据了整个叶高，只有外缘有流量，动叶内流线呈对角线，动叶、静叶间间隙涡流扩大到大部分叶高，

微课 3-8 小容积流量工况

只有隔板体附近有蒸汽流过。图 3-22（b）是在 $\theta=2.86$ 的真实汽轮机末级上测得的。$\overline{Gv_2}$ $=0.41$ 时，叶根子午流线倾斜度较大；$\overline{Gv_2}=0.24$ 时，叶根脱流超过 1/3 叶高，叶间外缘涡流沿轴向深入喷管。

　　由图 3-22 可见，在 $\overline{Gv_2}$ 下降过程中，都是动叶后根部先出现涡流，进而这一涡流与叶根脱流高度增大，然后叶间外缘出现涡流，再后两个涡流都增大。

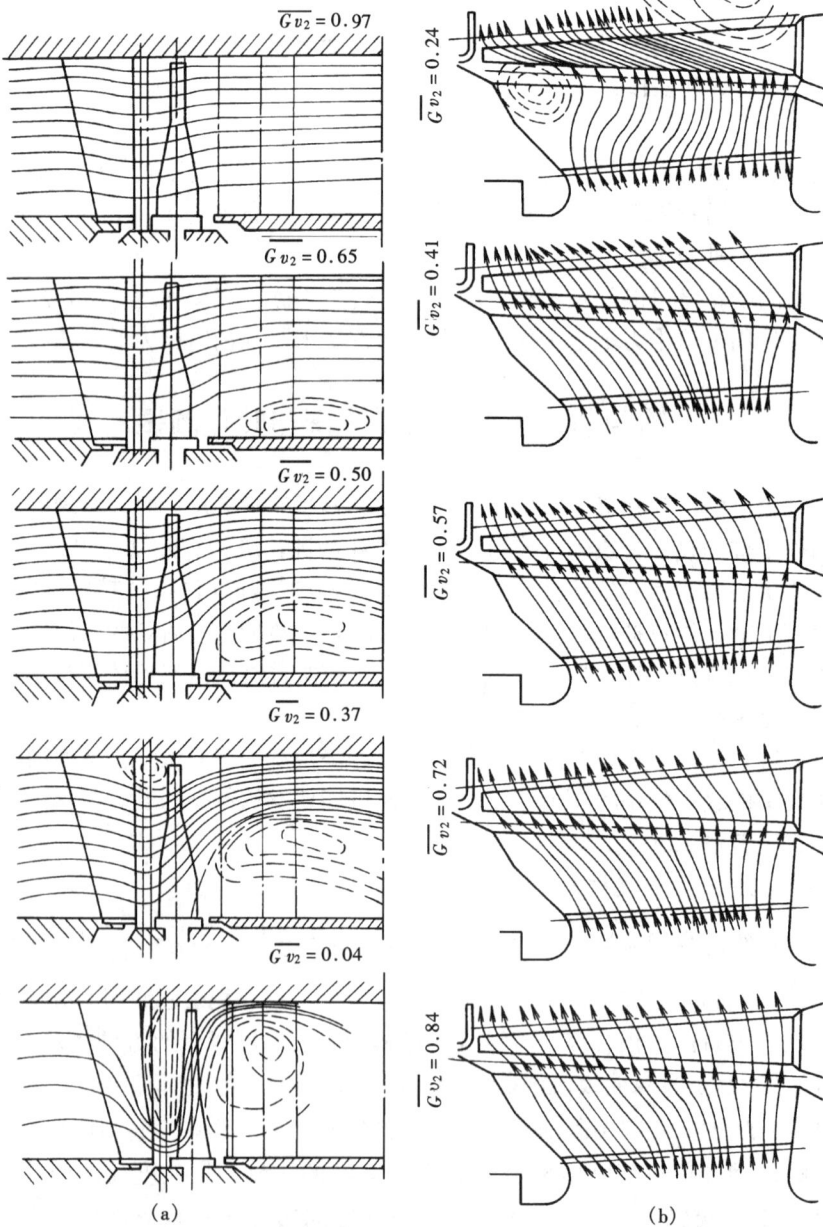

图 3-22　容积流量减小时大扇度级内的流线变化图

(a) $\theta=2.6$，$\alpha_1=21°$ 的单级透平；(b) $\theta=2.86$，真实多级汽轮机的末级

　　另外实验也证明容积流量减小时，脱流会发展到前面的级（如图 3-23 所示，该图是 θ

$=2.5$，$\overline{Gv_2}=0.14$ 的真实汽轮机末级实测流线图）。即脱流沿叶高和轴向的深度，都将随 $\overline{Gv_2}$ 减小而加剧。

在 $\overline{Gv_2}$ 下降过程中，把动叶根部开始出现脱流及其后容积流量更小的工况称为级的小容积流量工况。

2. 动叶根部与叶间间隙外缘发生涡流的原因

由流体力学可知，发生脱流的必要条件是轴向扩压流动和流体黏性的作用，这就表明涡流必将发生在扩压区和叶栅上下端部的边界层增厚处。叶栅上下端部有二次流，容易形成较厚的边界层。

在喷管外缘有很大扩张角的末级（见图 3-23）中，若喷管顶部设计进口角 $\alpha_0 \approx 60°$（α_0 即上一级动叶排汽角 α_2），则当 $\overline{Gv_2}=0.25$ 时，喷管进口角增为 $\alpha_{01} \approx 160°$（见图 3-24，此图是分析短直叶片级在工况变化时的速度三角形），冲角 $\delta=\alpha_0-\alpha_{01} \approx -100°$。在这样大的负冲角下，喷管顶部的有效进汽宽度 $t\sin\alpha_{01}$ 小于出汽宽度 $t\sin\alpha_1$，如图 3-24 所示。又由于喷管外缘进口直径 d'_{nt} 小于出口直径 d_{nt}（见图 3-23），该处的 $\dfrac{d_{nt}\sin\alpha_1}{d'_{nt}\sin\alpha_{01}} \approx 1.8$，所以在喷管外缘形成扩压流动，出现涡流。

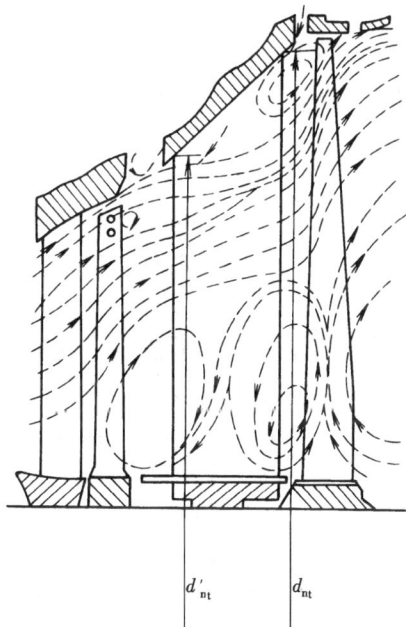

图 3-23　$\theta=2.5$，$\overline{Gv_2}=0.14$
真实汽轮机末级流线图

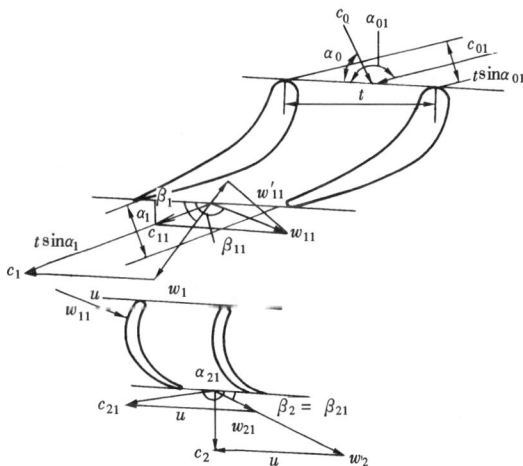

图 3-24　$\overline{Gv_2}$ 大大减小后的汽流速度图

动叶根部的 $\overline{Gv_2}$ 减小较多时，$c_{11}<c_1$，u 不变，由图 3-24 可见 β_{11} 增大较多，冲角 $\delta=\beta_1-\beta_{11}$ 是大负冲角，动叶叶型凹面部分的脱流区域增大，根部通道收缩性减小，故根部反动度减小。当 $\overline{Gv_2}$ 降到某一数值时，根部出现负反动度，于是出现脱流。可见，为减轻小容积流量下动叶根部脱流，根部设计反动度宜较大。

3. 级的鼓风工况与过渡工况

由上面分析可知，随着容积流量的减小，级的效率变坏。在某一小的容积流量下，级的轮周功率等于零，这种工况称为过渡工况。表明级由原来的做功级经过此工况变为鼓风耗功的级。汽轮机的级不对外做功，而且还要消耗轴上机械功的工况称为鼓风工况，也称耗能工况或压气机工况。把级能对外做有效功的工况称为透平工况。在透平工况与鼓风工况之间就是过渡工况。

在鼓风工况下，动叶起鼓风机叶片的作用，有时动叶后静压力还会大于动叶前静压力。

实验表明，鼓风工况下用来将流体压缩流过该级所需的能量最大，维持叶间间隙外缘环形涡流的能量次之，消耗于级后根部脱流漩涡的能量最少。

4. 影响过渡工况的因素

为了使汽轮机多做功，在 $\overline{Gv_2}$ 减小的过程中，总希望透平工况的流量范围扩大，鼓风工况的范围缩小，过渡工况出现得越迟越好。为此需要分析过渡工况的因素。

实验表明，在 $\overline{Gv_2}$ 减小过程中，当叶间间隙开始出现脱流时，透平级就会进入过渡工况。因此，推迟涡流的发生将有利于扩大透平工况的范围。喷管外缘扩张角不宜过大，否则在大负冲角下容易发生脱流。扭叶片的 $\beta_{1g}=90°$ 的截面越靠近根部，小容积流量下动叶根部越容易发生脱流，因此 $\beta_{1g}=90°$ 的截面应移向顶部。

5. 鼓风工况下对通流部分的加热

鼓风工况消耗的机械功将转变为热能，加热蒸汽，再由蒸汽加热转子和静子。由于末级通流面积最大，故在 $\overline{Gv_2}$ 减小的过程中，末级最先达到鼓风工况，最先被加热。$\overline{Gv_2}$ 进一步减小，倒二级的通流面积与容积流量 $\overline{Gv_2}$ 相比也嫌太大时，倒二级也达鼓风工况，也被加热。如此逐级向前推进。单缸凝汽式汽轮机在空载工况下，将只有调节级的喷管有蒸汽膨胀做功，其余各级都在接近于排汽压力的压力下空转。凡处在空转下的级都将受到加热。例如，一台末级 $d_b/l_b=2.4$ 的汽轮机在空载工况下，低压缸进汽温度为 $110\sim130℃$，但由于鼓风工况加热，排汽温度高达 $200\sim250℃$。

为了降低末级和排汽缸的温度，可在末级后装设喷水冷却装置。试验表明，喷水冷却装置投运时，若凝汽器真空较高，则末级动叶后汽温沿整个叶高都将降到排汽压力下的饱和温度，如 $50\sim60℃$ 左右，比较安全。由于小容积流量工况下，末级动叶根部以负反动度工作，所以喷水冷却装置喷出的水滴，将通过根部涡流，被吸入动叶，随着涡流运动，冷却动叶。对于单元再热机组，在汽轮机负荷很小时，再热器来的多余蒸汽将通过减温减压器送入凝汽器。减温减压器中喷出的部分水滴，也将经过凝汽器倒流入末级动叶根部，冷却末级。若停用喷水冷却装置且切除减温减压器通入凝汽器的排汽，则几分钟后末级动叶后汽温就升高到 $200℃$ 左右，这时，有的机组末级叶间间隙外缘温度可达 $250℃$ 左右。因此，不能停用喷水冷却装置。

若排汽压力升高，虽有夹带水滴的逆流进入动叶根部，但仍要引起动叶外缘汽温升高到不允许的程度，因此要限制排汽压力的升高。

6. 末级动叶根部出口边的水珠侵蚀

小容积流量工况下，末级叶根汽流倒流带入的水滴将对动叶出口边背弧产生侵蚀。这种侵蚀使应力水平已经很高的末级叶片强度被削弱，增加了不安全因素。

二、叶片颤振

随着电站汽轮机单机功率的不断增大，末级叶片长度也不断增长，叶顶薄而微弯，近于平板的形状，抗震性能减弱；由于末级叶片长度增长，末级叶顶的圆周速度处于跨声速或超声速区域，加之大功率机组参与调峰，使叶片常在小容积流量大负冲角下运行。运行经验、理论分析与试验研究表明，这些特点往往是导致叶片发生颤振以致损坏的原因。颤振是一种自激振动。由于篇幅所限，叶片的颤振在此不作过多介绍，有兴趣的话，请参阅有关书籍。

第五节 汽轮机的工况图与热电联产汽轮机

一、凝汽式汽轮机的工况图

汽轮发电机组的功率与汽耗量之间的关系称为汽轮机的汽耗特性。表示这种关系的数学表达式称为汽耗特性方程式，而表示这种关系的曲线称为汽轮机的工况图。实际汽轮机的汽耗特性可通过变工况计算或汽轮机的热力试验确定。

（一）节流调节汽轮机的工况图

汽轮机产生的内功率一般可分为两部分：一部分为考虑了发电机损失的有效功率，向外输出；另一部分用来克服机械损失 Δp_m，并不向外输出。相应流量亦分成两部分。因此，汽轮机功率与汽耗量之间的关系为

$$D = \frac{3600}{\Delta H_t \eta'_{ri} \eta_{th}} \left(\frac{P_{el}}{\eta_g} + \Delta p_m \right) \tag{3-42}$$

式中　η'_{ri}、η_{th}——汽轮机通流部分的内效率与调节汽阀的节流效率；

Δp_m——汽轮发电机组的机械损失。

Δp_m 在转速一定时是常数，不随负荷变化。此外，当负荷变化不大时，效率 η'_{ri}、η_{th} 和 η_g 变化不大，可近似认为不变。因此其汽耗特性方程式最终可写成

$$D = d_1 P_{el} + D_{nl} \tag{3-43}$$

式中　d_1——汽耗微增率，即每增加单位电功率所需增加的汽耗量；

D_{nl}——空载汽耗量，为汽轮机空转时用来克服摩擦阻力，鼓风损失及带动油泵等所消耗的蒸汽量。

对于同一汽轮机，在不同工况下，D_{nl} 近似一常数，通常为设计流量的 5%～10%。对不同的汽轮机，D_{nl} 取决于汽轮机的功率、焓降、汽轮机结构形式以及调节方式。背压式汽轮机的焓降 ΔH_t 比凝汽式汽轮机的小，所以它的空载汽耗量 D_{nl} 比凝汽式汽轮机的大；喷管调节汽轮机由于其节流效率 η_{th} 比节流调节汽轮机的大，故它的空载耗量 D_{nl} 比节流调节汽轮机的小。

通过变工况计算后可绘制出汽耗量 D、汽耗率 d 以及相对电效率 η_{rel} 与电功率 P_{el} 之间的关系曲线，如图 3-25 所示。由图可知，节流调节汽轮机的 D 与 P_{el} 之间的关系近似呈直线，但不通过原点。

（二）喷管调节汽轮机的工况图

同理，通过变工况计算后亦可绘制出喷管调节汽轮机的 D、η_{rel}、d 与 P_{el} 的关系曲线，如图 3-26 所示。由于调节级的

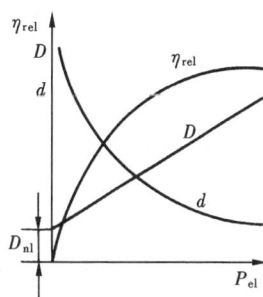

图 3-25　节流调节汽耗量、汽耗率、相对电效率与电功率的关系曲线

内效率随负荷变化呈波浪折线状，所以 d 与 η_{rel} 的关系曲线不再是一条直线。

试验证明，喷管调节汽轮机的汽耗线近似为一折线，如图 3-27 中的 ABC 折线所示。因此这类机组的汽耗特性方程式如下。

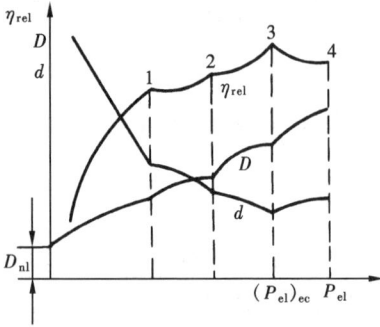

图 3-26　喷管调节汽轮机汽耗量、汽耗率相对电效率与电功率的关系曲线

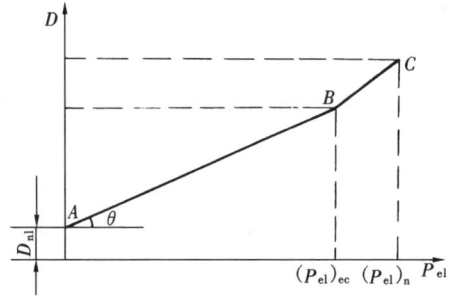

图 3-27　喷管调节汽轮机汽耗特性曲线

当功率小于或等于经济功率时：
$$D = D_{nl} + d_1 P_{el} \tag{3-44}$$

当功率大于经济功率时：
$$D = D_{nl} + d_1(P_{el})_{ec} + d'_1[P_{el} - (P_{el})_{ec}] \tag{3-45}$$

式（3-45）中的 $d'_1[P_{el} - (P_{el})_{ec}] = \Delta D$ 表示功率大于经济功率时汽轮机汽耗量的增加值。其中 d'_1 为 $P_{el} > (P_{el})_{ec}$ 时的汽耗微增率，即汽耗线在过负荷段的斜率，显然 $d'_1 > d_1$。因此，有一个转折点的汽耗线的微增率有两个不同的常数值，转折点的功率为汽轮机的经济功率。

图 3-28 绘出了不同调节方式的汽轮机特性曲线。由图 3-28 可知，节流调节在最大工况下具有最好的经济性。因为此时调节汽阀全部开启，几乎没有节流损失，但在经济功率和部分负荷时由于节流损失，其经济性较差。

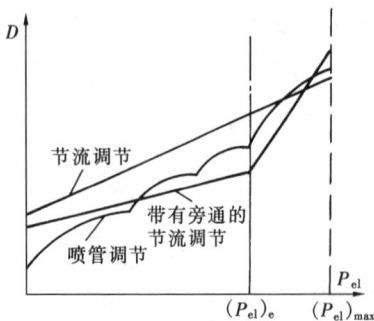

图 3-28　采用不同调节方式的汽轮机特性曲线

喷管调节在经济功率下经济性比节流调节好，超过经济功率或在部分负荷下经济性虽降低，但下降程度比较平稳。

具有旁通的节流调节，因这种调节方式是当汽轮机功率在设计值以下采用节流调节，当功率超过设计值时，部分新蒸汽通过旁通调节汽阀节流后直接进入汽轮机中间级，以增大流量。因此，在经济功率下，经济性比其他各种调节方式好，但在大于经济功率或在较低负荷下，其效率较低。

二、背压式汽轮机

凝汽式汽轮机的排汽热量是冷源损失，数量很大。若能把排汽压力提高，把排汽热量加以利用，或从汽轮机中抽出作过功的蒸汽来供热，就可大大提高蒸汽动力装置的热效率。这种既发电又供热的汽轮机称为热电式汽轮机或供热式汽轮机。热电式汽轮机主要有背压式、调节抽汽式与调节抽汽背压式三种，常用的是前两种。

图 3-29（a）是背压式汽轮机示意。背压式汽轮机的排汽全部供热用户使用，所以没有冷源损失，热效率最高。背压式汽轮机的调节汽门开度主要由排汽管调压器的压力信号控制，可维持排汽压力基本不变，保证供热质量。也就是说，热负荷增大，排汽压力降低，则调节汽门开大；反之关小。可见，该机组发电量的大小完全取决于热负荷的多少，多余或不足的电力由电网或并列机组调节。背压式机组事故或检修时，由减温减压器将新汽降温降压后供应热负荷。

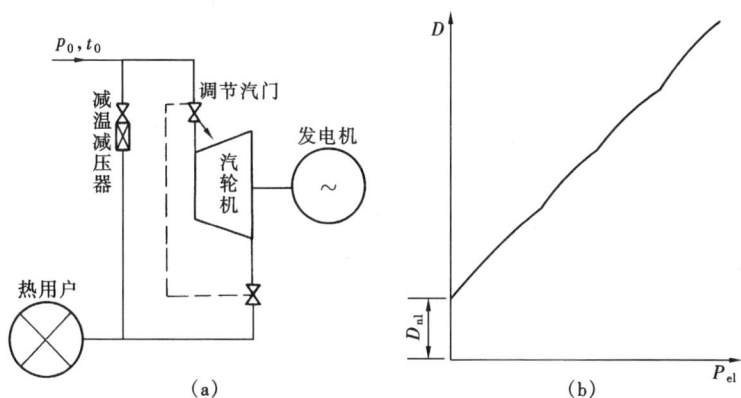

图 3-29　背压式汽轮机示意与工况图
（a）示意图；（b）工况图

背压式汽轮机的工况图如 3-29（b）所示，可近似地以一根折线代表。由于同样初参数下背压式汽轮机的焓降 ΔH_t 小于凝汽式汽轮机，所以其汽耗率（即斜率 d_1）、空载汽耗量 D_{nl} 都比凝汽式汽轮机的大。

区域供热热电站一般以热水供应热用户。背压式汽轮机若仅用排汽加热给水，如图 3-30（a）所示，则排汽压力较高，宜用在小容量机组上，可减小加热器个数，节省投资。但大容量机组常采用两级加热，如图 3-30（b）所示。两级加热获得同一温度热水时，排汽压力可降到 50kPa 左右，比一级加热增加功率 3%～5%。有的大容量背压式汽轮机，由于排汽压力低，低压部分容积流量很大，不得不采用分流布置。如 $p_0 = 17.8\text{MPa}$，$t_0 = 535℃$

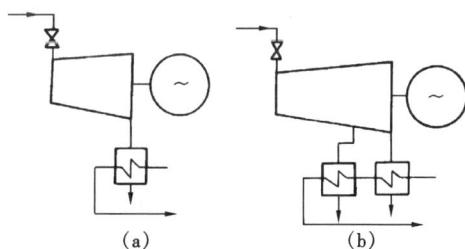

图 3-30　背压式汽轮机
加热级数示意
（a）一级加热；（b）二级加热

的大容量背压式汽轮机，若不采用中间再热，末级湿度将达 9%，因而采用了中间再热。

背压式汽轮机排汽还可供进汽压力较低的凝汽式汽轮机使用，这种背压式汽轮机称为前置式汽轮机。

背压式汽轮机运行时，进汽量的多少完全取决于热负荷，故它最好用在一年四季都有热负荷的地方。若热负荷中断，背压式汽轮机只好停止运行，这是背压式汽轮机最不利的地方。热负荷季节性强的地方宜安装抽汽凝汽式汽轮机。

三、一次调节抽汽式汽轮机

图 3-31（a）为一次调节抽汽式汽轮机示意。这种汽轮机由高压部分和低压部分组成，压力为 p_0，流量为 D_0 的新蒸汽经高压调节阀 4 进入高压部分膨胀做功，直至压力 p_e，然后分为两股，一股流量为 D_e 被抽出供给热用户；另一股流量为 D_c 经低压调节阀 5 进入低压部分继续膨胀做功，一直膨胀至 p_c。若机组故障或检修，则由减温减压器将新汽降温降压后供热用户。小容量机组高压部分和低压部分放在一个汽缸内，调节汽门 5 制成回转隔板。

热负荷为零时，一次调节抽汽式汽轮机变为凝汽式汽轮机，仍可满发额定功率。有热负荷时，高压部分流量大于低压部分流量，热电负荷都可在很大范围内自由变动，互不影响，这是调节抽汽式汽轮机优于背压式汽轮机之处。但前者有冷源损失，热效率低于背压式汽轮机，即降低经济性换来了灵活性。

（一）一次调节抽汽式汽轮机功率与流量的关系

一次调节抽汽式汽轮机的热力过程线如图 3-31（b）所示。若不考虑回热抽汽量，设 P_i^{I}、P_i^{II} 分别表示高压部分和低压部分的内功率，则

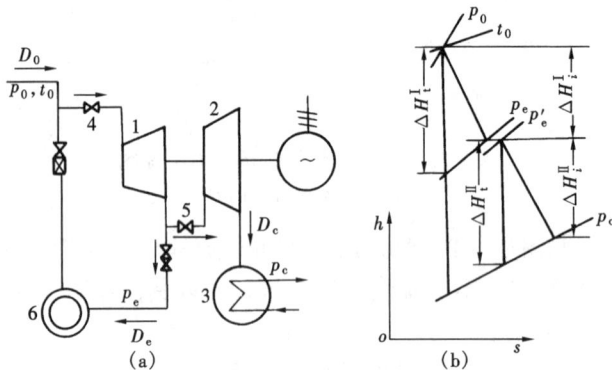

图 3-31 一次调节抽汽式汽轮机装置简图和热力过程线

（a）装置简图；（b）热力过程线

1—高压部分；2—低压部分；3—凝汽器；4—高压调节阀；
5—低压调节阀；6—热用户

$$D_0 = D_e + D_c \tag{3-46}$$

汽轮发电机组的总功率为

$$P = (P_i^{\mathrm{I}} + P_i^{\mathrm{II}} - \Delta P_{\mathrm{m}})\eta_{\mathrm{g}} = \left(\frac{D_0 \Delta H_{\mathrm{t}}^{\mathrm{I}} \eta_{\mathrm{ri}}^{\mathrm{I}} + D_c \Delta H_{\mathrm{t}}^{\mathrm{II}} \eta_{\mathrm{ri}}^{\mathrm{II}}}{3600} - \Delta P_{\mathrm{m}} \right)\eta_{\mathrm{g}}$$

$$= \left[\frac{D_0 \Delta H_{\mathrm{t}}^{\mathrm{I}} \eta_{\mathrm{ri}}^{\mathrm{I}}}{3600} + \frac{(D_0 - D_e)\Delta H_{\mathrm{t}}^{\mathrm{II}} \eta_{\mathrm{ri}}^{\mathrm{II}}}{3600} - \Delta P_{\mathrm{m}} \right]\eta_{\mathrm{g}}$$

$$= \left(\frac{D_0 \Delta H_{\mathrm{t}} \eta_{\mathrm{ri}}}{3600} - \frac{D_e \Delta H_{\mathrm{t}}^{\mathrm{II}} \eta_{\mathrm{ri}}^{\mathrm{II}}}{3600} - \Delta P_{\mathrm{m}} \right)\eta_{\mathrm{g}} \tag{3-47}$$

式中　$\eta_{\mathrm{ri}}^{\mathrm{I}}$、$\eta_{\mathrm{ri}}^{\mathrm{II}}$——高压部分和低压部分内效率；

$\Delta H_{\mathrm{t}}^{\mathrm{I}}$、$\Delta H_{\mathrm{t}}^{\mathrm{II}}$——高压部分、低压部分的理想焓降；

ΔH_t——全机理想焓降，$\Delta H_t = \Delta H_t^{I} + \Delta H_t^{II}$；

ΔP_m——汽轮发电机组的机械损失；

η_{ri}——全机内效率。

上式可变换为

$$D_0 = \frac{3600}{\Delta H_t^{I} \eta_{ri}^{I} \eta_g} P - \frac{D_c \Delta H_t^{II} \eta_{ri}^{II}}{\Delta H_t^{I} \eta_{ri}^{I}} + \frac{3600 \Delta P_m}{\Delta H_t^{I} \eta_{ri}^{I}} \qquad (3\text{-}48)$$

$$D_0 = \frac{3600}{\Delta H_t \eta_{ri} \eta_g} P + \frac{D_e \Delta H_t^{II} \eta_{ri}^{II}}{\Delta H_t \eta_{ri}} + \frac{3600 \Delta P_m}{\Delta H_t \eta_{ri}} \qquad (3\text{-}49)$$

汽轮机的供热量与抽汽量及抽汽焓有关，即

$$Q = D_e (h_e - h'_e) \qquad (3\text{-}50)$$

式中 h'_e——供热用户排出口的焓。

当热负荷、电负荷要求一定时，可由式（3-47）及式（3-50）求得 D_0 及 D_e（式中其他参数变化很小，可视为常数）。在此 D_0 及 D_e 下既能满足给定热负荷的要求，又能满足给定电负荷的要求。

（二）一次调节抽汽式汽轮机热电负荷的调节

该汽轮机的热、电负荷调节既要保证电负荷能自由变动，又要保证热负荷能自由变动，高压调节阀和低压调节阀受汽轮机调节系统控制（即受调速器和调压器控制）。现举例说明如下：

电负荷不变、热负荷减小时，抽汽量 D_e 减小，供热压力升高，调节系统动作（调压器动作），控制高压调节阀关小而低压调节阀开大，使高压部分少发的功率等于低压段多发的功率，全机功率不变；高压部分减小的流量 ΔD_0 加上低压部分增大的流量 ΔD_c 等于减小的抽汽量 ΔD_e。

热负荷不变、电负荷减小时，汽轮机转速升高，调节系统动作（调速器动作），控制高压调节阀和低压调节阀同时关小，高、低压部分减小的流量相等，供热量不变；高、低压部分减小的功率之和等于全机功率减小值。

其他热电负荷变化的调节以此类推。

（三）一次调节抽汽式汽轮机的特点

（1）低压部分的设计流量与最大流量。当调节抽汽流量 $D_e = 0$ 时，高、低压部分流量相等，调节抽汽式汽轮机应能发出额定功率，这时低压部分达最大流量 $D_{c,max}$，这种工况较少。若以 $D_{c,max}$ 作低压部分设计流量，则通流面积太大，经常运行的效率太低，故低压部分设计流量 D_{cs} 通常按 $D_{c,max}$ 的 65%～80% 来设计。

（2）抽汽压力不可调节工况。低压部分为设计流量 D_{cs} 时，低压调节阀即旋转隔板已全开，此时如欲再增加低压部分的流量，只有靠升高调节抽汽室中的压力，亦即升高低压部分第一级喷管前的压力来达到，此时调节抽汽室中的压力就不能再调节了，这种工况称抽汽压力不可调节工况。

（3）低压部分最小流量。低压部分至少应流过一最小流量 $D_{c,min}$，以带走叶轮、叶片高速旋转所产生的摩擦鼓风热量，避免温度过高，危及安全。一般 $D_{c,min}$ 为设计值的5%～10%。

（4）最大功率。低压部分流过 $D_{c,max}$ 流量时，即使 $D_e = 0$，也可发额定功率。当低压

部分流量为 $D_{c,max}$ 且 D_e 很大时，高压部分 $D_0 = D_e + D_{c,max}$ 很大，全机功率将比额定值大得多，但此种工况极少，故主轴强度和发电机最大功率按额定功率 1.2 倍来设计，这就是机组允许的最大功率。

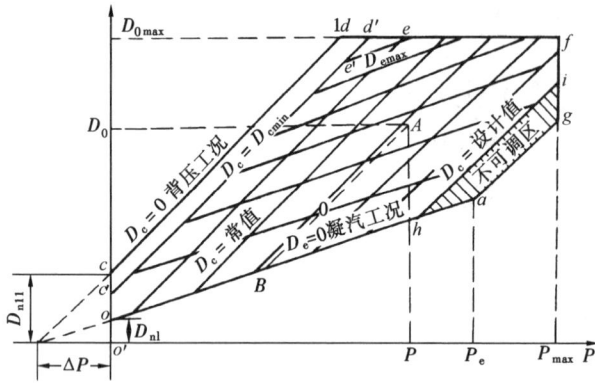

图 3-32　一次调节抽汽式汽轮机的工况

（四）一次调节抽汽式汽轮机的工况图

一次调节抽汽式汽轮机的蒸汽流量、电功率及抽汽量之间的关系曲线称为一次调节抽汽式汽轮机的工况图，如图 3-32 所示。

1. 凝汽工况线 oa

此工况即没有抽汽，$D_e = 0$，$D_0 = D_c$，汽轮机作凝汽方式运行，由式（3-49）得

$$D_0 = \frac{3600}{\Delta H_t \eta_{ri} \eta_g} P + \frac{3600 \Delta p_m}{\Delta H_t \eta_{ri}} = d_1 P + D_{nl} \tag{3-51}$$

式中，$d_1 = \dfrac{3600}{\Delta H_t \eta_{ri} \eta_g}$，$D_{nl} = \dfrac{3600 \Delta P_m}{\Delta H_t \eta_{ri} \eta_g} \eta_g = d_1 \Delta P_m \eta_g$，$d_1$ 是汽耗微增率，即 oa 线的斜率；D_{nl} 为空载汽耗量。

2. 等抽汽工况线

等抽汽工况线即 $D_e = $ 常数的工况线，此时式（3-49）变为

$$D_0 = d_1 P + \frac{\Delta H_t^{II} \eta_{ri}^{II}}{\Delta H_t \eta_{ri}} D_e + D_{nl} = d_1 P + A + D_{nl} \tag{3-52}$$

斜率 d_1 与 oa 线相同，故 $D_e = $ 常数的工况线都平行于 oa；A＞0，故 $D_e = $ 常数的工况线位于 oa 线之上。实际上凝汽工况线 oa 是等抽汽工况线的特例。ee' 是最大抽汽量工况线。D_e 越大，同一功率 P 下对应的 D_0 越大。

3. 背压工况线 cd

若从汽轮机高压部分排出的蒸汽全部供给热用户，此时进入低压部分的蒸汽量为零，即 $D_0 = D_e$，$D_c = 0$，相当于背压式汽轮机，因而得名。由式（3-48）得

$$D_0 = \frac{3600}{\Delta H_t^{I} \eta_{ri}^{I} \eta_g} P + \frac{3600 \Delta P_m}{\Delta H_t^{I} \eta_{ri}^{I}} = d'_1 P + D'_{nl} \tag{3-53}$$

式中，$d'_1 = \dfrac{3600}{\Delta H_t^{I} \eta_{ri}^{I} \eta_g}$，$D'_{nl} = \dfrac{3600 \Delta P_m}{\Delta H_t^{I} \eta_{ri}^{I}}$，由于 $\Delta H_t^{I} < \Delta H_t$，从而 $d'_1 > d_1$，故 cd 线比 oa 线陡；$D'_{nl} > D_{nl}$。

4. 最小凝汽量（$D_{c,min}$）工况线 $c'd'$

上述背压工况下 $D_c = 0$，低压部分摩擦鼓风热量无法带走，这是不允许的。低压部分至少应流过 $D_{c,min}$，$D_{c,min}$ 是进入凝汽器的最小允许值，则式（3-48）变为

$$D_0 = d'_1 P - \frac{D_{c,min} \Delta H_t^{II} \eta_{ri}^{II}}{\Delta H_t^{I} \eta_{ri}^{I}} + D'_{nl} = d'_1 P - \Delta D_0 + D'_{nl} \tag{3-54}$$

斜率为 d'_1 与 cd 线相同，故 $c'd'$ 与 cd 平行。$D_{c,min}$ 使低压部分多发一部分电能，故同一 D_0 下 P 变大。即同一 P 下，$c'd'$ 线的 D_0 比 cd 线减少 ΔD_0。

5. 等凝汽量工况线

等凝汽量工况线即 D_c ＝常数的工况线，式（3-48）变为

$$D_0 = d'_1 P - \frac{D_c \Delta H_t^{II} \eta_n^{II}}{\Delta H_t^I \eta_n^I} + D'_{nl} = d'_1 P - B + D'_{nl} \tag{3-55}$$

斜率仍为 d'_1，故 D_c ＝常数的工况线都平行于 cd。由于 D_c 在低压部分做功，故 D_0 相同时 P 增大，使各线均位于 cd 线之右。实际上背压工况线 cd 是等凝汽工况线中 D_c ＝0 的特例。hi 与 ag 两线间，D_c 大于设计值 D_{cs}，抽汽压力 p_e 大于设计值，为抽汽压力不可调节区。ag 是最大凝汽量 $D_{c,max}$ 工况线。

还有高压调节汽门全开时的最大进汽量工况线，即 $D_{0,max}$ 工况线 ef，最大电功率工况线 gf。图 3-32 中 $aoc'e'efga$ 所围成的封闭面积，就是一次调节抽汽式汽轮机工况图。当 D_0、D_c、D_e 与 P 四值中任意知道两个，即可用工况图求出另两个。如图中 A 点及通过 A 点的虚线表示已知 D_0、P 可以求出 D_e 和 D_c。

四、二次调节抽汽式汽轮机

图 3-33（a）是二次调节抽汽式汽轮机装置的原理图。汽轮机分为独立的三部分，称为高压部分、中压部分和低压部分。蒸汽在高压部分膨胀至压力 p_{e1}，在这个压力下，一部分蒸汽 D_{e1} 抽出供给生产热用户；另一部分蒸汽经过调节阀进入中压部分，在中压部分膨胀至压力 p_{e2}，并在这个压力下作第二次抽汽，抽汽量以 D_{e2} 表示，一般作供暖用，而余下的蒸汽量 D_c 经低压调节阀进入低压部分膨胀做功，最后排入凝汽器。

1. 二次调节抽汽式汽轮机的热、电负荷调节

全机有高、中、低压调节汽门，均受调节系统的控制（液压调节系统三个调节阀受调速器和 p_{e1}、p_{e2} 的调压器控制），以保证电功率和两种热负荷可分别自由变动，所以调节系统相当复杂。例如，当 D_{e1}、D_{e2} 都不变，功率 P 变小时，控制高、中、低三个调节汽门均关小，使高、中、低三部分的流量减小量相等，这时 D_{e1}、D_{e2} 不变，三段少发的功率之和应等于外界减小的电功率。当电功率 P、二次调整抽汽量 D_{e2} 不变，D_{e1} 减小时，高压调节阀关小，中、低压调节阀开大，中、低压部分流量增量应相等，D_{e2} 则不变；中、低压部分多发的电功率应等于高压部分少发的功率，电功率 P 则不变；D_0

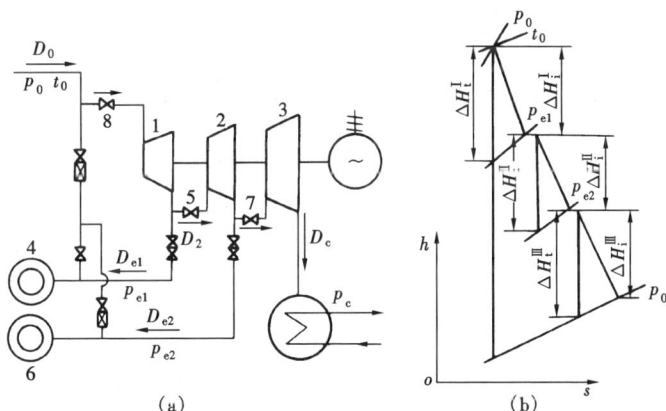

图 3-33 二次调节抽汽式汽轮机装置简图及热力过程

（a）装置简图；（b）热力过程图

1—高压部分；2—中压部分；3—低压部分；

4、6—热用户；5—中压调节阀；7—低压调节阀；8—高压调节阀

的减小量加上 D_2 或 D_c 的增加量应等于 D_{e1} 的减小量。其他如电功率 P 增大或 D_{e2} 增大等可举一反三。

2. 二次调节抽汽式汽轮机的工况图

与一次调节抽汽式汽轮机一样，可以把电功率 P、工业抽汽量 D_{e1}、供暖抽汽量 D_{e2} 及

新蒸汽量 D_0 等之间的关系用图解法来表示，则所得到的曲线图称为二次调节抽汽式汽轮机工况图。

对于二次调节抽汽式汽轮机工况图来说，要把它绘在一个平面上是困难的，因为变量的数目不是三个而是四个。图 3-33（b）是二次调节抽汽式汽轮机的热力过程线。为需要假设供暖抽汽量 D_{e2} 随同 D_c 一起通过低压部分进入凝汽器。此时，汽轮机与一次调节抽汽式汽轮机的运行方式相同，可作出它的工况图。显然，在这个工况图中的电功率数值包含了抽汽量 D_{e2} 在低压部分发出的功率，所以实际电功率必须扣除这部分功率。

根据上述设想，全机的电功率为

$$P = \left(\frac{D_0 \Delta H_i}{3600} - \frac{D_{e1} \Delta H_i^{II} + D_{e1} \Delta H_i^{III}}{3600} - \Delta P_m \right) \eta_g - \frac{D_{e2} \Delta H_i^{III}}{3600} \eta_g$$
$$= P_x - \Delta P \tag{3-56}$$

$$P_x = \left(\frac{D_0 \Delta H_i}{3600} - \frac{D_{e1} \Delta H_i^{II} + D_{e1} \Delta H_i^{III}}{3600} - \Delta P_m \right) \eta_g \tag{3-57}$$

$$\Delta P = \frac{D_{e2} \Delta H_i^{III}}{3600} \eta_g \tag{3-58}$$

式（3-57）即是一次调节抽汽式汽轮机蒸汽与电功率的关系式，画出此关系图，即如图 3-34 的上半部分。

前已说明，根据这部分工况图查得的功率只是假想功率 P_x，真实功率 P 还应扣除 D_{e2} 流过低压部分所发功率 ΔP，故将式（3-58）的关系绘在该图的下方。当 $D_{e2}=0$ 时，$\Delta P=0$，即图中的 o 点；当 $D_{e2}=(D_{e2})_{max}$ 时，$\Delta P=(\Delta P)_{max}$，即图中的 a_0 点，则 oa_0 线即表示式（3-58）的关系。

图 3-34 中直线 $a_1 a'_1$、$b_1 b'_1$⋯ 代表当用于工业抽汽量为一定时，

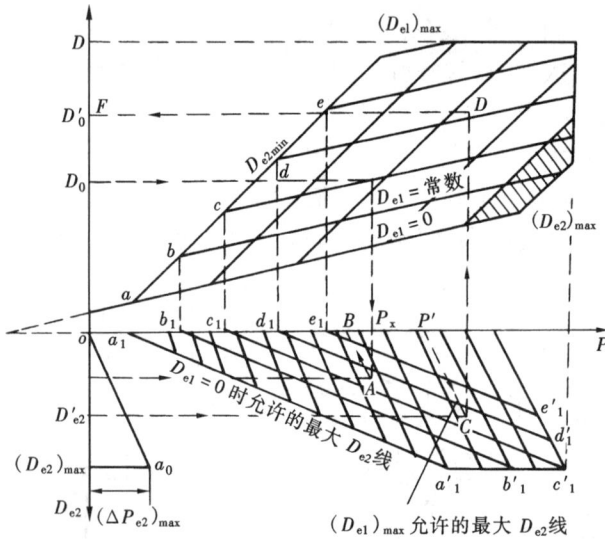

图 3-34　两次调节抽汽式汽轮机工况

最大可能的供暖抽汽量，这些直线是根据下列等式绘出的：

$$(D_{e2})_{max} = D_0 - D_{e1} - (D_c)_{min}$$

已知 D_0 及 D_{e1}，再根据最小凝汽量 $(D_c)_{min}$，就可以绘出这些最大供暖抽汽量。

在四个变量 P、D_{e1}、D_{e2} 及 D_0 中，若已知其中三个，就可以从工况图中求得其余的一个。例如，当已知机组运行时的 D_{e1}、D_{e2} 及 D_0，可求得 P，方法是根据给定的 D_0 及 D_{e1} 在工况图上半部查得 P_x，再由 P_x 垂直向下与工况图下半部分供暖抽汽量 D_{e2} 之值交于 A 点，然后通过 A 点作 oa_0 的平行线，交横坐标于 B 点，此即所求功率 P。又如已知 P'、D'_{e1} 及 D'_{e2}，也可求得 D'_0，方法是由给定的 P' 引一平行于 oa_0 的直线，与给定的 D'_{e2} 相交于 C，然后由 C 垂直向上与给定的 D_{e1} 线相交于 D 点，再由 D 引一水平线与纵坐标相交于 F，此即所求得的流量 D'_0。

图 3-35 是实际的二次调节汽轮机的工况图。图中的工况线是波浪形的，这在上部 D_2 ＝常数线中看得最清楚。这是由于新汽是喷管配汽，几个高压调节汽门依次启闭，各汽门依次全开的阀点上节流损失小，工况线出现折点。另外，由于各段理想焓降和内效率都将随流量变化而变化，故各工况线不是直线。

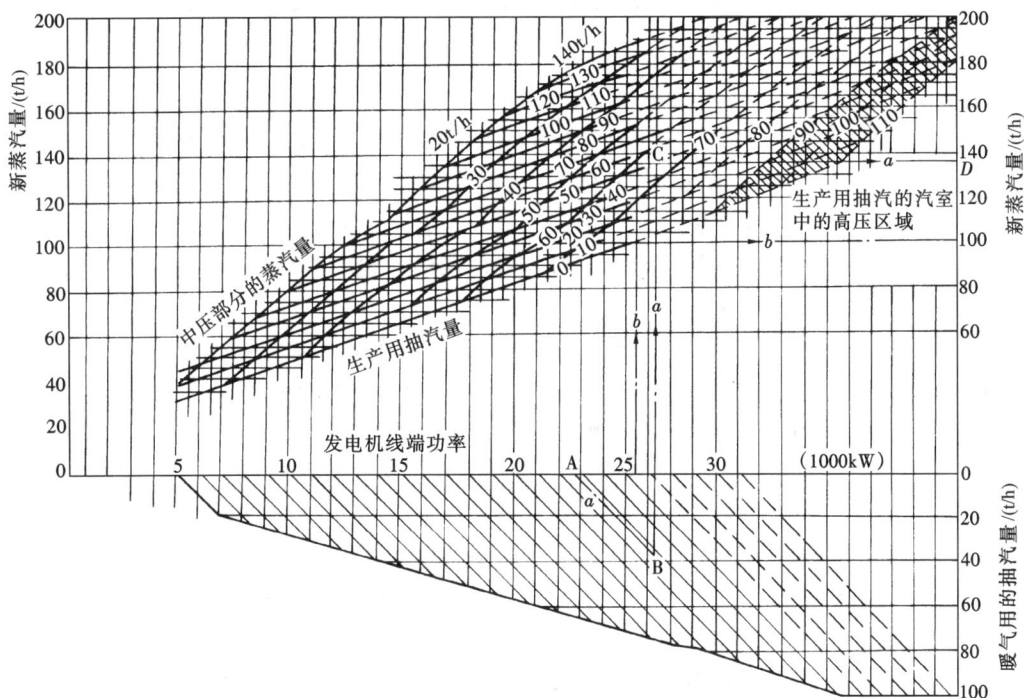

图 3-35　ВПТ-25 型汽轮机工况

第六节　蒸汽参数变化对汽轮机工作安全性的影响

汽轮机除流量变化外，当蒸汽初终参数变化运行时，也属于汽轮机变工况运行范围。如锅炉设备的工况变动或调整不当，就会使蒸汽初温、初压偏离设计值；凝汽设备的工况变动会使排汽压力发生变化。当蒸汽参数与设计值偏差不大时（偏差在允许范围内），只影响汽轮机的经济性；当蒸汽参数与设计值偏差较大时，就会危及汽轮机的安全运行。

一、蒸汽初压 p_0、再热压力 p_r 变化过大对安全性的影响

1. 初温不变，初压 p_0、再热压力 p_r 升高

初温不变，初压升高过多，将使主蒸汽管道、主汽门、调节汽门、导管及汽缸等承压部件内部应力增大。若调节汽门开度不变，则 p_0 增大，致使新汽比体积减小、蒸汽流量增大、功率增大、零件受力增大。各级叶片的受力正比于流量而增大。特别是末级的危险性最大，因为流量增大时末级焓降增大得最多，而叶片的受力正比于流量和焓降之积，故对应力水平已很高的末级叶片的运行安全性可能带来危险。第一调节汽门刚全开而其他调节汽门关闭时，调节级动叶受力最大，若这时初压 p_0 升高，则调节级流量增大，焓降不变，叶片受力更大，影响运行安全性。此

微课 3-9
蒸汽压力
变化对汽轮机
工作安全性影响

外，初压 p_0 升高、流量增大还使轴向推力增大。

因此未经核算之前，初压 p_0 不允许超过制造厂规定的高限数值。我国姚孟电厂的法国阿尔斯通生产的亚临界压力 320MW 汽轮机规定初压 p_0 应小于等于 105％额定值。当达到 105％额定初压时，高压旁路调节阀自动开启，通过旁路排汽降低汽轮机的 p_0。如果旁路投入后 p_0 仍不能降低，则只允许 p_0 瞬时超过 105％额定汽压，但不能超过 112％额定汽压。同理，再热蒸汽压力 p_r 也不能超过制造厂规定的高限数值。

2. 初温不变，初压 p_0、再热压力 p_r 降低

初温 t_0 不变、初压 p_0 降低一般不会带来危险。如滑压运行时 p_0 下降，并未影响安全。若调节汽门开度不变，则 p_0 降低时各级叶片的受力将随流量下降而下降，轴向推力将随各级压力减小而减小，机组功率将随流量减小而减小。在 p_0 降低时，最后几级的湿度将减小。对于 $p_0 = 8.83$MPa 的高压机组，即使 p_0 降到 3.0MPa，也不会使凝汽式机组的排汽过热，也就不会使排汽缸和凝汽器过热。

然而 p_0 降低时，若所发功率不减小，甚至仍要发出额定功率，那么必将使全机蒸汽流量超过额定值，这时若各监视段压力超过最大允许值，将使轴向推力过大，这是危险的，不能允许的。因此蒸汽初压 p_0 降低时，功率必须相应的减小。

微课 3-10
蒸汽温度
变化对汽轮机
工作安全性影响

二、蒸汽初温 t_0 和再热汽温 t_r 变化过大对安全性的影响

1. p_0 与 p_r 不变，t_0 与 t_r 升高

p_0 与 p_r 不变，t_0 与 t_r 升高将使锅炉过热器和再热器管壁、新汽和再热蒸汽管道、高中压主汽门和调节汽门、导管及高中压缸部件的温度都升高。温度越高，钢材蠕变速度越快，蠕变极限越小。如铬钼钢的应力为 200MPa，当工作温度由 480℃上升 60℃左右时，蠕变速度将增大许多倍。因此，汽温过高将使钢材蠕变的塑性变形过大，从而发生螺栓变长、法兰内开口、预紧力变小等问题，既影响安全，又缩短机组寿命，故不允许蒸汽温度过高。

通常对 t_0 和 t_r 有严格规定。阿尔斯通公司对 320MW 亚临界压力机组规定：t_0 超过额定值 8℃以内时，要求全年平均运行汽温不得超过额定值；超温 14℃的全年积累运行时间应少于 400h；超温 28℃的全年积累运行时间应少于 80h。

2. p_0 与 p_r 不变，t_0 与 t_r 降低

新汽温度 t_0 和再热汽温 t_r 降低时，影响安全的关键是汽温下降速度。新汽温度下降过快，往往是锅炉满水等事故引起的，应防止汽轮机水冲击。水冲击的症状之一是蒸汽管道法兰、汽缸法兰和汽门门杆等处冒出白色的湿蒸汽或溅出水滴，这是因为蒸汽管道法兰和汽缸法兰迅速被冷却收缩，而法兰螺栓在短时间内温度仍高，没有收缩，法兰的严密性大大降低。汽温迅速降低将使汽轮机中膨胀做功的蒸汽湿度大增，蒸汽中夹带的水滴流速很慢，水珠轴向打击动叶进口边叶背，使轴向推力增大，从而使推力瓦块温度升高，轴向位移增大，甚至威胁机组安全。对凝汽式机组，迅速降低负荷是降低轴向推力的有效措施。有的制造厂规定汽温突降 50℃时，应紧急停机。

汽温下降速度小于 1℃/min 则没有危险。若调节汽门开度不变，则比体积减小将使流量增大，但焓降随温度减小而减小，故功率变化不大。然而焓降减小后反动度增大，使轴向推力增大。故汽温降得多时，应防止轴向推力过大。

三、真空恶化和排汽温度过高对安全性的影响

（1）真空恶化和排汽温度过高时，对于转子轴承座与低压缸联成一体的机组来说，排汽缸的热膨胀将使轴承座抬起，转子对中性被破坏而产生强烈振动。

（2）凝汽器铜管线胀系数大于钢制外壳线胀系数许多，排汽温度过高将使铜管热膨胀过大，引起胀口松脱而漏水，使不清洁的循环水漏入压力很低的凝结水一侧，污染凝结水质。

（3）排汽压力过高将使末级容积流量大减，小容积流量工况下的鼓风工况所产生的热量将使排汽温度更加升高。容积流量很小时还可能诱发末几级叶片颤振。

微课 3-11 真空恶化对汽轮机工作安全性影响

由于上述原因，制造厂常规定排汽压力和排汽温度不能超过某一规定值，以确保机组安全运行。

复习思考题及习题

1. 什么是设计工况、经济工况和变工况？

2. 当背压变化时，在渐缩斜切喷管和缩放斜切喷管中将分别出现哪些现象？汽轮机为什么应尽量采用渐缩斜切喷管？

3. 渐缩喷管和缩放喷管的流量随初压和背压的变化规律有哪些异同点？

4. 级的流量与级前后压力有什么关系？

5. 何谓级组？试分析级组前后压力与流量的关系。

6. 试述弗留格尔公式的应用条件。

7. 试分析凝汽式汽轮机调节级、中间各级和末级的级前压力、焓降、反动度、速比、效率、内功率随流量的变化规律？

8. 什么是节流调节？这种调节方式有什么特点，为什么高参数大功率汽轮机可以采用这种调节方式。

9. 什么是喷管调节？这种调节方式有什么特点？

10. 何谓调节级？调节级的最危险工况是什么工况？末级的最危险工况是什么工况？

11. 为什么背压式汽轮机不宜采用节流调节？

12. 影响汽轮机轴向推力变化的因素有哪些？

13. 在 $h\text{-}s$ 图上画出变工况下调节级的热力过程线，并求出调节级的排汽状态点。

14. 何谓级的小容积流量工况？

15. 说明凝汽式汽轮机工况图上空载汽耗、汽耗微增率的意义。

16. 简述一次调节抽汽式汽轮机的特点。

17. 试分析一次调节抽汽式汽轮机工况图上的各工况线的特点。

18. 简述二次调节抽汽式汽轮机工况图的使用方法。

19. 当汽轮机的进、排汽参数发生变化时，分别对汽轮机的安全性构成什么影响？应采取哪些措施来解决？

20. 设计工况下，渐缩喷管前过热蒸汽的压力 $p_0 = 5.39\text{MPa}$，喷管后蒸汽压力 $p_1 = 3.63\text{MPa}$。问当喷管前蒸汽参数保持不变，欲使通过喷管的流量减小一半时，喷管后的蒸汽压力应是多少？

21. 渐缩喷管在设计工况下，喷管前的蒸汽压力 $p_0 = 2.16$ MPa，温度 $t_0 = 350℃$，喷管后的压力 $p_1 = 0.589$ MPa，流量为 3kg/s。

（1）若蒸汽量保持为临界值，则最大背压 p_{1max} 可以为多少？

（2）设若要流量减少为原设计的 1/3，则在初压，初温不变时，背压 p_{11} 应增高至何数值？

（3）设背压维持为 0.589MPa 不变，则初压 p_{01} 应降低到何数值（初温假定不变）才能使流量变为原设计值的 4/7？

22. 渐缩喷管设计流量 $G_0 = 10kg/s$，喷管前压力 $p_0 = 0.98MPa$，背压 $p_1 = 0.62MPa$。变工况后背压维持不变，流量增加到 $G_1 = 14kg/s$。试求变工况后喷管前压力 p_{01}。

23. 已知渐缩喷管前的蒸汽压力 $p_0 = 12.8MPa$，喷管后蒸汽压力 $p_1 = 9.81MPa$，且保持不变，当忽略蒸汽初温的变化，问喷管前蒸汽必须节流到什么压力 p_{01}，才能使通过喷管的蒸汽流量减小至 1/3？

24. 变工况前，渐缩喷管前的蒸汽压力 $p_0^* = 8.03$ MPa，温度 $t_0 = 500℃$，喷管后的压力 $p_1 = 4.91$ MPa，工况变化后喷管前压力节流至 $p_{01}^* = 7.06$ MPa，喷管后压力变为 $p_{11} = 4.415MPa$，试确定该喷管工况变化前后的流量比值（忽略初温的影响）。

25. 某调节级的简化变工况特性曲线如图 3-17 所示。当 I 阀全开，II 阀部分开启，总流量 D_1/D 在 60% 时，试回答下列问题。

（1）找出图中阀后的压力 p_{0I}/p_0、p_{0II}/p_0；

（2）调节级的级后压力 p_2/p_0；

（3）I、II 阀同时开启时，调节级的级前压力 p_{01}/p_0。

第四章　汽轮机结构及零件强度

第四章
数字资源

汽轮机本体由转动部分和静止部分组成。转动部分称为转子，主要部件有动叶片、主轴和叶轮（反动式汽轮机为转鼓）、联轴器等；静止部分称为静子，主要部件有汽缸、隔板、轴承和汽封等。本章主要介绍这些部件的作用、形式及结构特点，并对叶片的强度、叶片的振动及机组的振动等问题进行讨论。

第一节　动　叶　片

动叶片是蒸汽动能转换成转子机械能的重要部件。它在运行中受力复杂，工作条件又很恶劣。因此它不但要有良好的流动特性，以保证较高的能量转换效率，还要有足够的强度和完善的振动特性。

一、动叶片的结构

动叶片由叶型、叶根、叶顶三部分组成，如图 4-1 所示。

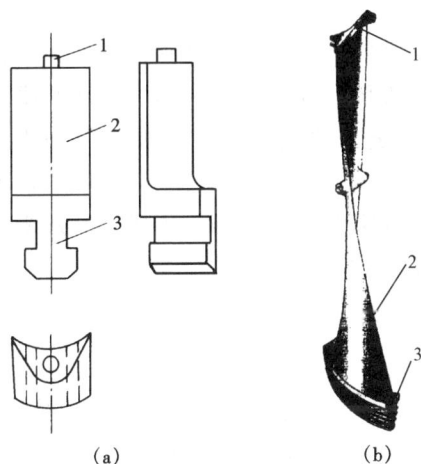

图 4-1　动叶片的结构

（a）等截面直叶片；（b）变截面扭曲叶片

1—叶顶；2—叶型；3—叶根

微课 4-1
汽轮机
动叶片结构

微课 4-2
汽轮机
叶根结构

（一）叶型

叶型是动叶片的基本部分，相邻叶片的叶型部分构成汽流通道，关于叶型的基本内容第一章已作介绍。

（二）叶根部分

叶根是将动叶片固定在叶轮或转鼓上的连接部分，它的结构应保证在任何运行条件下都能牢固地固定，同时力求制造简单、装配方便。常用的叶根形式有 T 形、枞树形和叉形。

1. T 形

T 形叶根如图 4-2（a）所示，它结构简单、加工方便，被短叶片普遍采用；其缺点是在叶片离心力的作用下，叶根会对轮缘两侧产生弯矩，使轮缘有张开的趋势。为此，有的 T 形叶根在两侧做出凸肩将轮缘包住，阻止轮缘张开，如图 4-2（b）所示，这种叶根称为外包 T 形叶根。国产 300MW 汽轮机的高压部分就采用了这种形式的叶根。图 4-2（c）所示为双 T 形叶根，这种形式增大了叶根的受力面积，提高了叶根的承载能力，多用于中长叶片。

T 形叶根的装配采用周向埋入法。安装时，将叶片从轮缘上的一个或两个缺口处逐个插入，并沿周向移至相应位置，最后缺口处的叶片用铆钉固定在轮缘上。这种方法装配较简单，但在更换个别叶片时，需将该叶片至缺口间的叶片拆下重装，增加了拆装工作量。

2. 叉形叶根

图 4-3 所示为叉形叶根结构。这种叶根被制成叉形，安装时从径向插入轮缘上的叉槽中，并用铆钉固定。这种叶根叉尾数可根据叶片离心力大小选择，因而强度高，适应性好。同时加工简单，更换叶片方便。但其装配工作量大，且需要较大的轴向空间，限制了它在整锻转子和焊接转子上的应用。这种叶根结构多用于大功率汽轮机的调节级和末几级。如国产引进型 300MW 和 600MW 汽轮机的调节级采用了每三个叶片为一个整体的三叉形叶根，如图 4-4 所示。

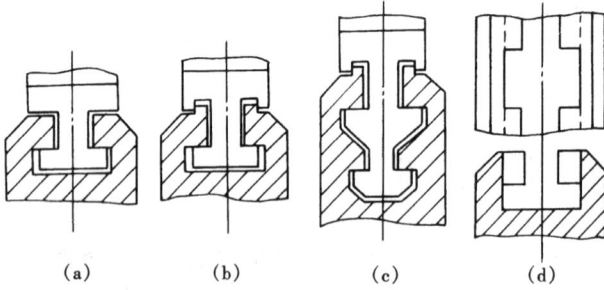

图 4-2　T 形叶根

(a) T 形叶根；(b) 外包 T 形叶根；

(c) 双 T 形叶根；(d) 装入 T 形叶根的切口

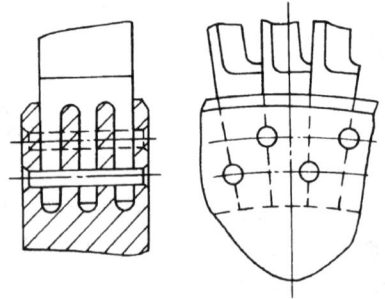

图 4-3　叉形叶根

3. 枞树形叶根

枞树形叶根如图 4-5 所示，其形状呈楔形。安装时，叶根沿轴向装入轮缘上的枞树形槽中。这种叶根承载截面接近按等强度分布，叶根的齿数可按叶片上载荷来选择，因此承载能力大，强度适应性好，拆装方便。但加工复杂，精度要求高，主要用于载荷较大的叶片。如国产引进型 600MW 汽轮机的压力级动叶片采用了这种形式的叶根。

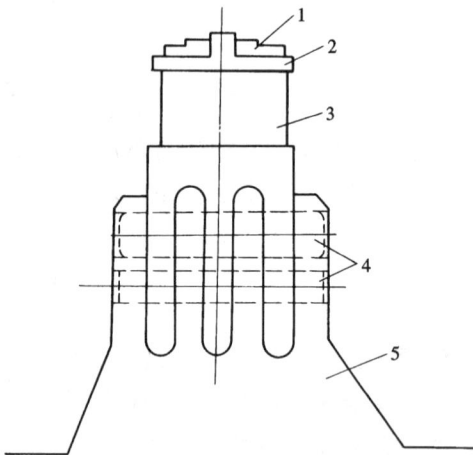

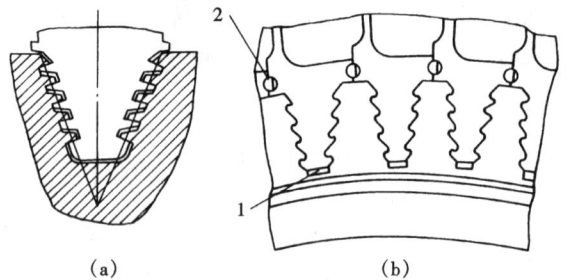

图 4-4　国产引进型 300MW 汽轮机调节级叶片

1—铆接围带；2—整体围带；

3—动叶片；4—铆钉；5—转子

图 4-5　枞树形叶根

1—垫片；2—圆销

微课 4-3
围带及
拉金结构

（三）叶顶

汽轮机的短叶片和中长叶片通常在叶顶用围带连在一起，构成叶片组。长叶片则在叶型部分用拉金连接成组，或者围带和拉金都不用，称为自由叶片。

1. 围带

围带的作用是减小叶片工作的弯应力；增加叶片刚性，调整叶片的自振频率，以避开共振，提高叶片振动安全性；使叶片顶部封闭，避免蒸汽从汽道顶部逸出，有的围带还装设汽封，减小了级内漏汽损失。

围带的结构形式很多，常用的有以下几种：

(1) 整体围带。这种围带与叶片一起铣出，叶片安装好后，相邻围带紧密贴合或焊在一起，如图 4-6 (a) 所示。图 4-6 (b) 所示为国产引进型 300MW 汽轮机调节级叶片的整体围带，围带为平行四边形并随叶顶倾斜，围带上开有拉金孔，叶片组装后围带间紧密贴合，并用短拉金连接。该调节级在整体围带上还铆接了一层围带，形成了双层围带结构，如图 4-4 所示。

(2) 铆接或焊接围带。如图 4-6 (c) 所示，围带由扁钢制成，用铆接或焊接，或者铆接加焊接的方法固定在叶片的顶部。

(3) 弹性拱形围带，如图 4-6 (d) 所示。这种围带可有效

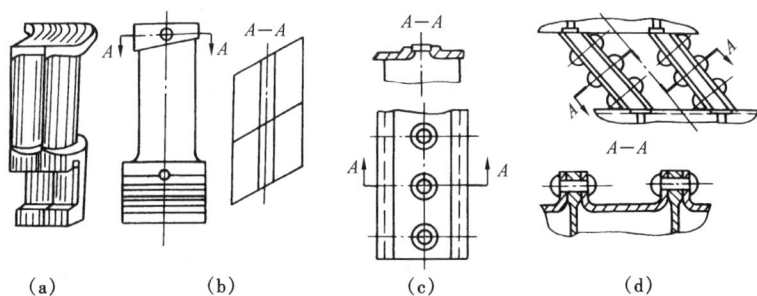

图 4-6　围带的型式

(a)、(b) 整体围带；(c) 铆接围带；(d) 弹性拱形围带

地提高叶片的刚性，控制叶片的 A 型振动和扭转振动，常用在大型机组的末级叶片上。

2. 拉金

拉金的作用是增加叶片的刚性，改善其振动性能。拉金通常为 6～12mm 的实心或空心金属丝或金属管，穿在叶型部分的拉金孔中。有的拉金与叶片焊接在一起，称为焊接拉金；也有的不焊接，称为松装拉金或阻尼拉金。常用的拉金结构如图 4-7 所示，其中图 (e) 为意大利某 320MW 汽轮机末级叶片采用的 Z 形拉金，拉金与叶片一起铣出，然后分组焊接。这种拉金节距较小，有利于提高叶片的刚性和抗扭振性能。

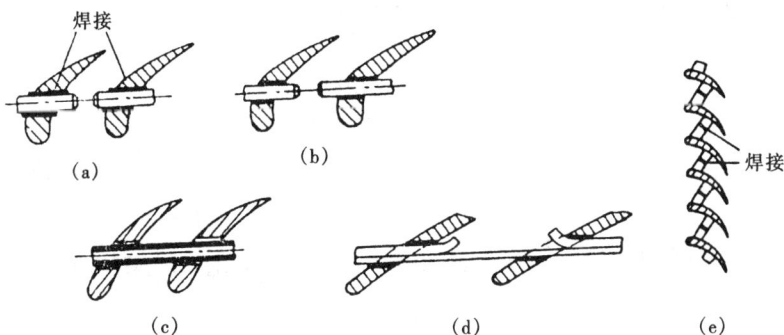

图 4-7　拉金结构示意

(a) 实心焊接拉金；(b) 实心松装拉金；(c) 空心松装拉金；
(d) 剖分松装拉金；(e) Z 形拉金

由于拉金处于蒸汽通道之中，增加了蒸汽流动损失，并且拉金孔还会削弱叶片的强度，因此在满足了叶片振动要求的情况下，应尽量避免采用拉金。

一般自由叶片和仅用拉金成组的叶片都将顶部削薄，可起到汽封齿的作用，同时一旦动静部分在该部位发生摩擦，可减轻事故程度，保护了汽轮机。

二、叶片的强度

（一）叶片的受力分析

汽轮机工作时，叶片受到的作用力主要有两种：叶片本身和与其相连的围带、拉金所产生的离心力；汽流的作用力。

离心力的大小与转速的平方成正比，而电厂汽轮机的工作转速是恒定的，所以叶片所受的离心力不随时间变化，是静应力。离心力不仅会在叶片横截面上产生拉应力，而且当离心力的作用线不通过某个截面的形心时，还会在该截面上产生弯应力。

由于喷管出汽边有一定的厚度及叶型上的附面层等原因，喷管出口汽流速度沿圆周分布不均匀，引起动叶片所受汽流作用力呈周期性变化。这种力可以看作是由不随时间变化的平均值分量和随时间变化的交变分量组成。不变的分力在叶片中引起静弯应力，交变的分力则迫使叶片振动并在叶片中引起交变的振动应力。汽流力的大小随汽轮机的负荷而变化，因此计算叶片静弯应力时，应选择汽流力最大的工况作为计算工况。

离心力和汽流力还可能在叶片上引起扭应力。当叶片上存在温差时，还会产生热应力。一般情况下，这两种应力都较小，强度计算时可略去不计。

叶片的受力可归纳如下：

$$
叶片受力
\begin{cases}
离心力
\begin{cases}
离心拉应力 \\
离心弯应力
\end{cases}
\Bigg\} 静应力 \\
汽流力
\begin{cases}
稳定部分——汽流弯应力 \\
交变部分——动应力
\end{cases}
\end{cases}
$$

（二）叶片的拉应力

叶片的拉应力由叶型部分的离心拉应力及围带、拉金离心力引起的拉应力组成。

1. 叶型部分离心力引起的拉应力

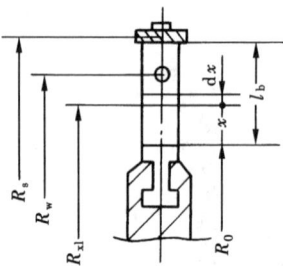

图 4-8　计算离心拉应力用图

如图 4-8 所示，在距叶根截面 x 处取一微段 $\mathrm{d}x$，其截面积为 A_x，则此微段质量的离心力为

$$\mathrm{d}F_x = \rho A_x (R_0 + x)\omega^2 \mathrm{d}x \tag{4-1}$$

式中　ρ——叶片材料密度；

ω——叶片旋转角速度。

与叶根截面相距 x_1、面积为 A_{x1} 的截面上所受到的离心力引起的拉力 F_{x1} 等于该截面以上叶型部分的离心力：

$$F_{x1} = \int_{x1}^{l_b} \rho A_x (R_0 + x)\omega^2 \mathrm{d}x = \rho\omega^2 \int_{x1}^{l_b} A_x (R_0 + x)\mathrm{d}x \tag{4-2}$$

该截面上的离心拉应力为

$$\sigma_{x1} = \frac{F_{x1}}{A_{x1}} = \frac{\rho\omega^2}{A_{x1}} \int_{x1}^{l_b} A_x (R_0 + x)\mathrm{d}x \tag{4-3}$$

对于等截面叶片，横截面积 A 为常数，叶片内任一截面上的离心拉应力为

$$\sigma_{x1} = \frac{\rho\omega^2}{A}\int_{x1}^{l_b} A(R_0+x)\mathrm{d}x = \frac{\rho\omega^2}{2}\left[(R_0+l_b)^2 - (R_0+x_1)^2\right] \tag{4-4}$$

由上式可知，等截面叶片的离心拉应力与横截面积无关，即增大截面积并不能降低离心力引起的拉应力。在 ω、R_0、l_b 已定的情况下，采用密度较小的叶片材料，是降低叶片离心拉应力的有效办法。

由于等截面叶片的横截面积沿叶高不变，其根部承受的离心力最大，因此根部的离心拉应力最大，为

$$\sigma_{cb} = \frac{\rho\omega^2}{2}(2R_0 l_b + l_b^2) \tag{4-5}$$

对于变截面叶片，横截面积沿叶高是变化的，在求拉应力时，通常将其沿叶高分成若干段，把每段看作等截面体，然后计算出每段的离心力及每一截面的离心拉应力。通过对各个截面的计算比较，可找出离心拉应力最大的截面。

2. 围带、拉金离心力引起的拉应力

围带和拉金的径向尺寸较小，可以认为它们的质量集中在重心上，并把它们按节距分配到每个叶片上，工作时它们的离心力分别为

$$F_s = \rho_s A_s t_s R_s \omega^2 \tag{4-6}$$

$$F_w = \rho_w A_w t_w R_w \omega^2 \tag{4-7}$$

式中　ρ_s、ρ_w——围带、拉金材料密度；

　　　A_s、A_w——围带、拉金的横截面积；

　　　t_s、t_w——围带、拉金的节距；

　　　R_s、R_w——围带、拉金的旋转半径。

计算出离心力后，结合叶片各截面面积，即可得到该离心力在叶片各截面上产生的拉应力。

（三）叶片的弯应力

叶片的弯应力主要是由汽流力引起的，另外离心力也可能引起弯应力。

1. 汽流作用力引起的弯应力

（1）直叶片的弯应力。对等截面直叶片，汽流参数沿叶高变化不大，可以认为汽流对叶片的作用力 F 沿叶高是均匀分布的。此时，叶片可看作承受均布载荷的悬臂梁。在力 F 的作用下，叶片根部截面上的弯矩最大，其值为

$$M = F\frac{l_b}{2} \tag{4-8}$$

为了计算根部截面的最大弯应力，必须找出通过截面形心的最小主惯性轴Ⅰ—Ⅰ和最大主惯性轴Ⅱ—Ⅱ。实践证明，对多数叶片，最小主惯性轴平行于叶片进出汽边的连线 mn，如图 4-9 所示。汽流力在最大和最小主惯性轴方向上形成的弯矩分别为

$$M_1 = F_1\frac{l_b}{2} = \frac{1}{2}Fl_b\cos\varphi \tag{4-9}$$

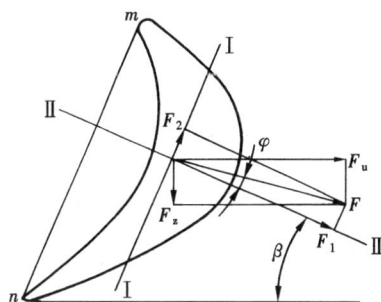

图 4-9　叶型的主惯性轴及汽流力分析

$$M_2 = F_2 \frac{l_b}{2} = \frac{1}{2} F l_b \sin\varphi \qquad (4\text{-}10)$$

式中 φ——力 F 与最大主惯性轴的夹角。

弯矩 M_1 使叶片进汽边和出汽边产生拉应力，背弧产生压应力（用负号表示）；M_2 使进汽边产生压应力，出汽边产生拉应力。根部截面各部位产生的弯曲应力分别为

进汽边 $$\sigma_{sb}^i = \frac{M_1}{W_I} - \frac{M_2}{W_{IIi}} \qquad (4\text{-}11)$$

出汽边 $$\sigma_{sb}^o = \frac{M_1}{W_I} + \frac{M_2}{W_{II0}} \qquad (4\text{-}12)$$

背弧 $$\sigma_{sb}^b = -\frac{M_1}{W_{Ib}} \qquad (4\text{-}13)$$

式中 W_I、W_{Ib}——叶片进、出汽边和背弧对最小主惯性轴的抗弯截面系数；

W_{IIi}、W_{II0}——叶片进、出汽边对最大主惯性轴的抗弯截面系数。

对于大多数叶片，φ 角很小，可认为近似等于零。于是以上各弯应力简化为

$$\sigma_{sb}^i = \sigma_{sb}^o = \frac{M_1}{W_I} = \frac{M}{W_I} \qquad (4\text{-}14)$$

$$\sigma_{sb}^b = -\frac{M_1}{W_{Ib}} = -\frac{M}{W_{Ib}} \qquad (4\text{-}15)$$

由于正弯应力和离心拉应力叠加后得到的是危及叶片安全的应力，所以汽流作用力产生的弯应力 σ_{sb} 由下式计算：

$$\sigma_{sb} = \frac{M}{W_I} \qquad (4\text{-}16)$$

（2）变截面叶片的弯应力。对于变截面叶片，汽流参数和汽流作用力沿叶高是变化的。一般将叶片分段，把每段看作直叶片，求出各段的作用力，再分别求出各段中作用力对所求截面的弯矩。由于各段上作用力的方向不同，可先将力分解为周向和轴向，然后计算各自的弯矩，最后求得总弯矩和弯应力。虽然根部受到的弯矩最大，但由于横截面积沿叶高是变化的，所以变截面叶片根部的弯应力不一定最大。

2. 离心力产生的弯应力

当某截面以上的叶型部分离心力辐射线不通过该截面形心时，这个离心力就会在该截面上产生弯矩。

对于变截面扭曲叶片，各截面形心的连线通常是一条曲线，离心力的辐射线不可能与该曲线重合，因此会在各截面中产生离心弯应力。

当叶片受汽流作用力产生弯曲变形时，弯曲部分叶型的离心力辐射线不通过这段叶型下面的截面形心，从而产生弯矩，如图 4-10 所示。

3. 围带和拉金对叶片弯应力的影响

用围带及焊接拉金连接成组的叶片发生弯曲变形时，围带及拉金内会产生抵抗叶片变形的力，给叶片一个反弯矩，部分抵消叶片上汽流力引起的弯矩，使叶片上的弯曲应力减小。

（四）叶片的静强度校核

为了保证叶片的安全运行，应使叶片上的静应力合力小于许用应力。

在不同的温度范围内，实际采用的许用应力是不同的。当工作温度低于 $400\sim500$℃时，材料基本上不发生蠕变，故可采用在工作温度下材料的屈服强度 $\sigma_{0.2}^t$ 作为强度准则，此时叶片的许用应力为

$$[\sigma] = \frac{\sigma_{0.2}^t}{n} \qquad (4\text{-}17)$$

式中　n——安全系数。一般在叶型部分 $n=1.7\sim1.9$，在拉金孔处 $n \geqslant 2.5$。

图 4-10　叶片弯曲变形后离心力产生的弯矩

当工作温度更高时，为了保证材料的高温强度，应以其在工作温度下材料的屈服强度 $\sigma_{0.2}^t$、持久强度 $\sigma_{10^5}^t$ 和蠕变强度 $\sigma_{1\times10^{-5}}^t$ 作为强度准则，分别计算出各许用应力，然后取其中最小的一个作为考核标准。

为了保证叶片的振动安全性，还应限制叶片中的蒸汽弯应力。部分进汽的级，汽流弯应力应小于 $18\sim20$MPa，全周进汽的末级和前后有抽汽口的全周进汽级小于 $25\sim35$MPa，其他全周进汽的级小于 $35\sim45$MPa。一般的，自由叶片取较小值，成组叶片取较大值；在过渡区和湿蒸汽区工作的叶片取较小值。

三、叶片的振动

叶片是根部固定的弹性杆件，当受到一个瞬时外力的冲击后，它将在原平衡位置附近做周期性的摆动，这种摆动称为自由振动，振动的频率称为自振频率。当叶片受到一周期性外力（称为激振力）作用时，它会按外力的频率振动，而与叶片的自振频率无关，即为强迫振动。在强迫振动时，若叶片的自振频率与激振力频率相等或成整数倍，叶片将发生共振，振幅和振动应力急剧增加，可能引起叶片的疲劳损坏。若叶片断裂，其碎片可能将相邻叶片及后边级的叶片打坏，还会使转子失去平衡，引起机组强烈振动，造成严重后果。由此可知，叶片振动性能的好坏对汽轮机安全运行影响很大，因此必须对叶片振动问题进行研究。

微课 4-4
叶片的振动

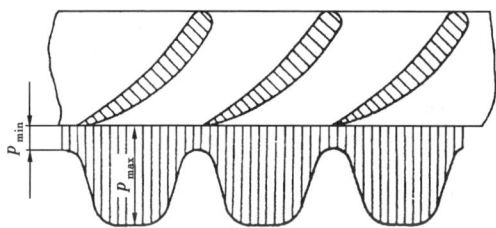

（一）引起叶片振动的激振力

汽轮机工作时，引起叶片振动的激振力主要是由于沿圆周方向汽流不均匀而产生的。根据频率高低，激振力可分为高频激振力和低频激振力。

1. 高频激振力

由于喷管出汽边有一定的厚度及叶型上的附面层等原因，喷管出口汽流速度沿圆周分布不均匀，使得蒸汽对动叶的作用力分布不均匀，如图 4-11 所示。动叶每经过一个喷管所受的汽流力就变化一次，即受到一次激振。对于全周进汽的级，该激振力的频率为

$$f = Z_n n \qquad (4\text{-}18)$$

式中　Z_n——级的喷管数

通常一级的喷管数 $Z_n=40\sim80$，汽轮机的转速 $n=50$r/s，则激振力的频率 $f=2000\sim$

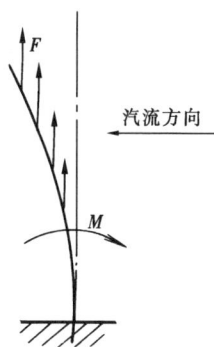

图 4-11　静叶栅后汽流力的分布

4000Hz，故称为高频激振力。

对于部分进汽的级，若部分进汽度为 e、级的平均直径为 d_m，则激振力的周期 T 和频率 f 分别为

$$T = \frac{e\pi d_m}{z_n} / \pi d_m n = \frac{e}{z_n n} \tag{4-19}$$

$$f = \frac{1}{T} = \frac{z_n n}{e} \tag{4-20}$$

2. 低频激振力

由于制造加工的误差及结构等方面的原因，级的圆周上个别地方汽流速度的大小或方向可能异常，动叶每转到此处所受汽流力就变化一次，这样形成的激振力频率较低，称为低频激振力。产生低频激振力的主要原因有：个别喷管加工安装有偏差或损坏；上下隔板结合面的喷管结合不良；级前后有加强筋，汽流受到干扰；部分进汽或喷管弧分段；级前后有抽汽口。若一级中有 i 个异常处，则低频激振力频率为

$$f = in \tag{4-21}$$

（二）叶片的振型

叶片的振动有弯曲振动和扭转振动两种基本形式，弯曲振动又分为切向振动和轴向振动。绕截面最小主惯性轴的振动，振动方向接近叶轮圆周的切线方向，称为切向振动；绕截面最大主惯性轴的振动，方向接近于汽轮机的轴向，称为轴向振动；沿叶高方向绕通过各截面形心连线的往复扭转，称为扭转振动。任何一种复杂的振型都可以看作是弯曲振动和扭转振动的组合。

叶片的扭转振动和轴向振动发生在汽流作用力较小而叶片刚度较大的方向，振动应力较小，所以不是主要问题。切向振动发生在叶片刚度最小的方向，且与汽流主要作用力方向一致，因此切向振动是最容易发生又最危险的振动。以下只讨论叶片的切向振动问题。

按叶片振动时其顶部是否摆动，切向振动可分为 A 型振动和 B 型振动两大类。

1. A 型振动

叶片振动时，叶根不动、叶顶摆动的振动形式称为 A 型振动。振动时，叶型上可能有不动的点（实际是一条线），称为节点。自由叶片发生 A 型振动时，起初出现振幅沿叶高逐渐增大的振型，随着激振力频率的升高，将出现一个、两个及更多个节点的振型，如图 4-12 所示，这些振动分别称为 A_0、A_1、A_2……型振动。

叶片组发生的 A 型振动，按节点的个数，也可分为 A_0、A_1、A_2 等振型，如图 4-13 所示。

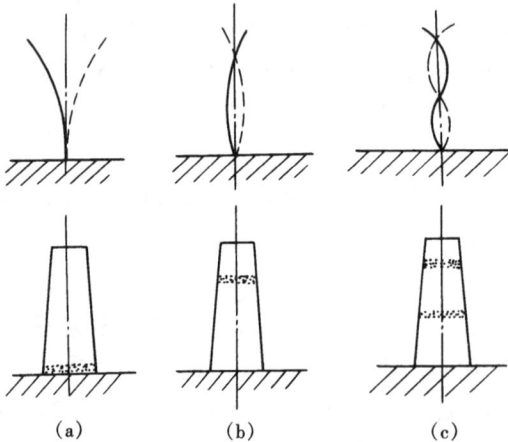

（a）   （b）   （c）

图 4-12   自由叶片的 A 型振动

2. B 型振动

叶片振动时，叶根不动、叶顶也基本不摆动的振动形式称为 B 型振动。用围带连成组的叶片，除叶根固定外，叶顶也有支点，有可能发生 B 型振动。按节点的数目，B 型振动也有 B_0、B_1 等型式。

叶片组发生 B 型振动时，组内叶片的相位大多是对称的，如图 4-14 所示的 B_0 型振动。图（a）中，对称于叶片组中心线的叶片的振动相位相反，如果组内叶片数为奇数，则中间的叶片不振动，这种振动称为第一类对称的 B_0 型振动。图（b）中，对称于叶片组中心线的叶片振动相位相同，称为第二类对称的 B_0 型振动。

当激振力频率逐渐升高时，叶片组将依次出现 A_0、B_0、A_1、B_1 型……振动，其自振频率依次增大，振幅则减小。实践证明，高阶次的振动一般不易发生，即使发生，危险也不大。而通常出现的低阶次振动，振幅较大，叶片内的动应力较大，因此 A_0、B_0、A_1 型是最危险的振型，通常在叶片的安全校核中主要考虑这几种振型。

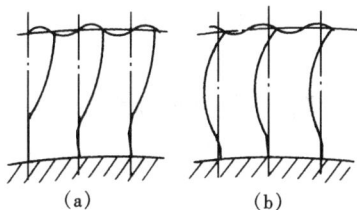

图 4-13　叶片组的 A 型振动

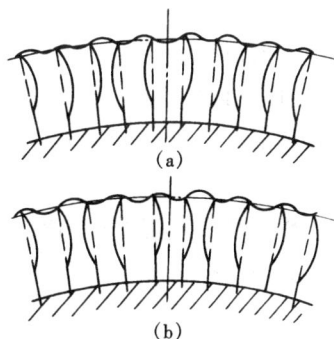

图 4-14　叶片组的 B_0 型振动

（三）叶片的自振频率

叶片在静止时的自振频率称为静频率。等截面自由叶片静频率的计算公式为

$$f = \frac{(kl)^2}{2\pi} \sqrt{\frac{EI}{m l_b^3}} \tag{4-22}$$

由上式可知，叶片的自振频率取决于以下因素：

（1）叶片的抗弯刚度（EI）。（EI）越大，频率越高。

（2）叶片的高度 $l_{bo} l_b$ 越高，频率越低。

（3）叶片的质量 $m_o m$ 越大，频率越低。

（4）叶片频率方程（求解叶片自由振动微分方程时，代入边界条件后得出的与自由振动频率有关系的方程）的根（kl），其值与叶片的振型有关。

从上式可以看出，对于同一叶片，不同振型的静频率是不同的，且各阶静频率之间有一定的比例。例如，A_0、A_1、A_2 型振动的（kl）值分别为 1.875、4.694、7.855，则它们的静频率之比为 $f_{A_0} : f_{A_1} : f_{A_2} = (k_0 l)^2 : (k_1 l)^2 : (k_2 l)^2 = 1 : 6.25 : 17.6$。

上述叶片静频率的计算公式是在一定的条件下导出的，而叶片工作的实际条件往往与这些条件不相符，使计算值与实际值有偏差，因此应进行修正。叶片工作时的自振频率还受到以下工作条件的影响。

（1）叶根的连接刚度。在叶片频率的理论计算中，假定叶根是刚性固定的。实际中，若叶片安装不当、制造不精确或工作时叶根连接处产生弹性变形等，都可能使叶根部夹紧力不够，叶根会有一部分参与振动。这样，振动叶片的质量增加、刚性降低，因此自振频率降低。这一影响可用叶根牢固系数 K_r 来修正，该值可从图 4-15 查得。

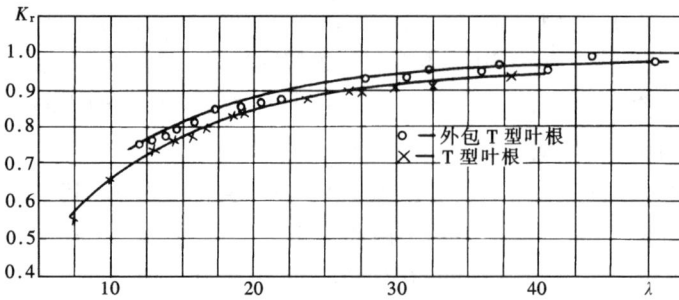

图 4-15　叶根牢固修正系数

对于叶根型式不同、自身柔度不同的叶片，叶根连接刚性对自振频率的影响程度是不同的，图 4-15 表示了这一关系。叶片的柔度 λ 是叶片高度与叶片截面惯性半径的比值。

$$\lambda = l/i$$

其中，　　$i = \sqrt{I/A}$。

式中　I——叶片横截面的最小惯性矩；

　　　　A——横截面积。

对于扭曲叶片，按 $0.5l$ 处的值查出 K_r 值后再乘以 $\sqrt{2}\,\overline{i}$ 即可（$\overline{i}$ 是单个叶片质心的相对高度）。

（2）工作温度。当温度升高时，叶片的弹性模量 E 降低，使自振频率降低。其影响用温度修正系数 K_t 来修正：

$$K_t = \sqrt{\frac{E_t}{E_{20}}} \tag{4-23}$$

式中　E_t、E_{20}——工作温度下、20℃时的弹性模量。计算自振频率时一般采用 20℃时的弹性模量。

考虑上述两个因素的影响，自由叶片的自振频率为

$$f = K_r K_t \frac{(kl)^2}{2\pi} \sqrt{\frac{EI}{ml_b^3}} \tag{4-24}$$

（3）离心力。当叶片在旋转状态下工作，因振动而偏离平衡位置时，叶片上的离心力将偏离截面形心而形成一个附加弯矩，阻止叶片振动时的弯曲。因此，离心力的存在相当于增加了叶片的刚度，使叶片的自振频率提高。

叶片在旋转状态下的自振频率称为叶片的动频率，它与静频率的关系为

$$f_d = \sqrt{f^2 + Bn^2} \tag{4-25}$$

式中　f_d——叶片动频率；

　　　　f——经过 K_t、K_r 修正后的静频率；

　　　　n——叶片的工作转速；

　　　　B——动频系数。

动频系数与叶片的结构、振型等很多因素有关。对等截面叶片 A_0 型振动为

$$B = 0.8 \frac{d_m}{l_b} - 0.85 \tag{4-26}$$

对于变截面叶片 A_0 型振动为

$$B = 0.69 \frac{d_m}{l_b} - 0.3 + \sin^2\beta$$

$$\beta = \frac{2}{3}\beta_r + \frac{1}{3}\beta_t \tag{4-27}$$

式中　　d_m——叶片平均直径；

　　β_r、β_t——叶根、叶顶的叶型安装角的余角。

（4）叶片成组。围带和拉金对叶片组内叶片的自振频率有两方面的影响：一是它们的质量分配到各叶片上，相当于叶片的质量增加，使频率降低；另外是它们对叶片的反弯矩使叶片的抗变形能力增加，频率升高。叶片成组后的频率是升高还是降低，取决于上述两个因素哪个影响更大些。一般情况下，刚度增加使频率增加的值大于质量增加使频率降低的值。所以叶片组的频率通常比单个叶片的同阶频率高。

（四）叶片振动的安全准则

叶片工作时的受力是在一个不随时间变化的静应力 σ_m 基础上叠加一个幅值为 σ_d 的交变动应力，如图 4-16 所示。静应力 σ_m 为离心拉应力、离心弯应力和汽流弯应力之和；动应力是由汽流激振力引起的，可认为正比于汽流弯应力 σ_{sb}，即

$$\sigma_d = D\sigma_{sb} \tag{4-28}$$

其中 D 为应力放大系数。

为了保证叶片的工作安全，除了要满足静强度要求外，还应满足动强度要求。动强度以材料在动、静应力复合作用下的动强度指标——耐振强度 σ_a^* 作为校核指标。耐振强度也称复合疲劳强度，是指在一定工作温度和一定静应力作用下，叶片所能承受的最大交变应力的幅值。

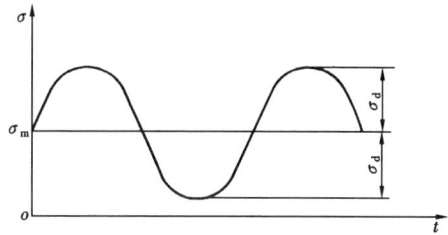

图 4-16　叶片工作时的受力

当叶片的自振频率与激振力频率成整数倍时，叶片发生共振，振幅增大，产生很大的交变应力。实践证明，有的叶片在共振状态下工作容易损坏，因此需要将叶片的自振频率与激振力频率调开，避免运行中发生共振，称为调频叶片；有的叶片在共振状态下能长期安全工作，因此不需要调频，称为不调频叶片。

1. 不调频叶片的振动安全准则

不调频叶片在共振时的动应力幅值必须满足如下条件：

$$\sigma_d \leqslant \frac{\sigma_a^*}{n_s} \tag{4-29}$$

式中　　n_s——安全系数。

将式（4-28）代入上式得

$$\frac{\sigma_a^*}{\sigma_{sb}} \geqslant Dn_s \tag{4-30}$$

式中的 σ_a^* 和 σ_{sb} 可以分别通过实验和计算确定，在实际应用时再考虑各种因素的影响加以修正。修正后的耐振强度与汽流弯应力的比值称为安全倍率，用 A_b 表示。于是上式变为

$$A_b = \frac{K_1 K_2 K_d \sigma_a^*}{K_3 K_4 K_5 K_\mu \sigma_{sb}} \geqslant Dn_s \tag{4-31}$$

式中　　K_1——介质腐蚀修正系数；

K_2——表面质量修正系数；

K_d——尺寸修正系数；

K_3——应力集中修正系数；

K_4——通道修正系数；

K_5——流场不均匀修正系数；

K_μ——成组影响系数。

K_1、K_2、K_d 是考虑影响材料耐振强度的因素，K_3、K_4、K_5、K_μ 是考虑影响弯应力的因素。

由于 D、n_s 不能精确地确定，一般用统计的方法得到确保叶片运行安全的安全倍率。对大量在共振条件下运行的叶片，分别算出它们的安全倍率 A_b 和振动倍率 K（叶片的动频率与激振力频率之比），按振型归纳后将这些数据点标在 A_b-K 图上，安全工作的叶片和出事故的叶片分别用不同的符号表示，如图 4-17 所示。该图为与低频激振力产生共振的 A_0 型

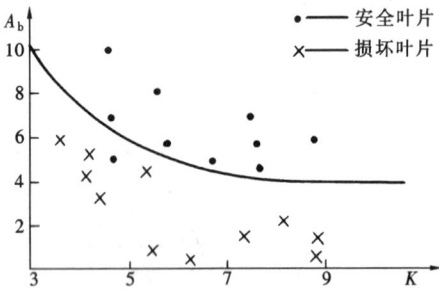

图 4-17 不调频叶片 A_0 型共振 A_b-K 图

振动的 A_b-K 图。由图可以看出，在安全叶片与被损坏叶片之间有一个明显的分界线，分界线上的 A_b 值为安全倍率的界限值，称为许用安全倍率，记作 $[A_b]$。这样，不调频叶片的振动强度安全准则就成为

$$A_b = \frac{K_1 K_2 K_d \sigma_a^*}{K_3 K_4 K_5 K_\mu \sigma_{sb}} \geqslant [A_b] \quad (4-32)$$

对 A_0 型振动与低频激振力共振的叶片，不同振动倍率下的 $[A_b]$ 值见表 4-1。$K=1$ 即动频率与激振力频率相等的叶片不存在，不予考虑；$K=2$（有时为 3）时，为保证安全，采用调频叶片。B_0 型振动与高频激振力共振的叶片，要求 $[A_b] \geqslant 10$；对与高频激振力共振的 A_0 型振动，全周进汽的级 $[A_b] \geqslant 45$，部分进汽的级 $[A_b] \geqslant 55$。

表 4-1 不调频叶片 A_0 型振动的 $[A_b]$ 值

K	3	4	5	6	7	8	9	10	11	12
$[A_b]$	10.0	7.8	6.2	5.0	4.4	4.1	4.0	3.9	3.8	3.7

2. 调频叶片的振动强度安全准则

调频叶片应满足调频指标，同时还应满足安全倍率许用值要求。由于调频后避开了共振，动应力大为减少，所以 $[A_b]$ 值减小了。

（1）A_0 型振动与低频激振力 kn 共振的叶片，动频率应调至 kn 与 $(k-1)n$ 之间，并满足下列要求：

$$\begin{cases} f_{d1} - (k-1)n_1 \geqslant 7.5\text{Hz} \\ kn_2 - f_{d2} \geqslant 7.5\text{Hz} \end{cases} \quad (4-33)$$

式中 n_1、n_2——汽轮机工作转速允许变化的上、下限；

f_{d1}、f_{d2}——叶片在转速 n_1、n_2 时的动频率；

k——频位，$k = \dfrac{f_d}{n}$。

调频后，这种叶片的安全倍率许用值 $[A_b]$ 见表 4-2。

表 4-2 调频叶片 A_0 型振动的 $[A_b]$ 值

K		2～3	3～4	4～5	5～6
$[A_b]$	自由叶片	4.5	3.7	3.5	3.5
	成组叶片	3			

（2）B_0 型振动与高频激振力 $Z_n n$ 共振的调频叶片，静频率（对高频振动，动频率与静频率近似相等，可用静频率代替动频率）应满足如下条件：

$$\begin{cases} \Delta f_1 = \dfrac{f_1 - Z_n n}{Z_n n} > 15\% \\ \Delta f_2 = \dfrac{Z_n n - f_2}{Z_n n} > 12\% \end{cases} \tag{4-34}$$

式中 Δf_1、Δf_2——频率避开率；

f_1、f_2——全级叶片组最低、最高的 B_0 型振动静频率。

这种叶片在满足上述调频要求后，其 A_0 型振动往往又与低频激振力共振，所以安全倍率许用值 $[A_b]$ 仍采用表 4-1 中的数值。

（五）叶片的调频

当调频叶片的自振频率不符合安全值的要求时，应对叶片的自振频率或激振力频率进行调整，称之为调频。由于激振力的频率难以准确估计且不好改变，实用中通常是调整叶片的自振频率。

在调频前，首先应检查叶片的频率分散率是否符合要求。频率分散率 Δf 是一级中叶片 A_0 型振动最高和最低自振频率之差与它们的平均值之比的百分数，要求 $\Delta f < 8\%$。当频率分散率过大时，应检查叶片的安装质量。当频率分散度合格而频率仍不合格时，应进行调频。

调整叶片自振频率的措施主要是改变叶片的质量和刚度，包括连接刚度。常用的调频方法有：

（1）加装围带、拉金或改变围带、拉金的尺寸。这些将使叶片的刚度和质量都发生变化，对叶片的自振频率产生两个相反的影响，频率的变化需根据具体条件进行计算或试验确定。

（2）重新研磨叶根之间的结合面，以增加叶根的连接刚性。对于因安装质量不佳而导致频率不合格的叶片，这是一种提高自振频率和减小频率分散度的有效方法。

（3）在叶片顶部钻孔或切角，减小叶片的质量，提高自振频率。

（4）改变叶片组内的叶片数。当组内叶片数增加时，围带或拉金对叶片的反弯矩增加，使叶片的自振频率提高。但是当组内叶片数已较多时，这种方法的效果就很小了。

（5）采用松拉金或空心拉金。运行时，松拉金紧贴在叶片上，可有效地抑制叶片的 A_0、B_0 型振动，减小振幅和振动应力。改用空心拉金，使拉金分配到叶片上的质量减小，叶片的自振频率提高。

（6）在焊接围带和拉金与叶片连接处加焊，或对铆接围带重新捻铆不合格的铆钉，以增加连接的牢固程度，提高叶片的自振频率。

第二节 转 子

汽轮机转子的作用是汇集各级动叶栅所得到的机械能并传给发电机。工作时，转子除了要承受巨大的扭矩外，还要承受高速旋转所产生的离心力引起的巨大应力、温度分布不均匀引起的热应力及轴系振动所产生的动应力等，因此要求转子具有很高的强度。

一、转子的结构

汽轮机转子可分为轮式转子和鼓式转子。轮式转子主轴上装有叶轮，动叶片安装在叶轮上，通常用于冲动式汽轮机；鼓式转子没有叶轮或有叶轮径向尺寸也很小，动叶片装在转鼓上，可缩短轴向长度和减小轴向推力，主要用于反动式汽轮机。

微课 4-5
汽轮机轮
式转子结构

（一）轮式转子

按照制造工艺，轮式转子可分为整锻式、套装式、组合式和焊接式四种形式。

1. 套装转子

套装式转子的叶轮与主轴分别加工制造，装配时将叶轮热套在轴上，如图 4-18 所示。这种转子加工方便，能合理利用材料，质量容易得到保证。但在高温下工作时，会因材料的高温蠕变和过大的温差使叶轮与主轴间的过盈量消失，发生松动。所以套装转子一般用于中压汽轮机和高压汽轮机的低压部分。

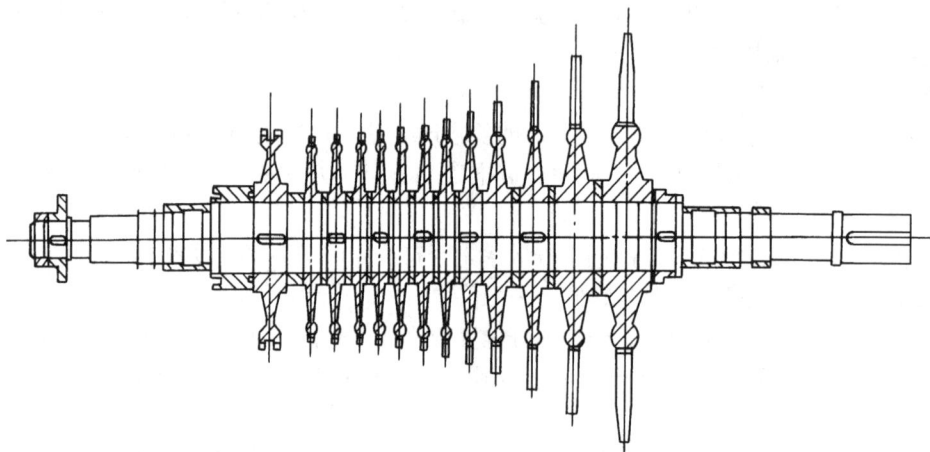

图 4-18　套装转子

2. 整锻转子

整锻转子如图 4-19 所示，它由整体锻件加工而成，叶轮、联轴器对轮及推力盘与主轴为一整体，不会出现叶轮等零件松动问题。另外，它的结构紧凑，强度和刚度较高。但是锻件尺寸大，对生产设备和加工工艺要求较高，贵重材料消耗大。多用于大容量汽轮机高、中压转子。

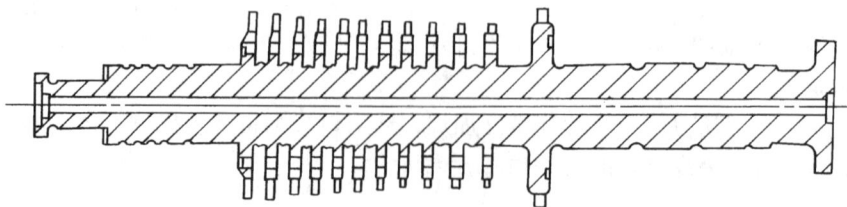

图 4-19　整锻转子

整锻转子的中心通常钻有一个直径为 100mm 的孔，其目的是将锻件材质差的部分去掉，防止缺陷扩展，同时也便于检查锻件质量。随着金属冶炼和锻造水平的提高，目前已有些整锻式转子不打中心孔。

3. 组合转子

为充分发挥整锻式和套装式转子的优点，可采用组合转子，即高压部分采用整锻式，中低压部分采用套装式，如图 4-20 所示。国产高参数大容量汽轮机的中压转子多采用这种结构，如 200MW 汽轮机的中压转子就是组合式。

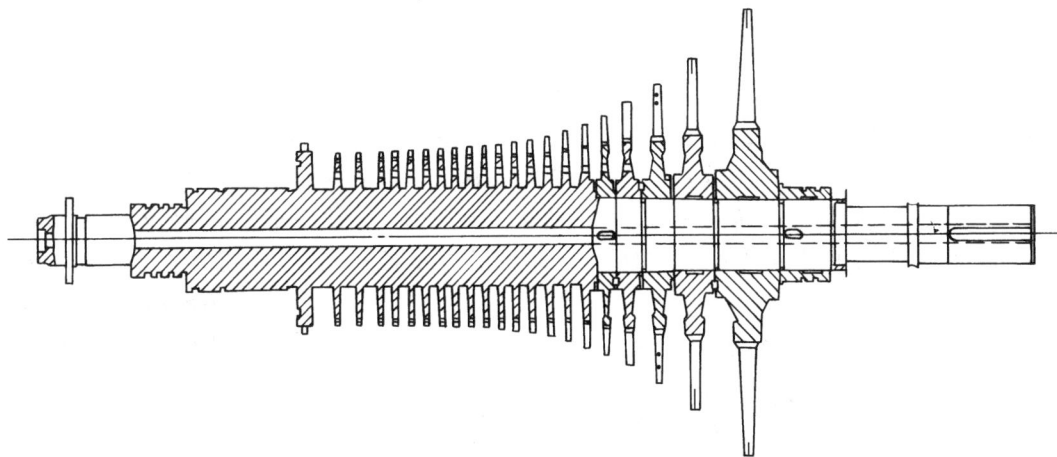

图 4-20 组合转子

4. 焊接转子

焊接转子结构如图 4-21 所示，它由若干个实心轮盘和两个端轴焊接而成，具有强度高、刚度大、相对重量轻、结构紧凑等优点，但对焊接工艺要求很高，且要求材料有很好的焊接性能。随着冶金和焊接技术的不断发展，焊接转子的应用将日益广泛。如国产 300MW 汽轮机的低压转子采用了焊接结构，瑞士 ABB 公司生产的 600MW 汽轮机的高、中、低压转子全部为焊接转子。

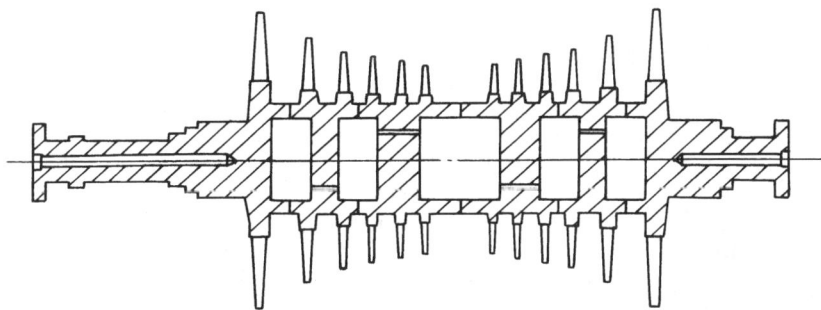

图 4-21 焊接转子

（二）鼓式转子

图 4-22 所示为反动式 300MW 汽轮机的高中压转子，采用的鼓式结构，除调节级外其他各级动叶片直接装在转子上开出的叶片槽中。高中压压力级反向布置，转子上还设有高、中、低压三个平衡活塞，以平衡轴向推力。该汽轮机的低压转

微课 4-6
汽轮机鼓
式转子结构

子以进汽中心线为基准两侧对称，中部为转鼓形结构，末级和次末级为整锻叶轮结构。

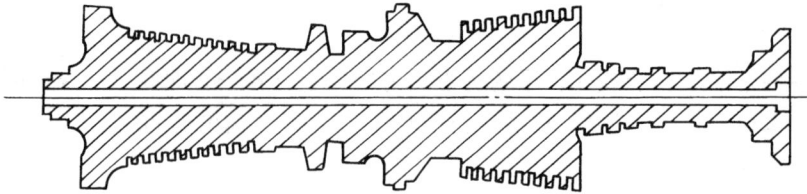

图 4-22　鼓式转子

为了减小高温区域内转子的金属蠕变变形和热应力，国产引进型 300MW 汽轮机对高中压转子进行了冷却，如图 4-23 所示。图 4-23（a）为主蒸汽进口处的高温区段内转子的冷却结构，该汽轮机调节级与高压压力级反向布置，从调节级出来的蒸汽有一部分通过调节级的叶轮上的斜孔并流过高温区转子表面，然后再进入到压力级，从而使这部分高温区转子得到了冷却。图 4-23（b）是再热蒸汽进口区域内转子的冷却情况，冷却高压内缸后的蒸汽和来自高压平衡活塞密封环后的蒸汽从中压平衡活塞密封环与转子之间流过，然后其中的一部分在中压第一级的动、静叶之间汇入主流，另一部分通过动叶根部的通道进入中压第二级，这样就对中压第二级前的转子进行了冷却。

哈尔滨汽轮机厂生产的 1000MW 汽轮机的高压调节级采用正反各 1 级，发电机端调节级出口压力略高于汽轮机端调节级出口压力，调节级出口的部分蒸汽可以从发电机端向汽轮机端流动，防止高温蒸汽在转子和喷嘴室之间的腔室内停滞，冷却高温喷嘴室和转子如图 4-24 所示。中压转子的冷却蒸汽来自高压调节级后，通过冷却蒸汽管进入中压缸，在叶根与叶轮的预留间隙中流动，冷却中压前二级叶根。

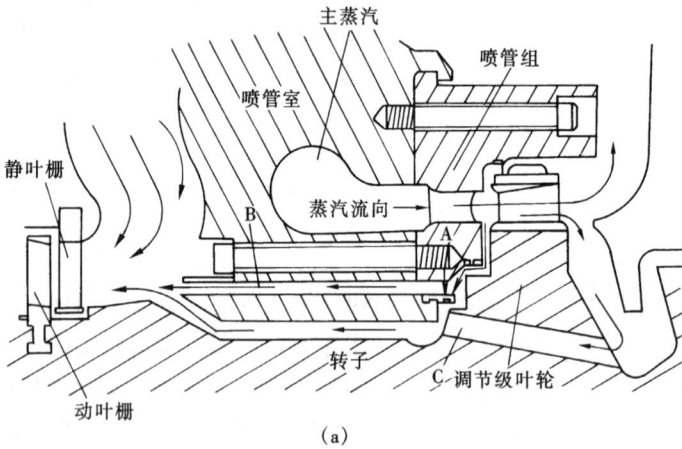

（a）

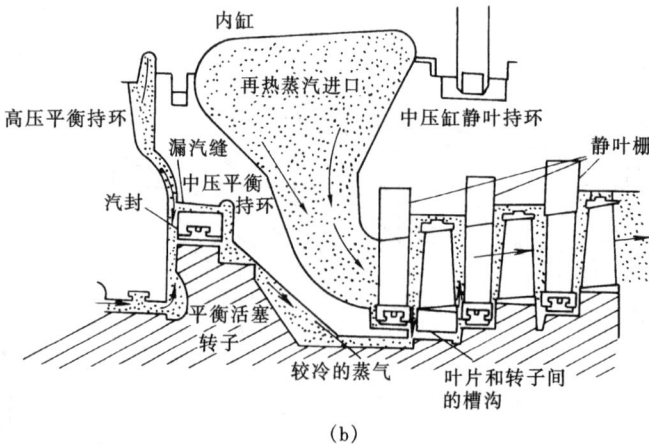

（b）

图 4-23　汽轮机转子的冷却
（a）主蒸汽进入调节级区域内转子的冷却；
（b）再热蒸汽进口区域内转子的冷却

二、转子上的主要零部件

（一）叶轮

1. 叶轮的结构

轮式转子上装有叶轮，用来安装动叶片并将动叶片上的转矩传递给主轴。

叶轮由轮缘和轮面组成，套装式叶轮上还有轮毂，如图 4-25 所示。轮缘上开有安装动叶片的叶根槽，其形状取决于叶根的形式；轮毂是为了减

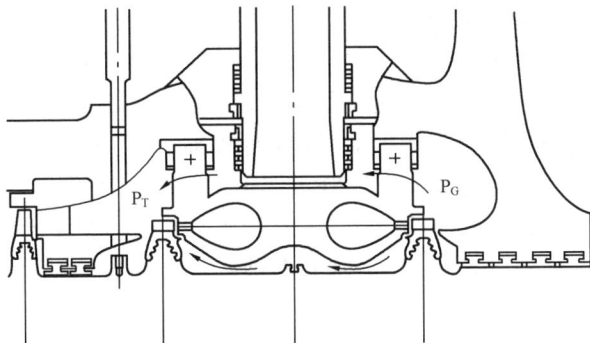

图 4-24　高压转子冷却

小叶轮内孔应力的加厚部分；轮面将轮缘和轮毂或主轴连成一体，轮面上通常开有 5～7 个平衡孔。为了避免在同一直径上有两个平衡孔，叶轮上的平衡孔都是奇数且均匀分布。

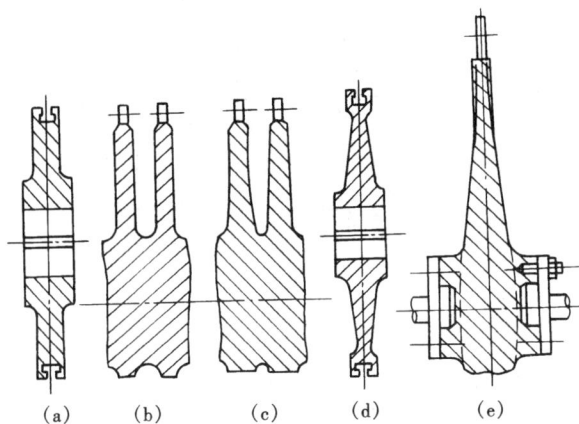

图 4-25　叶轮的结构形式

(a)、(b)、(c) 等厚度叶轮；(d) 锥形叶轮；(e) 等强度叶轮

按轮面断面的型线，叶轮可分为等厚度叶轮、锥形叶轮和等强度叶轮等形式，图 4-25 为这几种叶轮的纵截面图。其中图 4-25(a) 和 4-25(b) 所示为等厚度叶轮，这种叶轮加工方便，轴向尺寸小，但强度较低，通常用于叶轮直径较小的高压部分。对于直径稍大的叶轮，常将内径附近适当加厚，以提高承载能力，如图 4-25(c) 所示。图 4-25(d) 为锥形叶轮，它不但加工方便，而且强度高，得到了广泛应用。图 4-25(e) 为等强度叶轮，其断面按等强度要求设计，没有中心孔，强度最

高，但对加工要求高，一般采用近似等强度的叶轮型线以便于制造，多用于轮盘式焊接转子。

2. 叶轮的振动

叶轮及其上面的动叶片统称为轮系。当叶轮振动时，总是带动动叶片一起振动，因此实质上是轮系振动，习惯上常简称为叶轮振动。

在运行时，如果蒸汽对轮系的作用力沿圆周分布不均匀，或者轴系的振动，都将引起轮系的振动。由于叶轮沿圆周方向的刚度很大，一般不会产生切向振动；但轴向刚度较小，因此轮系的振动主要是轴向振动。叶轮发生轴向振动时，常见的振型是有节径的振动。当叶轮振动时，若轮面上某直径处振幅很小或基本不振，此直径称为节径，节径两侧的振动方向相反。随着振动频率的提高，节径数逐渐增加。

（二）联轴器

联轴器又称靠背轮，它的作用是连接汽轮机的各转子及发电机转子，并传递转子上的扭矩。按照结构和特性，联轴器可分为刚性联轴器、半挠性联轴器和挠性联轴器三种形式。由于挠性联轴器结构复杂、易磨损、传递扭矩小，在现代大功率汽轮发电机机组上已很少采用。因此这里主要介绍前两种联轴器。

微课 4-7
汽轮机
联轴器

1. 刚性联轴器

刚性联轴器如图 4-26 所示，它是用螺栓将两根轴端部的对轮紧紧地连接在一起。图4-26(a) 为套装式，对轮与主轴分别加工，用热套加键的方法将对轮固定在轴端。图 4-26(b) 为整锻式，对轮与主轴做成一整体，强度和刚度都高于套装式。在对轮间装有垫片，两对轮端面的凸肩与垫片的凹面相配合，起到对中的作用，修刮垫片的厚度还可调整对轮间的加工偏差。

刚性联轴器的优点是连接刚性高，传递扭矩大；结构简单，尺寸小；减少了轴承个数，缩短了机组长度。这种联轴器被广泛应用于大功率汽轮机中，如国产引进型 300MW 汽轮机转子间采用了图 4-26（b）所示的形式。这种联轴器的缺点是传递振动和轴向位移，对转子找中心要求很高。

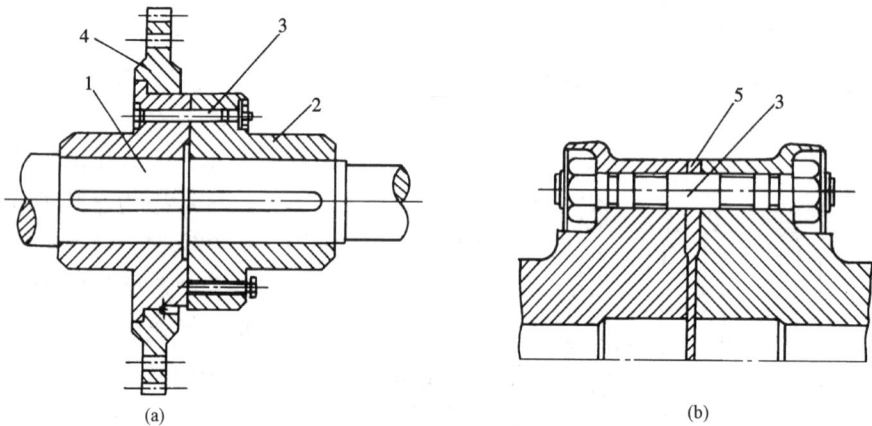

图 4-26　刚性联轴器

（a）套装式刚性联轴器；（b）整锻式刚性联轴器

1—主轴；2—对轮；3—螺栓；4—盘车齿轮；5—垫片

2. 半挠性联轴器

半挠性联轴器的两对轮之间通过一个波形套筒连接，如图 4-27 所示。波形套筒在扭转方向是刚性的，在弯曲方向是挠性的。波形套筒具有一定的弹性，故可吸收部分振动，并允许两转子的中心有少许偏差，而这种偏差是汽轮机与发电机运行时由于热膨胀不同可能出现的。因此半挠性联轴器被广泛用来连接汽轮机转子与发电机转子，国产 200、300MW 机组的汽轮机转子与发电机转子之间都采用了这种联轴器。

三、转子的临界转速

在多数汽轮发电机组启动和停机过程中，当转速升高到某一数值时，机组将发生强烈振动，而越过这一转速后，振动便迅速减弱；当转速下降到这一转速时，转子又强烈振动，再继续降低转速，振动又迅速减弱。当转速达到另一更高值时，又可能出现同样现象。这些机组发生强烈振动时转速称为转子的临界转速。

转子临界转速下的强烈振动可看作共振现象。由于制造、装配的误差，以及材质不均匀，转子上存在质量

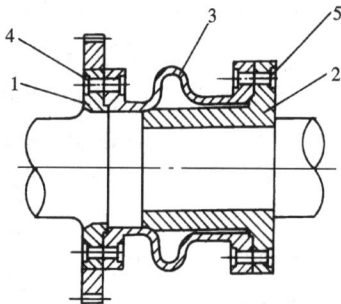

图 4-27　半挠性联轴器

1、2—对轮；3—波形套筒；4、5—螺栓

偏心。当转子旋转时，质量偏心引起的离心力作用在转子上，相当于一个频率等于转速的周期性激振力，迫使转子振动。当激振力频率等于转子横向自振频率时，便发生共振，振幅急剧增大，此时的转速就是转子的临界转速。

（一）等直径均布质量转子的临界转速

汽轮机转子的结构和形状比较复杂，临界转速的计算也较复杂。为简便起见，下面先讨论无轮盘等直径均布质量转子的临界转速。

根据弹性梁的振动原理，可以导出等直径均布质量转子的临界转速 n_c 为

$$n_c = \frac{30 i^2 \pi}{l^2} \sqrt{\frac{EI}{\rho A}} \tag{4-35}$$

式中　i——正整数，$i=1$、2、$3\cdots$；

　　l、A——转子的跨度、横截面积；

　　E、ρ——转子材料的弹性模数和密度；

　　I——转子横截面的形心主惯性矩。

由上式可见，等直径均布质量转子有无穷多个临界转速。$i=1$、2、$3\cdots$时的临界转速 n_{c1}、n_{c2}、$n_{c3}\cdots$分别称为一阶、二阶、三阶……临界转速。

上式表明，转子临界转速值与其抗弯刚度 EI、质量 ρA 及跨度 l 有关。刚度大、质量轻、跨度小的转子，临界转速高；反之，临界转速低。

（二）汽轮机转子的临界转速

汽轮机转子通常不是等直径而是呈阶梯形，上面还安装着叶轮（轮式转子）和其他零件，其形状和结构较复杂，但前面讨论的等直径均布质量转子临界转速的结论同样适用于汽轮机转子。

汽轮机中，每一根转子两端都有轴承支承，称为单跨转子。汽轮机各单跨转子及发电机转子之间用联轴器连接起来，就构成了一个多支点的转子系统，称为轴系。轴系的临界转速由各单跨转子的临界转速汇集而成，但又不是它们的简单集合。用联轴器连接起来后，各转子的刚度增大，因此轴系的临界转速比单跨转子相应阶次的临界转速高，且联轴器刚性越好，临界转速提高得越多。

转子临界转速的大小还受到工作温度和支承刚度等因素的影响。工作温度升高时，转子刚度降低，使临界转速降低。转子支承在由油膜、轴承、轴承座、台板和基础等组成的支承系统上，支承刚度降低，将使转子临界转速降低。

（三）转子临界转速的校核标准

为保证机组的安全运行，汽轮机的工作转速应当避开邻近的临界转速，并有一定裕度。

一阶临界转速高于正常工作转速的转子称为刚性转子，反之称为挠性（或柔性）转子。对于刚性转子，通常要求其一阶临界转速 n_{c1} 比工作转速 n_0 高 $20\% \sim 25\%$，即 $n_{c1} > 1.2 n_0$，但不允许在 $2 n_0$ 附近。对于挠性转子，其工作转速在临界转速 n_{cn}、$n_{c(n+1)}$ 之间，要求 $1.4 n_{cn} < n_0 < 0.7 n_{c(n+1)}$。

有的汽轮机转子进行了高速动平衡，平衡精度大大提高，质量偏心引起的离心力大为减小，因此临界转速与工作转速之间的避开裕度可以减小很多，国外有的制造厂采用 5% 的裕度。实际上，平衡良好的转子在通过临界转速时感觉不到明显的振动。

第三节 汽 缸

一、汽缸的作用

汽缸是汽轮机的外壳，其作用是将进入汽轮机的蒸汽与大气隔开，形成蒸汽能量转换的封闭汽室；汽缸内部安装着隔板和隔板套（反动式汽轮机中分别称为静叶环和静叶持环）、汽封等部件，外部与进汽、排汽及抽汽等管道相连接，因此还起着支承定位的作用。

汽轮机运行时，汽缸的受力情况非常复杂。它除了要承受本身和装在其内部的零部件的重量及内外压差产生的作用力外，还要承受由于沿汽缸轴向和径向温度分布不均而产生的热应力，对于高参数大功率汽轮机这个问题更为突出。此外隔板前后压差产生的作用力、蒸汽通过喷管时的反作用力等也作用在汽缸上。因此，应保证汽缸有足够的强度和刚度、通流部分有较好的流动性能、各部分受热时能自由膨胀且中心不变、形状简单对称，还应尽量减小热应力。

二、汽缸的结构

为了安装和检修方便，汽缸一般做成沿水平对分的上半缸和下半缸，上、下缸之间通常通过法兰螺栓连接，如图4-28所示。为了合理利用金属材料及便于制造，汽缸还常沿轴向分为高、中、低压等几段，各段之间也用法兰螺栓连接，垂直结合面在制造厂装配好后就不再拆卸。

对于中小功率的汽轮机，一般采用单缸结构；而功率较大（100MW以上）的汽轮机都采用多缸结构，按进汽参数不同，分别称为高压缸、中压缸和低压缸。如国产100MW、125MW汽轮机为双缸，200MW汽轮机为三缸，300MW汽轮机有双缸和四缸两种，600MW汽轮机有四个汽缸。

1. 高、中压缸

高、中压缸内蒸汽温度很高，高压缸还承受着蒸汽的高压作用（如国产300MW汽轮机的新蒸汽参数为16.18MPa、535℃，调节级喷管出口参数为12.5MPa、535℃），其结构设计的一个重要问题是在保证强

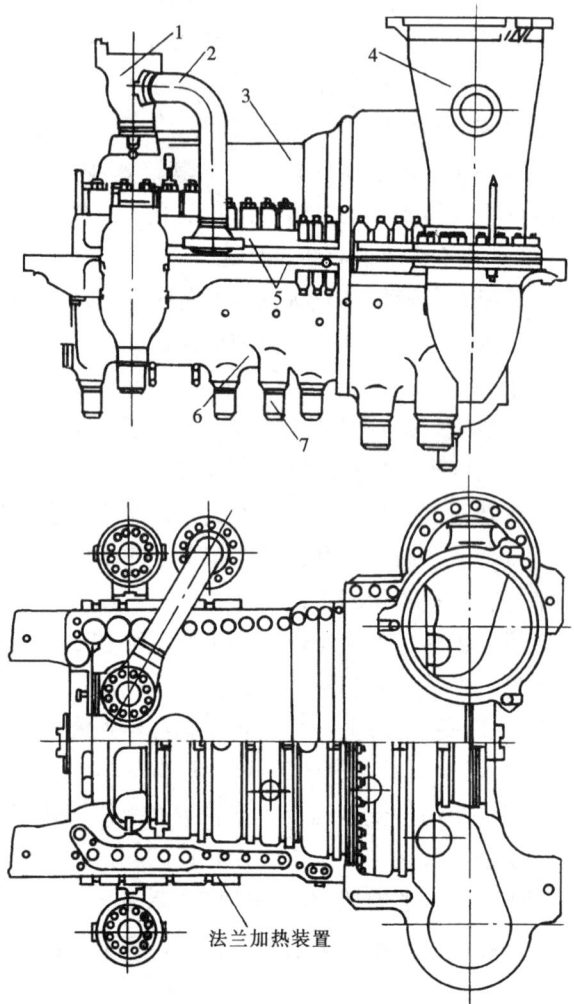

微课4-8 高压缸结构

法兰加热装置

图4-28 汽轮机高压缸外形

1—蒸汽室；2—导汽管；3—上汽缸；4—排汽管口；
5—法兰；6—下汽缸；7—抽汽管口

度的条件下，尽量减薄汽缸壁和法兰的厚度，以减小热应力和热变形。

新蒸汽参数不超过 8.82MPa、535℃的汽轮机汽缸通常采用单层结构。对于超高参数及以上汽轮机，由于高压缸内外压差大，汽缸壁及法兰都很厚，在汽轮机启动、停机及工况变化时，汽缸与法兰、法兰与螺栓之间将因温差过大而产生很大的热应力，甚至使汽缸变形、螺栓拉断。因此近代高参数大容量汽轮机的高压缸多采用双层结构，有的机组甚至中压缸也采用双层缸，并在内、外缸的夹层中通以一定压力和温度的蒸汽。这样每层汽缸承受的压差和温差减少，汽缸壁和法兰的厚度减薄，从而减小了启、停及工况变化时的热应力，加快了启、停速度，有利于改善机组变工况运行的适应性。同时由于外缸受到夹层蒸汽的冷却，工作温度较低，可采用较低等级的材料，节约了优质耐热合金钢。双层缸结构的缺点是增加了安装、检修工作量。

图 4-29 所示为国产 300MW 汽轮机高压缸。该汽缸由内外两层组成，内缸出口处设有第一级回热抽汽。机组正常运行时，内缸出口处有一股蒸汽 a（参数为 5.15MPa、370℃）通过内外缸夹层，然后经进汽短管上的螺旋圈 3、小管 2 后排到高压缸排汽管，对外缸及进汽连接管外层进行冷却。在启动或停机过程中，来自夹层加热联箱中不同温度的蒸汽经小管、螺旋圈进入汽缸夹层，对汽缸进行加热或冷却。内缸的工作温度较高，材料选用热强性能好的珠光体 ZG15Cr1Mo1V 合金钢，能在 570℃ 以下长期工作，内缸壁厚度约为 100mm。外缸的工作温度较低，选用 ZG20CrMo 合金钢，能在 500℃ 以下长期工作，外缸壁厚度为 75mm。

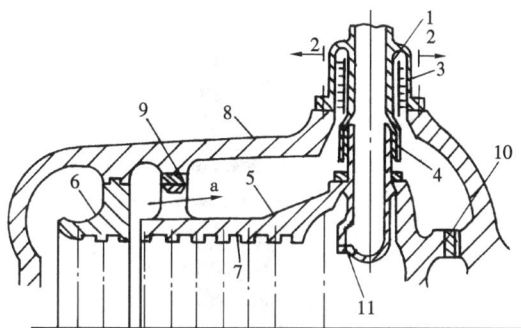

图 4-29　国产 300MW 汽轮机高压缸示意
1—进汽连接管；2—小管；3—螺旋圈；4—汽封环；5—高压内缸；6—隔板套；7—隔板槽；8—高压外缸；9—纵销；10—立销；11—调节级喷管组

国产引进型 300、600MW 高、中压缸均为双层缸，并采用了内缸分开、外缸合并的合缸形式，如图 4-30 所示。高、中压压力级反向布置，新蒸汽和再热蒸汽从汽缸中部进入，依次经过各级后从汽缸两端排出。这种结构的优点是：汽缸两端分别是高、中压排汽，压力温度较低，因此漏汽量较小，轴承受高温影响也较小；高温部分集中在汽缸的中部，加上采用了双层缸结构，汽缸温度分布较均匀，热应力减小；高、中压转子间少了一个支持轴承，减少了轴承个数，还使机组的长度缩短。

功率 300MW 以上的汽轮机较多采用高、中压分缸形式。这是因为机组容量进一步增大后，若采用合缸，会使汽缸和转子过大过重，转子两端间轴承跨距太大，进、抽汽管道布置过于拥挤。如国产引进型 600MW 汽轮机的高、中压缸即为分缸布置，高压缸为单流、双层结构，中压缸为双层反向分流式。

国产引进型 300MW 汽轮机高中压内、外缸夹层冷却系统如图 4-31 所示。该汽轮机调节级与高压压力级组反向布置，调节级出口大部分蒸汽回流绕过喷管室，对喷管室和高压内

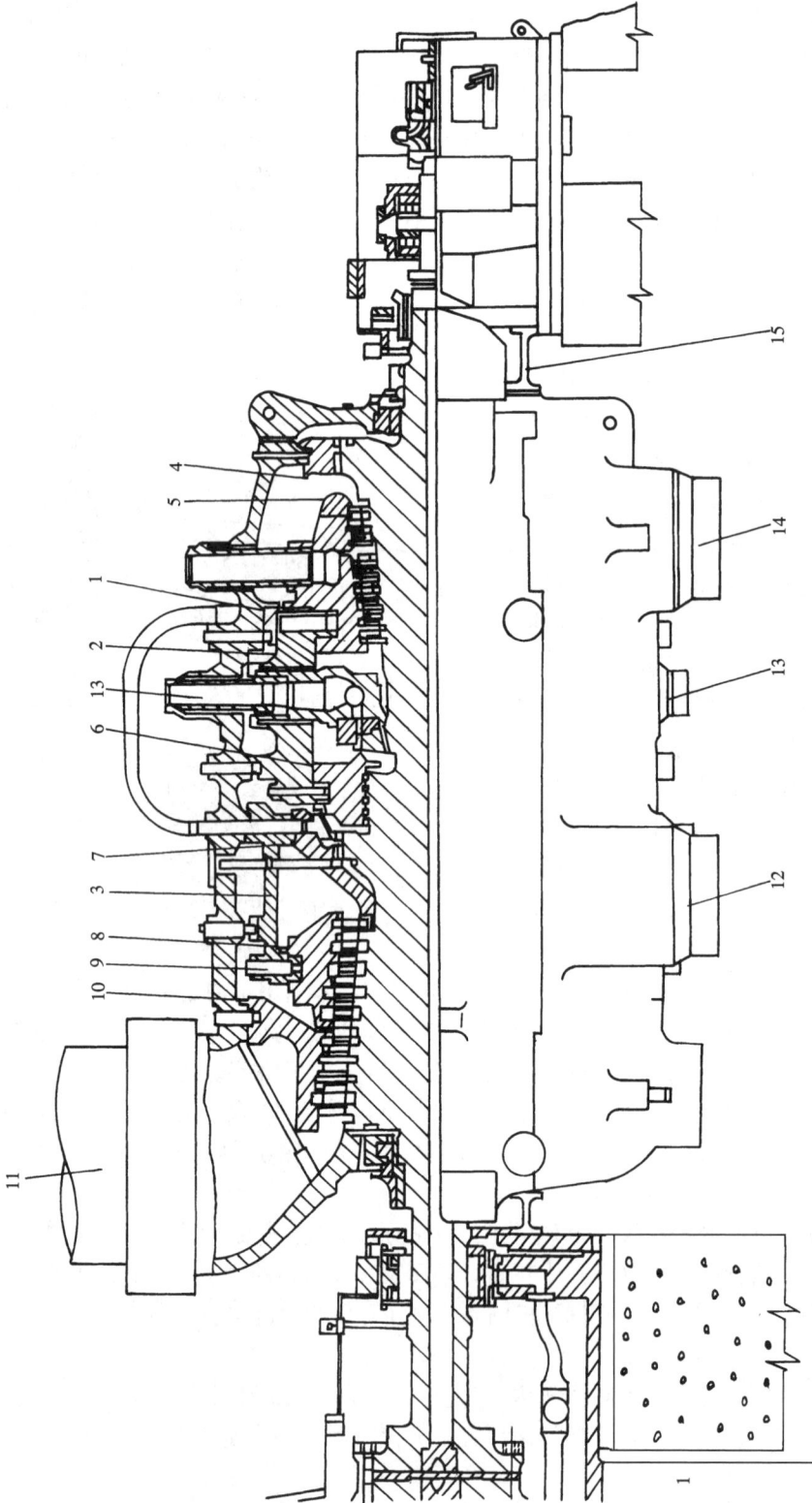

图 4-30　国产引进型 300MW 汽轮机高、中压缸纵剖面图

1—外缸；2—高压内缸；3—中压内缸；4—低压平衡活塞持环；5—高压静叶持环；6—高压平衡活塞持环；7—中压平衡活塞持环；8—中压一号静叶持环；9—定位销；10—中压二号静叶持环；11—中压排汽；12—中压进汽；13—高压进汽套管；14—高压排汽；15—H 形梁

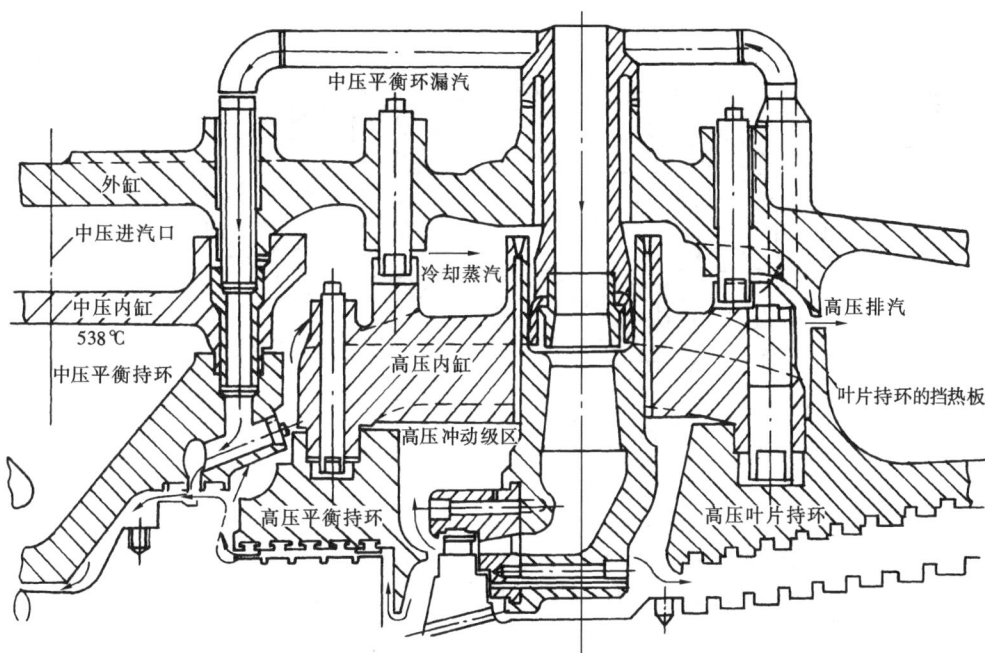

图 4-31 国产引进型 300MW 汽轮机高、中压缸夹层冷却系统

缸内壁冷却后进入第一压力级继续做功。调节级出口的另一小部分蒸汽漏过高压平衡活塞汽封，进入汽缸夹层冷却高压内缸外壁，然后一部分汇入高压排汽，另一部分经过外缸上部的连通管进入中压平衡活塞汽封。

随着机组容量不断增大，中压缸分流得到了一定的应用。为了平衡轴向推力，高压缸可采用回流布置方式，如图 4-32 所示。蒸汽从汽缸中部进入，依次流过布置在内缸的各级，然后通过内、外缸夹层回流入反向布置的各级。俄罗斯生产的超临界压力 300、500MW 和 800MW 汽轮机的高压缸均采用了这种结构形式。

国外某些超临界压力汽轮机（如法国 CEM300MW 汽轮机、瑞士 ABB600MW 汽轮机）高压内缸采用了中分面无法兰的两半圆形结构，上、下缸之间用热套环形紧圈箍紧密封，如图 4-33 所示。由于内缸无法兰，汽缸受热特性好，大大减小了启、停和工况变化时汽缸壁的热应力，缩短了机组启、停时间，改善了机组的负荷适应性；另外汽缸形状均匀，避免了质量集中和应力集中；但这种汽缸安装、检修较困难。

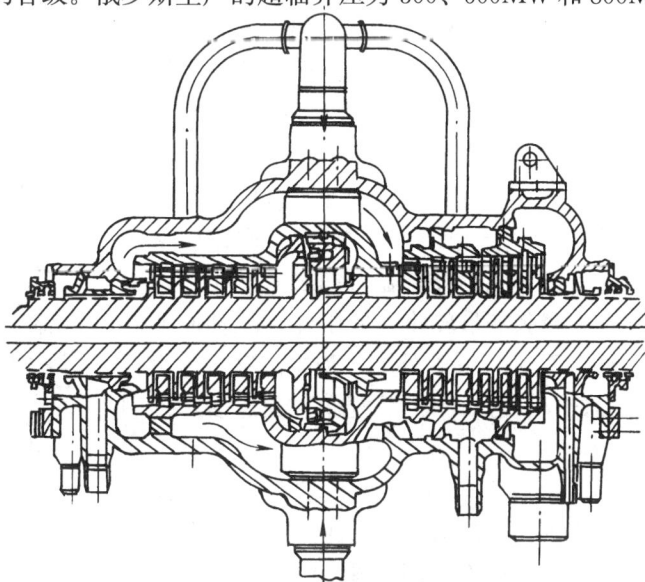

图 4-32 回流式高压缸

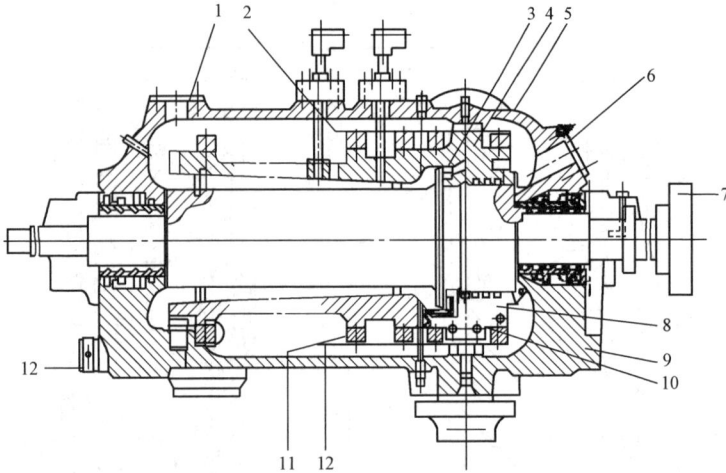

图 4-33　600MW 汽轮机高压缸示意

1—盖板；2—隔热罩；3—喷嘴环；4—内上缸；5—外上缸；6—盖板；7—高压转子；

8—内下缸；9—外下缸；10—导向销；11—钢套环；12—立销

2. 低压缸

低压缸包括低压通流部分和排汽室。大功率汽轮机由于低压排汽容积流量很大，低压缸尺寸很大，排汽口数目多，是汽轮机最庞大的部件。低压缸内蒸汽的压力和温度都比较低，缸体强度一般没什么问题，其结构设计的重要问题是保证足够的刚度和良好的流动特性，尽量减小排汽损失。大功率机组低压缸一般采用钢板焊接结构，并用加强筋加固；排汽室一般采用径向扩压结构，以充分利用排汽余速动能，减小排汽损失；另外，低压缸进、排汽温差较大（如国产引进型 300MW 汽轮机，在额定工况下低压缸的进汽温度为 337℃，排汽温度 32.5℃，两者温差 304.5℃），为了使低压缸巨大的外壳温度分布均匀，不致产生变形而影响动、静部分间隙，大机组的低压缸往往采用双层甚至三层结构。

图 4-34 所示为国产 300MW 汽轮机的双层结构低压缸，通流部分设置在内缸中，使体积较小的内缸承受温度变化，其单方向膨胀量约为 1.5mm。而庞大的外缸和排汽缸处于排汽低温状态，膨胀变形较小，低压外缸的轴向膨胀量据计算不到 1mm。外缸 2 和排汽室 3 由钢板焊接而成，内缸 1 因形状复杂、通道多，采用铸造结构。

国产引进型 300MW 汽轮机低压缸采用对称分流布置，蒸汽从汽缸的中部进入，分两路流经低压级，乏汽从两端排出。低压内缸上安装着位于流道中心的进汽导流板，使蒸汽均匀

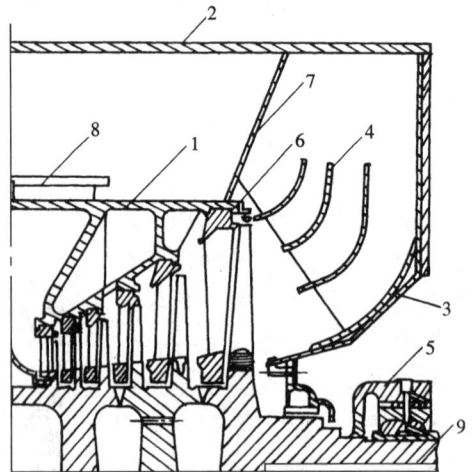

微课 4-9
汽轮机低
压缸结构

图 4-34　双层结构低压缸

1—内缸；2—外缸；3—排汽室；4—扩压器；5—汽轮机后轴承；6—隔板套；7—扩压管斜前壁；8—进汽口；9—低压转子

地进入低压缸的两个流道中。该低压缸如图 4-35 所示，它采用了三层缸结构：一个外缸和两个内缸。通流部分分段布置在两个内缸中，这样每一层汽缸所承受的温差将减小，低压缸的较大温差在三层缸壁之间得到合理分配。低压进汽管与低压外缸及第二层内缸之间采用顶部密封环结构，如图 4-35 及图 4-36 所示，这种结构有利于补偿低压三层缸间的相对膨胀。

在汽轮机启动、空负荷及低负荷运行时，蒸汽流量很小，不足以带走因鼓风摩擦产生的热量，使排汽温度升高，排汽缸温度升高，引起汽缸的热变形，使汽轮机动、静部分中心不一致，造成机组振动或发生事故。因此，有的汽轮机在排汽缸上装设了喷水减温装置，以防止排汽缸温度过高。图 4-37 所示为国产 300MW 汽轮机排汽缸的喷水减温装置，喷水管 2 沿着末级叶根布置在下半圆周上，其上钻有两排喷水孔，将水顺着汽流呈一定的倾斜角喷入排汽缸空间，起降温作用。该装置在机组的转速高于 600r/min 及负荷小于 15% 时可自动投入，运行中排汽温度高于 80℃ 时也可手动投入。

3. 进汽部分

高压缸的前端即从调节阀到调节级喷管这段区域是汽轮机的进汽部分，它包括蒸汽室和喷管室，是汽轮机中承受压力和温度最高的部分。大功率汽轮机一般将汽缸、蒸汽室、喷管室单独铸造，然后焊接或用螺栓连接在一起。喷管室径向对称布置在汽缸圆周上，调节阀与汽缸分离单独布置。这种结构不但使汽缸形状简化，而且汽缸受热均匀，热应力较小。

微课 4-10
汽轮机
喷管室

图 4-38 为北仑发电厂 600MW 汽轮机高压缸的进汽部分。高压导汽管采用双层套管式结构，内外层之间装有遮热管，以遮挡内套筒的辐射热量。导汽管的外层管通过法兰、螺栓与高压外缸相连接，内层管插入喷嘴室的进汽短管内，两者之间用活塞式的密封圈密封，这样既能达到密封的目的，又能保证内外汽缸的相对膨胀。四个喷嘴室上下、左右对称布置，通过固定环及搭子与内缸相连。3、4 号喷嘴室外径处设有导向键，用于喷嘴室的膨胀导向。国产引进型 300MW 汽轮机的喷嘴室有 6 个，喷嘴室进口与内缸焊接在一起，上、下内缸在中分面处设有定位键，喷嘴室通过键槽在定位键上定位。喷嘴室进汽管与垂直方向平行布置，机组拆装比较方便。

对双层结构的中压缸和低压缸，其进汽连接管也多采用类似的双层套管。

图 4-39 所示为石洞口第二发电厂 600MW 汽轮机的进汽部分示意，4 根进汽短管和 4 个喷嘴室以汽缸中心为对称中心对称地布置在高压缸的上下半。喷嘴室汽道的走向沿圆周的切线方向布置，这样由短管进来的蒸汽在喷嘴室里的冲击和旋涡，顺利地进入喷嘴组。

4. 汽缸法兰、螺栓加热装置

高参数汽轮机高、中压缸承受的压力很高，要保证水平结合面的严密性，必须采用很厚的法兰和尺寸很大的螺栓进行连接。在机组启、停过程中，汽缸与法兰之间、法兰与螺栓之间将产生较大的温差，使法兰和螺栓中产生很大的热应力，严重时会引起法兰塑性变形、螺栓拉断及汽缸裂纹等现象。为了减小汽缸、法兰及连接螺栓间的温差，缩短机组启、停时间，国产大功率汽轮机高、中压缸一般设有法兰螺栓加热装置，在机组启、停过程中对法兰和螺栓进行补充加热或冷却。

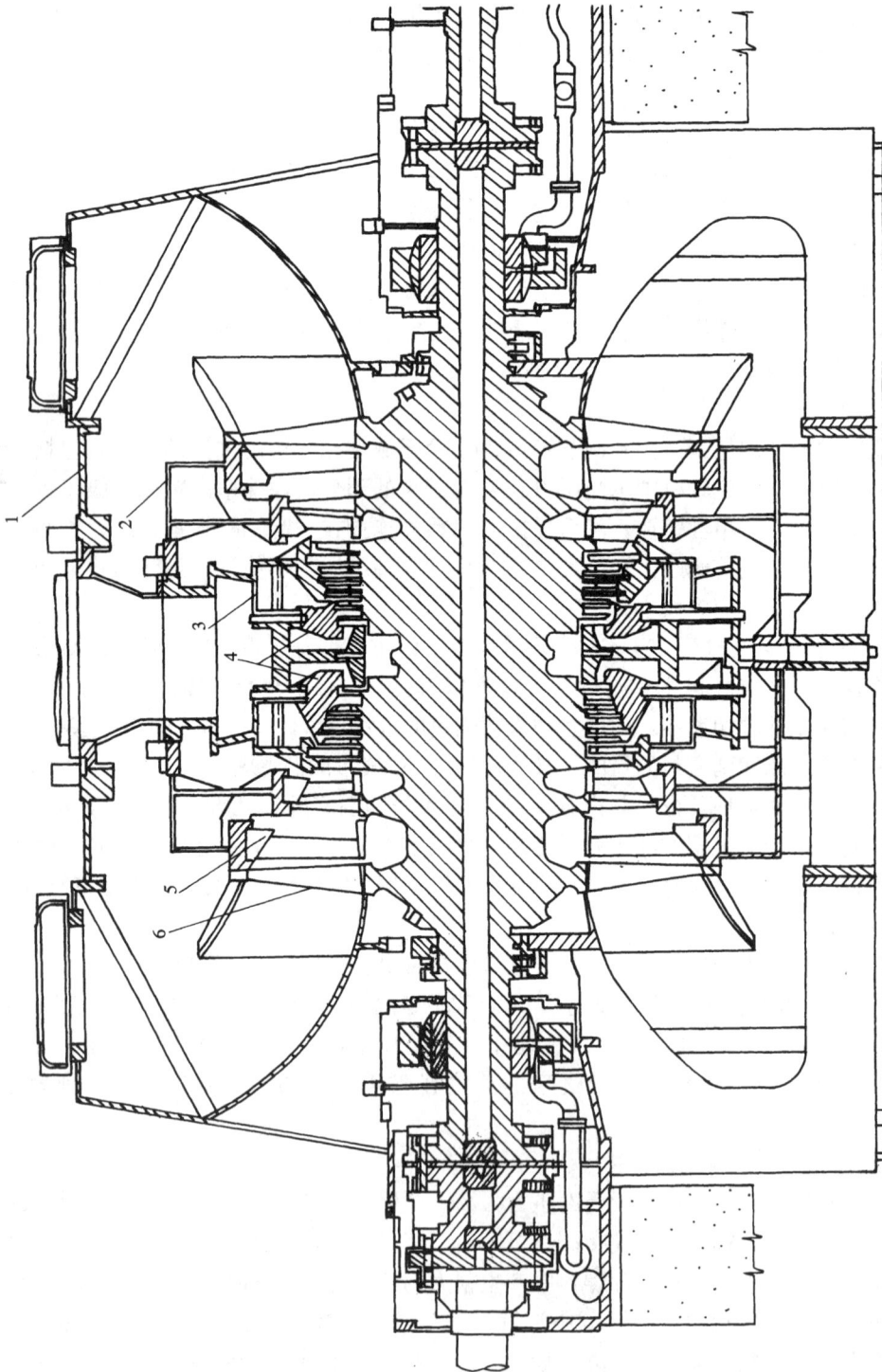

图 4-35　国产引进型 300MW 汽轮机（三层结构，对称分流布置）低压缸纵剖面图

1—外缸；2—次内缸；3—内缸；4—静叶持环；5—隔板；6—动叶

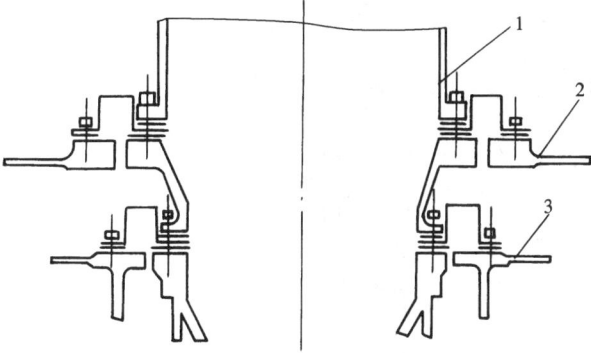

图 4-36　低压缸顶部密封环

1—低压进汽管；2—外缸；3—次内缸

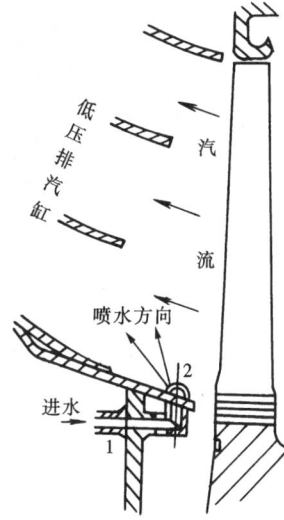

图 4-37　喷水减温装置

1—进水管；2—喷水管

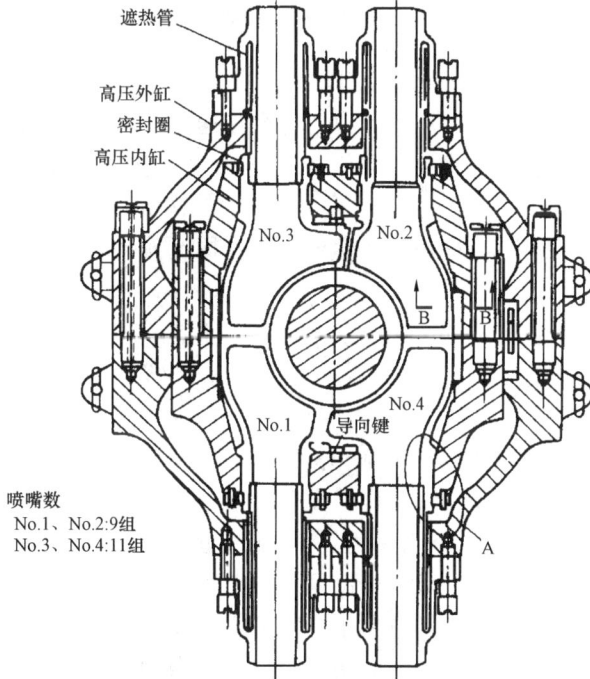

图 4-38　高压缸进汽部分示意

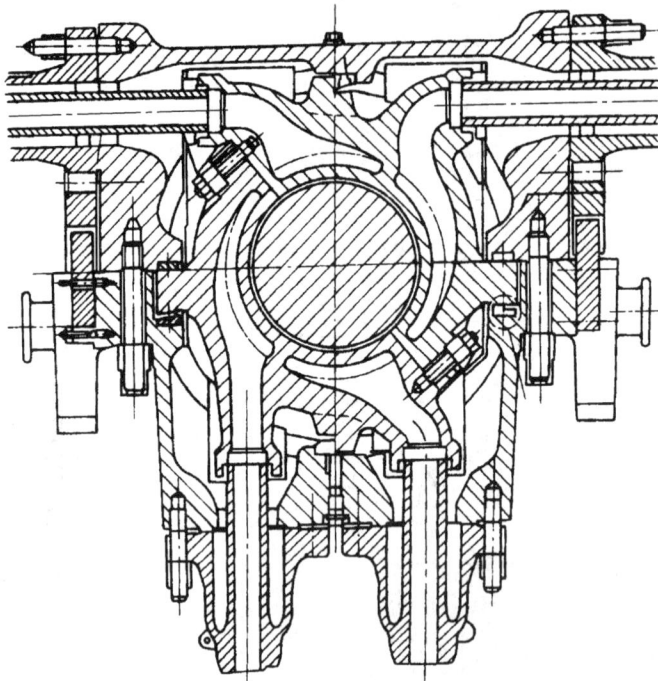

图 4-39　高压缸进汽部分示意

　　图 4-40 所示为国产 300MW 汽轮机高压外缸法兰螺栓加热装置示意。高压外缸采用对穿螺栓，在上、下法兰侧与螺孔对应处开有与螺孔相通的蒸汽连接管口 1 和 2，法兰外面有许多小弯管（图中用点画线表示）将相邻两个螺孔连通。来自"法兰螺栓调温加热联箱"的加热（冷却）蒸汽从下法兰第 10 和 11 号螺孔进入，分别依次经过 10～1 号螺孔及 11～22 号螺孔，然后排入"法兰螺栓加热集汽联箱"。蒸汽在螺孔周围流动时，对螺栓及法兰进行了加热（冷却）。

　　为了减小法兰内、外壁之间和上、下法兰之间的温差，有的机组还在高、中压外缸上、下法兰外侧加装法兰加热汽柜。图 4-41 所示为国产 300MW 汽轮机高压外缸法兰加热汽柜示意。为了提高加热效果，法兰加热箱内焊有挡汽板。

　　法兰螺栓加热装置的采用使汽轮机结构复杂，增加了启、停时的操作，因此有的机组不设该装置。如国产引进型 300MW 汽轮机就没有设置法兰螺栓加热装置，主要原因是：①该汽轮机的法兰螺栓直径较小、节距较密，且尽可能靠近汽缸内壁。这样就使得汽缸法兰和螺栓都比较容易加热。②该汽轮机设计成外缸两侧温差大而压差小，可采用较薄的缸壁和较窄的法兰；内缸两侧温差小而压差大，主要承受压应力，而沿壁厚的温度梯度减至最小，热应力很小。③该机组动、静部分间隙较大，可增大胀差的限制值。国产 300MW 汽轮机从第十三台起也采用了高窄法兰及小而密的螺栓，以解决汽缸、法兰、螺栓的温差问题，取消了高压外缸上的加热汽柜。引进的法国 CEM300MW 汽轮机、意大利 ASD320MW 汽轮机也没设法兰螺栓加热装置。

　　三、汽缸的支承

　　汽轮机安装在基础上。基础上固定有若干块基础台板（或称机座、座架），汽缸通过轴承座或其外伸的搭脚支承在基础台板上。

微课 4-11
汽缸的支承

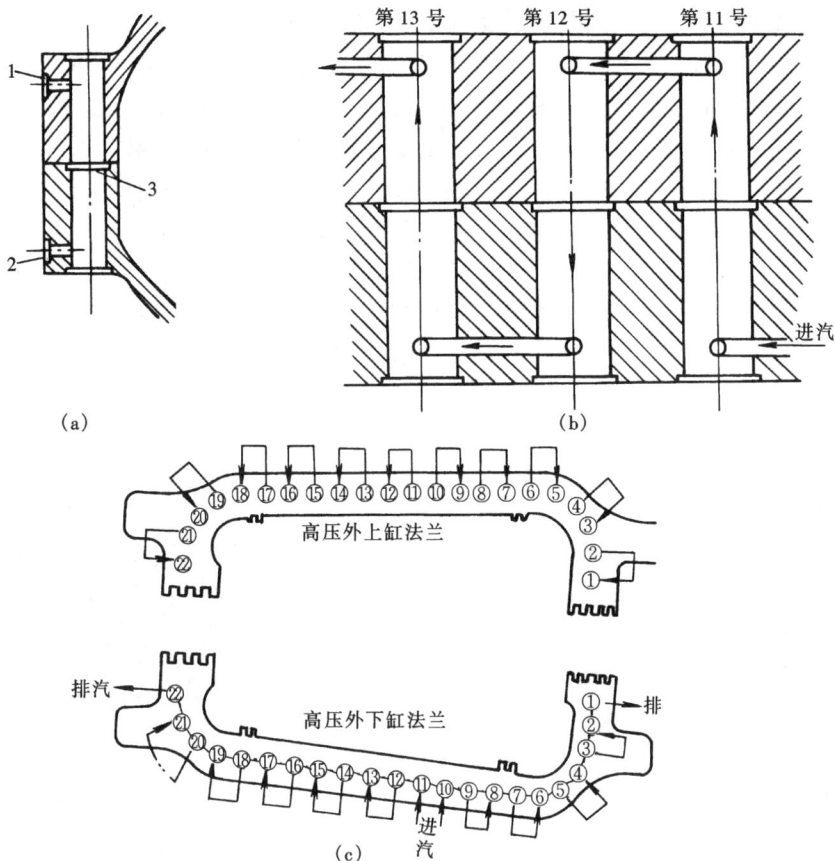

图 4-40 汽轮机高压外缸法兰螺栓加热装置示意

(a)高压外缸法兰；(b)、(c)法兰螺栓加热流程

1、2—蒸汽连接口；3—平面槽

1. 高、中压缸的支承

汽轮机高、中压缸一般通过其水平法兰两端伸出的猫爪支承在轴承座上，称为猫爪支承。猫爪支承有上缸猫爪支承和下缸猫爪支承两种方式。

图 4-42 所示为下缸猫爪支承，它是利用下缸伸出的猫爪作为承力面搭在轴承座两侧的支承块上，并用压块压住，以防抬起。这种支承方式比较简单，安装、检修方便，但因支承面低于汽缸中心线，为非中分面支承，当汽缸受热后，猫爪温度升高产生膨胀，汽缸中心线向上抬起，而支承在轴承上的转子中心线可认为基本不变，造成动、静部分径向间隙变化。对于高参数、大功率汽轮机，由于法兰很厚，猫爪膨胀的影响是不

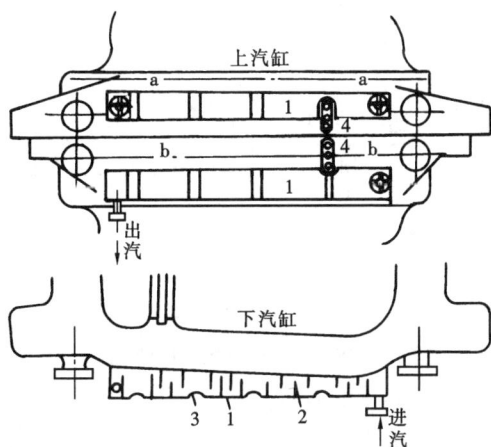

图 4-41 法兰加热汽柜

1—加热汽柜；2—挡汽板；3—膨胀补偿曲面；

4—法兰壁测温孔

能忽视的。所以这种支承方式主要用于高压以下的汽轮机。

上缸猫爪支承如图 4-43 所示。采用这种支承方式的汽缸上、下缸都有猫爪，以上缸猫爪作为工作猫爪，支承面与汽缸水平中分面一致，属于中分面支承。下缸猫爪作为安装猫爪，只在安装时起支承作用，安装垫铁用于安装时调整汽缸中心。安装完毕后，抽出安装垫铁，上缸猫爪就支承在工作垫铁上，承担汽缸的重量。水冷垫铁内通有冷却水，以不断带走由猫爪传来的热量，防止支承面高度因受热而改变，也使轴承温度不致过高，改善了轴承的工作条件。这种支承方式猫爪受热膨胀时不会影响汽缸中心线的位置，能较好地保持汽缸与转子中心一致。但安装检修比较不便，而且由于下缸是靠螺栓吊在上缸上，不仅增加了法兰螺栓受力，还使法兰结合面易产生张口。该方式主要用于超高压以上汽轮机的高、中压缸支承。

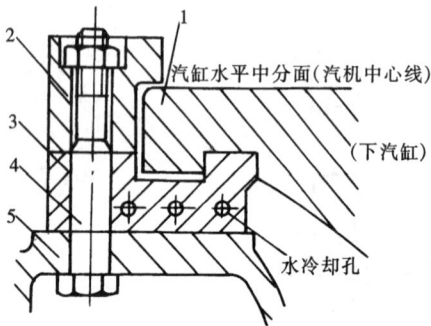

图 4-42　下缸猫爪支承
1—下缸猫爪；2—压块；3—支承块；4—紧固螺栓；5—轴承座

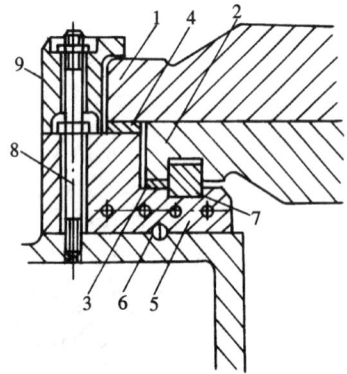

图 4-43　上缸猫爪支承
1—上缸猫爪；2—下缸猫爪；3—安装垫铁；4—工作垫铁；5—水冷垫铁；6—定位销；7—定位键；8—紧固螺栓；9—压块

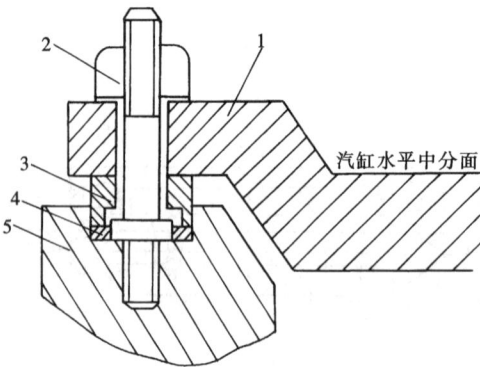

图 4-44　下缸猫爪中分面支承
1—下缸猫爪；2—螺栓；3—平面键；4—垫圈；5—轴承座

目前大容量汽轮机上还采用了下缸猫爪中分面支承。它是将下缸猫爪位置提高呈 Z 形，使支承面与汽缸水平中分面在同一平面上，如图 4-44 所示，这种支承方式同时利用了上述两种方式的优点，国产引进型 300、600MW 汽轮机的高、中压外缸即采用的这种方式。四只猫爪与下缸整体铸出，位于下缸水平法兰上部，分别支承在前后轴承座上。猫爪与轴承座之间用螺栓连接，以防止汽缸与轴承座之间产生脱空。螺母与猫爪之间留有适当的膨胀间隙（猫爪与螺栓的间隙为 0.95mm，螺栓与横销的横向间隙为 0.4mm），猫爪下部有垫块，垫块上部平面可由油槽打入润滑油，以保证猫爪可自由膨胀。

双层结构的汽缸中，内缸一般是通过其水平法兰伸出的支持搭耳支承在外下缸上的支承面上，也有内下缸支承和内上缸支承两种方式。图 4-45 为国产 300MW 汽轮机高压内缸采用的上缸中分面支承示意。

国产引进型 300、600MW 汽轮机高中压内缸通过内下缸左右两侧的支承键支承在外下缸上，如图 4-46 所示。内缸顶部和底部设有定位销，以保持其正确位置，并引导汽缸的膨胀和收缩。

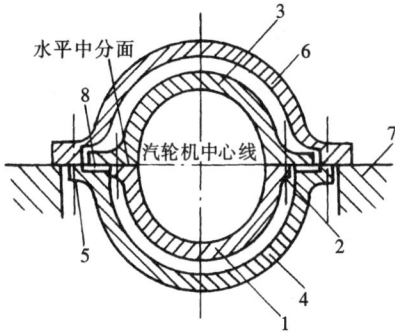

图 4-45　内缸的中分面支承

1—内下缸；2—内缸连接螺栓；3—内上缸；4—外下缸；5—外缸连接螺栓；6—外上缸；7—轴承座；8—支承垫片

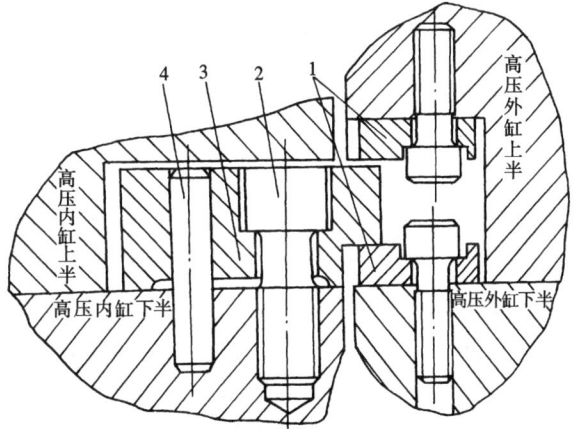

图 4-46　国产引进型 300MW 汽轮机内缸支承

1—垫片；2—螺钉；3—支承键；4—销子

与一个低压缸合缸的中压缸，通常高压端为猫爪支承，低压端采用与低压缸相同的台板支承。

2. 低压缸支承

汽轮机低压外缸通常利用下缸伸出的搭脚直接支承在台板上，称为台板支承。其支承面比汽缸中分面低，但因工作温度低，正常运行时膨胀不明显，所以影响不大。但汽轮机在空、低负荷运行时，排汽温度不能过高，否则将使排汽缸过热，影响转子和汽缸的同心性。

四、滑销系统

汽轮机在启动、停机和工况变化时，温度发生变化，将产生膨胀或收缩。为了保证汽缸受热或冷却后以正确的方向膨胀或收缩，并保持汽缸与转子中心一致，设置了一套滑销系统。滑销系统通常由横销、纵销、立销等组成，各滑销的结构如图 4-47 所示。

横销引导汽缸沿横向滑动，并在轴向起定位作用。高、中压缸猫爪与轴承座之间设有横销，称为猫爪横销，如图 4-43 中的定位键。低压缸处的横销安装在其搭脚与台板之间，左右各装一个。纵销引导轴承座和汽缸沿轴向滑动，并限制轴向中心线横向移动。纵销一般安装在轴承座底部与台板之间及低压缸与台板之间，处于汽轮机的轴向中心线上。纵销中心线与横销中心线的交点

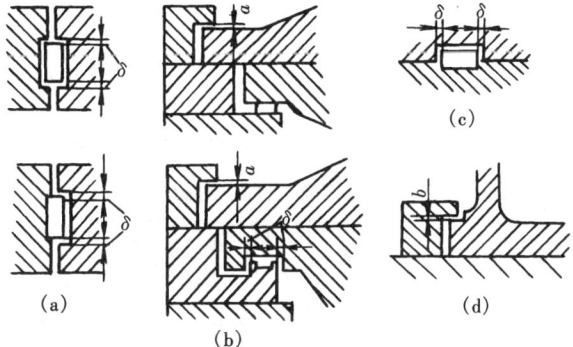

微课 4-12
汽轮机
滑销系统

图 4-47　汽轮机各部位滑销

(a) 立销；(b) 猫爪横销；(c) 横销、纵销；(d) 角销

为膨胀的固定点，称为"死点"。凝汽式汽轮机的死点多布置在低压排汽口的中心附近，这样汽轮机膨胀时，对庞大的凝汽器影响较小。立销安装在汽缸与轴承座之间及低压缸尾部与台板之间，处于机组的轴向中心线上，它引导汽缸沿垂直方向膨胀，并与纵销共同保持机组的轴向中心不变。角销也称为压板，安装在轴承座底部左右两侧，作用是防止轴承座与基础台板脱离。

图 4-48 所示为某 600MW 汽轮机的滑销系统。该汽轮机高中压外缸通过下缸的锚爪支承在前、中轴承座上，猫爪与轴承座之间有一平面键作为猫爪横销，猫爪可在上面横向自由滑动。在前、中轴承座与台板之间沿机组轴向中心线下设有纵销，引导轴承座的轴向膨胀，并限制横向移动。1 号低压缸与基础台板之间有两个横向定位键（纵销）和两个轴向定位键（横销），2 号低压缸与基础台板之间只有两个横向定位键，发电机与基础台板之间有两个横向定位键和两个轴向定位键。高中压汽缸与轴承座之间、1 号低压缸与 2 号低压缸之间在水平中分面以下用定位中心梁连接。由此可知，汽轮机静止部件的膨胀死点在 1 号低压缸的中心，发电机静子部件的膨胀死点在发电机的中心。汽轮机膨胀时，1 号低压缸的中心不动，它的后部通过定中心梁推动 2 号低压缸沿机组轴向向发电机端膨胀，它的前部通过定中心梁推动中轴承座，高中压汽缸及前轴承座沿机组轴向向调速器端膨胀。

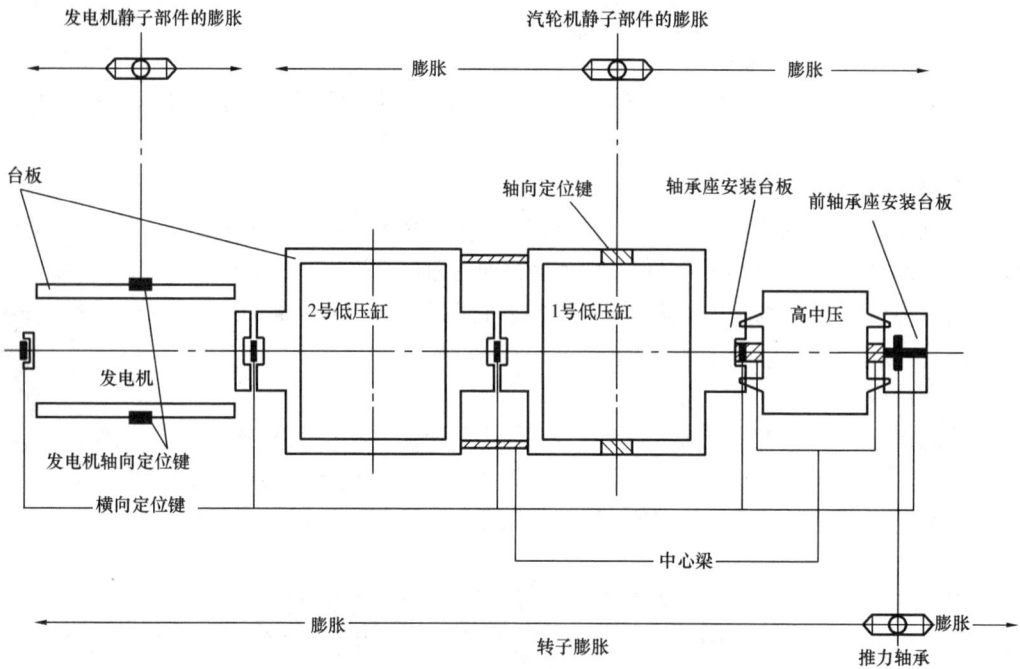

图 4-48 哈汽 600MW 汽轮机的滑销系统

对双层结构汽缸，为了保证内缸受热后能自由膨胀并保持与外缸中心一致，内缸与外缸之间也设有滑销。由于进汽管是通过外缸和内缸进入喷管室的，内、外缸在进汽管处不能有相对位移，因此，内缸的死点一般设在进汽管中心线所处的垂直平面上。图 4-29 中的部件 9 和 10 即为国产 300MW 汽轮机在高压内、外缸之间的纵销和立销。

第四节 喷 管 组 及 隔 板

高参数大功率汽轮机大多采用喷管配汽方式，其调节级喷管通常根据调节阀的个数成组固定在喷管室上，压力级的喷管都装在隔板上。

第一级喷嘴安装在喷嘴室的目的是：

（1）将与最高参数的蒸汽相接触的部分尽可能限制在很小的范围内，使汽轮机的转子、汽缸等部件仅与第一级喷嘴后降温减压后的蒸汽相接触。这样可使转子、汽缸等部件采用低一级的耐高温材料。

（2）由于高压缸进汽端承受的蒸汽压力较新蒸汽压力低，故可在同一结构尺寸下，使该部分应力下降，或者保持同一应力水平，使汽缸壁厚度减薄。

（3）使汽缸结构简单匀称，提高汽缸对变工况的适应性。

（4）降低了高压缸进汽端轴封漏汽压差，为减小轴端漏汽损失和简化轴端汽封结构带来一定好处。

一、喷管组

大功率汽轮机常用的喷管组主要有两种，一种是整体铣制焊接而成，另一种是精密铸造而成。

图 4-49 所示为整体铣制焊接而成的喷管组。在一圆弧形锻件上直接将喷管叶片铣出［见图 4-49（a）］，然后在叶片顶端焊上圆弧形的隔叶件，喷管叶片与隔叶件及圆弧形锻件形成的内环一起构成了喷管流道。隔叶件的外圆上再焊上外环，构成完整的喷管组。喷管组通过凸肩装在喷管室的环形槽道中，靠近汽缸垂直中分面的一端，用密封销和定位销将喷管组固

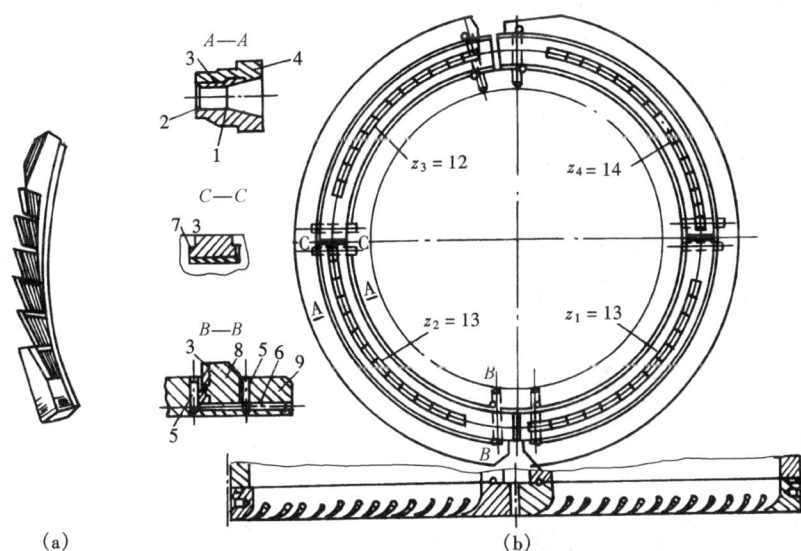

图 4-49 整体铣制焊接喷管组

（a）铣制喷管组件；（b）整体喷管组

1—内环；2—喷管叶片；3—隔叶件；4—外环；5—定位销；6—密封销；

7—Ⅱ形密封键；8—喷管组首块；9—喷管室

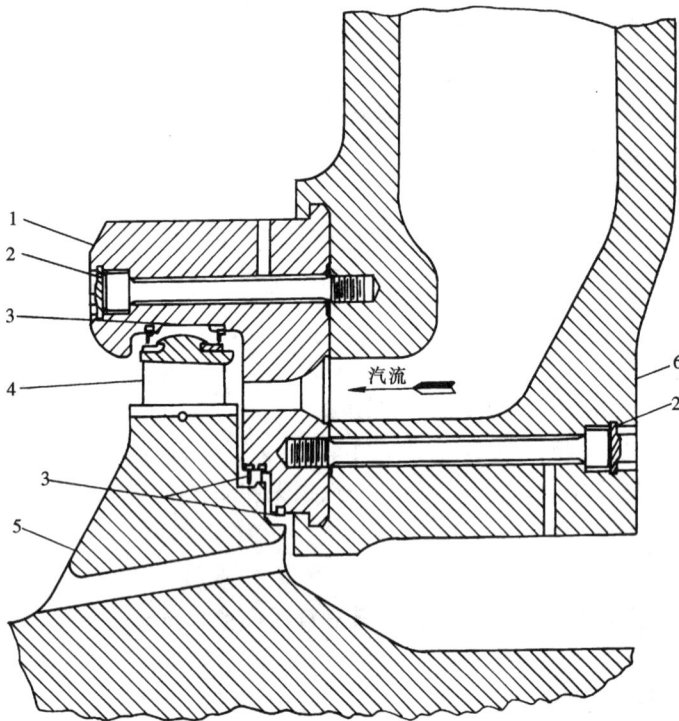

图 4-50　国产引进型 300MW 汽轮机调节级

1—喷管组；2—螺钉；3—径向汽封；4—动叶片；5—转子；6—喷管室

定在喷管室中；在另一端，喷管组与喷管室通过 Ⅱ 形密封键密封配合。这样，热膨胀时，喷管组以定位销一端为死点向密封键一端自由膨胀。这种喷管组密封性能和热膨胀性能比较好，广泛应用于高参数汽轮机上。

国产引进型 300MW 汽轮机调节级喷管组是整体电脉冲加工而成，通过进汽侧的凸肩装在喷管室出口的环形槽道内，并用螺钉固定，如图 4-50 所示。

铸造型喷管组采用精密铸造的方法将喷管组整体铸出，它在喷管室中的固定方法与上述喷管组基本相同。与整体铣制焊接喷管组相比，这种喷管组的制造成本低，而且可以得到足够的表面光洁度及精确的尺寸，使喷管流道型线有可能更好地满足蒸汽流动的要求，提高喷管的效率，因此得到越来越广泛的应用。

二、隔板

隔板用来固定静叶片，并将汽缸内分隔成若干个汽室。为了安装与拆卸方便，隔板通常做成水平对分形式。隔板内圆孔处开有汽封安装槽，用来安装隔板汽封，减小隔板漏汽损失。

微课 4-13
汽轮机
隔板结构

（一）冲动级隔板

冲动式汽轮机的隔板主要由静叶片、隔板体和隔板外缘组成，主要形式有焊接式和铸造式两种。

1. 铸造隔板

铸造隔板如图 4-51 所示，它是先用铣制或冷拉、模压、爆炸成型等方法将喷管叶片做好，然后在浇铸隔板体时将叶片放入其中一体铸出。这种隔板上、下两半之间的中分面有平面和斜面两种，做成斜面可避免在中分面处将喷管叶片截断。

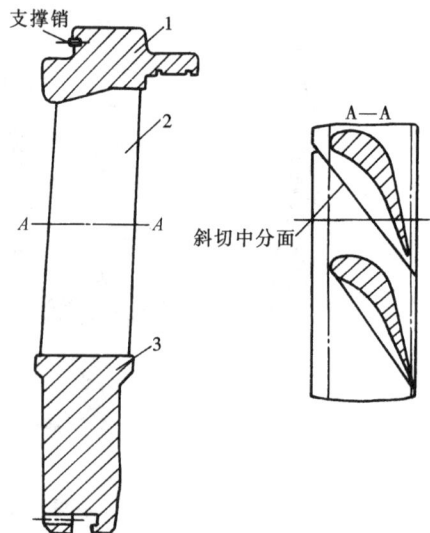

图 4-51　铸造隔板

1—外缘；2—静叶片；3—隔板体

铸造隔板加工比较容易，成本低，但表面粗糙度较大，使用温度也不能太高，一般小于 300℃，因此用于汽轮机的低压部分。

2. 焊接隔板

图 4-52 所示为焊接隔板。它是先将已成型的喷管叶片焊接在内、外围带之间，组成喷管弧，然后再焊上隔板外缘和隔板体。在隔板外缘的出汽边焊有汽封安装环，用来安装动叶顶部的径向汽封，减小叶顶的漏汽。焊接隔板具有较高的强度和刚度、较好的汽密性，加工较方便。因此广泛应用于中、高参数汽轮机的高、中压部分。

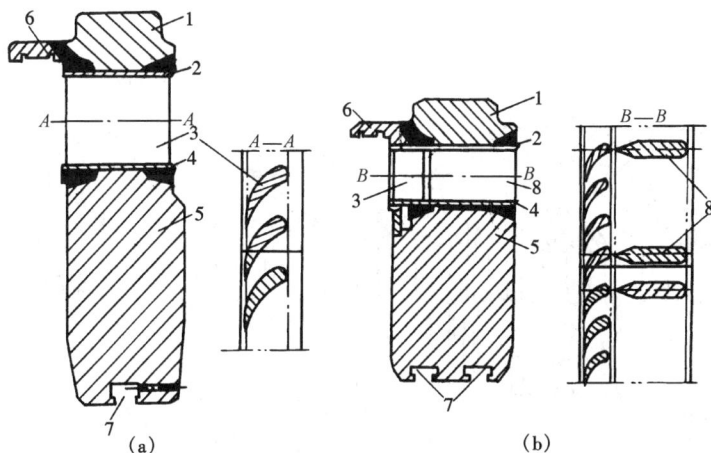

图 4-52　焊接隔板
(a) 焊接隔板结构；(b) 窄喷管焊接隔板
1—隔板外缘；2、4—外、内围带；3—静叶片；5—隔板体；
6—径向汽封安装环；7—汽封槽；8—导流筋

高参数汽轮机中，高压部分隔板前后压差较大，隔板必须做得很厚，而喷管高度却很短。若喷管宽度与隔板体厚度相同，就会使喷管损失增加，效率降低，因此采用宽度较小的窄喷管焊接隔板，如图 4-52 (b) 所示。为保证隔板的刚度，在隔板体和隔板外缘之间有若干个具有流线型的加强筋相连。窄喷管焊接隔板喷管损失小，但由于有相当数量的导流筋，蒸汽的流动阻力增加。

(二) 反动级隔板

反动式汽轮机采用鼓式转子，动叶片直接装在转鼓上。这样与冲动式汽轮机相比，其隔板内径增加了，没有了隔板体这部分，因此又称为静叶环。

图 4-53 为反动式汽轮机通流部分示意。静叶片由带有整体围带和叶根的型钢加工而

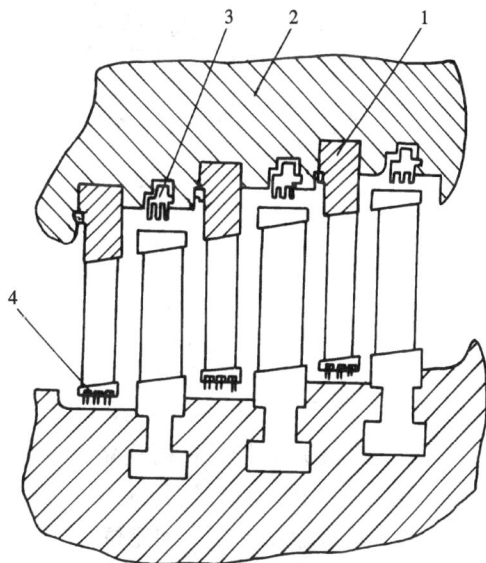

图 4-53　反动式汽轮机通流部分示意
1—隔板；2—静叶持环；
3—动叶顶部径向汽封；4—隔板汽封

成，将叶根和围带沿圆周焊接在一起，构成静叶环，即隔板。隔板在水平中分面处分成上下两半，分别嵌入静叶持环的凹槽中。高压隔板内圆上镶嵌有隔板汽封，中低压隔板内圆上开有汽封安装槽。这种隔板汽道尺寸精确，轴向刚度大。

三、隔板套（静叶持环）

汽轮机通常将部分级的隔板固定在隔板套（反动式汽轮机称静叶持环）上，隔板套再装到汽缸上，如图 4-54、图 4-30 及图 4-35 所示。为了安装检修方便，隔板套分成上、下两部分，上、下两半通过法兰螺栓连接。

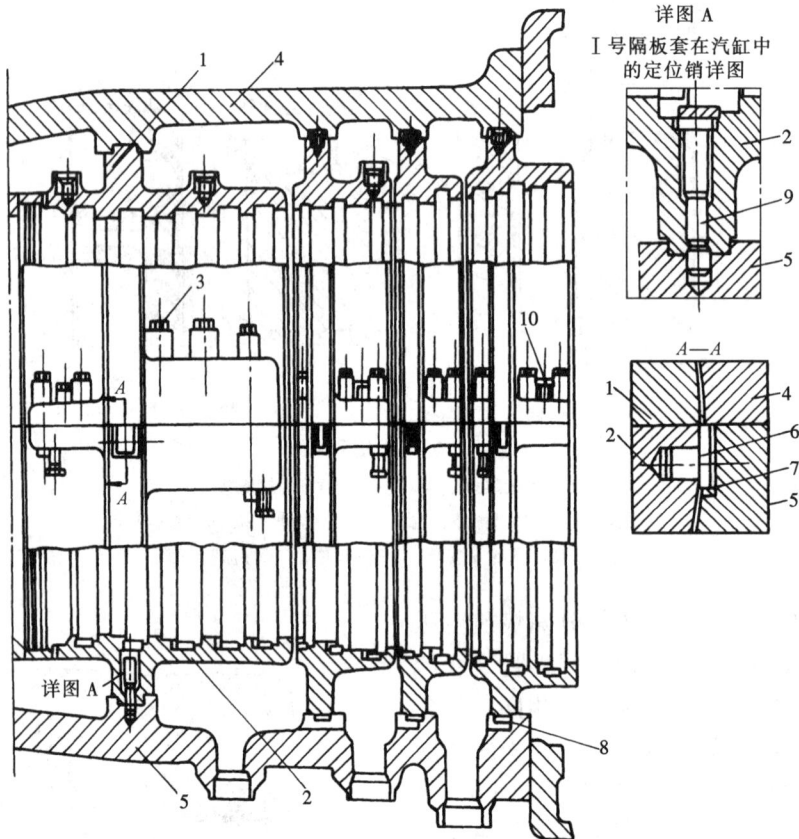

图 4-54　隔板套

1—上隔板套；2—下隔板套；3—螺栓；4—上汽缸；5—下汽缸；
6—悬挂销；7—垫片；8—平键；9—定位销；10—顶开螺钉

采用隔板套可以简化汽缸结构，减小汽轮机轴向尺寸，有利于汽缸的通用，便于抽汽口的布置，还使机组启、停及负荷变化过程中汽缸的热膨胀较均匀，减小了热应力和热变形。但隔板套的采用会增加汽缸的径向尺寸，使水平法兰厚度增加，延长了汽轮机启动时间。

四、隔板及隔板套的支承和定位

隔板在汽缸或隔板套中的支承及隔板套在汽缸中的支承，应保证受热时能自由膨胀及满足对中要求。因此隔板及隔板套与安装槽内应留有适当的间隙（径向间隙一般为 1～2mm），并具有合理的支承定位方式。

　　隔板及隔板套的支承方式有中分面支承和非中分面支承两种。

　　图 4-55 所示为悬挂销非中分面支承。下半隔板支承在靠近中分面的两个悬挂销上，通过修整悬挂销的厚度调整隔板的上下位置，修整下隔板底部的平键来保证左右位置。悬挂销下的调整垫片供找中时用，压板用来压住上半悬挂销，以防吊装时上半隔板脱落。采用这种支承方式时，隔板的支承面靠近水平中分面，隔板受热膨胀后中心变化较小，广为汽轮机高压部分所采用。

　　超高参数汽轮机对隔板对中的要求更高，常采用中分面支承，如图 4-56 所示。下隔板和下隔板套分别用两侧的 Z 形悬挂销支承在下隔板套和下汽缸的水平中分面上，通过改变悬挂销下面垫块的厚度及调整隔板和隔板套底部的平键来调整它们的中心位置。这种支承方式可以保证隔板受热后中心仍与汽缸中心一致，因此在高参数汽轮机上广泛应用，如国产300MW 汽轮机隔板就是采用的这种支承方式。

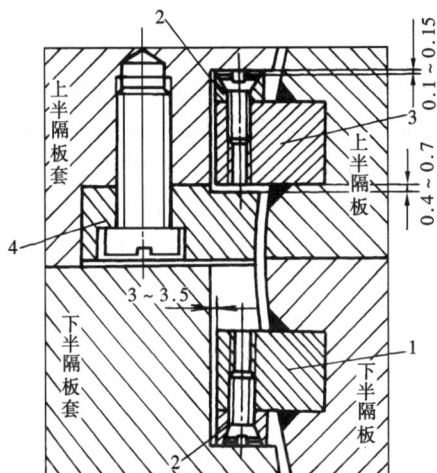

图 4-55　隔板的悬挂销非中分面支承
1—悬挂销；2—调整垫片；
3—止动销；4—止动压板

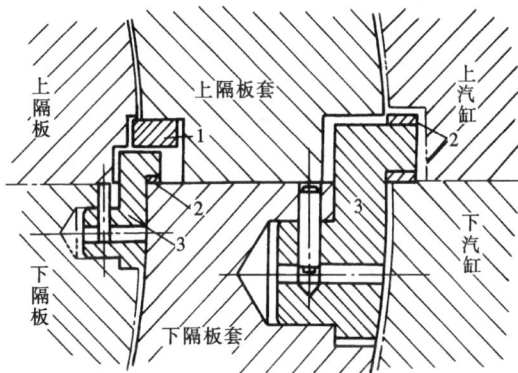

图 4-56　隔板的 Z 形悬挂销支承
1—压块；2—垫块；3—悬挂销

　　国产引进型 300MW 汽轮机静叶持环采用了与内缸相同的支承方式，下半持环支承在下缸的水平中分面上，支承键下设有垫片用来调整持环的垂直位置，持环的顶部和底部有定位销，保持对汽缸轴线的正确位置。

　　上隔板及上隔板套一般没有定位机构，上隔板通过上、下隔板水平结合面上的定位键或圆柱销定位，上隔板套通过下隔板套水平法兰上的定位螺栓定位。大多数隔板还在下半隔板的中分面上装设突出的平键，与上半隔板的中分面上相应的凹槽配合。该平键除了确定上半隔板的位置外，还可增加隔板的严密性和刚性。

第五节　汽　　封

一、汽封的作用

　　汽轮机工作时，转子高速旋转而静止部分不动，动、静部分之间必须留有一定的间隙，避免相互碰撞或摩擦。而间隙两侧一般都存在压差，这样就会有部分蒸汽通过间隙泄漏，造成能量损失，使汽轮机效率降低。为了减小漏汽损失，在汽轮机的相应部位设置了汽封。

　　根据装设部位不同，汽封可分为轴端汽封、隔板汽封和通流部分汽封。转子穿出汽缸两端处的汽封叫轴端汽封，简称轴封。高压轴封用来防止蒸汽漏出汽缸而造成能量损失及恶化运行环境；低压轴封用来防止空气漏入汽缸使凝汽器的真空降低。隔板内圆与转子之间的汽封称为隔板汽封，用来阻止蒸汽经隔板内圆绕过喷管流到隔板后而造成能量损失。通流部分汽封包括动叶顶部和根部的汽封，用来阻止动叶顶及叶根处的漏汽。隔板汽封及通流部分汽封如图 4-57 所示。

二、汽封的结构

　　现代汽轮机中通常采用曲径式汽封，其主要形式有梳齿形、J 形和枞树形。其中枞树形汽封因结构复杂，应用较少，此处不作介绍。

　　（一）梳齿形汽封

　　梳齿形汽封是汽轮机中应用最为广泛的一种汽封，其结构如图 4-58 所示。其中图 4-58（a）为高低齿梳齿形汽封，在汽封环上直接车出或镶嵌上汽封齿，汽封齿高低相间。汽轮机主轴上车有环形凸台或套装上有凸环的汽封套。汽封高齿对着凹槽，低齿接近凸环顶部，这样便构成了有许多狭缝的多次曲折通道，对漏汽形成很大的阻力。汽封环通常沿圆周分成 4～6 段，装在汽封体的槽中，并用弹簧片压向中心。梳齿尖端很薄，若转子与汽封发生碰磨，产生的热量不会过大，而且汽封环被弹簧片支承可作径向退让，这样对转子的损伤较小。图 4-58（b）为平齿梳齿形汽封，其结构比高低齿汽封简单，但阻汽效果差些。高低齿汽封主要用于汽轮机高、中压轴封及高、中压隔板汽封，材料多采用 Cr11MoV、1Cr1Ni9Ti 合金钢；平齿汽封多用于低压轴封及低压隔板汽封，材料一般为锡青铜。

微课 4-14
汽轮机
汽封装置

图 4-57　隔板汽封和
通流部分汽封

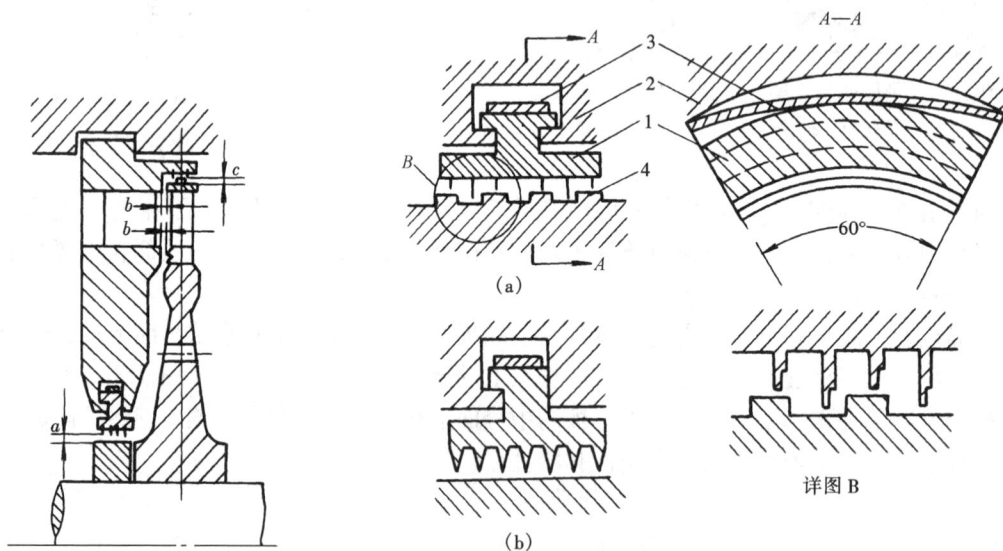

图 4-58　梳齿形汽封

（a）高低齿梳齿形汽封；（b）平齿梳齿形汽封

1—汽封环；2—汽封体；3—弹簧片；4—汽封套

国产引进型 300MW 汽轮机汽封均采用梳齿形汽封，其中平衡活塞汽封及高中压缸轴封采用一高两低齿交错的高低齿汽封，如图 4-59 所示。汽封环装配在相应部件的汽封槽中，并用带状弹簧片压向中心。弹簧片用螺钉固定，为使弹簧片能自由变形，螺钉头部与弹簧片间留有足够的间隙，允许弹簧移动。

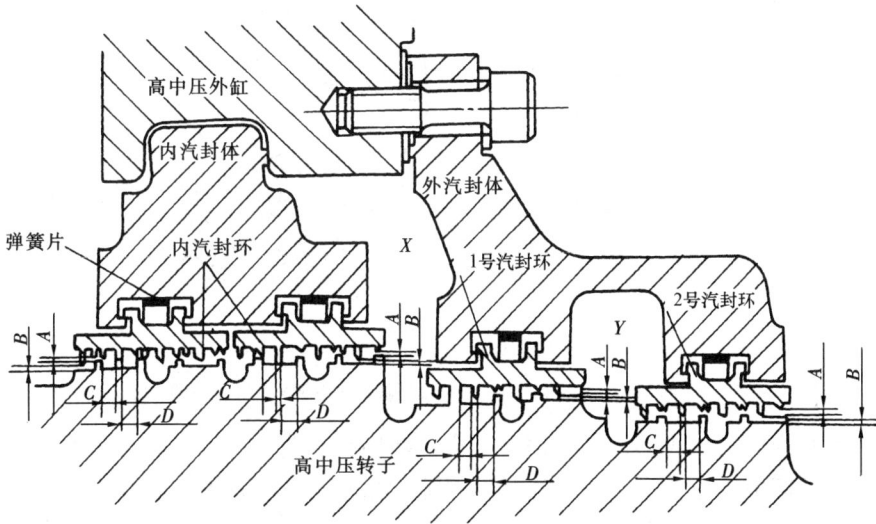

图 4-59　国产引进型 300MW 汽轮机高中压缸轴封

大功率汽轮机轴封较长，通常沿轴向分成若干段，相邻两段之间有一环形腔室，装置引出或导入蒸汽的管道。如图 4-59 所示的轴封由四个汽封环组成三段，构成 X、Y 两个腔室。

（二）J 形汽封

图 4-60 所示为 J 形汽封，它的汽封齿截面呈 J 形，由厚度为 0.2～0.5mm 的不锈钢或镍铬合金薄片制成，用不锈钢丝嵌压在转子或汽封环的凹槽中。这种汽封的特点是结构简单、紧凑；汽封片薄而且软，即使动静部分发生摩擦，产生的热量也不多，因此安全性比较好。其主要缺点是汽封片薄，每一片汽封片能承受的压差较小，因此需要的片数较多；汽封片容易损坏，而且拆装不便。

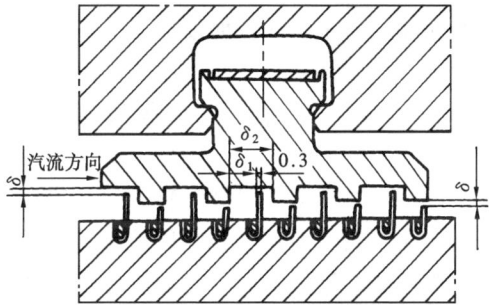

图 4-60　J 形汽封

（三）其他汽封

在有的汽轮机上，还采用了其他新型汽封，如布莱登（BRANDON）活动汽封、护卫式汽封、接触式汽封、蜂窝汽封等。

布莱登活动汽封（见图 4-61）取消了传统汽封后背弧的弹簧压片，在汽封块端部加装了弹簧。汽轮机正常工作时，经过汽封进汽侧槽道进入后背弧汽室的蒸汽将汽封压向转子，使两者间保持较小的径向间隙运行，减小了漏汽损失。在机组启、停及转子振动过大跳闸时，汽封背弧后蒸汽压力较低，在端部弹簧的作用下，汽封张开，从而避免了汽封与转子之间的摩擦。运行实践证明，这种汽封不仅具有较高的经济性，还具有较高的安全性。

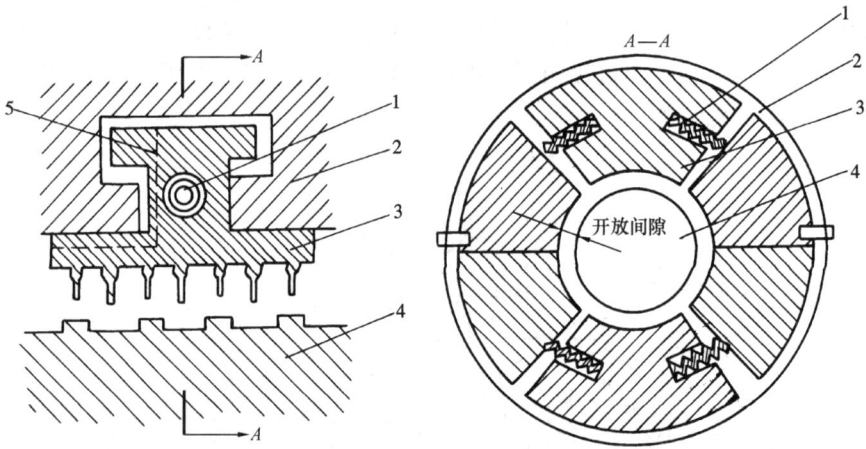

图 4-61　布莱登活动汽封

1—弹簧；2—汽封体；3—汽封环；4—汽封套；5—用于汽封环背面加压的切口

护卫式汽封由普通梳齿形汽封和挡环组成，挡环旋入梳齿汽封，两者成为一个整体。挡环与转子之间的间隙小于普通梳齿形汽封的间隙。当转子发生较大振动时，挡环将首先与转子接触，压迫汽封背面的弹簧，使汽封整体向后退让，避免了梳齿汽封与主轴的碰磨。这样，既保护了汽封和主轴，还可以使汽封齿与主轴间保持较小的间隙。挡环材料的摩擦系数很小，与转子瞬间碰磨时不会划伤转子。

接触式汽封的密封圈与转轴表面无间隙，且密封圈能自动跟踪转轴的偏摆及晃动。这种汽封采用非金属、高分子材料，具有耐磨、耐高温、耐腐蚀、自润滑等特性，并且在运行中不会磨伤轴面，不引起轴面发热。

第六节　盘　车　装　置

在汽轮机不进蒸汽时驱动转子以一定转速旋转的设备称为盘车装置。其作用是：

（1）在汽轮机冲转前和停机后使转子转动，以避免转子受热和冷却不均而产生热弯曲。在汽轮机启动过程中，为了使凝汽器内建立起一定的真空，需在冲转前向轴封供汽，由此进入汽缸的蒸汽滞留在汽缸的上部，使汽轮机上、下部分出现温差，若转子静止不动将向上弯曲，影响启动工作的正常进行，甚至引起动、静部件摩擦。停机时，汽轮机下缸比上缸冷却快，上、下部分之间也存在温差，如果转子停下后静止，将使大轴弯曲，这种弯曲需要较长时间才能消失，不利于汽轮机马上重新投入运行。

（2）启动前盘动转子，可以检查动静部件间是否有摩擦、润滑油系统工作是否正常及主轴弯曲是否过大等，用来检查汽轮机是否具备正常启动条件。

按盘车转速高低，盘车装置可分为高速盘车和低速盘车两种。采用高速盘车时转子转速为 40～70r/min，可以加快汽缸内的热交换，减小上、下缸之间及转子内部温差，缩短机组启停时间，并可以在轴承内较好的建立起油膜，保护轴颈和轴瓦。低速盘车时转子转速为 2～4r/min，启动力矩小，冲击载荷小，有利于延长部件的使用寿命。按结构特点，盘车装置可分为具有螺旋轴的电动盘车、具有摆动齿轮的电动盘车及具有链轮—蜗轮蜗杆的电动盘车。下面介绍几种在大机组上常用的盘车装置。

一、具有螺旋轴的电动盘车装置

这种盘车装置如图 4-62 所示。电动机 5 通过小齿轮 1 和大齿轮 2、啮合齿轮 3 和盘车齿轮 4 两次减速后带动汽轮机主轴转动。啮合齿轮的内表面铣有螺旋齿与螺旋轴相啮合，并可沿螺旋轴左右滑动。推动手柄可以改变啮合齿轮在螺旋轴上的位置，并控制盘车装置电动机行程开关和润滑油门。

投入盘车时，首先拔出保险销，然后向左（图示方向）推转手柄，啮合齿轮便向右移动靠向盘车齿轮。再用手盘动联轴器并继续推转手柄，啮合齿轮即可与盘车齿轮全部啮合。当手柄推至工作位置时，润滑油错油门被打开向盘车装置供油，同时电动机行程开关闭合，盘车装置投入工作。依靠螺旋齿上的轴向分力，啮合齿轮被压紧在螺旋轴上的凸肩上，保持与盘车齿轮的完全啮合。

汽轮机冲转后，当转子转速

图 4-62　具有螺旋轴的电动盘车装置
1—小齿轮；2—大齿轮；3—啮合齿轮；
4—盘车大齿轮；5—电动机；6—螺旋轴

高于盘车转速时，啮合齿轮由主动轮变为从动轮，螺旋齿上的轴向分力改变了方向，将啮合齿轮向左推直至退出啮合位置。在润滑油门下油压及弹簧力的作用下，手柄向右摆动直到断开位置，同时润滑油门和电动机行程开关复位。此时，润滑油被切断，电动机电源断开，盘车装置停止工作，保险销自动落入销孔将手柄锁住。

操作停止按钮切断电源，也可使盘车装置停止工作。当电动机电源被切断后，盘车装置的转速迅速下降，而转子因惯性大转速下降较慢，因此啮合齿轮变成从动轮被推向左边，此后的动作与盘车装置自动退出时相同。

国产中型汽轮机及 300MW 汽轮机采用了这种盘车装置。

二、具有链轮—蜗轮蜗杆的电动盘车装置

这种盘车装置由电动机、传动轮系、操纵杆及连锁装置等组成。传动轮系如图 4-63 所示，电动机通过链轮链条、蜗杆蜗轮及几级齿轮传动减速后带动转子旋转。摆动齿轮 12 支承在两块侧板 11 上，侧板可绕主齿轮轴 10 摆动。侧板通过连杆机构与操纵杆相连接，操纵杆动作可控制侧板的摆动，从而使摆动齿轮处于不同的位置。当操纵杆移到投入位置时，摆动齿轮与盘车齿轮啮合；操纵杆移到退出位置

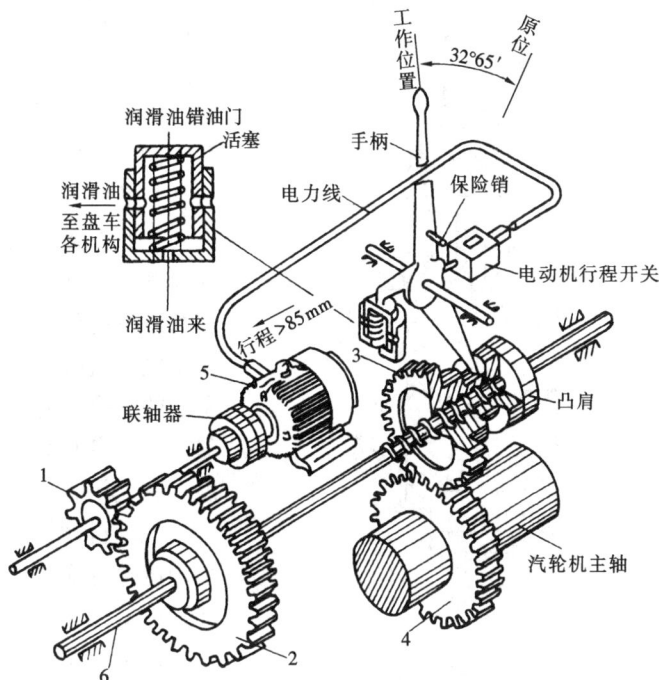

微课 4-15
盘车装
置结构

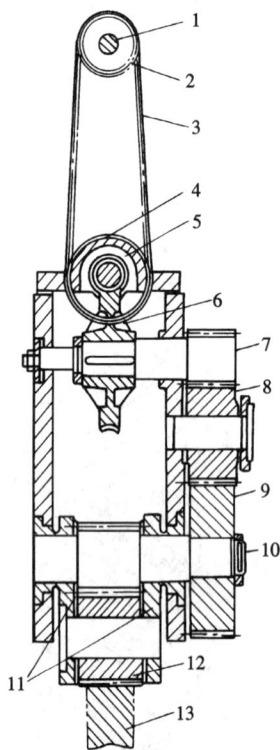

图 4-63 具有链轮—蜗轮
蜗杆的盘车装置传动轮系

1—电动机轴；2—主动链轮；3—链条；4—链轮；
5—蜗杆；6—蜗轮；7—蜗轮轴；8—惰轮；
9—减速齿轮；10—主齿轮轴；11—侧板；
12—摆动齿轮；13—盘车齿轮

时，摆动齿轮则与盘车齿轮退出啮合状态。

该盘车装置可自动投入和退出。汽轮机停机时，将控制开关打到盘车装置"自动"位置，进入自动投入程序。当汽轮机转速下降到约 600r/min 时，自动程序电路接通，开始向盘车装置提供润滑油。当转速降到零时，图 4-64 中的供气阀打开，压缩空气进入气缸上部，使活塞下移，操纵杆 5 顺时针方向转动，两个侧板随之摆动，带动摆动齿轮摆向盘车齿轮进而啮合。此时活塞继续下移将触点 1 接通，盘车电动机启动，盘车装置投入运行。如果摆动齿轮与盘车齿轮的齿顶相碰而不能啮合，活塞将不能再下移，气缸在压缩空气的作用下向上移动，当移到触点 2 接通时，盘车电动机瞬时转动，使摆动齿轮滑过一个齿后与盘车齿轮啮合。在压缩空气的作用下，活塞再继续下移，直至盘车装置开始工作。转子转动后，压缩空气供气阀关闭，盘车装置正常工作。

汽轮机冲转后，当转子的转速高于盘车转速时，摆动齿轮变成了从动轮，在盘车齿轮的转矩作用下被推开而退出啮合状态，并通过侧板带动操纵杆逆时针向"退出"位置转动，活塞上移，使触点 1 断开，电动机停止转动。气缸下部的供气阀打开，压缩空气进入气缸下部，操纵杆继续逆时针方向转动使摆动齿轮完全脱开。当操纵杆达到退出位置时，供气阀关闭，压缩空气被切断。当汽轮机转速升到约 600r/min 时，自动程序不再起作用，盘车装置的润滑油被切断，盘车工作结束。

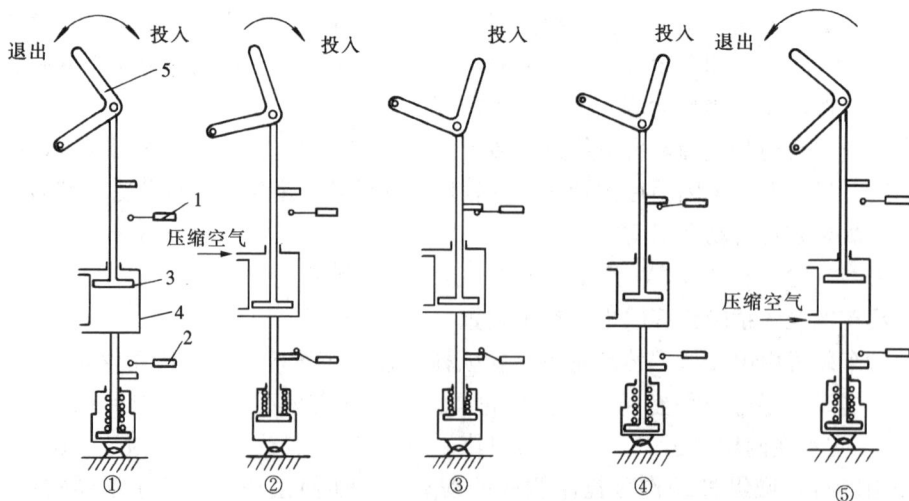

图 4-64 盘车装置啮合原理图

1、2—触点；3—活塞；4—气缸；5—操纵杆除连续盘车外，有的机组还采用了定时盘车。汽轮机停机后，先连续盘车 4～8h，然后投入自动定时盘车。利用与主轴相连的测速发电机回路中产生的电流作为脉冲信号，通过极化继电器使转子转动 180°后停止盘车。再利用时间继电器，在 10min 后投入盘车使转子转动 180°，然后再次停止。如此反复，以代替人工操作，可保证转子转动角度和时间的准确。

第七节　轴　　承

汽轮机的轴承有推力轴承和支持轴承两种类型。支持轴承的作用是承担转子的重量及转子不平衡质量产生的离心力，并确定转子的径向位置，保证转子中心与汽缸中心一致，以保持转子与静止部分间正确的径向间隙；推力轴承的作用是承受转子上未平衡的轴向推力，并确定转子的轴向位置，以保证动、静部分间正确的轴向间隙。

汽轮机转子重量及轴向推力都很大，且转子的转速很高，轴承在高速重载条件下工作。因此，汽轮机轴承都采用液体摩擦的滑动轴承。工作时，在轴颈和轴瓦之间形成油膜，建立液体摩擦，以保证机组安全平稳地工作。

一、滑动轴承的工作原理

滑动支持轴承中，轴瓦内圆直径略大于轴颈外径，转子静止时，轴颈处在轴瓦底部，轴颈与轴瓦之间自然形成楔形间隙，如图 4-65（a）所示（以圆筒形轴承为例）。如果连续向轴承间隙中供应具有一定压力和黏度的润滑油，当轴颈旋转时，润滑油随之转动，在图中右侧间隙中，润滑油被从宽口带向窄口。由于此间隙进口油量大于出口油量，润滑油便聚积在狭窄的楔形间隙中而使油压升高。当间隙中的油压超过轴颈上的载荷时，就把轴颈抬起。轴颈被抬起后，间隙增大，油压又有所降低，轴颈又下落一些，直到间隙中的油压与载荷平衡时，轴颈便稳定在一定的位置上旋转。此时，轴颈与轴瓦完全被油膜隔开，形成了液体摩擦。显然，润滑油黏性越大、轴颈转速越高，楔形间隙内的油压越高，轴颈被抬得越高，轴颈中心处在较高的偏心位置。当转速为无穷大时，理论上轴颈中心便与轴瓦中心重合。因

此，随着转速的不同，轴颈中心的位置也不同，其轨迹近似为一半圆曲线，如图 4-65（b）所示。

油楔中的压力分布如图 4-65（b）、（c）所示。在径向，楔形间隙进口处油压最低，然后随间隙减小而逐渐增大，经过最大值后又逐渐减小，在间隙出口处降至最低。在轴向，即沿轴承的长度方向润滑油从轴承的两端排出，所以中间的油压最高，往两端逐渐降低。图中还表示了不同 l/d（l 为轴承长度，d 为轴颈直径）

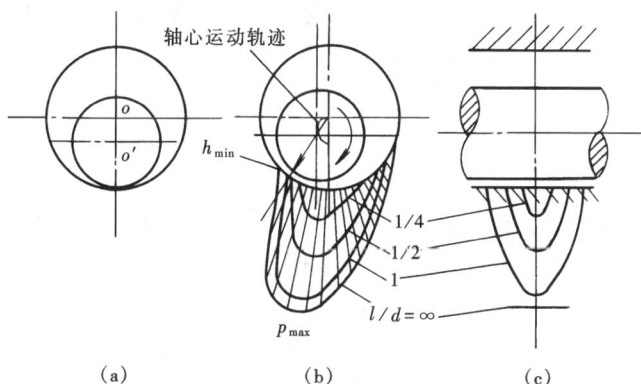

图 4-65　轴承中液体摩擦的建立

（a）轴在轴承中构成楔形间隙；（b）轴心运动轨迹及油楔中的周向压力分布；（c）油楔中的轴向压力分布

时的油压分布。由图可知，对于同一轴承，在其他条件相同的情况下，轴承的长度越长，则产生的油压越大，承载能力就越大。但是轴承太长，轴颈被抬起过高，将影响其工作的稳定性，

且不利于轴承的冷却，同时还会增加机组的轴向长度。因此必须合理选择轴承尺寸。

由以上分析可知，要在有载荷作用的两表面间建立稳定的油膜，必须具备以下条件：①两表面间构成楔形间隙；②两表面之间有足够的具有合适黏度的润滑油；③两表面间要有相对运动，且运动方向是使润滑油从楔形间隙的宽口流向窄口。

二、轴承的油膜振荡

（一）油膜振荡现象

滑动轴承工作时，轴颈支承在油膜上高速旋转，在一定条件下，油膜反过来激励轴颈，使轴颈产生强烈振动，这种现象即为油膜振荡。

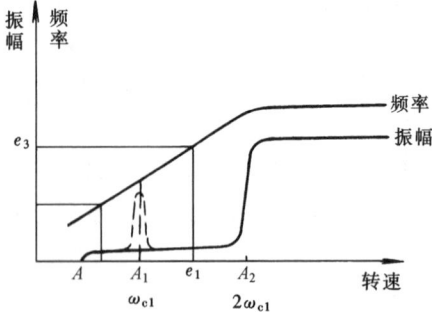

图 4-66 轴颈中心涡动频率、
振幅与转速的关系

下面观察一个转子柔性大、载荷较轻的轴承，当转子转速从零逐渐增加时，轴颈中心的运动情况。如图 4-66 所示，当转速由零逐渐升高时，起初没有振动，只是随着不同的转速轴颈中心处于不同的偏心位置。当转速升高到 A 点时，轴颈开始出现振动，但振幅较小，振动频率约为 A 点转速的一半。转速继续升高时，振幅基本不变，振动频率随之增加，总是约等于当时转速的一半。当转速升高到 A_1 点时，达到转子第一临界转速 ω_{c1}，此时振动加剧，振幅突然增加，振动频率等于 ω_{c1}。超过第一临界转速后，振动迅速减弱，频率也恢复为当时转速的一半。当转速继续升高到 A_2 点达到第一临界转速的两倍时，振动又加剧，频率等于此时转速的一半，即等于 ω_{c1}。此后转速继续升高，振幅不再减小，频率保持等于第一临界转速不变。在以上的过程中，转速升高到 A 点对应的值时，轴颈开始失去稳定，因此 A 点对应的转速称为失稳转速；A 点至 A_2 点间，轴颈中心发生频率等于当时转速一半的小振动，称为半速涡动；A_2 点以后，轴颈中心发生频率等于转子第一临界转速的大振动，称为油膜振荡。当油膜振荡发生后，在较大的转速范围内，涡动频率将保持等于第一临界转速，振幅也始终保持在共振状态下的大振幅，这种现象称为油膜振荡的惯性效应。因此，油膜振荡不能用提高转速的方法来消除。

（二）产生油膜振荡的原因

由轴承的工作原理可知，在一定载荷和转速下，轴颈中心处于某一偏心位置 O' 而达到平衡状态，如图 4-67 所示。此时油膜对轴颈的作用力 p_g 与轴颈上的载荷 p 大小相等、方向相反且作用于同一直线上，它们的合力为零。如果轴颈受到一个干扰，中心从 O' 移到 O''，油楔随之发生改变，产生的油膜作用力的大小和方向也将发生变化，p_g 变为 p'_g。p'_g 与 p 不平衡，它们的合力不再为零，而是力 F。F 可分解为沿油膜变形方向的弹性恢复力 F_r 和垂直于油膜变形方向的切向分力 F_t。弹性恢复力推动轴颈返回平衡点 O'；而切向分力将推动轴颈绕 O' 点转动，引起轴颈中心在轴承内涡动，称为失稳分力。此时，轴颈不仅围绕其中心高速旋转，而且轴颈中心还围绕平衡点

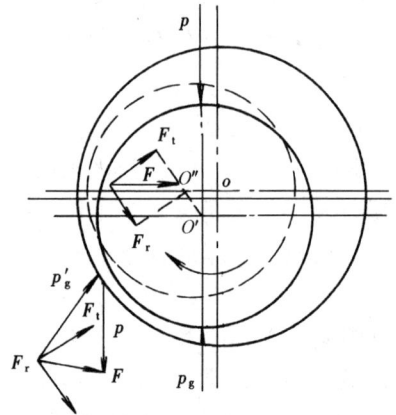

图 4-67 油膜振荡的产生

O' 涡动。若失稳分力小于轴承阻尼力，则涡动是收敛的，轴颈中心受到扰动而偏移后将自动回到平衡位置，此时轴承的工作是稳定的。若失稳分力大于阻尼力，则涡动是发散的，轴颈中心的轨迹为螺线扩散形，属于不稳定工作状态。若失稳分力等于阻尼力，轴颈则产生小振幅涡动，轴颈中心的轨迹为一椭圆形封闭曲线。理论和实践证明，此时涡动频率接近当时转速的一半，称为半速涡动。如果涡动的角速度与转子的第一临界转速合拍，则涡动被共振放大，轴颈发生强烈振动，即产生了油膜振荡。

（三）油膜振荡的防止和消除

发生油膜振荡时轴颈振幅很大，会引起轴承油膜破裂、轴颈与轴瓦碰撞甚至损坏。另外，因其振动频率刚好等于转子的第一临界转速，成为转子的共振激发力，使转子发生共振，可能导致转轴损坏。半速涡动时振幅不大，虽然不会破坏油膜，但长期工作，会引起零件的松动和疲劳损坏。因此半速涡动和油膜振荡都应设法消除。

由前面的分析可知，只有当转速高于失稳转速及转子第一临界转速的两倍时，才有可能发生油膜振荡。因此防止和消除油膜振荡的基本方法是提高转子的第一临界转速和失稳转速。

刚性转子和第一临界转速高于额定转速一半的挠性转子，在其工作转速范围内，只可能发生半速涡动而不会发生油膜振荡。但对于大功率机组，转子第一临界转速较低，可能低于额定转速的一半，此时只能从提高失稳转速入手，将失稳转速提高到额定转速之上，即可避免发生油膜振荡。

提高转子的失稳转速也就是提高轴颈工作的稳定性。由油膜振荡产生原因分析可知，轴颈在轴承中运行不稳定的根本原因是轴颈受到扰动后产生了失稳分力。扰动越大，轴颈偏离其平衡位置的距离越大，失稳分力也越大，越容易引起涡动，进而导致油膜振荡。在同一扰动强度下，轴颈稳定运行时的偏心距越大，其相对偏移就越小，失稳分力也越小，越不容易产生半速涡动和油膜振荡。也就是说，轴颈在轴瓦中平衡位置的偏心距越大，转子工作越稳定，失稳转速也就越高。而偏心距的大小总是在相对的观点上才有意义，因此上述结论是对轴颈在轴瓦中的相对偏心率而言的。相对偏心率即轴颈与轴瓦的绝对偏心距 OO' 与它们的半径差 $(R-r)$ 的比值，以 K 表示，即

$$K = \frac{OO'}{R-r} \tag{4-36}$$

K 越大，失稳转速越高，越不容易产生半速涡动和油膜振荡，通常认为 K 大于 0.8 时，轴颈在任何情况下都不会发生油膜振荡；反之，K 越小，转轴工作越不稳定，越容易产生半速涡动和油膜振荡。

因此，降低轴心位置以增大轴颈相对偏心率，可以防止和消除油膜振荡。主要措施如下：

1. 增加轴承比压

轴承载荷与轴瓦垂直投影面积（轴承长度×直径）之比称为比压。比压越大，轴颈越不容易浮起，相对偏心率越大，轴承稳定性越好。增大比压的常用方法有：缩短轴瓦长度，以减小轴瓦的投影面积及增加轴瓦端的泄油量；调整轴瓦中心，以增加负荷过小轴承的载荷。

例如，某国产 300MW 汽轮发电机组，所有的轴承均为三油楔轴承。汽轮机高、中、低压转子及发电机转子的一阶临界转速分别为：3150～3300r/min，2450～2600r/min，3300～3400r/min，880～915r/min，发电机转子二阶临界转速为 2400～2600r/min，各转子之间采

用刚性连接。运行中当转速达到 2800r/min 时发电机转子出现油膜振荡。该轴承原来尺寸为：直径 $D=450$mm，工作长度 $L=430$mm，实测失稳转速为 2500r/min。后将发电机轴承的长度缩短到 320mm，油膜振荡消失。

2. 降低润滑油黏度

润滑油黏度越大，轴颈旋转时带入油楔油量就越多，油膜越厚，轴颈在轴瓦中浮得越高，相对偏心率越小，轴颈就越容易失去稳定而产生油膜振荡。因此降低润滑油黏度有利于轴承的稳定工作。其方法是提高油温或更换黏度较小的润滑油。

3. 调整轴承间隙

一般认为，减小圆筒形或椭圆形轴承轴瓦顶部间隙，可以产生或加大向下的油膜作用力，使轴颈的位置降低，增大了相对偏心率，使轴颈在轴承中的稳定性提高。同时加大轴瓦两侧间隙（相当于增大椭圆度，即增大了相对偏心率）效果更为显著。

此外，要防止油膜振荡，设计制造上应尽量提高转子的第一临界转速，选择稳定性好的轴承结构形式与参数。还应尽量做好转子的动、静平衡，减小其不平衡质量，以降低转子在第一临界转速下的共振放大能力，减小油膜振荡时的振幅。

三、轴承的结构

（一）支持轴承

支持轴承的形式很多，常用的有圆筒形轴承、椭圆形轴承、三油楔轴承和可倾瓦轴承等。

1. 圆筒形轴承

微课 4-16
圆筒形
轴承结构

圆筒形轴承结构如图 4-68 所示。其轴瓦内孔呈圆柱形，转子静止时，轴承顶部间隙约为侧面间隙的两倍。工作时，轴颈下形成一个油膜。轴瓦由上、下两半组成，装配时通过两只定位销 6 确保两半准确对中并用螺钉连接。轴瓦外形呈球面形，通过三块钢制轴承垫块支承在轴承座的球面内孔中，垫块用螺栓与轴瓦固定在一起。各垫块与轴瓦之间有垫片，改变下瓦垫片厚度，可调整轴承中心的径向位置。上瓦顶部的垫块和垫片则用来调整轴瓦与轴承盖之间的紧力。装配在轴瓦内的限位销伸到轴承座的一条槽内，防止轴承转动。

轴瓦一般由铸钢铸造而成，在轴瓦内车出燕尾槽，然后浇铸一层锡基轴承合金，又称乌金或巴氏合金。这种合金内含锑 10%～20%，铜 5.5%～6.5%，其余为锡，它质软、熔点低，并具有良好的耐磨性能。一旦油膜没建立起来或油膜破裂，导致轴颈与轴瓦发生摩擦时，乌金被烧熔，保护轴颈不被磨损，保护了价格昂贵的转子。

润滑油从轴瓦下侧轴承垫块 10 的中心孔进入轴承，经过下轴瓦和上轴瓦内的油路后流入轴颈与轴瓦之间的间隙，然后从轴承两端流出。轴承两端开有环形槽，在槽的下部开有几个排油孔口，润滑油由此排向轴承座，最后返回油箱。

轴瓦呈球面形的轴承，当转子中心变化引起轴颈倾斜时，轴承可随之转动，自动调整位置，使轴颈与轴瓦保持平行，油膜均匀稳定。

微课 4-17
椭圆形
轴承结构

2. 椭圆形轴承

椭圆形轴承的轴瓦内孔呈椭圆形，其结构与圆筒形轴承基本相同。这种轴承轴瓦内顶部间隙 a 为轴颈直径的 1/1000～1.5/1000，轴瓦侧面间隙 b 约为顶部间隙的两倍，如图4-69 所示。工作时轴瓦上、下部均可形成油膜，因此又称为双油叶轴承。

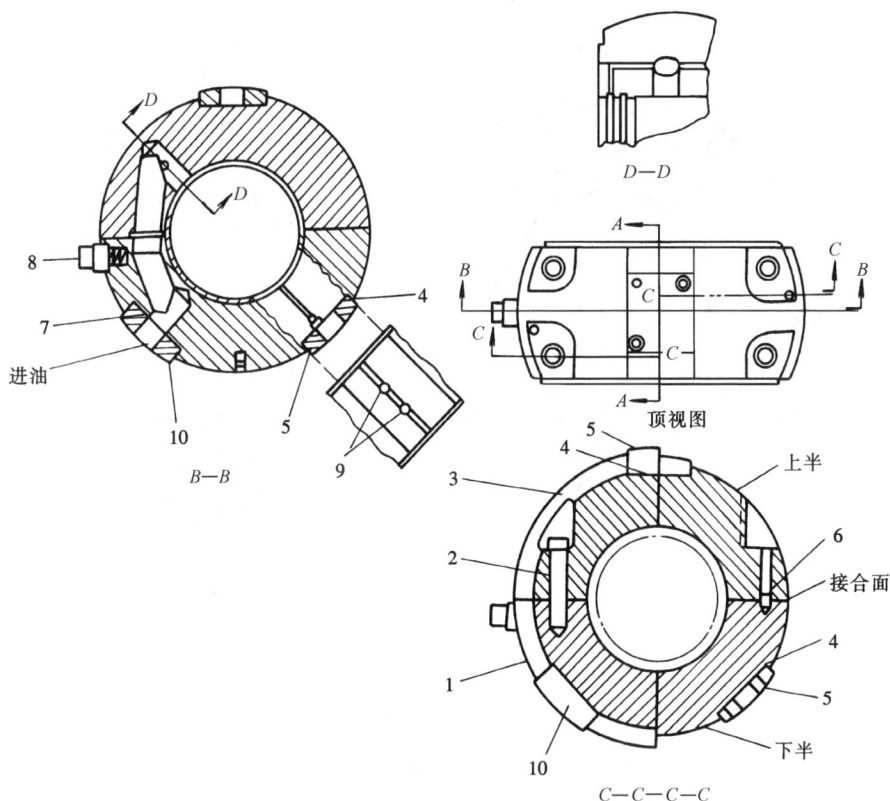

图 4-68 圆筒形支持轴承
1、3—轴瓦；2—螺钉；4、7—垫片；5、10—轴承垫块；6—定位销；8—轴承限位销；9—热电偶

由于上部油膜作用力降低了轴心位置，增大了相对偏心率，因此工作稳定性较好。又由于轴瓦侧面间隙加大，油楔收缩比圆筒形轴承急剧，有利于形成液体摩擦，提高油膜压力，因而增大了轴承的承载能力，其比压可达 2.5MPa。这种轴承在大、中型机组上得到了广泛应用。如某国产 300MW 机组、日本 250MW 机组、意大利 320MW 机组就采用了这种轴承。

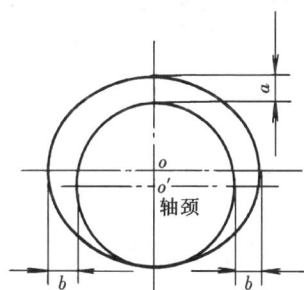

图 4-69 椭圆形轴承示意

3. 三油楔轴承

国产大功率机组上常采用三油楔轴承，这种轴承是多油楔轴承中的一种，其结构如图 4-70 所示。轴瓦上有三个固定油楔：上瓦两个，下瓦一个，每个油楔入口的最大深度为 0.27mm。为了使油楔分布合理又不使结合面通过油楔区，上、下瓦结合面与水平面倾斜 35°，安装时将轴瓦反转 35°，这使安装和检修不便。近年来，随着加工工艺的提高，有的厂家将三油楔轴承的中分面改成水平的。改成水平中分面后有两个油楔有接缝，试验证明，这条接缝对轴承性能影响不大。

润滑油从轴承的进油口进入轴瓦的环形油室，然后分别经过三个油楔的进油口进入各油楔中。当轴颈旋转时，三个油楔中均形成油膜，分别作用在轴颈的三个方向上。下部大油楔产生的压力起承受载荷的作用，上部两个小油楔产生的压力将轴颈往下压，使转轴运行平稳，并具有良好的抗振性能。三油楔轴承的承载能力较高，其比压可达 3MPa。

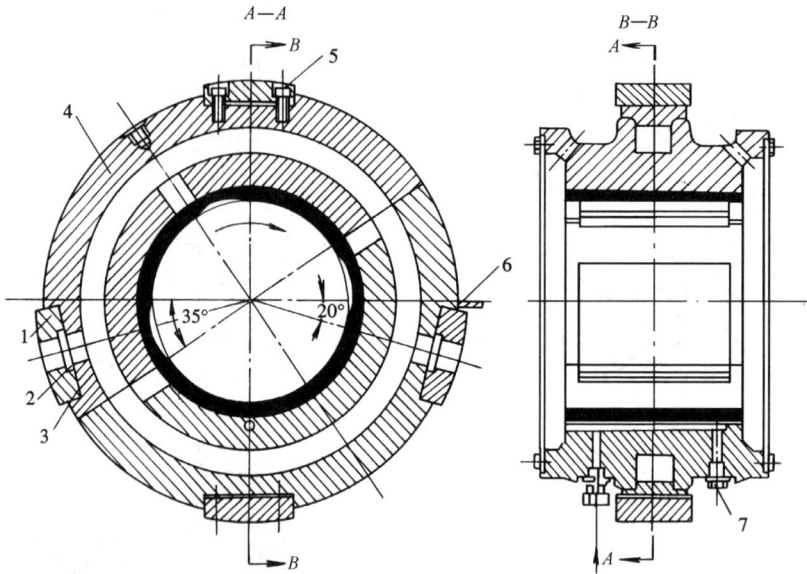

图 4-70　三油楔轴承

1—调整垫片；2—节流孔；3—带孔调整垫铁；
4—轴瓦体；5—内六角螺钉；6—止动垫圈；7—高压油顶轴进油

轴瓦底部开有高压油顶轴装置的进油口及油池。机组启动时，从顶轴油泵打来的高压油进入轴承将轴顶起，防止出现干摩擦。

4. 可倾瓦轴承

微课 4-18
可倾瓦
轴承结构

可倾瓦轴承又称活支多瓦轴承，通常由 3～5 块或更多块能在支点上自由倾斜的弧形瓦块组成，其原理如图 4-71 所示。工作时，瓦块可以随载荷、转速及轴承油温的不同而自由摆动，自动调整到形成油膜的最佳位置。油膜对轴颈作用力与轴颈上的载荷在任何情况下都在同一直线上，因此，这种轴承具有较高的稳定性。由于瓦块可以自由摆动，增加了支承柔性，具有吸收转轴振动能量的能力，因此具有较好的减振性。可倾瓦轴承的承载能力大，比压可达到 4MPa，还具有摩擦功耗小等优点，越来越多地为大功率汽轮机所采用。它的不足之处是结构复杂，安装、检修比较困难，成本也较高。

图 4-72 所示为国产引进型 300MW 汽轮机高压部分采用的可倾瓦轴承。该轴承有四块浇有巴氏合金的钢制瓦块，瓦块相互独立。两下瓦块承受轴颈的载荷，两上瓦块保持轴承运行的稳定。瓦块通过球面自位垫块 6 支承在轴承体 2 内，并通过垫块定位。以自位垫块为支点，瓦块可以自由摆动，使瓦块与轴颈自动对中。自位垫块的平面端与被研磨成所要求厚度的外垫片 5 相接触，以保持适当的轴承间隙。为了防止轴承两上瓦块的进油边与轴颈发生摩擦，该处巴氏合金被修成斜坡，并在这两块瓦块上装有弹簧 11，该弹簧还可起到减振的作用。轴承体为对分的上、下两半，在水平中分面处用定位销连接定位。

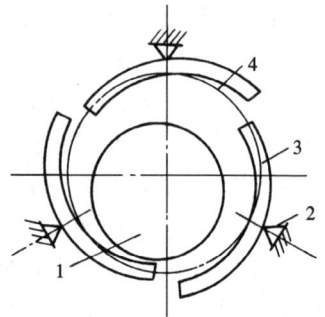

图 4-71　可倾瓦轴承原理图

1—轴颈；2—支座；
3—瓦块；4—支承间隙圆

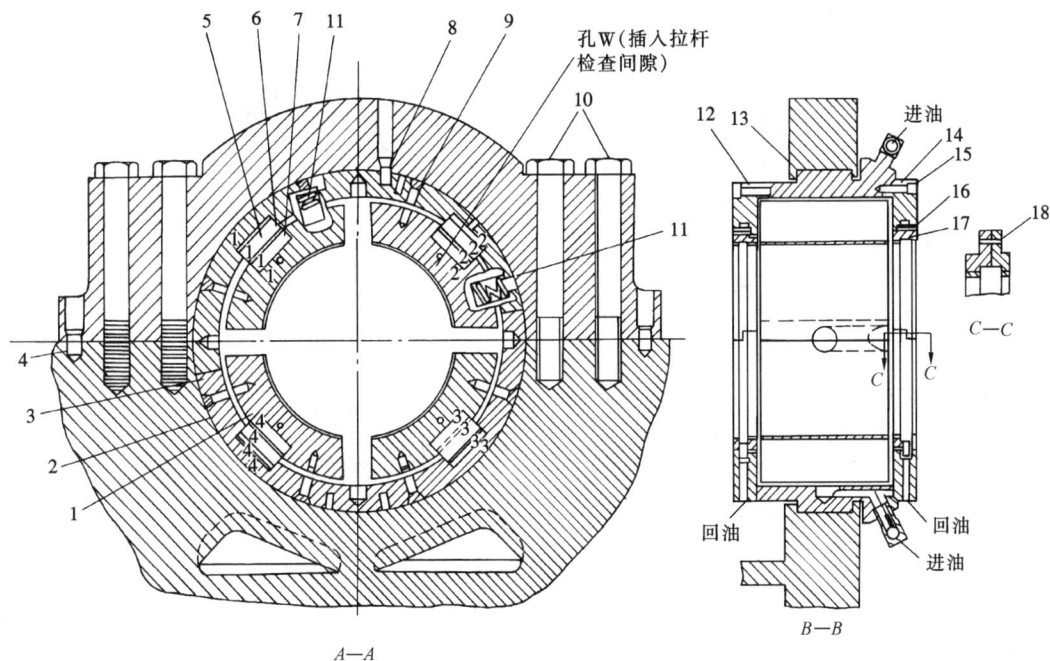

图 4-72　可倾瓦轴承

1—轴瓦；2—轴承体；3—轴承体定位销；4—定位销；5—外垫片；6—自位垫块；7—内垫片；
8—轴承体定位销；9—螺塞；10—轴承盖螺栓；11—弹簧；12、14—挡油板；13—轴承盖；
15—螺栓；16—挡油环限位销；17—油封环；18—油封环销

　　润滑油经软管进入轴承体后，通过位于垂直和水平中心线的 4 个油孔进入轴瓦内，然后从轴承两端排出，通过挡油环上的小孔和挡油板上的通道返回轴承座内，再流回油箱。油封环和挡油板的作用是防止轴承两端过量泄油，也防止蒸汽进入轴承内。油封环限位销用来防止油封环转动。

　　5. 袋式轴承

　　袋式轴承类似于椭圆形轴承，在轴承两侧中分面处开两个小台阶，构成油袋，袋深接近轴承间隙。袋式轴承的优点是摩擦耗功小，需用油量小，承载能力大。

　　同一机组的不同部位可根据工作特点选用不同型式的支持轴承，如国产引进型 300MW 汽轮机的高中压转子的支持轴承采用的可倾瓦轴承，低压转子采用的是圆筒形轴承，国产亚临界压力 600MW 汽轮机也是如此。1000MW 汽轮机的高、中压转子采用可倾瓦轴承，低压转子采用的椭圆形轴承。

　　（二）推力轴承

　　汽轮机广泛采用密切尔式推力轴承，在轴承上沿圆周方向布置有若干块可摆动的推力瓦块，通过瓦块与推力盘之间构成楔形间隙来形成油膜，其工作原理与上述支持轴承相同。

　　图 4-73 所示为国产 300MW 汽轮机采用的推力轴承，它单独安装在高中压转子之间。推力盘与高压转子锻成一体，轴承的两侧分别安装着 12 块工作瓦块和非工作瓦块，用来承受转子的正向和反向推力。推力瓦块的工作面上浇铸有一层乌金，乌金厚度应小于汽轮机通流部分及轴封处的最小轴向间隙，以保证在事故情况下乌金熔化时，动、静部

微课 4-19 推力轴承结构

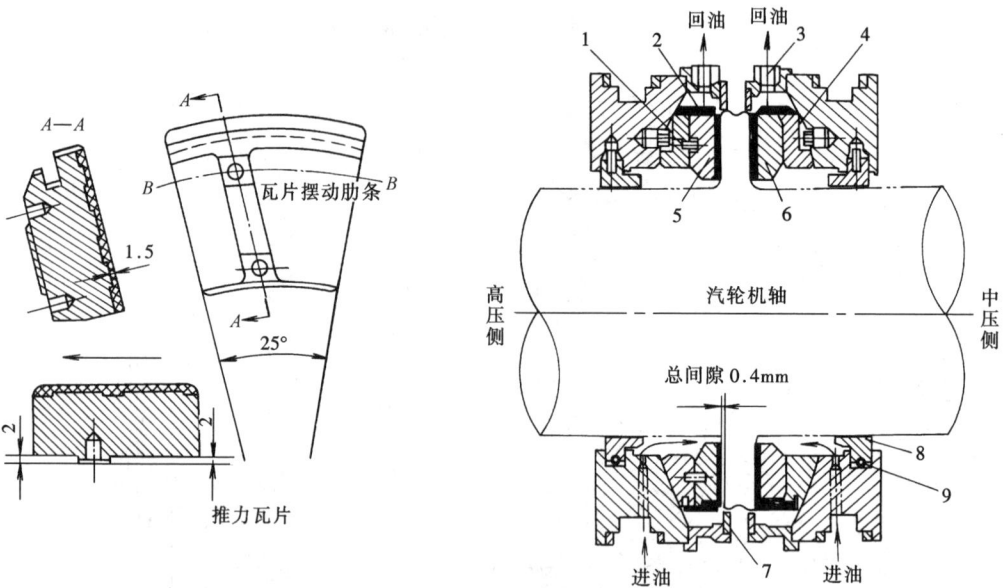

图 4-73　推力轴承

1—球面座；2—挡油环；3—调节套筒；4—推力轴承瓦块安装环；5—反向推力瓦；
6—正向推力瓦；7—出油挡油环；8—进油挡油环；9—拉弹簧

分也不致相互碰撞，通常乌金厚度约为 1.5mm。瓦块背面通过销钉支承在安装环上，安装环装在能自位的球面座内。当轴的挠度变化时，安装环能在球面座内自动调整，以保证各推力瓦块受力均匀。瓦块背面在偏向润滑油出油侧有一条凸棱，安装环上的销钉宽松地插在凸

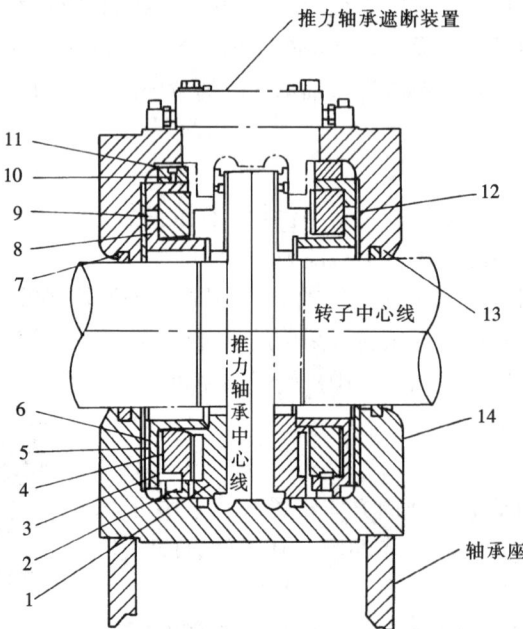

图 4-74　国产引进型 300MW 汽轮机推力轴承

1—瓦块；2—调整块调整螺钉；3、8—调整块；4—瓦块支托；
5—支承环；6、12—垫片；7、13—油封环；9—定位销；
10—支承环键；11—支承环键螺钉；14—轴承壳体

棱上的销孔内。工作时瓦块可以绕凸棱略微摆动，与推力盘之间构成楔形间隙，形成油膜。瓦块的顶部有一条 8mm 的圆弧凹槽，挡油环嵌入此槽，防止瓦块脱落。瓦块上都装有测温元件，以便运行时监视各瓦块的温度及推力轴承的工作情况。一般要求瓦块温度不得超过 90℃。

润滑油分两路经球面座上 10 个进油孔进入主轴周围的环形油室，然后进入瓦块与推力盘间的间隙，回油从上部的回油孔排出。回油孔上装有两只调节套筒，分别用来调节回油量和控制回油温度。轴承座与主轴之间的进油挡油圈通过拉弹簧箍在轴的圆周上，防止润滑油向外泄漏。出油挡油环将回油与推力盘外圆隔开，以减小推力盘在油中的摩擦损失。

国产引进型 300MW 汽轮机的推力轴承单独安装在前轴承座内，其结构如图 4-74 所示。推力盘两侧各安装有 6 块推力瓦块 1，

分别作为工作瓦块和非工作瓦块。瓦块由调整块 3 和 8 支承，调整块装在水平对分的支承环 5 上，用销 9 支承定位。通过调整块的摆动，使各瓦块浇有巴氏合金面的负荷中心处于同一平面，受力均匀。这种结构，每一瓦块不须具有严格相同的厚度，便于加工。支承环装在轴承外壳中，并通过键 10 来防止支承环的转动。轴承外壳在水平处对分，上、下两半用螺栓和定位销连接，安装在轴承座中，在轴承外壳水平中分面处设有凸缘插入定位机构，以防止轴承壳体在轴承座内转动。

第八节　汽轮发电机组的振动

汽轮发电机组在运行中振动的大小，是机组安全和经济运行的重要指标，也是判断机组检修质量的重要指标。若振动过大，可能造成严重危害和后果，主要有以下几个方面：

（1）使转动部件损坏。机组振动过大时，叶片、叶轮等转动部件上会产生很大的应力，导致疲劳损坏。

（2）使连接部件松动。机组发生过大振动，将使与其相连的轴承座、主油泵、凝汽器等发生强烈振动，引起螺栓松动甚至断裂，从而造成重大事故。

（3）使机组动、静部分摩擦。如轴端汽封及隔板汽封与轴的摩擦，轻则使汽封磨损，间隙增大，漏汽损失增加，汽轮机相对内效率降低，严重时会造成主轴弯曲。

（4）引起基础甚至厂房建筑物的共振损坏。

（5）有可能引起危急保安器误动作而发生停机事故。

由此可知，为保证机组长期安全运行，必须将它的振动幅度控制在规定范围内。

一、机组振动的评价标准

机组的振动值一般用轴承的振幅或轴的振幅大小来衡量。振动允许值随机组的不同而不同，一般的振动标准见表 4-3。

表 4-3　　　　　　　　　　汽轮发电机组振动标准

机组转速/（r/min）	轴承的双峰振幅/mm		
	优　秀	良　好	合　格
3000	＜0.02	＜0.03	＜0.05
1500	＜0.03	＜0.05	＜0.07

双峰振幅是测点单峰振幅的 2 倍，也称全振幅或峰—峰值，取轴承座垂直、水平和轴向三个方面上的最大测量值。

由于受到轴承及油膜刚度等的影响，在轴承上测得的振幅不能完全反映出转动部分的振动情况，因此还应该直接测量转子的振动数值作为振动标准才是合理的。随着测量技术的发展，现在已有直接测量转子振动的非接触式仪表，并在机组上安装使用。国家规定了 3000r/min 汽轮机轴承和轴的振动标准，见表 4-4。

表 4-4　　　　　　　　　　轴承和轴的振动评价标准

评　价		优	良	正常	合格	需重新找平衡	允许短时运行	立即停机
全振幅/mm	轴承	＜0.0125	＜0.02	＜0.025	＜0.03	0.03～0.058	＜0.05	0.05～0.063
	轴	＜0.038	＜0.064	＜0.076	＜0.089	0.102～0.127	—	0.152

二、机组发生振动的原因

机组振动的原因是多方面的，也是十分复杂的，它与机组的制造、安装、检修和运行水平等有直接的关系。机组振动包括强迫振动、自激振动和轴系扭振。下面简单介绍引起机组振动的常见原因。

（一）引起强迫振动的原因

1. 转子质量不平衡

加工检修偏差、个别元件断裂、松动、转子被不均匀磨损及叶片结垢等均会使转子产生质量偏心，引起机组发生强迫振动。转子质量不平衡引起的振动，特点是振动频率与转子的转速一致，相位稳定。现场发生的振动中，较多的是这一种。

2. 转子弯曲

（1）启动过程中，盘车或暖机不充分、升速或升负荷过快，以及停机后盘车不当，使转子沿径向温度分布不均匀而产生热弯曲。

（2）转子的材质不均匀或有缺陷，受热后出现热弯曲。

（3）动静部分之间的碰磨使转子弯曲。

3. 转子中心不正

当联轴器平面与主轴中心线不垂直（称为瓢偏），或转子在连接处不同心，在旋转状态下都会产生引起振动的扰动力，从而引起机组振动。

4. 转子支承系统变化

若轴瓦或轴承座松动、安装着轴承的汽缸变形、机组基础框架不均匀下沉、轴承供油不足或油温不当使油膜遭到破坏，都会使轴系的受力发生变化，引起机组的振动。

5. 电磁力不平衡

发电机转子与定子间间隙不均匀或转子线圈匝间短路时，磁场力分布不均匀，引起振动。

（二）引起自激振动的原因

振动系统通过本身的运动不断向自身馈送能量，自己激励自己，这样产生的振动称为自激振动。引起机组自激振动的原因主要是油膜自激和间隙自激，它们引起的振动分别为油膜振荡和间隙自激振动。

间隙自激振动的产生原因为：当汽轮机转子与汽缸不同心时，动、静部分径向间隙不均匀。间隙小的一侧漏汽量小，作用于叶片上的力就大；相反，间隙大的一侧叶片上的力就小。这样，叶轮上产生了不平衡的力，两侧力的合力不为零。当合力的切向分力大于阻尼力时，就可能使转子产生涡动。涡动产生后，涡动离心力又使合力的切向分力增加，又使涡动加剧。周而复始，形成自激振动。

消除自激振动的措施有：

（1）改善转子与汽缸的同心位置，以减小激振力；

（2）减小轴承间隙，增加润滑油黏度等，以增加阻尼。

（三）引起轴系扭振的原因

机组稳定运行时，作用在其轴系上的汽轮机的蒸汽力矩和发电机的电磁力矩相平衡。当受到瞬间冲击扭矩或周期性交变扭矩作用时，轴系将产生扭转振动，在转轴上产生交变的扭应力，造成疲劳损坏，影响转子的使用寿命。

引起轴系扭振的原因有汽轮机组和电气系统两方面。

1. 汽轮机组方面

汽轮机组故障或操作使蒸汽力矩迅速发生变化，将对轴系扭矩平衡造成冲击，引起扭振。

（1）汽轮发电机组突然甩负荷。正在稳定运行的机组，如果甩负荷，电磁力矩将突然减小或等于零。而汽轮机调节系统动作需要时间，蒸汽力矩的减少略为滞后，造成了力矩的极大不平衡，引起扭振。

（2）汽轮机调节阀快速控制。在调节阀快关—快开或慢开过程中，蒸汽力矩与电磁力矩不平衡，对轴系产生冲击。

（3）调节系统快速调节。

2. 电气系统方面

在电力系统短路、快速重合闸、非同期并网及三相电力负荷不平衡等情况下，电磁力矩会发生突变或振荡，激起轴系扭振。

轴系扭振会加快转轴疲劳寿命的损耗、造成轴系零部件的损坏及低压级叶片的疲劳损坏。因此，应改进机组与电力系统结构设计，完善和加强保护、监测和运行，以防止扭振的发生及减小其影响。

复习思考题及习题

1. 汽轮机本体由哪些主要部件组成？

2. 动叶片常用的叶根形式有哪几种？各有何特点？

3. 围带和拉金分别有什么作用？有哪几种型式？

4. 动叶片工作时主要受到哪些力的作用？

5. 等截面叶片上最大拉应力和弯应力在什么地方？

6. 工作时引起叶片振动的激振力有哪几类？是如何产生的？

7. 叶片及叶片组的切向弯曲振动有哪些振型？其中最容易发生又最危险的是哪几种？

8. 什么是叶片的自振频率、静频率、动频率？影响叶片自振频率的因素有哪些？

9. 什么是调频叶片和不调频叶片？常用的叶片调频方法有哪些？

10. 按制造工艺，转子有哪几种形式？各有什么特点？应用于什么场合？

11. 冲动式汽轮机与反动式汽轮机转子结构有何不同？

12. 叶轮的结构形式有哪几种？各有何特点？

13. 什么是转子的临界转速？为什么转子在临界转速下会发生强烈振动？

14. 影响转子临界转速的因素有哪些？

15. 什么是刚性转子？什么是挠性转子？

16. 汽轮发电机组常用的联轴器有哪几种？各有何特点？

17. 汽缸的作用是什么？超高参数及以上汽轮机的高压缸甚至中压缸为什么采用双层结构？

18. 高中压合缸结构有何优点？为什么功率在 300MW 以上的汽轮机一般不采用这种结构形式？

19. 法兰螺栓加热装置的作用是什么？采取哪些措施后就可以不设置法兰螺栓加热装置？

20. 高压缸有哪几种支承方式？各有何优缺点？

21. 滑销系统的作用是什么？由哪几类滑销组成？

22. 叙述 600MW 汽轮机滑销系统的组成及死点的设置。

23. 国产引进型 300MW 汽轮机汽缸结构有何特点？

24. 隔板的作用是什么？隔板有哪几种支承与定位方式？

25. 汽封的作用是什么？常用的曲径式汽封有哪几种？各有何特点？

26. 说明滑动轴承的工作原理。

27. 支持轴承有哪几种形式？各有什么特点？

28. 什么是油膜振荡？它有什么危害？防止和消除油膜振荡的主要措施有哪些？

29. 什么是盘车装置？它有什么作用？

30. 引起机组强迫振动的原因有哪些？

第五章 汽轮机的凝汽设备

第五章
数字资源

第一节 凝汽设备的作用及工作过程

一、凝汽设备的作用

凝汽设备是凝汽式汽轮机装置的重要组成部分之一，它在热力循环中起着冷源作用。

微课 5-1
凝汽设备
系统及作用

降低汽轮机排汽的压力和温度，可以提高循环热效率。降低排汽参数的有效办法是将排汽引入凝汽器凝结为水。凝汽器内布置了很多冷却水管，冷却水源源不断地在冷却水管内通过，蒸汽放出汽化潜热凝结成水。凝汽器中蒸汽凝结的空间是汽液两相共存的，压力等于蒸汽凝结温度所对应的饱和压力。蒸汽凝结温度由冷却条件决定，一般为 30℃ 左右，所对应的饱和压力约为 4～5kPa，该压力大大低于大气压力，从而在凝汽器中形成高度真空。

以水为冷却介质的凝汽设备，一般由凝汽器、凝结水泵、抽气器、循环水泵以及它们之间的连接管道和附件组成。最简单的凝汽设备如图 5-1 所示。汽轮机的排汽排入凝汽器 1，其热量被循环水泵 2 不断打入凝汽器的冷却水带走，凝结为水汇集在凝汽器的底部热井，然后由凝结水泵 3 抽出送往锅炉作为给水。凝汽器的压力很低，外界空气易漏入。为防止不凝结的空气在凝汽器中不断积累而升高凝汽器内的压力，采用抽气器 4 不断将空气抽出。

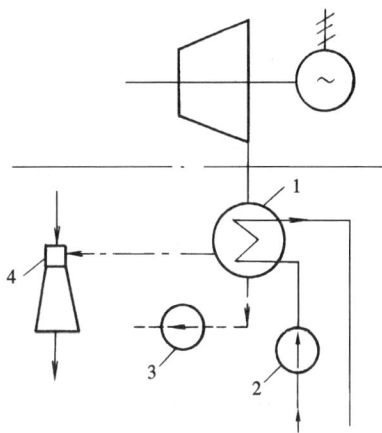

图 5-1 最简单的凝汽设备示意
1—凝汽器；2—循环水泵；
3—凝结水泵；4—抽气器

凝汽设备的主要作用有两方面：一是在汽轮机排汽口建立并维持高度真空；二是保证蒸汽凝结并供应洁净的凝结水作为锅炉给水。

此外，凝汽设备还是凝结水和补给水去除氧器之前的先期除氧设备；它还接受机组启停和正常运行中的疏水和甩负荷过程中旁路排汽，以收回热量和减少循环工质损失。

二、凝汽器的结构类型

目前火电厂和核电站广泛使用表面式凝汽器，其特点是冷却介质与蒸汽经过管壁间接换热，从而保证了凝结水的洁净。

微课 5-2
凝汽器
的结构

（一）表面式凝汽器的结构及工作过程

表面式凝汽器的结构如图 5-2 所示。冷却水管 2 装在管板 3 上，冷却水从进水管 4 进入凝汽器，先进入下部冷却水管内，通过回流水室 5 流入上部冷却水管内，再由冷却水出水管 6 排出。蒸汽进入凝汽器后，在冷却水管外汽侧空间冷凝。凝结

水汇集在下部热井 7 中，由凝结水泵抽走。这样，凝汽器的内部空间被分为两部分，一部分是蒸汽空间，称为汽侧；另一部分为冷却水空间，称为水侧。

凝汽器的传热面分为主凝结区 10 和空气冷却区 8 两部分，这两部分之间用隔板 9 隔开。蒸汽进入凝汽器后，先在主凝结区大量凝结，到达空气冷却区入口处时，蒸汽流量已大为减少。剩下的蒸汽和空气混合物进入空冷区，蒸汽继续凝结。到空气抽出口处，蒸汽的分压力明显减小，所对应的饱和温度降低，空气和很少量的蒸汽得到冷却。空气被冷却后，容积流量减少，抽气器负荷减轻，抽气效果好。

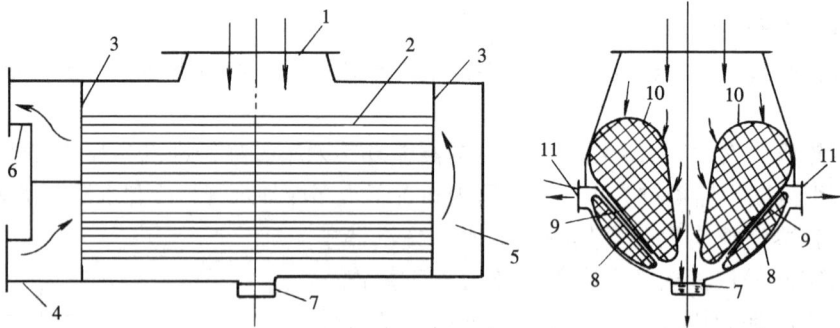

图 5-2　表面式凝汽器结构简图
1—排汽进口；2—冷却水管；3—管板；4—进水管；5—回流水室；6—冷却水出水管；7—下部热井；
8—空气冷却区；9—隔板；10—主凝结区；11—空气抽出口

（二）表面式凝汽器的分类

根据冷却介质不同，表面式凝汽器又分为空气冷却式和水冷却式两种。其中，水冷却式凝汽器应用得较广泛，因此，水冷却表面式凝汽器常简称为表面式凝汽器。空冷式凝汽器只在缺水地区使用。

根据冷却水流程不同，凝汽器可分为单流程、双流程、多流程凝汽器。如图 5-2 所示，同一股冷却水在凝汽器冷却水管中经过一次往返后才排出的，称为双流程凝汽器。若冷却水只经过单程就排出，称为单流程凝汽器。以此类推，为三流程、四流程等多流程凝汽器。流程数越多，水阻越大。大型机组多采用单流程凝汽器，中、小型机组多采用双流程凝汽器。

根据空气抽出口位置不同，即凝汽器中汽流流动形式不同，现代凝汽器分为汽流向心式和汽流向侧式两大类，如图 5-3 (a)、(b) 所示。汽流向侧式凝汽器，它的抽气口布置在凝汽器两侧，这样，排汽由排汽口到抽气口的流程较短，汽阻较小，能保证有较高的真空；另外，在管束的中部设有蒸汽通道，可使部分蒸汽畅通无阻地到达热井加热凝结水，使凝结水温度接近排汽温度。汽流向心式凝汽器，其抽气口布置在管束的中心位置，蒸汽由管束四周向中心流动，汽阻小，而且蒸汽可以从两侧流向热井以加热凝结水，但由于下部管束不易与蒸汽接触，使各部分管子的热负荷不均匀。随着单机功率增大，凝汽器尺寸和冷却水管数量剧增。为加大管束四周中的进汽边界，缩短蒸汽流程以减小汽阻，出现了多区域向心式凝汽器，如图 5-3 (c) 所示。独立区域由两个到十几个，平行布置于矩形外壳内。每个区域中部都有空冷区。

三、机组运行时对凝汽设备的要求

为了保证完成凝汽器的任务，机组运行时对凝汽器提出了一些要求。

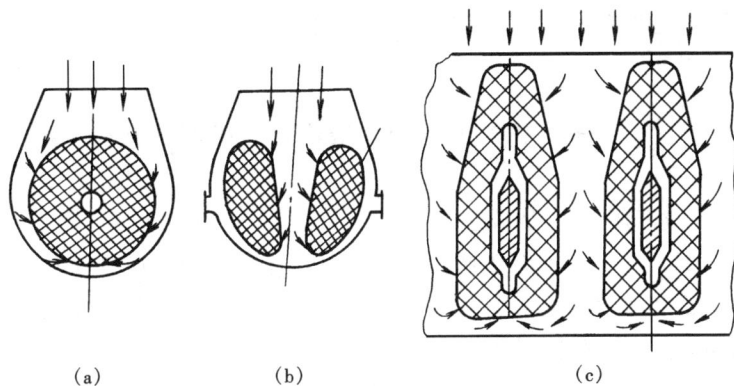

图 5-3 凝汽器的结构形式示意

(a) 汽流向心式；(b) 汽流向侧式；(c) 多区域汽流向心式

1. 传热性能要好

由于汽轮机排汽的工作状态处于湿蒸汽区，因此，凝汽器内蒸汽的饱和压力和饱和温度是对应的。为了维持凝汽器的较高真空，必须使凝汽器内蒸汽的饱和温度尽量接近冷源温度。但由于实际运行中冷却面积和冷却水量是有限的，所以当蒸汽凝结放出的热量通过冷却水管传给冷却水时，必然存在一定的传热温差，使得冷却水的出口温度低于蒸汽的饱和温度。凝汽器中蒸汽的饱和温度和冷却水离开凝汽器的出口温度 t_{w2} 之差称为传热端差 δt，即 $\delta t = t_s - t_{w2}$。当 t_{w2} 一定时，δt 越小，t_s 越小，对应的汽轮机排汽压力越低，从而使得整机的理想焓降增加，机组的热效率提高。

为了提高机组的热经济性，应加强凝汽器的传热效果，尽量减少传热端差。具体措施主要包括：选择有较高传热系数的冷却水管；及时抽走积聚在冷却水管表面的空气；定期清洗凝汽器冷却水管，防止冷却水管结垢。

2. 减小过冷度

当蒸汽进入凝汽器穿过上部铜管时大部分蒸汽凝结放热变成水珠，这部分水珠在下落的过程中，又被下部冷却水管进一步冷却。因此，凝结水的温度比凝汽器喉部压力下的饱和温度要低，其温差称为过冷度。一般过冷度为 0.5～1℃。

过冷度的大小直接影响机组的经济性。过冷度越大，说明被冷却水额外带走的热量越多。这一部分损失要靠锅炉多燃烧燃料来弥补。而且过冷度越大，凝结水中的含氧量也越多，对设备和管道的腐蚀越大。因此应尽量减少过冷度。

为保证凝结水温度接近排汽温度，消除凝结水过冷现象，现代凝汽器都设有专门的蒸汽通道，使部分蒸汽直接到达热井加热凝结水，这种结构称为回热式凝汽器。图 5-3 所示的汽流向心式和向侧式凝汽器都属于此类。

3. 减小汽阻和水阻

由于空气抽出口不断地抽出空气，抽气口处的压力最低，在凝汽器中蒸汽和空气由入口流向抽气口，在流经管束时存在流动阻力。凝汽器入口处压力与抽气口处压力的差值称为凝汽器的汽阻。汽阻越大，则凝汽器入口压力越高，经济性越低。现代凝汽器的汽阻可以减少到 260～240Pa。

凝汽器的水阻是指冷却水在流经凝汽器时所受的阻力。它由冷却水管内的沿程阻力、冷却水由水室进出冷却水管的局部阻力与水室中的流动阻力等部分组成。水阻越大，循环水泵耗功越大，故水阻应越小越好。双流程凝汽器的水阻较大，约 49～78kPa；单流程水阻较小。

第二节　凝汽器的压力与传热

一、凝汽器压力 p_c 的确定

在凝汽器中，蒸汽压力和其饱和温度 t_s 是相对应的，只要算出了 t_s 就可以确定它所对应的饱和蒸汽压力 p_s。由于凝汽器的总压力与蒸汽的分压力相差甚微，则蒸汽的压力 p_s 即为凝汽器的压力 p_c。

凝汽器内蒸汽和冷却水温度沿流程的变化规律如图 5-4 所示，由图可知蒸汽的饱和温度 t_s 为

图 5-4　凝汽器中蒸汽和冷却水温度沿冷却表面的分布
1—饱和蒸汽放热过程；
2—冷却水的温度升高过程

$$t_s = t_{w1} + \Delta t + \delta t \tag{5-1}$$

式中　t_{w1}——冷却水的进口温度；

Δt——冷却水在凝汽器中的温升；

δt——凝汽器的传热端差。

由上式可知，影响凝汽器压力的因素主要有三个方面。

（一）冷却水的进口温度 t_{w1}

t_{w1} 的大小取决于当地的气候和供水方式，在其他条件不变时，冬季 t_{w1} 低，则 t_s 也低，凝汽器压力低，真空高；夏季 t_{w1} 高，t_s 也高，真空低。循环供水时，t_{w1} 取决于冷水塔或喷水池的冷却效果。

（二）冷却水温升 Δt

降低冷却水温升 Δt，可降低 t_s，Δt 由凝汽器热平衡方程式求得：

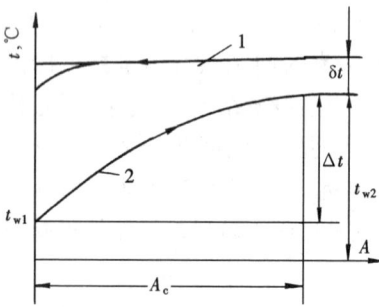

$$D_c (h_c - h_c') = D_w (\bar{t}_{w2} - \bar{t}_{w1}) = D_w c_p \Delta t \tag{5-2}$$

式中　D_c、D_w——进入凝汽器的蒸汽量与冷却水量，kg/h；

h_c、h_c'——蒸汽和凝结水的焓，kJ/kg；

$\bar{t}_{w1}$、$\bar{t}_{w2}$——冷却水流入和流出凝汽器的焓，kJ/kg；

c_p——水的比定压热容，在低温时，一般取 $c_p = 4.187$kJ/（kg·K）。

根据式（5-2）得

$$\Delta t = \frac{h_c - h_c'}{c_p D_w / D_c} = \frac{h_c - h_c'}{c_p m} \tag{5-3}$$

式中 $m = D_w / D_c$ 称为凝汽器的冷却倍率。$(h_c - h_c')$ 为 1kg 排汽凝结时放出的汽化潜热，在凝汽器排汽压力下，$(h_c - h_c')$ 只有 2140～2220kJ/kg 左右，一般取其平均值约为 2180kJ/kg，于是有

$$\Delta t \approx \frac{2180}{4.187m} = \frac{520}{m} \tag{5-4}$$

由此可知，m 值越大，Δt 越小，真空越高。但 m 值越大，循环水泵功耗越大。经过技术经济比较，m 值一般在 50～120 之间。

（三）传热端差 δt

由凝汽器的传热方程式可知，蒸汽凝结时传给冷却水的热量 Q 为

$$Q = KA_c\Delta t_m \tag{5-5}$$

式中　K——凝汽器的总体传热系数，$kJ/（m^2 \cdot h \cdot K）$；

　　　A_c——总冷却水管外表面积，m^2；

　　　Δt_m——蒸汽至冷却水的平均传热温差。

由于空冷区传热面积较小，假设蒸汽凝结温度沿整个传热面积 A_c 不变，这时蒸汽和冷却水之间的对数平均传热温差为

$$\Delta t_m = \frac{\Delta t}{\ln\left[（\Delta t + \delta t）/\delta t\right]} \tag{5-6}$$

将式（5-2）、式（5-5）、式（5-6）三式联立求解得

$$\delta t = \frac{\Delta t}{\exp\left(\dfrac{A_c K}{c_p D_w}\right) - 1} \tag{5-7}$$

由上式可知，传热端差由 A_c、K、D_w、Δt 确定。

1. 冷却水管外表总面积 A_c

设计时，蒸汽传给冷却水的热量 Q 一定，D_w 主要由 m 决定，K 值由经验公式确定，若减少 δt，就必须增大 A_c，从而使造价提高，因此，A_c 要根据技术经济比较确定。同时 δt 不宜太小，一般取 $\delta t = 3\sim10℃$，多流程凝汽器取偏小值，单流程取偏大值。对于某一台凝汽器，A_c 为定值。

2. 冷却水量 D_w

凝汽器运行时，由于 D_w 减小时，Δt 又会增加，故很难确定 D_w 与 δt 之间的对应关系。

3. 冷却水温升 Δt

根据凝汽器变工况运行分析，D_w 不变时，随着蒸汽负荷的增加，Δt 与 δt 均增加，凝汽器真空下降；反之则真空上升。

4. 总体传热系数 K

在凝汽器的运行中，K 是影响 δt 的主要因素。K 增大，传热加强，δt 减小，真空升高。将冷却水管的圆筒形管壁传热近似看成平板传热，则总体传热系数为

$$K = \frac{1}{R} = \frac{1}{R_{sa} + R_c + R_w} = \frac{1}{\dfrac{1}{\alpha_{sa}} + \dfrac{\delta}{\lambda} + \dfrac{1}{\alpha_w}} \tag{5-8}$$

式中　R——凝汽器总热阻；

　α_{sa}、R_{sa}——汽气混合物对冷却水管外壁的表面传热系数、热阻；

　　　R_c——管壁本身的热阻；

　　　δ——管壁厚度；

　　　λ——管壁导热系数；

　α_w、R_w——冷却水对冷却水管内壁的表面传热系数、热阻。

（1）汽气混合物对冷却水管外壁的热阻 R_{sa}。汽侧热阻由管壁外的凝结水膜热阻与蒸汽向水膜外侧的放热热阻两部分组成。由于水膜内外存在温差，并且蒸汽的凝结量不同，温差也不同，使得水膜热阻是变化的；另外，空气的相对含量沿混合气体流动方向上的变化大，

使得蒸汽向水膜外侧的放热热阻变化也大。因此，汽侧放热热阻是变化的。随着空气量的增加，汽侧热阻增加，使总体传热系数减小，真空下降。

（2）管壁本身的热阻 R_c。一般冷却水管管壁很薄，管壁本身热阻很小。但当表面结垢时，会使管壁的热阻急剧增加，使得总体传热系数减少。

（3）冷却水对冷却水管内壁的热阻 R_w。该热阻与冷却水流速有关。流速增加则换热加强，内壁热阻减小，总体传热系数增加。但流速增加，凝汽器的水阻增加，使得循环水泵的功耗增加，因此，运行时必须综合考虑。

由于 R_c、R_w 可以比较准确的推算，而影响汽侧放热的因素十分复杂，使得 R_{sa} 不可能由理论公式算出，因此，传热系数 K 不可能由式（5-8）算出，一般设计凝汽器用的总体传热系数 K 均按实验求得的经验公式确定。但式（5-8）在分析凝汽器传热时，可建立比较清晰的概念。

微课 5-4
凝汽器的
极限真空与
最佳真空

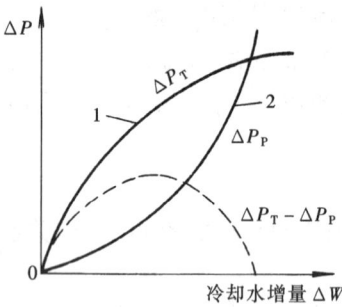

二、凝汽器的极限真空和最佳真空

汽轮机运行时，排汽量由外界负荷决定，不可调节，所以控制冷却水温升的主要手段就是改变冷却水量。冷却水量主要由循环水泵的容量和运行台数决定。增加冷却水量，则 Δt 减小，排汽压力降低，汽轮机发出功率增加，但不是真空越高越好。因为增加循环水量，循环水泵功耗将增加。若只有一台循环水泵工作，且冷却水量可连续调节，汽轮机功率增加及水泵耗功增量与冷却水增量的关系曲线如图 5-5 所示。随着循环水量的增加，曲线 1 是机组电功率增量 ΔP_T 的变化曲线，曲线 2 是循环水泵所耗功率增量 ΔP_P 的变化曲线。由图 5-5 可见，当两曲线差值 $\Delta P = \Delta P_T - \Delta P_P$ 为最大时，提高真空后所增加的汽轮机功率与为提高真空使循环水泵多消耗的厂用电之差即达到最大，此时的真空值称为最佳真空。运行中，机组要尽量保持在凝汽器的最佳真空下工作。实际上，运行的循环水泵可能有几台，循环水量也不能连续调节，所以应通过试验确定不同

图 5-5　汽轮机功率增加及水泵耗功增量与冷却水增量的关系曲线

负荷及不同进口水温下的最佳真空。

对于一台结构已定的汽轮机，蒸汽在末级存在极限膨胀压力。若排汽压力低于该值，则蒸汽的部分膨胀只能发生在动叶之后，产生膨胀不足损失，汽轮机功率不再增加，反而还因凝结水温降低、最末级回热抽汽量增加而使机组功率减小。凝汽器的极限真空就是指使汽轮机做功达到最大值的排汽压力所对应的真空。

微课 5-5
空气对
凝汽器真
空的影响

三、凝汽器内空气的影响

进入凝汽器的空气来源：一是由新蒸汽带入汽轮机的，由于锅炉给水经过除氧，该量极少；二是通过汽轮机设备中处于真空状态下的低压各级与相应的回热系统、排汽缸、凝汽设备等不严密处漏入的，这是空气的主要来源。设备严密性正常时，漏入凝汽器的空气不到排汽量的万分之一。虽然量小，但危害严重，主要表现在以下几个方面。

1. 空气使凝汽器真空下降

主凝区的空气平均分压很小，但冷却管外围的空气压力明显增大。这是由于汽气混

合物流向冷却水管，蒸汽在冷却水管表面凝结为水后滴下来流走，而空气不可能逆流流动，于是积存在冷却水管表面。这样，蒸汽分子只能通过扩散靠近冷却管外侧，大大阻碍蒸汽的凝结过程，使真空下降。

2. 空气使凝结水过冷度增加

道尔顿定律指出：混合气体全压力等于各组成气体分压力之和。由此可知，凝汽器压力等于凝汽器内空气分压力与蒸汽分压力之和，故空气的存在使蒸汽分压力低于凝汽器压力，从而使蒸汽分压力下的饱和温度即凝结水的温度低于凝汽器压力下的饱和温度，使凝结水产生过冷。引起运行中凝结水过冷的正常原因有：

（1）管子外表面蒸汽分压力低于管束之间混合汽流的压力。

（2）管子外表面的水膜受冷却使得水膜平均温度低于水膜外表面的蒸汽凝结温度，仅这两项使凝结水的固有过冷度达 $2.8℃$ 左右。

（3）汽阻使管束内层压力降低，也使凝结水温度降低。

除此之外，引起凝结水过冷的不正常原因有：

（1）冷却水管排列不合理，使汽阻增大。

（2）系统严密性不好或抽气器工作不正常，使空气分压力增大。

（3）凝结水水位过高，淹没部分管束，使凝结水进一步冷却。这些非正常原因，在设计和运行时应注意避免。

运行中，若漏入空气增多或抽气器失常时，不仅真空降低，还将使过冷度增大；若只是冷却水量减少，则只使真空降低，过冷度不增加。可用这两条来判断真空下降的原因。

3. 空气使机组运行的经济性下降

空气漏入凝汽器，使排汽压力、排汽温度升高，降低机组经济性。严重时，由于排汽温度过高，还会引起汽轮机低压缸的变形，造成机组振动，甚至使机组被迫减负荷或停机。

4. 空气使凝结水含氧量增加

空气漏入凝汽器，增加空气分压力，从而增加空气在水中的溶解度，使凝结水中的含氧量增加，加剧低压管道和低压加热器的腐蚀，降低设备的可靠性，同时也增加除氧器的负担。

四、真空除氧

为了减少凝结水中的含氧量，一般在大型机组的凝汽器内还专门设置了凝结水的除氧装置，如图 5-6 所示为凝汽器内布置的水封淋水盘式凝结水真空除氧装置。凝结水进入热井时，首先流入带有许多孔的淋水盘 1，水从小孔流下，形成水帘，凝结水表面积增大，被上面流下的蒸汽加热。当凝结水被加热到热井压力下的饱和温度，就可将溶于水中的氧气和其他气体除掉。水帘落下，落在角铁上，溅成水滴，表面积又增大，可被蒸汽进一步加热与除氧。被除去的气体经过许多根空气导管导入空气冷却区，最后由抽气器抽出。

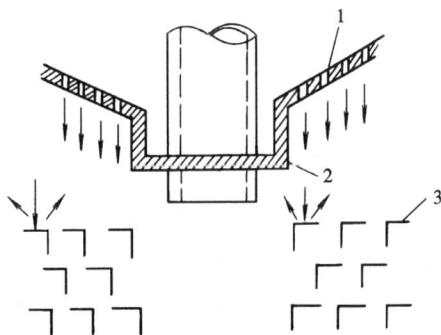

图 5-6　水封淋水盘式凝结水真空除氧装置
1—淋水盘；2—长水槽；3—溅水角铁

一般真空除氧装置在大约 60% 额定负荷以上工作时的除氧效果较好，满负荷效果最好。

但在低负荷和机组启动时，由于蒸汽量少，蒸汽在上部管束就已凝结，不能到达热井加热凝结水，而且凝汽器压力低，漏入的空气量增大，使凝结水的含氧量增加，过冷度也增加，这时真空除氧效果较差。

五、凝汽器的真空严密性

1. 凝汽器严密性对机组运行的影响

近代亚临界和超临界参数机组，对锅炉给水品质要求更为严格。尽管凝汽器在装配过程中，都要做泵水试验，以保证凝汽器的密封性，但在运行中，空气不可避免地少量漏入凝汽器的真空系统内。这种泄漏将直接影响机组的安全性和经济性。

微课 5-6
凝汽器的
真空严密性

真空系统严密性下降，使漏入或积聚在凝汽器内的空气量增加，凝汽器的真空降低，传热效果降低，凝结水的含氧量增加，设备的腐蚀速度加快，蒸汽分压相对降低，其凝结水温度低于凝汽器内总压力所对应的饱和温度，过冷度增加。

当冷却水渗漏进凝汽器的汽侧以后，不仅使凝结水水质恶化，而且使过冷度增加。凝结水水质不合格会影响汽、水系统设备运行的安全，不仅传热效果降低，还使设备产生腐蚀损坏，降低使用寿命，严重时，锅炉水冷壁管发生爆裂。

2. 真空系统严密性的检查

为了监视凝汽设备在运行中的严密性，要定期作真空严密性试验。其试验方法是：先记录下试验前的真空值，使机组保持 80% 额定负荷，当关闭抽气门后的 3～5min 内，真空下降速度小于 267～400Pa/min 为合格，但总的真空下降不得超过规定值。

查找凝汽器漏气地点的主要方法有：

（1）在运行中检查真空系统严密性的仪器是氦气检漏仪。利用该仪器可以检查真空系统中焊缝、管接头、法兰和阀门接合处的泄漏。使用时，将氦气接近真空系统中可能泄漏的地方，由检漏仪指示出试样中含有氦气的浓度，从而分析确定泄漏的位置和泄漏的严重程度。

（2）通过测量凝结水的含氧量，也可确定泄漏点是在热井水面以上的汽空间还是在热井水面以下的水空间，这是一种辅助方法。含氧量高，而抽气量又在许可范围之内，泄漏点是在热井水面以下的水空间；含氧量高，而抽气量又大于许可值，泄漏点是在热井水面以上的汽空间。

（3）在停机时，对真空系统的整体或部分进行充水以至于作水压试验，则是全面检查的好办法。

第三节　抽　气　设　备

机组启动和正常运行过程中，抽气设备都要投入运行。机组启动时，需要把一些汽、水管路系统和设备当中所积集的空气抽出来，以便加快启动速度。正常运行时，必须用它及时地抽出凝汽器中的非凝结气体，维持凝汽器的规定真空；及时地抽出加热器热交换过程中释放出的非凝结气体，保证加热器具有较高的换热效率；把汽轮机低压段轴封的蒸汽、空气及时地抽到轴封冷却器中，以确保轴封的正常工作等，都离不开抽气设备的工作，抽气设备按工作原理可分为射流式和容积式两大类。

一、射流式抽气器

根据工作介质不同，射流式抽气器可分为射汽式和射水式两种。

1. 射汽抽气器

射汽抽气器如图5-7所示，由工作喷管A、外壳B和扩压管C组成。工作蒸汽进入喷管A，A中的高速汽流在混合室中与周围气体分子产生动量交换，夹带气体分子前进，使周围形成高度真空。外壳B的入口与凝汽器抽气口相连，蒸汽空气混合物不断地被吸入混合室，进入扩压管。此时汽流动能转换为压力能，速度降低，压力升高。蒸汽空气混合物最终排入大气。

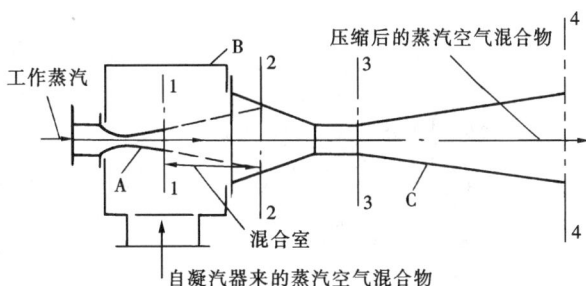

图5-7　射汽式抽气器示意
A—工作喷管；B—外壳；C—扩压管

抽气器型式的选择主要根据汽轮机设备的运行情况和抽气器的特点来考虑。一般，对于高、中压母管制额定参数启动的机组，工作蒸汽的来源有保证，多采用射汽式抽气器。为提高经济性，射汽抽气器多制成带中间冷却器的两级或三级抽气器，另外，还要配置专用的启动抽气器，它的任务是在汽轮机启动前，使凝汽器迅速建立真空，以缩短启动时间；对于高参数大容量单元机组，由于射汽式抽气器的过载能力小以及机组滑参数启动时需要引入其他的工作汽源，使系统复杂化，所以多采用射水式抽气器。

2. 射水抽气器

图5-8　短喉部射水式抽气器结构示意
1—工作水室；2—喷管；3—混合室；4—扩压管；5—止回阀

射水抽气器结构示意如图5-8所示。一般由专用水泵供给工作水，工作水进入水室1，然后进入喷管2，形成高速水流，在高速水流周围形成高度真空，凝汽器的蒸汽空气混合物被吸进混合室3，与工作水相混合，部分蒸汽立即在工作水表面凝结，然后一起进入扩压管4，速度减小、压力升高后排出扩压管。

当专用水泵或其电动机故障或厂用电中断时，工作水室水压立即消失，混合室内就不能建立真空。这时凝汽器压力仍是很低的，而排水井水面的压力是大气压力，故不洁净的工作水将从扩压管倒流入凝汽器，污染凝结水。为此在混合室入口处设置了止回阀5，用以阻止工作水倒流。

射水抽气器结构简单，工作可靠，启动运行方便。通常需专设工作水泵，工作水量较大，被抽出的混合气体中蒸汽含量较大，不能回收，工质损失较多，但不同于射汽抽气器需考虑工作蒸汽来源。适用于滑参数启动和滑压运行的单元制再热机组。

二、容积式抽气器

容积式抽气器分为水环式真空泵和机械离心式真空泵两种。

（一）水环式真空泵

1. 水环式真空泵的工作原理

如图5-9所示，水环式真空泵的主要部件是叶轮、叶片、泵壳、吸排汽口。叶轮偏心地安装在壳体内，叶片为前弯式。

在水环泵工作前，需要先向泵内注入一定量的水。电动机带动叶轮旋转，水受

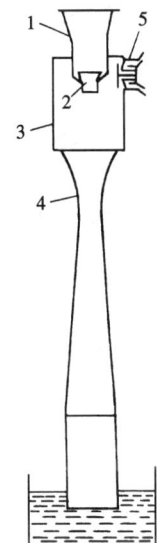

微课5-7
水环式真空泵的结构

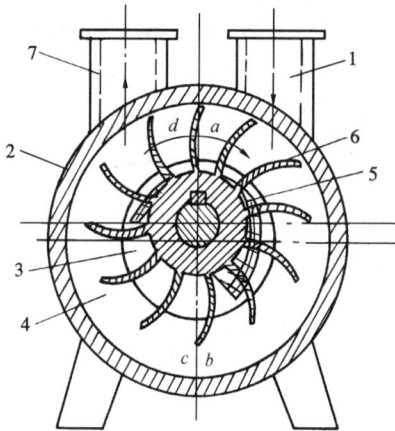

图 5-9　水环式真空泵机构原理图
1—吸气管；2—泵壳；3—空腔；
4—水环；5—叶轮；6—叶片；7—排汽管

离心力的作用，形成沿泵壳旋转流动的水环。这样，由水环内表面、叶片表面、轮毂表面、壳体的两个侧表面围成了许多密闭小空间。因为叶轮的偏心安装，这些小空间的容积随叶片旋转呈周期性变化。在旋转的前半周，即由 a 转向 b，小空间的容积由小变大，压力降低，可通过吸气口吸入气体。进而，在后半周，即由 c 转向 d，小空间的容积由大变小，已经被吸入的气体压缩升压。当压力达到一定程度时，通过排气口将气体排出。这样，水环泵就完成了吸气、压缩、排气三个连续的过程，达到抽气的目的。

水环泵在排气时，工作水会排出一小部分。经过气水分离器后，这一小部分水又送回泵内，所以工作水的损失较小。为保证稳定的水环厚度，在运行中需要向泵内补充凝结水，但量很少。工作水温对其抽吸能力有较大影响，当水温升高时，水环泵抽吸能力下降，故运行时要保证工作水冷却器的正常运行。

水环式真空泵由于功耗低，运行维护方便，工作可靠，启动性能好，利于环保等优点，多作为国产 300～600MW 机组的配套设备。

2. 真空泵组

超临界压力 600MW 机组真空泵的典型配置是每台汽轮机组配置三台 50％容量的真空泵组，正常运行时两台运行，一台备用，可维持系统真空。机组启动时，三台真空泵同时运行，可在规定的时间内达到规定的凝汽器压力。真空泵组抽气时间见表 5-1。

表 5-1　　　　　　　　　　　　　　真空泵组抽气时间

启动抽气时间/min	凝汽器压力/MPa
15	0.034
30	0.01
45	0.003 4

真空泵组工作流程见图 5-10。由凝汽器抽吸来的气体经气体吸入口 1、气动蝶阀 5 进入真空泵 7，该泵由电动机 6 通过联轴器驱动。由真空泵排出的气体经管道进入汽水分离器 16，分离后的气体经止回阀 8 从气体排出口排向大气。分离出来的水与通过水位调节器 10 的补充水一起进入热交换器 13。冷却后的工作水，一路经喷嘴喷入真空泵进口，使即将抽入真空泵内气体中的可凝部分凝结，提高了真空泵的抽吸能力；另一路直接进入泵体，维持真空泵的水环和降低水环的温度。冷却器冷却水一般可直接取自凝汽器冷却水进水，冷却器出水接入凝汽器冷却水出去。

（二）机械离心式真空泵

机械离心式真空泵的结构如图 5-11 所示，离心真空泵的工作轮安装在与聚水锥筒 6、汽水混合物吸入管 3 相连接的外壳 9 中，工作水由水箱 11 经吸入管 12 进入吸入室 5。随着工作轮 8 旋转，工作水经一个固定喷管 7 喷出，并进入旋转着的工作轮的叶片槽道内。水被叶

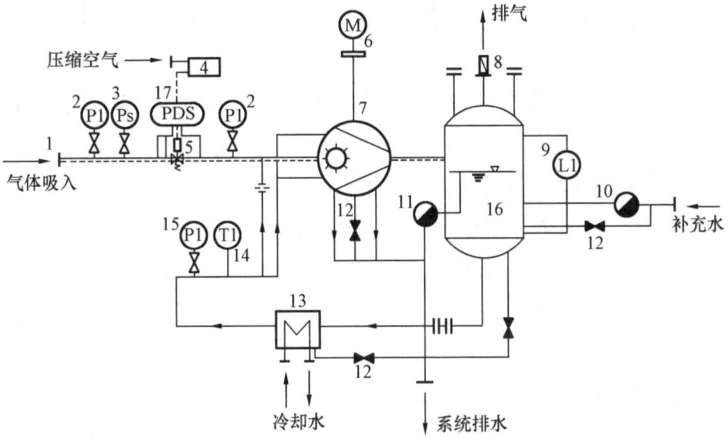

图 5-10　水环真空泵的工作流程

1—气体吸入口；2—真空表；3—压力开关；4—电气控制箱；5—气动蝶阀；

6—电动机；7—水环真空泵；8—止回阀；9—液位计；10—最低水位计；

11—最高水位计；12—球阀（常闭）；13—热交换器；14—温度计；15—压

力计；16—气水分离器；17—压力开关

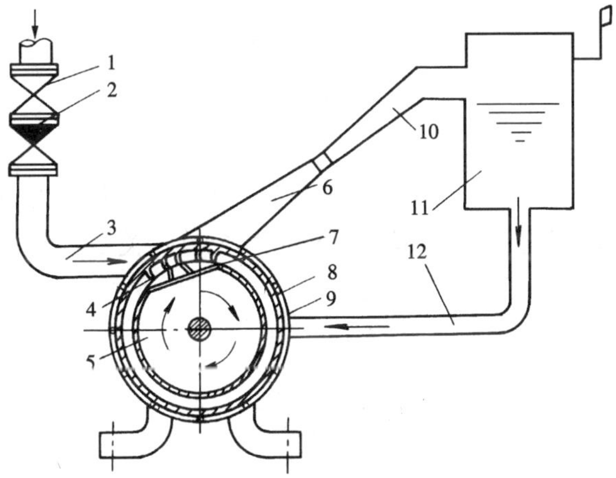

图 5-11　机械离心式真空泵结构原理图

1—闸阀；2—止回阀；3—汽水混合物吸入管；4—叶片；

5—吸入室；6—锥筒；7—喷管；8—工作轮；9—外壳；

10—扩压管；11—水箱；12—吸入管

片分隔成许多的小股水柱，这些高速水柱夹带由吸入管 3 吸入的汽气混合物进入聚水锥筒 6，在锥筒内增加流速后进入扩压管 10，并在压力稍大于大气压力之后排入水箱 11，经汽、水分离后，气体排出，工作水继续参加循环。

机械离心式真空泵也需要定期补充冷水，以防工作水的流失和水温升高。这种泵在 100～300MW 机组上较广泛地应用。

第四节　凝汽器的变工况及多压凝汽器

凝汽器运行中的一些主要参数大多偏离设计值，凝汽量是由汽轮机负荷决定的，汽轮机排汽量在允许的最小与最大之间变动。冷却水温度则由当地的气象条件所决定。我国凝汽器设计导则规定，冷却水设计温度是指全年的冷却水平均温度。实际上，冷却水的温度一年四季都在很大的范围内变化。另外，凝汽器运行中冷却表面被污脏，清洁系数降低，导致传热系数下降。运行中真空系统严密性下降，漏入真空系统的空气量增多，又使传热恶化。所有这些运行因素的变化，最终导致凝汽器真空偏离设计值。凝汽器真空偏离设计工况，在非设计工况下运行称为凝汽器的变工况运行。

一、主要因素改变对凝汽器压力影响

在凝汽器的变工况运行中，影响凝汽器真空的因素很多，其中 D_c、D_w、t_{w1} 是决定凝汽器压力的主要因素，这些因素的改变，导致了 Δt 和 δt 的变化。从而使 t_s 和凝汽器压力 p_c 改变。

1. 变工况下 Δt 的变化规律

变工况下 Δt 表达式为

$$\Delta t = \frac{h_c - h_c'}{4.187 D_w / D_c} = \alpha D_c$$

$$\alpha = \frac{h_c - h_c'}{4.187 D_w} \tag{5-9}$$

当 D_w 不变时，由于 $h_c - h_c'$ 变化很小，可近似看作常数，故 α 为常数，此时，Δt 正比于 D_c。当 D_w 改变后，算出新的 α，重新确定 Δt 和 D_c 的比例关系。

2. 变工况下 δt 的变化规律

当 D_w 不变时，α 为常数，δt 的变化表达式为

$$\delta t = \frac{\alpha}{\exp\left(\dfrac{A_c K}{c_p D_w}\right) - 1} D_c \tag{5-10}$$

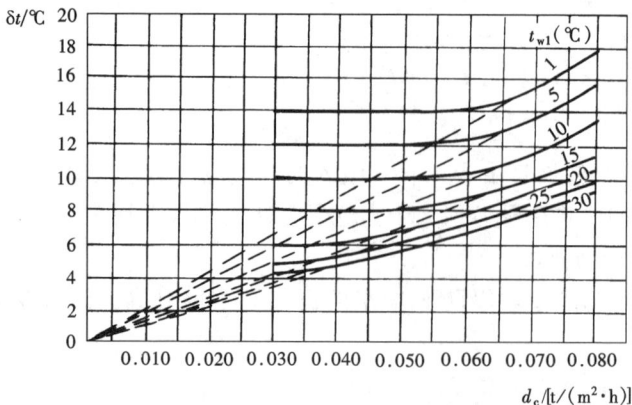

图 5-12　端差 δt 与 d_c、t_{w1} 的关系曲线

凝汽器已制造好，A_c 不变。若 K 也不变，则 δt 与 D_c 成正比，也就是与 d_c（$d_c = D_c / A_c$，称为比蒸汽负荷）成正比，如图 5-12 中的辐射线（包括虚线）所示。

实验证明，当凝汽器负荷下降不大时，漏入空气量不变，δt 确实与 D_c 成正比，如图 5-12 右侧实线倾斜段所示，当蒸汽负荷下降较多时，汽轮机处于真空下的级数增多。凝汽器真空提高，

漏入的空气量增大，K 减小，由式（5-10）可见 δt 增大。同时，D_c 减小使 δt 减小。两方面共同作用的结果，使 δt 下降缓慢或不变，如图 5-12 的实线转折段和水平段所示。另外，由于 t_{w1} 较小时，凝汽器真空较高，漏入空气量较大，K 减小，在相同热负荷下使得 δt 较大。因此，t_{w1} 较小的曲线在上部。当 D_w 改变后，重新确定 δt 与 D_c 的关系。

3. 变工况凝汽器压力 p_c 的确定

在 D_w 一定时，根据不同的 D_c 和 t_{w1}，可求出相应的 Δt 和 δt，由 $t_s = t_{w1} + \Delta t + \delta t$ 求得 t_s，查表得对应的饱和压力 p_s。在主凝结区，凝汽器压力 p_c 和蒸汽分压力 p_s 相差甚微。因此，凝汽器的压力就由 p_s 值确定。

二、凝汽器的特性曲线

从上面分析可知，凝汽器压力 p_c 是随着 t_{w1}、D_w 和 D_c 的变化而变化的。我们把 p_c 随 t_{w1}、D_w 和 D_c 的变化规律称为凝汽器热力特性。它们之间的关系曲线称为凝汽器的特性曲线。凝汽器的特性曲线可以指导运行人员监视凝汽器的运行，确定汽轮机的最安全最合理的运行方式。

微课 5-8
凝汽器的
特性曲线及
多压凝汽器

对于一台具体的凝汽器来说，一些结构参数是给定的，在给予不同的 t_{w1}、D_w 和 D_c 时，可求出传热系数 K 值。根据式（5-9）计算出 Δt，根据式（5-10）算出 δt，由 $t_s = t_{w1} + \Delta t + \delta t$ 可求得 t_s，查表得 p_s 即 p_c。根据 p_c 可绘制凝汽器的特性曲线。

以 N-3500-1 型凝汽器为例。设 $D_w = 9380\text{t/h}$，$A_c = 3210\text{m}^2$，取一系列 t_{w1} 和 D_c 值，可计算出相应的 p_c 值。根据 p_c 可绘制图 5-13 所示的凝汽器特性曲线。

三、多压凝汽器

大功率汽轮机都具有两个以上的低压缸，每个低压缸都有两个排汽口，把每一个或每一对排汽口与一个凝汽器的壳体相连接，每个壳体又互不相通，则每一个排汽口或每一对排汽口都具有各自的背压，多压凝汽器就是把汽轮机排汽口对应的凝汽器壳体做成独立的汽空间，或把一个壳体分隔成几个独立的互不相通的汽空间。如图 5-14 所示，凝汽器汽侧用密封分隔板隔为两个汽室，冷却水串行流过各汽室。各汽室进口水温不同，形成高压汽室和低压汽室，构成双压式凝汽器。同理，还有三压式、四压式等凝汽器。

1. 多压凝汽器平均压力的计算

图 5-15 所示为双压凝汽器蒸汽和冷却水温度沿冷却水管长度分布

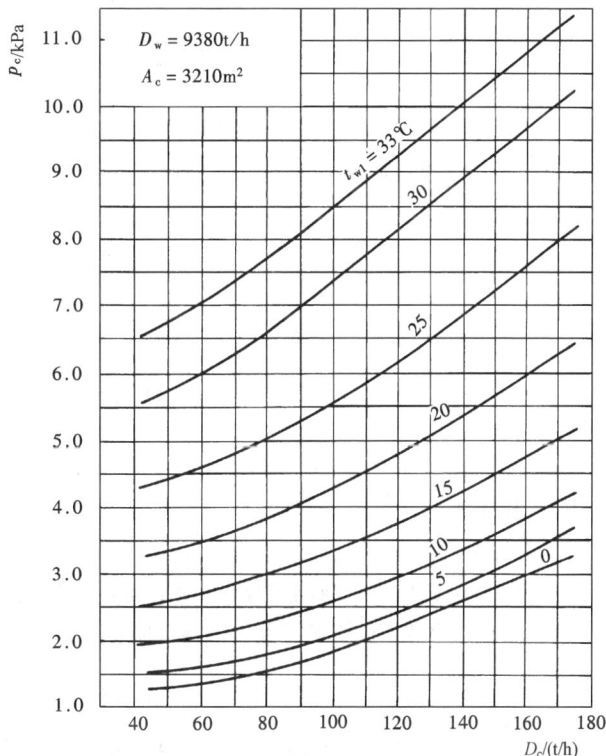

图 5-13　N-3500-1 型凝汽器特性曲线

的曲线，虚线表示单压凝汽器，实线表示双压凝汽器。双压凝汽器两汽室的传热面积和热负荷各为单压式的一半，冷却水量相同，所以两汽室的冷却水温升各为 $\Delta t/2$。

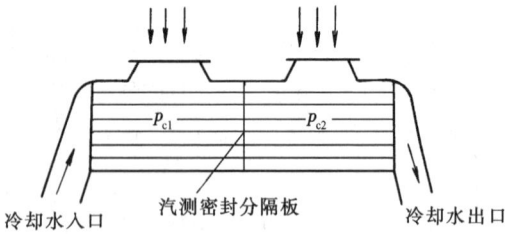

图 5-14　双压式凝汽器示意　　　　图 5-15　蒸汽和冷却水温度沿冷却水管长度的分布

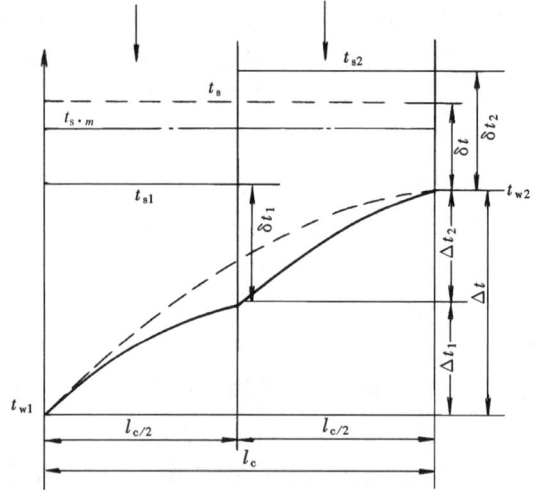

单压凝汽器、双压凝汽器低、高压汽室的蒸汽凝结温度分别为 t_s、t_{s1}、t_{s2}，由式（5-1）可求得

$$t_s = t_{w1} + \Delta t + \delta t \tag{5-11}$$

$$t_{s1} = t_{w1} + \Delta t/2 + \delta t_1 \tag{5-12}$$

$$t_{s2} = (t_{w1} + \Delta t/2) + \Delta t/2 + \delta t_2 \tag{5-13}$$

双压凝汽器高、低压汽室的传热端差分别为 δt_1、δt_2，根据式（5-7）相应求得

$$\delta t_1 = \frac{\Delta t}{2\left[\exp\left(\dfrac{A_c K_1}{8.374 D_w}\right) - 1\right]} \tag{5-14}$$

$$\delta t_2 = \frac{\Delta t}{2\left[\exp\left(\dfrac{A_c K_2}{8.374 D_w}\right) - 1\right]} \tag{5-15}$$

双压凝汽器的平均压力用平均折合压力表示。即蒸汽凝结平均温度 $t_{s,m} = (t_{s1} + t_{s2})/2$ 对应的饱和压力。

2. 多压凝汽器的特点

（1）在一定条件下，多压凝汽器的平均折合压力低于单压凝汽器的压力，提高机组的热经济性。单压凝汽器和多压凝汽器的平均排汽温度之差为

$$\Delta t_s = t_s - t_{s,m} = \Delta t/4 + \delta_t - (\delta_{t1} + \delta_{t2})/2 \tag{5-16}$$

在式（5-16）中 Δt_s 由 Δt、δt、δt_1 和 δt_2 确定。传热端差与传热系数有关，而传热系数与进口水温有关。当 Δt 一定时，t_{w1} 大于某分界温度，Δt_s 为正，说明多压凝汽器的平均折

合压力低于单压凝汽器的排汽压力，热经济性好；反之，t_{w1} 小于某分界温度，Δt_s 为负，说明多压凝汽器的平均折合压力较高，热经济性较差。但注意冷却水进口温度的分界温度要随凝汽器的工作参数而变化。另外，当冷却倍率减小，冷却水总温升 Δt 增大时，Δt_s 将增大，多压凝汽器的折合压力可能低于单压凝汽器的压力。

　　由此可见，气温高的地区（t_{w1} 高）、缺水地区（m 小）的机组更适宜采用多压凝汽器。多压凝汽器热效率增大百分数与冷却倍率 m、汽室数 n、冷却水温 t_{w1} 的关系曲线如图 5-16 所示。由图可知，冷却倍率越小，汽室数越多，采用多压凝汽器的效益越大。

　　（2）多压凝汽器可将低压凝结水引入高压侧加热，以提高凝结水温，减小低压加热器的抽汽量，减小发电热耗率。为此，通常要进行低压汽室凝结水的回热。具体方法有两种：一种方法是将低压凝结水用泵打至高压汽室内特制的喷嘴中，使水雾化，充分与高压汽室蒸汽接触而被加热，如图 5-17（a）所示；另一种方法是将低压凝结水水位提高，从而克服两汽室的压差，依靠重力作用使低压凝结水自流到高压侧的底盘上，再由底盘下的许多小孔流出被蒸汽加热，如图 5-17（b）所示。

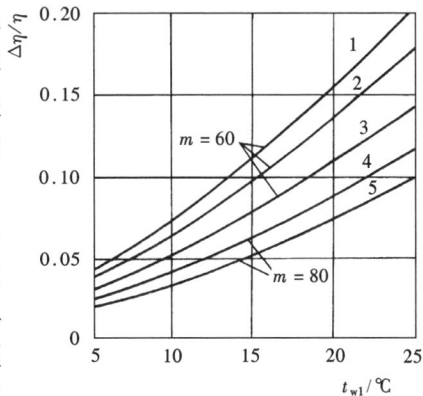

图 5-16　采用多压凝汽器的热效率曲线
1、4—六压；2、5—三压；3—双压

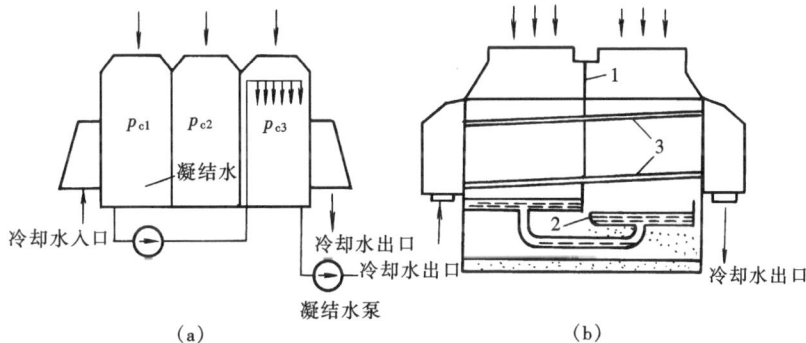

图 5-17　多压凝汽器的凝结水回热方式
（a）凭压差自流与水泵输送；（b）凭水位差自流
1—分隔板；2—底盘；3—冷却水管

复习思考题及习题

1. 叙述凝汽设备的组成及工作过程。
2. 说明表面式凝汽器的结构及工作原理。
3. 分析影响凝汽器压力的因素。
4. 说明加强凝汽器传热的措施。
5. 何谓极限真空和最佳真空？

6. 叙述抽气设备的分类及工作原理，比较各抽气器的工作特点。

7. 何谓凝汽器的变工况？分析影响凝汽器变工况的主要因素。

8. 为什么要采用多压凝汽器？

第六章　汽轮机调节

第六章
数字资源

第一节　汽轮机调节的任务与形式

一、汽轮机调节的任务

电力用户对电力的供应有一定量和质的要求。

微课 6-1
汽轮机调
节的任务

量的要求：电能无法大量储存，而电力用户对电能的需要是随时变化的，因此要求汽轮发电机组能够随时按用户的电量需要来调整功率。

质的要求：一是电压，二是频率。供电电压除与汽轮发电机组运行转速有关外，还与发电机的励磁电流有关，电厂主要通过调整发电机励磁电流的大小来调节电压。供电频率取决于汽轮发电机组的运行转速。频率 f（Hz）与转率 n（r/min）的关系是

$$f = \frac{np}{60}$$

式中　n——转子的转速；

　　　p——发电机的磁极对数。

电厂中绝大多数发电机具有一对磁极，转速为 3000r/min，则其频率为 50Hz。供电频率过高或过低，不仅影响供电的质量，而且也影响电厂本身的安全和经济运行。目前我国要求电网频率的变动范围是 ±0.5Hz，亦即转速波动的范围是 ±30r/min。

列出汽轮发电机组转子的运动方程，就可得到功率、负载和转速之间的关系。

汽轮发电机组运行时，作用在转子上的力矩有三个：一是汽轮机的蒸汽动力矩 M_t，二是发电机的电磁阻力矩 M_e，三是机械阻力矩 M_f。在负荷较高时，M_f 比 M_t、M_e 小得多，可忽略不计，所以，根据牛顿第二定律，可列出转子运动方程式，即

$$I_\rho \frac{d\omega}{dt} = M_t - M_e \tag{6-1}$$

式中　I_ρ——转子的转动惯量；

　　　$\dfrac{d\omega}{dt}$——转子的角加速度。

由汽轮机内功率 P_i、转子转动角速度 ω 与蒸汽动力矩 M_t 的关系 $p_i = M_t \omega$，可推出：

$$M_t = 9555 \frac{P_i}{n} \quad \text{N·m} \tag{6-2}$$

由上式可知，在汽轮机功率一定时，汽轮机的蒸汽主力矩 M_t 与转速成反比，如图 6-1 所示。随着转速的升高，主动力矩逐渐减小。

电磁阻力矩与转速的关系取决于外界负载的特性。电网中的负载大致可分为三类：频率变化对有功功率没有直接影响的负载，如照明、电热设备等；有功功率与频率成正比变化的负载，如金属切削机床、磨煤机等；有功功率与频率成三次方或高次方变化的负载，如鼓风

机、水泵等。

电网的综合负载与频率的关系取决于各类负载所占的比例。由于电网中绝大多数属于第二类负载，所以负载特性如图 6-1 中 M_{e1} 所示。转速 n 增大时 M_{e1} 随之增大。

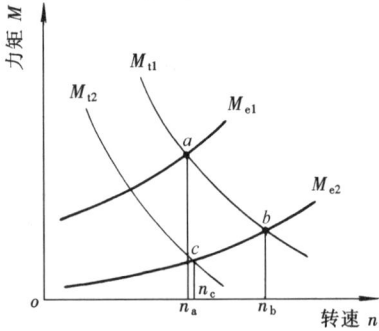

图 6-1　汽轮机与发电机的
力矩—转速特性

由式（6-1）可知，当 $M_t = M_e$ 时，$\dfrac{d\omega}{dt} = 0$，则 $\omega =$ 常数，即 $n =$ 常数；$M_t > M_e$ 时，$\dfrac{d\omega}{dt} > 0$，则 n 升高；$M_t < M_e$ 时，$\dfrac{d\omega}{dt} < 0$，则 n 下降。所以图 6-1 中曲线 M_{t1} 与曲线 M_{e1} 的交点 a 为汽轮机的平稳工况点，此时汽轮机的转速为 n_a。当外界负荷减小时，引起电磁阻力矩减小，发电机特性线变动到 M_{e2}，此时若不改变汽轮机内功率，则由于 $M_t > M_e$，转速增大，会导致 M_t 减小而 M_e 增大，最终在一更高转速下达到新的平衡，新的平衡点为 b，新的平衡转速为 n_b。由此可见：汽轮发电机组依靠自身力矩与转速之间的变化特性可以自发地从一个稳定工况调整到另一稳定工况，这种调整能力被称作汽轮发电机组的自平衡能力。事实上，这种自平衡能力很弱，转速变化很大，不仅使机组发出的电能频率和电压不满足用户要求，而且对汽轮发电机组零件强度及运行效率来说也是不允许的。

适当调整汽轮机内功率，不仅能满足外界负荷变动的要求，而且由式（6-2）得知可以改变汽轮机蒸汽动力矩特性，如图 6-1 所示，蒸汽动力矩由 M_{t1} 线移到 M_{t2} 线时，M_{t2} 与 M_{e2} 会在 c 点达到新的平衡状态，并能保证机组转速 n_c 在允许的范围之内。

由上述分析可知，当机组发出的功率与负荷不相适应时，汽轮机的转速就要发生变化。汽轮机转速既是为了提高供电质量而必须保证的一个量，又是反映功率平衡的一个量。当转速发生变化时，必须对汽轮机进行调节（改变汽轮机的进汽量），改变汽轮机发出的功率，使之与外界负荷平衡，才能保证汽轮机转速保持在规定的范围内。故我们得出这样的结论：汽轮发电机组必须具备能调节汽轮机功率的调节系统，汽轮机调节的任务是及时调整汽轮机的功率，使它能满足外界负荷变化的需要，同时保证转速在允许的范围内。

二、汽轮机调节系统的形式

汽轮机调节系统按其结构特点可划分为两种形式即液压调节系统和电液调节系统。

（一）液压调节系统

早期的汽轮机调节系统主要由机械部件与液压部件组成，主要依靠液体做工作介质来传递信息，因而被称为液压调节系统。又由于根据机组转速的变化来进行自动调节，因而又被称作液压调速系统。这种调节系统的调节精度低，反应速度慢，运行时工作特性是固定的，不能根据转速变化以外的信号调节需要来做及时调整，而且调节功能少。但是由于它的工作可靠性高且能满足机组运行调节的基本要求，所以至今仍具有一定的应用价值。本章第二节将介绍三种典型的液压调节系统。

（二）电液调节系统

随着单机容量的不断增大、蒸汽参数的逐步提高、中间再热循环的广泛采用以及机组运行方式的多样化，对机组运行的安全性、经济性、自动化程度以及多功能调节提出了更高的要求，仅依靠原有的液压调节技术已不能完全适应。于是，电液调节系统便应运而生了。该系统主要由电气部件、液压部件组成。利用电气部件测量与传输信号方便，并且信号的综合处理能力强，控制精度高，操作、调整与调节参数的修改也方便。液压部件用作执行器（调节汽阀驱动装置）时充分显示出响应速度快、输出功率大的优越性，是其他类型执行器所无法取代的。

由于早期电气部件的可靠性较低，所以在给机组配置电液调节系统的同时还配有液压调节系统做后备。当电液调节系统因故障而退出工作时，由液压式调节系统来接替工作，以保证机组能安全连续运行。随着电气部件可靠性的提高，后来就不需要配置液压调节系统作后备了。

1. 功频电液调节系统

早期的电液调节系统是以模拟电路组成的模拟计算机为基础的，引入了功率、频率两个控制信号的电液调节系统，常称为功频电液调节系统，又被称为模拟电液调节系统，也称功频模拟电液调节系统。

2. 数字电液调节系统

随着数字计算机技术的发展及其在电厂热工过程自动化领域中的应用，开发了以数字计算机为基础的数字式电液调节系统，也可简称为数字电调（Digital Electro-Hydraulic Control）或 DEH。前期的数字电调大多以小型计算机为主机构成；后期随着微机的出现以及微机技术的发展，数字电调改用以微机为主机，因此可称为微机型数字电调。

我国从 20 世纪 60 年代开始研制、投运电液调节系统，从之后的 20 世纪 80 年代开始，先后从国外引进了几十套电液调节系统，同时还利用引进技术制造、投运了多套电液调节系统。

本章从第四节开始将着重描述具有代表性的微机型数字电液调节系统即上海新华电站控制工程有限公司生产的汽轮机数字式电液调节系统。

三、各种调节系统的比较

从发展观点看，调节系统从液压系统、功频模拟电调系统到数字电调系统，是从低一级向高一级的调节系统发展，一般而言，后一种系统优于前一种系统。

功频模拟电调与液压调节系统比较，突出的优点是：

（1）模拟电调系统的电气部分，具有快速、准确和灵敏度高的特点，系统的调节精确度高，迟缓率为 0.1%，而一般的液压调节系统，迟缓率则高达 0.3%～0.5%。

（2）功频模拟电调为多回路多变量调节系统，PID 的综合运算能力强，具有较强的适应外界负荷变化和抗内扰能力，而液压系统仅为单变量的比例调节系统，调节性能较差。

（3）功频模拟电调的转速或功率实际值能准确地等于给定值，静态特性良好；在动态特性方面更为突出，机组甩负荷时，由于功率给定切除可以防止反调，转速稳定在 3000r/min 上，系统的动态升速比液压调节系统减少一个速度变动率值，动态特性很好。

（4）功频模拟电调可提供调频、带基本负荷和单向调频等不同的运行方式。在机组启动过程中，有大小范围测速可供选择。大范围测速从 100～200r/min 起就能精确地对转速实行闭环控制，即使蒸汽参数波动，亦能保持给定转速，升速稳定，精度可达 ±2～3r/min；转速达到 2850r/min 左右，改投小范围测速系统，调节精确度更有所提高，便于并网。而一般液压调节系统，转速达到 2700r/min 后才可投入闭环控制系统，调节精确度仅为 ±7～15 r/min，差距较大。

（5）功频模拟电调中的电气部分，便于比较、综合各种信号，便于在线改变运行方式和调节参数，便于参数调整和运行检修，便于机炉协调控制，有利于机组的自动化，而未经改造的液压调节系统，这些方面几乎都受到局限，在实现机炉协调控制方面的难度较大。

无论是模拟电调或数字电调系统，目前都还没有电气元件取代作用力大、动作迅速的液压执行机构，所以需要继续保留使用，因而设有把电信号转换成液压信号的电液转换装置，所不同的是对液压机构进行了许多重大的改进。例如采用高压抗燃油的液压伺服机构，把油压从过去的 $0.98 \sim 1.96$ MPa 提高到 $12.42 \sim 14.49$ MPa，提高了十倍之多，使结构紧凑，推力大，动作更加迅速。

数字电调和模拟电调比较，可以说模拟电调与液压调节系统比较的那些优点，数字电调系统也都具备，由于实施计算机控制，还增加了许多新的特点：

（1）用计算机取代模拟电调中的电子硬件，特别是采用微处理机和使功能分散到各处理单元后，显著提高了可靠性。

（2）计算机的运算、逻辑判断与处理功能特别强，除控制手段外，在数据处理、系统监控、可靠性分析、性能诊断和运行管理（参数与指标显示、制表打印、报警、事故追忆和人机对话）等方面，都可以得到充分的发挥。

（3）调节品质高，系统的静态和动态特性良好。例如，在蒸汽参数稳定的条件下，300MW 机组数字电调的调节精确度：对功率调节在 ± 2MW，对转速调节在 2r/min 以内。此外，由于硬件采用积木式结构，系统扩展灵活，维修测试方便；在冗余控制手段，保护措施严密等方面，均比模拟电调有明显的优势。

（4）利用计算机有利于实现机组协调控制、厂级控制以至优化控制，这是模拟电调无论如何也不能相比的。

由于大型机组转子相对较轻，超速的可能性大，对调节品质和安全措施方面都要求很高，液压或模拟电调系统都已很难适应。因此，随着计算机性能价格比的提高，运行经验的积累，特别是自控部分在大型电厂中应受重视已为人们所共识。所以，现在国内外较大容量以上的机组，都较普遍地采用数字电液调节系统。

四、汽轮机运行对调节系统性能的要求

调节系统在运行中应能满足如下要求：

（1）调节系统应能保证机组启动时平稳升速至 3000r/min，并能顺利并网；即在机组启动升速过程中，能手动向调节系统输入信号，控制进汽阀门开度，平稳改变转速。

（2）机组并网后，蒸汽参数在允许范围内，调节系统应能使机组在零负荷至满负荷之间任意工况稳定运行；即机组在并网运行时，能手动向调节系统输入信号，任意改变机组功率，维持电网供电频率在允许范围内。

（3）在电网频率变化时，调节系统能自动改变机组功率，与外负荷的变化相适应；在电网频率不变时，能维持机组功率不变，具有抗内扰性能。

（4）当负荷变化时，调节系统应能保证机组从一个稳定工况过渡到另一个稳定工况，而不发生较大的和长时间的负荷摆动。对于大型机组，由于输出功率很大，而其转子的转动惯量相对较小，在力矩不平衡时，加速度相对较大。在调节系统迟缓率和中间蒸汽容积的影响下，机组功率变化滞后。若不采取相应措施，会造成调节阀过调和功率波动。抑制功率波动的有效方法是：采用电液调节系统，尽可能减小系统的迟缓率，并对调节信号进行动态校正和实现机炉协调控制。

（5）当机组甩全负荷时，调节系统应使机组能维持空转（遮断保护不动作）。超速遮断保护的动作转速为 3300r/min，故机组甩全负荷时，应控制最高动态转速 $n_{max} < 1.07n_0$；为此，大型机组在甩负荷时，功率给定（同步器）自动回零，并设置防超速保护和快关卸荷阀。在机组甩负荷转速达 3090r/min 时，防超速保护和快关卸荷阀动作，使高、中压调节阀加速关闭。

（6）调节系统中的保护装置，应能在被监控的参数超过规定的极限值时，迅速地自动控制机组减负荷或停机，以保证机组的安全。高、中压主汽门也设置有快速卸荷阀，在机组停机时，其快速卸荷阀自动打开，使其加速关闭，以防止转速超过 3300r/min。

第二节　液压调节系统

一、液压调节系统的工作原理

为了便于描述调节系统的工作原理，先介绍几个常用的自动调节术语。

调节对象：调节系统对其作用的那个装置叫调节对象。在本书中，通常是指汽轮发电机组。

被调量：被系统调节的物理量称为被调量，例如汽轮发电机组转速、汽轮机功率等。

给定值：被调量应保证达到的值称为给定值，例如汽轮机功率给定值、汽轮发电机组转速给定值等。

扰动：引起被调量变化的各种因素都称为扰动，例如外界负荷变化、汽轮机功率给定值变化，主蒸汽压力变化等。

反馈：将输出信号的一部分返回到输入端称为反馈。

闭环与开环：调节系统的被调量与输入量之间存在着反馈的回路叫闭环，不存在反馈的系统叫开环。

过渡过程：系统受扰动后动作，输出量或系统中其他中间参数随时间变化的过程叫过渡过程。

（一）液压调节系统的转速控制原理

如图 6-2 所示，液压调节系统由转速感受机构或称调节机构（调速器）、阀位控制机构（液压伺服机构或称传动放大机构）、配

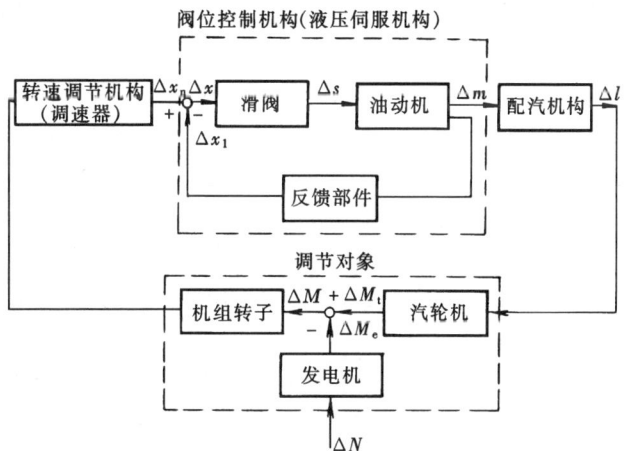

图 6-2　汽轮机液压调节系统方框图

汽机构和调节对象四部分组成，其中前三个机构组成调节设备。系统也可看成由一个转速调节主回路（主环）和一个阀位控制子回路（子环）组成。

为了便于说明此类调节系统的转速控制原理，假定某台机组单机运行或将电网中所有并列运行的机组简化合成为一台功率等效的机组。

　　当出现外界负荷扰动 ΔP 时，引起此台机组的发电机阻力矩变化，产生改变量 ΔM_e 由式（6-1）可知，机组转速随之改变，产生转速偏差信号 Δn，转速感受机构用来感受转速偏差信号 Δn，并通过信号的模拟测量、传递、放大与转换，最终按特定的调节规律获得阀位调节指令信号 Δx_n，即用来调整调节汽阀开度的信号。阀位控制机构（液压伺服机构）中的滑阀根据阀位偏差信号 Δx 进行调节，产生滑阀位移信号 Δs，经过油动机进行功率放大后产生足够大的功率去驱动配汽机构，获得调节汽阀位移 Δl，使主汽流量变化，进而使汽轮机内功率改变 ΔP_i，蒸汽动力矩改变 ΔM_t。

　　要使该调节系统受外界负荷扰动后达到新的稳定状态，则必须同时具备下述两个基本条件：

　　（1）主回路稳定条件——调节对象力矩改变量的偏差值 $\Delta M = 0$，即

$$\Delta M_t - \Delta M_e = 0$$

原因是：在调节过程中转子运动方程式可写成

$$I_\rho \frac{d\omega}{dt} = (M_t + \Delta M_t) - (M_e + \Delta M_e)$$

在原稳定状态下，$M_t - M_e = 0$，所以上式可简化为：$I_\rho \dfrac{d\omega}{dt} = \Delta M_t - \Delta M_e$

因此，要使转速再次获得稳定 $\left(\dfrac{d\omega}{dt} = 0\right)$，则必须使 $\Delta M_t - \Delta M_e = 0$。

　　（2）子回路稳定条件——阀位偏差信号 Δx，即 $\Delta x_n - \Delta x_1 = 0$，式中 Δx_n 为阀位调节指令信号，Δx_1 为阀位反馈信号，负号的含意是 Δx 与 Δx_n 变化方向相反。

　　原因是：若 $\Delta x \neq 0$，则滑阀必然继续动作，直至 $\Delta x = 0$ 时为止。

　　值得注意的是：为了测量与传送信号的方便，子回路的阀位反馈信号 Δx_1 一般不是直接从调节阀上测取，而是用测取的油动机位移 Δm 并按 Δm 与 Δl 对应关系修正后转换成的油压信号来代替。由于 Δx_1 与 Δx_n 变化方向相反，即由于 Δx_1 用来削弱 Δx_n，所以是负反馈。只有采用负反馈，回路才有可能趋于稳定。主回路的反馈量是 ΔM_t，也是负反馈。

　　由于自动调节主回路只有一个，并且是以转速作为调节装置的被调量，调节过程中利用液压作为传递、放大媒介，所以这样的调节系统通常称作汽轮机液压调速系统。

　　由于转速调节器输出信号的功率小，要通过液压伺服机构的功率放大来间接驱动配汽机构，所以是间接调节系统。

　　（二）典型液压调节系统的工作过程

　　以下着重介绍三个具有代表性的液压调节系统在外界负荷扰动下的工作过程。

　　1. 高速弹性调速器液压调节系统

　　如图 6-3 所示，该系统的转速感受机构由高灵敏度的高速弹性调速器 1、差动活塞 2、杠杆 eod，调速器滑阀 3 等组成。阀位控制机构由油动机滑阀 5、油动机 6 以及反馈滑阀 7 等组成。配汽机构由传动杠杆 cfo 和调节汽阀 8 组成。

　　现将调节过程分述为主调节过程与反馈调节过程。

　　主调节过程：当外界负荷减小时，发电机的电磁阻力矩将减小，产生 $\Delta M_e < 0$，机组转速将升高，产生 $\Delta n > 0$，调速器 1 中重块的离心力增大，弹簧随之向外伸张，挡油板向右移动，差动活塞 2 与喷油管之间的间隙增大，喷管排油量增加，引起差动活塞 2 右侧油室中的油压 p_2 下降，从而破坏了差动活塞 2 的力平衡，使差动活塞 2 向右移动。差动活塞 2 的运

动又通过杠杆 eod（e 为支点）带动
调速器滑阀 3 也向右移动，产生转速
调节信号（即位移 $\Delta y_3 < 0$），调速器
滑阀 3 上的排油口 a_n 随之开大，使
阀位调节油压 p_x 相应降低，从而将
转速调节信号 $\Delta y_3 < 0$ 转换成阀位调
节指令信号 $\Delta x_n = \Delta p_x < 0$。油动机滑
阀 5 顶部受压力油油压 p_p 的作用，
底部受阀位调节油压 p_x 的作用，在
稳态时，上下作用力平衡，油动机滑
阀 5 处于中间位置，遮断了通向油动
机的油口 a 和 b，使油动机活塞稳定
在某一位置。随着阀位调节油压 p_x

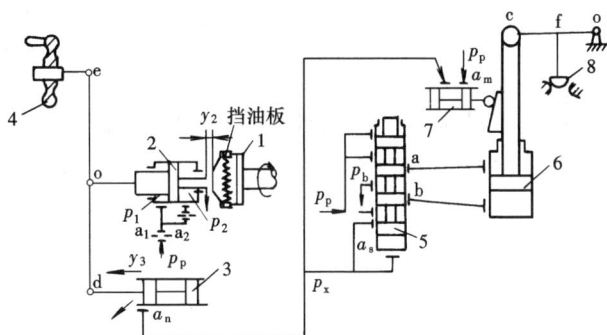

图 6-3　高速弹性调速器液压调节系统原理图
1—高速弹性调速器；2—差动活塞；3—调速器滑阀；4—同步器；
5—油动机滑阀；6—油动机；7—反馈滑阀；8—调节阀

的降低，破坏了油动机滑阀 5 的上下力平衡，使油动机滑阀 5 向下移动，打开油口 a 和 b，
使油动机活塞上腔室通压力油，下腔室通回油，油动机活塞因受上下腔室油压差的作用而向
下移动，通过传动机构关小调节汽阀 8，减小汽轮机主汽流量与内功率，蒸汽动力矩相应减
小，产生 $\Delta M_t < 0$，从而使得 $\Delta M_t - \Delta M_e$ 逐渐减小到零。

阀位反馈调节过程：阀位反馈信号取自油动机活塞杆上的反馈斜板。当油动机活塞向下
移动时，通过反馈斜板使反馈滑阀 7 在其左部弹簧力的作用下向右移动，反馈油口 a_m 开大，
经反馈油口 a_m 进入调节油路的供油量随之增加，使阀位调节油压 p_x 回升，即产生阀位反馈
信号 $\Delta x_1 = (\Delta p_x)_1 > 0$，使得阀位偏差信号 Δx [$\Delta x = \Delta x_n - \Delta x_1 = \Delta p_x + (\Delta p_x)_1$] 逐渐减
小。在 $(\Delta p_x)_1 > 0$ 的作用下，油动机滑阀 5 向上回移，当达到阀位偏差信号 Δx 为零时，
p_x 恢复原值，根据油动机滑阀 5 的上下力平衡关系可知油动机滑阀 5 必然回移到原来的中
间位置，重新遮断通向油动机的油口 a 和 b，使油动机活塞停止移动。

此时，主回路与子回路的稳定条件均已满足，系统便达到了新的稳定状态。

当系统从一个稳定状态调节到另一稳定状态后，虽然油动机滑阀 5 回到了原来中间位
置，但油动机活塞及调节汽阀的位置却改变了，反馈滑阀的位置也因此而改变了，也就是说
在系统重新稳定后反馈量依然存在。因而反馈滑阀是一静反馈装置，它将感受到的油动机活
塞位移量转换成油压变化量，用作阀位反馈信号。

当 p_x 下降使滑阀 5 下移时，油口 a_s 开大，进入 p_x 油路的油量增加，阻碍 p_x 的下降，
从而减缓了滑阀 5 下移的速度，进而使油动机活塞的运动趋于半稳。在调节过程终了时，由
于油动机滑阀回到原来中间位置，油口 a_s 也回复到原来的大小，使反馈作用消失。这种仅
在动态调节过程中起作用的反馈称为动反馈，因为是通过液压来传递信号，所以又称为液压
动反馈，它也是一种负反馈。

当外界负荷增大时，调节方法相同，但信号的变化方向相反。

2. 径向泵液压调节系统

如图 6-4 所示，该系统的转速感受机构由径向泵 1、压力变换器 2 等组成，阀位控制机
构由滑阀 3、油动机 4、反馈油口 6 等组成。配汽机构由调节汽阀 5 及调节汽阀与油动机之
间的传动杠杆 7 等组成。

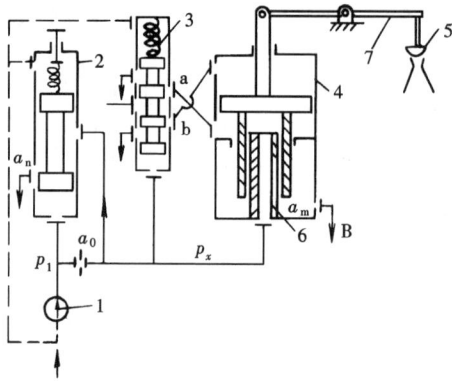

图 6-4　径向泵液压调节系统原理图
1—径向泵；2—压力变换器；3—滑阀；4—油动机；
5—调节汽阀；6—反馈油口；7—传动杠杆

径向泵出口有一路压力油通至压力变换器活塞的下部腔室，作为反映转速变化的脉冲信号，而压力变换器上部腔室与径向泵进口相通，因此，径向泵进出口油压差作用在压力变换器活塞上。稳定状态下，这个油压差对压力变换器活塞产生的向上作用力与弹簧对活塞的向下作用力相平衡。

主调节过程：当外界负荷减小时，发电机的电磁阻力矩减小，产生 $\Delta M_e < 0$，机组转速将升高，产生 $\Delta n > 0$，径向泵的出口油压升高，产生转速调节信号（即油压变化 $\Delta p_1 > 0$），压力变换器活塞上的力平衡被破坏，使活塞上移，泄油口 a_n 关小，阀位调节油压 p_x 升高从而将转速调节信号 $\Delta p_1 > 0$ 转换成阀位调节指令信号 $\Delta x_n = \Delta p_x > 0$。滑阀 3 顶部受弹簧力作用，底部受阀位调节油压 p_x 的作用，在稳态时，滑阀 3 处于中间位置，遮断了通向油动机的油口 a 和 b，使油动机活塞稳定在某一位置。随着阀位调节油压力 p_x 的升高，滑阀 3 的力平衡遭到破坏，向上作用力大于向下作用力，滑阀 3 上移，打开通向油动机的油路 a 和 b，压力油进入油动机活塞下腔室，油动机上腔室排油，引起油动机活塞上移，调节汽阀 5 关小，导致汽轮机主蒸汽流量与内功率相应减小，蒸汽动力矩相应减小，产生 $\Delta M_t < 0$。主调节过程将使（$\Delta M_t - \Delta M_e$）逐渐减小至零。

阀位反馈调节过程：阀位反馈信号取自反馈油口 6。当油动机活塞上移时，带动活塞下部套筒上移，这个套筒所控制的反馈油口 6 开大，泄油量增加，引起调节油压 p_x 回降，产生阀位反馈信号 $\Delta x_1 = (\Delta p_x)_1 < 0$，使得阀位偏差信号 Δx [$\Delta x = \Delta x_n - \Delta x_1 = \Delta p_x + (\Delta p_x)_1$] 逐渐减小，在 $(\Delta p_x)_1 < 0$ 的作用下，油动机滑阀 3 向下回移，当达到阀位偏差信号 Δx 为零时 p_x 恢复原值。由滑阀 3 的上下力平衡关系可推知滑阀 3 必然回移到原来的中间位置，重新遮断通向油动机的油口 a 和 b，使油动机活塞停止移动。

此时均已满足了主回路、子回路的稳定条件，所以系统便达到了新的稳定状态。

由于系统达到新的稳定状态后，反馈油口 6 的大小不能回复，因而反馈油口 6 是一静反馈油口。

当外界负荷增大时，调节方法相同，但信号的变化方向相反。

3. 旋转阻尼液压调节系统

如图 6-5 所示，该系统的转速感受机构由旋转阻尼 2、放大器 3、继动器 7 等组成。阀位控制机构由滑阀 4、油动机 5、反馈杠杆 15、静反馈弹簧 8、动反馈弹簧 9 等组成。配汽机构由调节汽阀 6 及调节汽阀与油动机之间的传动杠杆等组成。

主油泵 1 出口的压力油一路经可调针形阀 a_1 后进入旋转阻尼 2，并从旋转阻尼 2 的外沿流过阻尼管后经轴芯排油，因而在针形阀后 a_1 形成一次油压 p_1；另一路经节流孔 a_2 后从放大器蝶阀与二次油室之间的间隙 s 处泄油，在节流孔 a_2 后形成二次油压 p_2；第三路压力油经节流孔 a_3 供油至滑阀 4 的顶部，然后从继动器 7 下部的蝶阀与滑阀 4 之间的间隙处泄油，形成三次油压 p_3。

主调节过程：当外界负荷减小时，发电机的电磁组力矩将减小，产生 $\Delta M_e < 0$，机组转速将升高，产生 $\Delta n > 0$，引起旋转阻尼管中油柱的离心力相应增大，一次油压 p_1 随之增大，一次油压 p_1 经波纹管 A 作用在放大器平衡板 10 上。当 p_1 升高时破坏了放大器平衡板 10 的力矩平衡，使之绕其支点逆时针转动，于是放大器蝶阀 B 与二次油室之间的间隙 s 增大，二次油泄油量增大，引起二次油压 p_2 下降，产生转速调节信号（即油压变化 $\Delta p_2 < 0$），继动器活塞的力平衡受到破坏，于是，继动器活塞受弹簧 8 的拉力作用而向上移动 Δy_x，从而将转速调节信号 $\Delta p_2 < 0$ 转换成阀位调节指令信号 $\Delta x_n = \Delta y_x > 0$，进而使三次油泄油间隙增大，引起三次油压下降，使滑阀 4 的力平衡遭到

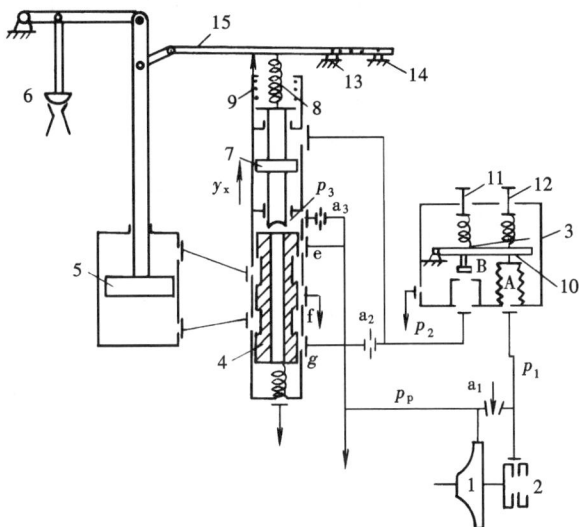

图 6-5 旋转阻尼液压调节系统原理图

1—主油泵；2—旋转阻尼；3—放大器；4—滑阀；5—油动机；
6—调节汽阀；7—继动器；8—静反馈弹簧；9—动反馈弹簧；
10—放大器平衡板；11—主同步器；12—辅助同步器；
13—可调支点；14—固定支架；15—反馈杠杆

破坏；滑阀 4 受其下部弹簧力作用而向上移动，打开通向油动机上、下腔室的油口 e 和 f，使油动机上腔室经油口 e 进压力油，下腔室经油口 f 排油，油动机活塞受上下腔室油压差的作用而向下移动，通过传动杠杆关小调节汽阀，减小汽轮机主蒸汽流量与内功率，蒸汽动力矩相应减小，产生 $\Delta M_t < 0$，使得（$\Delta M_t - \Delta M_e$）逐渐减小到零。

阀位反馈调节过程：阀位反馈信号取自油动机活塞杆。当油动机活塞向下移动时，带动反馈杠杆 15 绕其支点逆时针转动，使反馈弹簧 8 对继动器 7 的拉力减小，引起继动器活塞向下回移，产生阀位反馈信号 $\Delta x_1 = (\Delta y_r) < 0$，使得阀位偏差信号 $\Delta x = \Delta x_n - \Delta x_1 = \Delta y_x + (\Delta y_x)_1$ 逐渐减小。在 $(\Delta y_x)_1 < 0$ 的作用下，三次油泄油间隙减小，三次油压 p_3 回升，滑阀随之向下回移，当达到阀位偏差信号 Δx 变为零时，继动器活塞恢复原位，p_3 恢复原值。相应地，滑阀 4 也必然回移到原来的中间位置，重新遮断通向油动机的油口 e 和 f，油动机活塞停止移动。此时主回路、子回路稳定条件均已满足，系统达到新的稳定状态。

当外界负荷增大时，调节方法相同，但信号的变化方向相反。

二、液压调节系统静态特性

（一）液压调节系统静态特性线

由液压调节系统的工作原理可知：调节装置是根据转速偏差信号 Δn 来动作的。也就是说，若转速无偏差（$\Delta n = 0$），则调节装置不会动作。在转速存在偏差（$\Delta n \neq 0$）的情况下，通过调节装置的动作，使调节汽阀开度改变，汽轮机功率相应改变，调节结果使得系统达到一新的稳定状态，无论是汽轮机的功率 P_i 还是转速 n，新的稳定值与原稳定值是完全不同的。也就是说，调节结果并不能使转速 n 恢复原稳定值，即存在着一定的稳态偏差，这种调节特性称为液压调节系统的转速有差调节特性，也就是液压调节系统的静态特性。这里所指的静态即稳定运行状态。这种功率与转速

微课 6-2
液压调节
系统静态特
性线及绘制

的静态对应关系可描绘成曲线即液压调节系统的静态特性曲线。

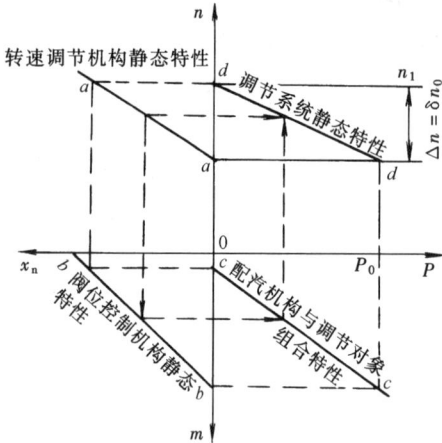

图 6-6   液压调节系统四象限图

既然液压调节系统是由转速感受机构、阀位控制机构、配汽机构和调节对象等部分组成的，那么系统的静态特性也就取决于各组成部分的静态特性。

通过计算或试验得到各组成部分的静态特性曲线后，用合成法作图即可获得整个调节系统的静态特性曲线。具体方法是：如图 6-6 所示，沿着调节信号的传递方向，根据静态参数对应规律，在四象限图的第二、三、四象限中分别绘出转速感受机构、阀位控制机构、配汽机构及调节对象的静态特性曲线，然后根据投影原理，将这三条曲线合成为第一象限内的汽轮机功率与转速关系曲线 dd，即为液压调节系统静态特性曲线。

需要说明的是：第四象限的曲线形状是由配汽机构静态特性与调节对象静态特性共同决定的，即由配汽传动机构特性、调节汽阀的升程流量特性以及汽轮机的流量—功率特性合成后描绘的，一般是按额定蒸汽参数条件进行计算或试验后获得的。

第二、三象限横坐标参数是转速调节信号参数，因系统不同而异。高速弹性调速器液压调节系统、径向泵液压调节系统与旋转阻尼液压调节系统分别为 p_x、p_x 与 y_x。注意，由于同一系统中各参数是一一对应的，所以也可以取转速调节机构中其他参数作第二、三象限的横坐标，例如：在旋转阻尼液压调节系统中，可以选取一次油压 p_1。一般应优先选择便于在试验中测取与调整的参数作为坐标量。

由于调节系统各组成部分存在着参数对应关系的非线性因素，所以实际系统的静态特性线不是直线，而是曲线。

评价调节系统静态特性曲线的指标有两个即转速变动率和迟缓率。

（二）转速变动率

1. 转速变动率的定义

根据调节系统的静态特性，当机组单机运行（孤立运行）时，电功率从零增加到额定值 P_0 时，稳定转速相应从 n_1 降为 n_2（见图 6-6），转速的改变值 $\Delta n = n_1 - n_2$ 与额定转速 n_0 之比的百分数称为调节系统的速度变动率（或称转速不等率），用 δ 表示：

$$\delta = \frac{n_1 - n_2}{n_0} \times 100\% \tag{6-3}$$

2. 转速变动率对一次调频的影响

负荷与功率是两个完全不同的概念。只有在机组处于稳态时两者才对应相等。

一个电网上往往有许多台机组在并列运行，在稳定运行状态时，各台机组的功率不全相同，但所有机组所发功率之和必与电网外界总负荷相平衡，即总供给等于总需求，从而共同维持住一个稳定的电网频率，各台机组的运行转速完全相同。当出现外界负荷扰动时，总供给与总需求之间的平衡关系被打破，若将电网中所有并列运行机组简化合成为一台功率等效的机组，则会引起这台功率等效机组的转速变化，也就是引起电网频率变化。在这个频率变

化影响下，各台机组调节系统相应动
作，使汽轮机功率相应改变，当在新的
条件下总供给与总需求达到平衡时，电
网便达到了新的稳定状态。

为了进一步说明电网中并列运行机
组的负荷自动分配特性，现假定电网中
只有两台机组并列运行，两台机组的静
态特性曲线如图 6-7 所示，两台机组的
额定功率分别为 P_1 和 P_2，转速变动率

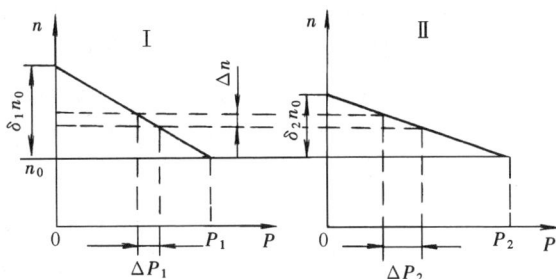

图 6-7 不同转速变动率机组的并列运行

分别为 δ_1 和 δ_2，并且 $\delta_1 > \delta_2$。当外界负荷减少 ΔP 时电网频率上升 Δn，引起两台机组的调
节系统各自动作。重新获得稳定后，其功率按各自的静态特性发生了变化，1 号机功率减少
ΔP_1，2 号机功率减小 ΔP_2，$\Delta P_1 + \Delta P_2 = \Delta P$。若将调节系统静态特性线近似看成直线，则
根据相似三角形关系及参数的变化方向可得

1 号机
$$\frac{\Delta P_1}{P_1} = -\frac{\Delta n}{\delta_1 n_0}$$

2 号机
$$\frac{\Delta P_2}{P_2} = -\frac{\Delta n}{\delta_2 n_0}$$

两式合并后可得

$$\delta_1 \frac{\Delta P_1}{P_1} = \delta_2 \frac{\Delta P_2}{P_2} \tag{6-4}$$

由于
$$\delta_1 > \delta_2$$

所以
$$\frac{\Delta P_1}{P_1} < \frac{\Delta P_2}{P_2}$$

由此可见：在电网负荷变动时，转速变动率大的机组功率的相对变化量小，而转速变动
率小的机组功率的相对变化量大。

根据电网负荷经济调度的原则以及机组负荷变动的适应性，通常选择功率大、效率高的
机组带基本负荷。在电网频率变化时，尽量使这些机组功率变动较小，以保证有较高的运行
经济性与安全性，因而这类机组的转速变动率应选得大些，取 4%～6%。另一类机组主要
承担尖峰负荷，一般是一些效率较低，负荷变动适应性强的中小型机组。这类机组的转速变
动率应选得小些，取 3%～4%。

电负荷改变引起电网频率变化时，电网中并列运行的各台机组均自动地根据自身的静态
特性线承担一定负荷的变化以减少电网频率的改变，这种调节过程称为一次调频。由于汽轮
机调节系统具有转速有差静态特性，所以一次调频不能维持电网频率不变，甚至不能保证电
网频率不超过合格范围，它只能减缓频率变化程度。

前面描述的几个液压调节系统的工作过程全是一次调频过程。并列运行的某台机组，如
果转速变动率特别小，则当电网频率小幅度波动时就会引起这台机组功率大幅度晃动，机组
工作不稳定，影响机组运行安全性、经济性。从这里也可以看出汽轮机调节系统不宜采用转
速无差调节方式（无差调节常被应用于供热汽轮机的调压系统中，使供热压力维持不变）。

为了使机组能可靠地运行，转速变动率不应小于 3%。但是，如果转速变动率选得过大，则当电网负荷变化时，这台机组的功率变化很小，也就是一次调频能力很差，这将导致同一电网中其他机组的一次调频负担加重；另一方面，δ 过大易使机组甩负荷时超速量大，因而机组的转速变动率也不能过大，一般要求不超过 6%。

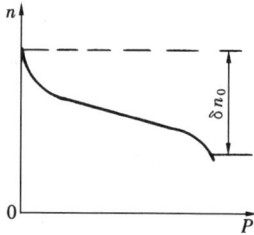

图 6-8　具有不同局部速度
变动率的静态特性曲线

3. 局部转速变动率

前已述及，静态特性线不是直线，而是曲线，如图 6-8 所示。电网频率改变引起的功率变动取决于工作点附近静态特性线的斜率，也就是取决于局部转速变动率。各功率区段的局部转速变动率是根据运行的不同要求来确定的。

在低功率段（约小于 10%P_0），曲线斜率应大些，有利于机组并网，并且可以提高机组低功率运行时的稳定性。

在额定功率附近，曲线斜率也应大些，这样既可以使机组稳定在经济工况附近工作以保证有较好的经济性，又可以使机组在电网频率较低时不超载。

中间功率段，曲线斜率较小，这样既可以使机组在此段有较强的一次调频能力，又可以使总的平均转速变动率不超过规定范围，为避免局部不稳定，通常要求最小的局部转速变动率不小于 2%。

静态特性曲线的形状应保证平滑而连续地向功率增大的方向倾斜。

（三）迟缓率

1. 迟缓现象及迟缓率的定义

由于摩擦、间隙、滑阀过封度及油的黏滞力的影响，调节系统的静态特性曲线不是一根，而是一条静态特性带，这种现象称为调节系统的迟缓现象，如图 6-9 所示。带的纵向宽度为 $\Delta n_\varepsilon = n_a - n_b$。当转速上升时沿着转速上行线变化，转速下降时沿着转速下行线变化。

通常用迟缓率 ε 来衡量迟缓程度，在同一功率下因迟缓而出现的最大转速变动量 Δn_ε 与额定转速 n_0 的比值百分数被定义为迟缓率，即

$$\varepsilon = \frac{\Delta n_\varepsilon}{n_0} \times 100\% = \frac{n_a - n_b}{n_0} \times 100\% \tag{6-5}$$

图 6-9　考虑迟缓的调节
系统静态特性曲线

2. 迟缓对机组运行的影响

机组单机运行时，迟缓会引起转速自发变化（即转速摆动），最大摆动量为 $\Delta n_\varepsilon = \varepsilon n_0$。

机组并网运行时，转速取决于电网频率，迟缓会引起功率自发发生变化（即功率飘移）。当调节系统静态特性简化为直线带状时，功率飘移的最大数值可按相似三角形关系推算出：

$$\Delta P = \frac{\varepsilon}{\delta} P_0 \tag{6-6}$$

由上式可知：并网运行机组因迟缓引起的自发性功率飘移量的大小与迟缓率成正比，与转速变动率成反比。

虽然希望迟缓率 ε 越小越好，但过高的要求会带来设备制造的困难。一般要求液压调节系统的迟缓率 ε<0.3%～0.5%；电液调节系统的迟缓率 ε<0.1%。

（四）蒸汽参数变化对静态特性的影响

前已述及，静态特性线一般按额定蒸汽参数条件绘制。当汽轮机的蒸汽参数（主蒸汽压力、主蒸汽温度、排汽压力等）偏离额定值时，例如主蒸汽压力下降到某一定值时，液压调节设备无法感受此种变化，因而调节汽阀开度保持不变。然而，此时蒸汽流量 G、蒸汽理想焓降 ΔH_t 均相应降低，在忽略汽轮机内效率微小变化时，汽轮机的内功率将减小，也就是说破坏了第四象限中的调节汽阀升程 - 流量关系与汽轮机流量 - 功率关系构成的组合特性，进而改变了调节系统的静态特性—转速与功率之间的静态对应关系，使静态特性线的位置产生了自发飘移。如图 6-10 所示，静态特性线的位置由Ⅰ—Ⅰ自发飘移到Ⅱ—Ⅱ。飘移效应可看成是静态特性线的平移与旋转两种运动的合成结果，由图 6-10 可知，不仅在同转速下功率自发减小，而且静态特性线斜率自发增大，即转速变动率自发增大。如果蒸汽压力比额定值高，则其结果与上述相反。

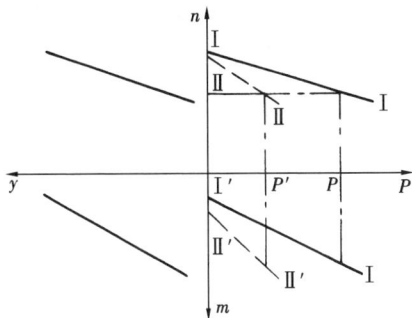

图 6-10 新汽压力变化对
静态特性线的影响

综上所述，由于液压调节系统只能根据转速变化信号来自动调节功率，而无法接受蒸汽参数变化信号来自动调节功率，因此，液压调节系统不具备抵抗蒸汽参数变化等内部扰动信号的能力。

（五）同步器

调节系统的静态特性确定了汽轮机功率和转速（电网频率）单值对应关系，因而在某一电网频率下，汽轮机只能发出一个固定的功率，不能改变，而在单机运行时，汽轮机功率由外界负荷决定，一个功率对应一个固定的转速，且不能改变。显然这是不能满足机组运行要求的。但是，如果将静态特性曲线上下移动，改变转速与功率的对应关系，就能在电网频率不变的情况下，改变并网机组的功率，同理可在功率不变的情况下，改变单机运行机组的转速。同步器就是用来上下移动静态特性曲线的装置（见图 6-3 中的部件 4），同步器能够连续地平移静态特性曲线，使其成为一簇线，或者说成为一个工作区带。

1. 同步器用途

同步器有如下两个用途：

（1）调整单机运行机组的转速。操作同步器，可以改变某个机构调节参数之间的对应关系，使调节系统静态特性线产生平移。

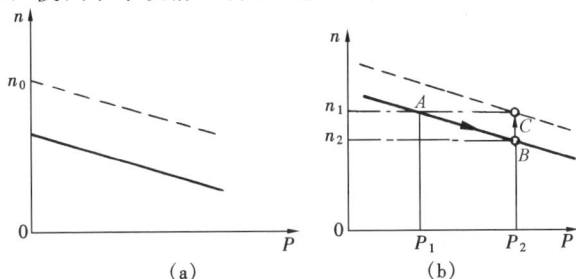

图 6-11 单机运行时静态特性线的平移
(a) 单机空载时的转速调整；(b) 单机
有载时的转速调整（二次调频）

单机运行工况有两种：其一是单机空载运行；其二是单机有载运行。

单机空载运行时，操作同步器，使静态特性线平移，机组转速沿着静态特性图上纵坐标($P=0$)与静态特性线交点的数值变化，为发电机并网创造频率（转速）同步条件，此时同步器起着转速给定作用，如图 6-11(a)所示。

单机有载运行，即一机带一网情况，操作同步器可在同一功率下得到不同的转速，也就是说可以将转速调到合格范围内。如图 6-11（b）所示，外界负荷扰动后，例如负荷增加后，机组通过调节系统的自动动作，按静态特性由 A 点工况过渡到 B 点工况，相应地功率由 P_1 调整到 P_2，转速由 n_1 调整到 n_2，这是机组的一次调频特性，此时 $n_2 < n_1$，有可能超过了供电频率规定的质量范围。此时操作同步器，使静态特性线向上平移，直至机组转速（供电频率）回至预定的质量范围内为止，于是，机组由 B 点工况过渡到 C 点工况，这种通过同步器来调节供电频率的方法叫二次调频。

（2）调整并网运行机组的功率。操作同步器连续平移静态特性曲线，就能连续增减并网机组的负荷。同步器起着"功率给定"作用。

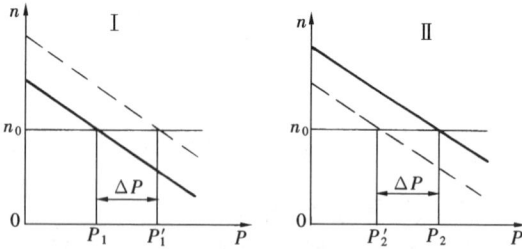

图 6-12 同步器调整并网机组之间的负荷分配

利用同步器的上述作用，在电网频率正常时，调整机组之间的负荷分配。如图 6-12 所示的并网运行的两台机组，Ⅰ号机带负荷 P_1，Ⅱ号机带负荷为 P_2。将Ⅰ号机的静态特性线上移，使负荷增加 ΔP；将Ⅱ号机的静态特性曲线下移，使负荷减小 ΔP。这就改变了两台机的负荷分配，但总的负荷没有变化。

利用同步器平移静态特性线的作用，可以实现电网的二次调频。外界负荷扰动后，通过电网中各台机组的一次调频过程，其结果虽然使得总功率变动量满足外界总负荷变动量的要求，但供电频率有可能超过了预定的质量范围，此时可在维持总功率不变的条件下按经济调度的原则操作一些机组的同步器，实现负荷的重新分配，将电网频率调回到预定的质量范围内，即进行二次调频。

为了使问题描述方便，假定电网中只有两台机组并列运行，如图 6-13 所示，在额定转速为 n_0 下根据静态特性曲线的分配，Ⅰ号机带负荷 P_1，Ⅱ号机带负荷为 P_2。若电网负荷增加 ΔP，则通过两台机组的一次调频后，转速同时降到 n_1，两台机组各自按自己的静态特性承担一部分负荷变化，Ⅰ、Ⅱ号机功率分别增加 ΔP_1、ΔP_2，而 $\Delta P = \Delta P_1 + \Delta P_2$。根据电

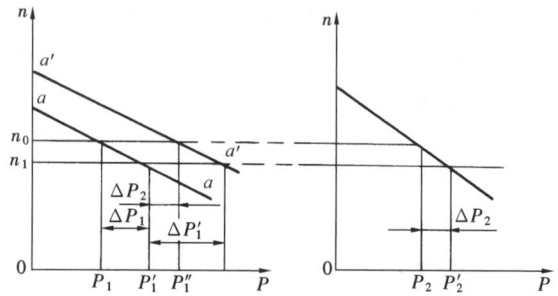

图 6-13 并列机组的二次调频

网频率调整及经济调度的需要，若让Ⅱ号机仍回到原工况点，一次调频后的总功率变动量全由Ⅰ号机来承担，则可操作Ⅰ号机同步器，使Ⅰ号机静态特性线由 aa 位置移到 $a'a'$ 位置，则在转速 n_1 下，Ⅰ号机增加了功率 $\Delta P_1'$，使总功率大于总负荷，于是电网频率升高。随着电网频率的升高，Ⅰ号机按 $a'a'$ 静态特性减负荷，Ⅱ号机也按自身静态特性减负荷。当转速升高到 n_0 时，Ⅱ号机负荷恢复到一次调频前的数值上，Ⅰ号机承担了全部的负荷变化 ΔP，总功率与总负荷重新平衡，电网频率稳定在 n_0 的数值上，即实现了电网的二次调频。由此可知，通过二次调频，可以将电网频率精确地调整到预定的质量范围内，从而弥补一次调频的不足之处。

2. 同步器的调节范围

同步器的调节范围是指操作同步器能使调节系统静态特性线平行移动的范围。设置同步器的目的之一是为了调整并网机组的功率，所以静态特性曲线移动的范围应该是满足机组顺利地加载到满负荷和卸到空负荷的要求，不仅在正常频率和额定蒸汽参数时满足，而且在电网频率和蒸汽参数在允许范围内变化情况下也能满足。

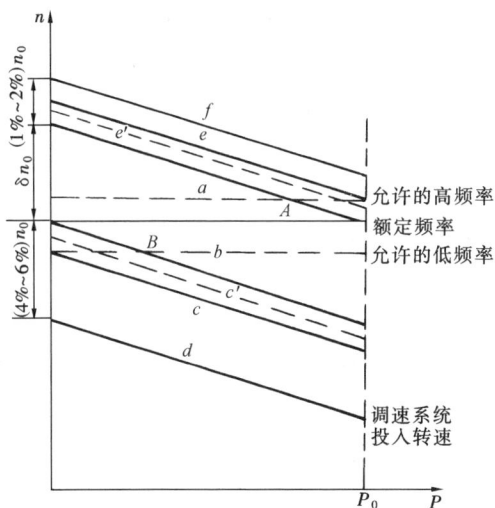

图 6-14 同步器的工作范围

在电网频率为 $50\mathrm{Hz}$ 和额定蒸汽参数时，要使机组功率能够从空负荷变化到满负荷，同步器移动静态特性曲线的范围至少要达到如图 6-14 中 a、b 所示范围，也就是在机组空载时，操作同步器能使机组转速变化值至少为 δn_0。

在电网频率升高时，由图 6-14 可知，转速线与 a 线相交在功率小于 P_0 的 A 点，机组不能带上满负荷。在电网频率降低时，转速线与 b 相交在功率大于空负荷的 B 点，机组无法卸载到零。所以考虑频率在允许的范围内变化时，静态特性线平移的范围应扩大到 c、e 线。

静态特性线平移的范围还要适应新汽参数和背压在允许的范围内变化的要求。当新汽参数升高，背压降低时，在同一个阀门的开度（亦是同一个油动机行程）的条件下，由于机组的进汽量、蒸汽的理想焓降都变大，机组发出的功率相应增大，反映在静态特性线上使特性线上移。如果此时恰好又处在低频率下运行，则从 c 线上移后静态特性线（图 6-14 中虚线 c' 所示）又和转速在大于零负荷处相交，使机组不能卸到空负荷。同理，在新汽参数降低，背压升高和高频率同时出现时，从 e 线下移的静态特性线（图 6-14 中虚线 e' 所示）将和转速线在小于 P_0 范围内相交，机组无法带上满负荷。所以在同时考虑蒸汽参数和电网频率变化时，静态特性线平移的范围应扩大到图 6-14 中的 f、d 线。一般 f 线确定的空负荷转速比额定转速高出（6%～7%）n_0；d 线确定的空负荷转速比额定值低 4%～6%。同步器在结构上应保证在操作时能使静态特性线顺利地从 d 线移到 f 线。

综上所述，同步器的调节范围一般取为（95%～107%）n_0。

三、液压调节系统的动态特性

调节系统静态特性描述的是各稳定状态下功率与转速的对应规律，它与内状态之间的过渡过程无关。调节系统动态特性描述的是调节系统受到扰动后，被调量随时间的变化规律。研究调节系统动态特性的目的是：判别调节系统是否稳定，评定调节系统调节品质以及分析影响动态特性的主要因素，以便提出改善调节系统动态品质的措施。

微课 6-3
调节系统
动态特性线及
评价指标

（一）动态特性指标

对液压调节系统来说，一方面，转速是被调量，过高的转速会威胁设备运行安全；另一方面，可能出现的最恶劣扰动是机组甩全负荷，它是一个幅度最大的阶跃扰动信号。期望调节系统在此扰动下具有良好的调节性能。所以，研究在甩全负荷时机组转速变化

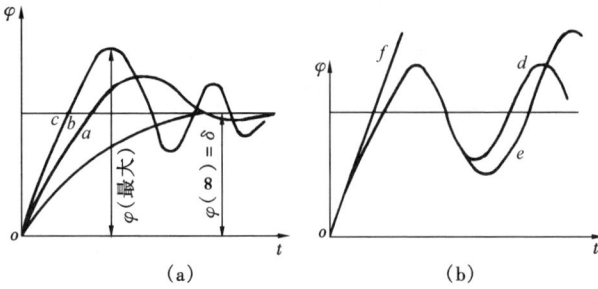

图 6-15　机组甩负荷时的转速过渡过程
（a）稳定过渡过程；（b）不稳定过渡过程

的动态特性指标，具有典型的代表意义。

1. 稳定性

图 6-15 为汽轮机甩全负荷时，转速的几种变化过程。因 6-15（a）上的三条过程线，都随着时间 t 的增加而最终趋近于由静态特性线决定的空负荷转速 n_1。这样的过程被称为稳定过渡过程。图 6-15（b）所示的三条过渡曲线，转速围绕 n_1 作不衰减的谐振（曲线 d），或者振幅随时间 t 逐渐增大（曲线 e），或者偏离额定转速后便一直扩散开去（曲线 f）。这些过程统称为不稳定过渡过程。图中纵坐标量为转速相对值，即 $\varphi = n/n_0$。

生产工艺要求转速调节的过渡过程必须是稳定的，但其过渡过程可以是单调的，也可以是衰减振荡的，但明显的振荡次数要少于 3~5 次。

2. 超调量（转速动态偏差）

图 6-16 是甩全负荷时一种典型的稳定的转速过渡过程曲线。机组在额定负荷、额定转速下甩全负荷时，通过调节系统的调节，理应到达空负荷稳定工况点，这一新的稳定工况点转速可按同步器在额定负荷位置处的静态特性关系求出 $n_s = (1+\delta) n_0$。

在转速调节过程中，最大动态转速 n_{max} 与最后的静态稳定转速 n_s 之差 Δn_{max} 被称为转速动态偏差，或称之为转速动态超调量。最大动态转速为

$$n_{max} = (1+\delta) n_0 + \Delta n_{max}$$

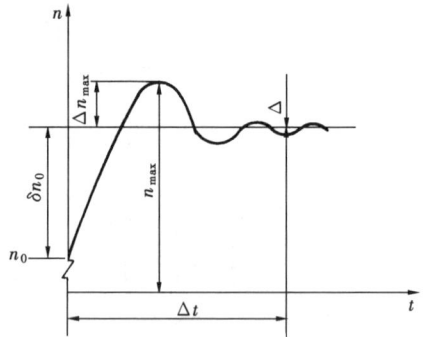

图 6-16　机组甩全负荷时的转速过渡过程

为保证机组在甩全负荷时不引起停机，最大动态转速 n_{max} 必须低于超速遮断装置的动作转速，并留有足够的余量。机械超速遮断装置的动作转速为 $(110\% \sim 112\%) n_0$，希望最大动态转速 n_{max} 不超过 $(107\% \sim 109\%) n_0$。要减小 n_{max}，则一方面 δ 不宜选得过大；另一方面要提高调节性能，例如减小系统的迟缓，努力减小动态超调量 Δn_{max}。此外，在甩全负荷时，若设有自动信号驱使同步器快速退向空负荷位置，也将有利于减小最大动态转速 n_{max}。

3. 快速性（过渡过程时间）

在调节过程中，当被调量与新的稳定值之差 Δ 小于静态偏差的 5% 时，就可认为系统已达到新的稳定状态。调节系统受到扰动后，从原来的稳定状态过渡到新的稳定状态所需要的最少时间被称为过渡过程时间。图 6-16 中的 Δt 为机组甩全负荷时的过渡过程时间，一般要求小于 5~50s，不宜过长。

（二）影响动态特性的主要因素

1. 转子飞升时间常数 T_a

微课 6-4
影响动态特性的主要因素

转子飞升时间常数是指转子在额定功率时的蒸汽主力矩 M_{t0} 作用下，转速由零

升高到额定转速时所需的时间，即

$$T_a = \frac{I_\rho \ (\omega_0 - 0)}{M_{t0}} = \frac{I_\rho \omega_0}{M_{t0}} \tag{6-7}$$

计算分析与试验都表明：甩负荷时 T_a 越小，转子的最大飞升转速越高，而且过渡过程的振荡加剧。影响转子飞升时间常数的主要因素有汽轮发电机组转子转动惯量 I_ρ 及汽轮机的额定主力矩 M_{t0}。I_ρ 越小、M_{t0} 越大则 T_a 越小，越容易加速。随着汽轮机容量越来越大，M_{t0} 成倍地增加，但转子的转动惯量 I_ρ 却增加不多，因而 T_a 越来越小。例如，小功率机组 T_a 为 11～14s；高压机组 T_a 为 7～10s；中间再热机组 T_a 仅 5～8s。所以机组功率越大，超速的可能性也越大，因而甩负荷后控制动态超速的难度也越大。

2. 中间容积时间常数 T_V

从汽轮机的调节汽阀以后一直到最末级为止，在蒸汽流过的整个路径内，包括调节汽阀后的蒸汽管道、蒸汽室、通流部分以及再热器，这些被蒸汽占据的容积称为汽轮机的中间容积。由于这些中间容积的存在，在调节系统动作时，要改变蒸汽的流量，必须同时改变各中间容积中的压力势能。换句话说，在开大调节汽阀的过程中，在增加蒸汽流量的同时，还要增加各中间容积的压力势能，造成蒸汽流量增加的速度减慢；在关小调节汽阀过程中，减小蒸汽流量的同时，各中间容积中储存着的压力势能会释放出来，造成蒸汽流量减小的速度变慢。中间容积时间常数表示中间容积储存蒸汽能力的大小，即

$$T_V = \frac{V \rho_{V0}}{n G_0} = \frac{V}{n G_V}$$

式中　　　n——多变指数；

　　　　　V——中间容积；

ρ_{V0}、G_V、G_0——在额定工况下，中间容积 V 中的蒸汽密度、容积流量与质量流量。

当中间容积越大、中间容积压力越高时，中间容积时间常数 T_V 越大，表明中间容积中储存的蒸汽量越多，其做功能力越大。甩负荷时，虽然主蒸汽调节汽阀已迅速关小，但中间容积的蒸汽仍继续流进汽轮机，压力势能在释放，使汽轮机转速额外飞升也就越大。

3. 转速变动率 δ

如图 6-17 所示，转速变动率 δ 对动态特性指标的影响是：δ 大时，转速动态超调量小，动态稳定性好。这是由于甩同样的负荷，δ 大时，转速变化大，反馈信号强，可使调节系统快速动作；但 δ 大时，转速静态偏差大。

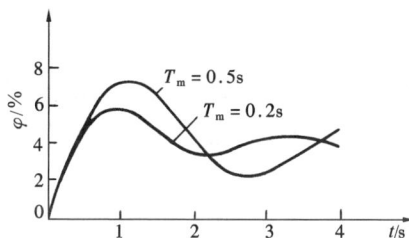

4. 油动机时间常数 T_m

油动机时间常数的定义是：当油动机滑阀开度为最大时，油动机处在最大进油量条件下走完整个工作行程所需要的时间。

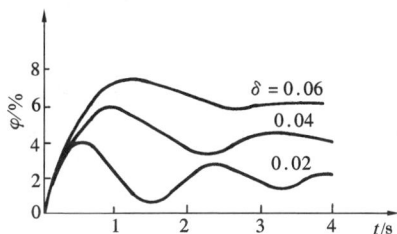

图 6-17　转速变动率 δ 对动态特性的影响　　图 6-18　油动机时间常数对动态特性的影响

如图 6-18 所示，油动机时间常数 T_m 越大，则调节汽阀关闭时间越长，调节过程的动态偏差越大，转速过渡过程曲线摆动幅度越大，过渡过程时间越长，因而调节品质越差。但另一方面，T_m 大时可削弱油压波动对调节系统的影响。

5. 迟缓率

由于迟缓的存在，甩负荷时不能及时使调节汽阀动作，动态偏差要加大。

四、中间再热对汽轮机调节系统的影响

1. 采用单元制的影响

（1）机炉动态特性差异的影响。中间再热机组均采用一机配一炉的单元制布置，而汽轮机与锅炉的动态特性差异较大，在较大的外界负荷扰动下，造成的主蒸汽参数波动就较大。例如，外界负荷增加，调节系统很快动作，使调节汽阀开大，流量增加，而锅炉的燃烧调整较慢，流量的增加势必引起主蒸汽压力下降，而汽压的下降破坏了调节汽阀开度与流量的对应关系，流量会相对减小，从而也减小了机组的功率响应速度，降低了机组的负荷适应性。

（2）机炉最低负荷的不一致。锅炉稳定燃烧的最低负荷为 $30\% \sim 50\%$，而汽轮机的空载汽耗量仅为额定值的 $5\% \sim 8\%$，甚至可小到 2%，这就是单元机组中出现机炉之间最小负荷的不一致。因此，在汽轮机空负荷或低负荷运行时，应设法处理锅炉的多余蒸汽。

（3）再热器的冷却问题。中间再热器处于锅炉烟道中烟温较高的区域，需要有足够大的蒸汽量冷却其管道，而汽轮机的空载汽耗量通常小于再热器的最小冷却流量，因此必须考虑在机组启动过程中对中间再热器的保护问题。

2. 中间再热容积的影响

再热器的容积很大，造成中间再热容积时间常数 T_V 很大。当外界负荷要求增加机组功率时，调节系统将把调节汽阀开大，流量增加，高压缸功率随之增加较快；而中低压缸受中间再热容积的影响，其功率增加较慢，即产生功率滞后现象，降低了一次调频能力。此外，甩负荷时中间再热容积内蒸汽易使机组超速。

为了增加中间再热机组的一次调频能力即负荷适应性，需要高压调节阀动态过开；为了防止甩负荷时超速，需要在中压缸前设置再热主汽阀和再热调节汽阀；为了解决汽轮机空载流量与锅炉最低负荷不一致的矛盾，同时为了保护再热器，中间再热式机组需设置旁路系统。这样如中间再热机组采用液压调节系统，效果比较差。并且大机组还要求能综合多种信号进行联合控制，这是液压调节系统难以胜任的。

第三节　功频电液调节系统

功率 - 频率电液调节系统是指系统中采用转速和功率两个控制信号，测量和运算采用电子元件，而执行机构仍用油动机的调节系统，简称功频电调。

从汽轮机调节的概念可知，对调节系统的基本要求是要得到转速与功率之间一定的静态特性，并且要求在动态过程中转速与功率的关系也不要偏离静态特性太远。根据静态特性线，功率和转速的关系可表示为

$$\Delta P = -\frac{1}{\delta} \frac{\Delta n}{n_0} P_0 \tag{6-8}$$

式中　n_0——机组的额定转速；

Δn——机组转速的变化，r/min；

P_0——机组的额定功率，MW；

ΔP——机组功率的变化，MW；

δ——速度变动率，一般 $\delta=4\%\sim6\%$。

在纯速度调节的系统中，是根据转速变化，调整调节汽门的开度，达到改变汽轮机功率的目的。这对于具有庞大中间容积的中间再热机组来说，必然使动态过程中转速和功率之间的变化关系与静态特性差异很大。在调节系统中引进功率信号，能更好地实现动态过调，消除功率滞后，使转速和功率呈线性关系。

对并在大电网中运行的机组，若蒸汽参数变化（称为"内扰"）引起机组功率变化，由于电网频率不变，纯速度调节系统对此无法进行自动调整。有了测功信号，将测得的功率信号与功率给定值比较，以此对汽轮机进行调节，就能消除"内扰"影响。

一、功频电液调节系统的基本工作原理

图 6-19 为汽轮机的功频电液调节系统方框图。由于它是以连续的电量对机组进行控制的，所以也称模拟电调。该系统以集成运算放大器为基本元件，在计算机应用于电厂之前采用，功频电液调节的功能很多，下面仅介绍其三种基本回路及甩负荷过程。

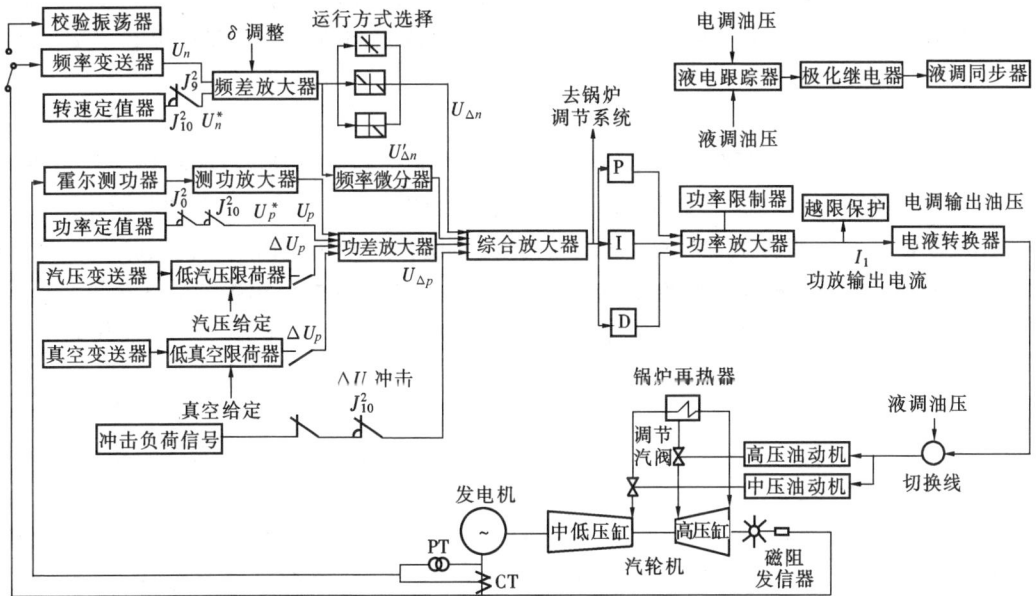

图 6-19 功率-频率电液调节系统方框图

1. 转速调节回路

转速调节回路应用于单机运行情况，在机组启动时升速、并网和在停机（包括甩负荷）过程中控制转速。

转速反馈信号由装于汽轮机轴端的磁阻发信器测取并转换成电压，然后与转速给定电压进行比较；再经频差放大器放大后，送往综合放大器、PID（比例、积分和微分）调节器、功率放大器、电液转换器，再经继动器、错油门和油动机后去控制调节汽阀。电液转换器以前的电气部分用模拟电子硬件实现，以后的液压部分与前面介绍的液压调节系统的相应部分基本相同。

频差放大器的输出，一路经运行方式选择后直接进入综合放大器，供用户选择调频方式、基本负荷方式或单向调频方式运行；另一路经频率微分器后进入综合放大器，用以改善系统的动态特性和克服功率反调。

PID 调节器是三种调节作用之和。当偏差刚出现时，微分环节 D 立即发出超调信号，比例环节 P 也同时起放大作用，使偏差幅度减小，接着积分 I 的作用慢慢地把余差克服。若 PID 的参数选择得当时，能充分发挥三种调节规律的优势，克服中间再热环节功率的滞后，使调节时间缩短，超调量减小，并使整个调节回路变成一个无差的定值调节系统。

2. 功率调节回路

机组在电网中不承担调频任务时，频差放大器无输出信号，机组由功率调节回路进行控制。

由于汽轮机功率的测取比较困难，在功频电调中一般都采用测量发电机功率的方法。该功率是由通过测量发电机电压产生的控制电流和测量电流产生的磁通量，经霍尔测功器输出的霍尔电势来量度的。由于该电势与发电机的功率成正比，因此它能准确地代表发电机的功率。

通过霍尔测功器测出与发电机功率对应的电压后，再与给定电压比较，经功差放大器放大并经综合放大器放大后，输至 PID 调节器，最后控制调节汽阀。该回路也是定值调节系统。

3. 功率-频率调节回路

当汽轮机参与一次调频时，调节系统构成了功率频率调节回路，此时功率调节回路和转速调节回路均参与工作，是一种功率跟随频率的综合调节系统。此时，两调节回路既有自身的动作规律，又有协调动作的过程，频差信号 $U_{\Delta n}$ 和功差信号 $U_{\Delta p}$ 在综合放大器内进行比较。由于积分环节的存在，稳态时频差信号 $U_{\Delta n}$ 和功差信号 $U_{\Delta p}$ 应大小相等、极性相反，所以综合放大器的输出为零。因此，当与频率对应的转速变化为 Δn 时，机组功率的变化为

$$\Delta P = -\frac{1}{\delta}\frac{\Delta n}{n_0}P_0$$

在功频调节回路中，频差放大器的输出电压 $U_{\Delta n}$ 反映了调频功率 ΔP 的大小。因此，频差信号 $U_{\Delta n}$ 也就是调频功率 ΔP 的指令。回路中无论是功率通道不平衡，还是频率通道不平衡，整个功率—频率调节回路都要动作，直到综合放大器的输出为零，系统趋于稳定为止。

4. 甩负荷过程

甩负荷时，机组的动态特性是判断调节系统性能优劣的重要标志。在一般液压调节系统中，当出现甩负荷（假定甩满负荷）事故时，由于主同步器仍置于满负荷位置未变，所以静态特性位置不变（见图6-20），甩负荷时的最大转速为 $n_{max} = (1+\delta)\,n_0 + \Delta n_{max}$（$\Delta n_{max}$ 为超调量）。在功频电液调节系统中，由

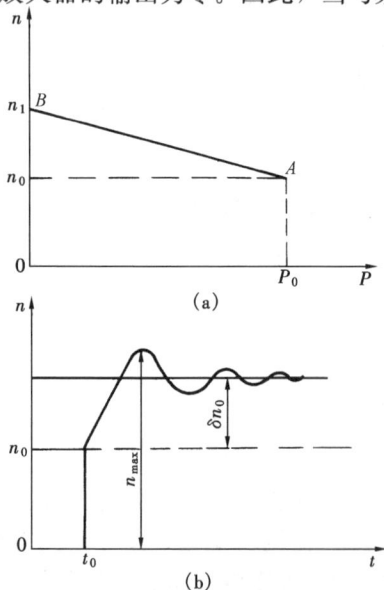

图 6-20　液调系统甩负荷特性

于甩负荷时可利用油开关跳闸信号通过继电器切除功率
给定的输出，因而使功率给定值由额定值瞬间变为零，
又由于实际功率为零，故功率偏差信号为零，系统进入
纯调速系统，机组的最后稳定转速必然等于给定的额定
转速，转速的动态过程线如图 6-21 所示。动态的最大转
速 $n_{max} = n_0 + \Delta n_{max}$，比液压调节系统甩负荷时最大转速
低 δn_0，稳定转速为 n_0，这就为迅速重新并网创造了条
件。切除功率给定，相当于把静态特性从满负荷位置
AB 移到空负荷位置 $A'B'$（见图 6-21）。

二、功频电液调节系统反调现象的产生和消除

当外界负荷突变时，例如，电网故障造成发电机功
率突然大幅度减小时，汽轮机转速变化是由转子不平衡
力矩所引起的。由于转子存在惯性等原因，造成转速信
号瞬时变化很小，即转速变化信号落后于功率变化信
号，这时，转速调节回路输出的功率静态偏差请求值很
小，而功率调节回路的功率动态偏差信号幅值很大，并

图 6-21 电调系统甩负荷特性

且由于此时功率调节回路的功率动态偏差信号大于零，所以相继通过调节器作用后驱使调节
汽阀开大，引起汽轮机功率增大，这显然与所希望的功率调节方向相反，即产生了功率反调
现象。随着转子进一步加速，转速反馈信号逐渐加强，转速调节回路产生主导作用，使调节
汽阀逐渐关小，功率反调现象逐渐消失，所以功率反调现象只发生在调节过程的初期。若负
荷扰动过大，功率反调现象严重，则会影响机组的正常运行。

产生功率反调现象的原因除上述提到的转速变化信号落后于功率变化信号外，还有一个
原因是在动态过程中，发电机功率 P_{el} 与汽轮机功率 P_i 不相等。而功率反馈信号取自于发
电机。

由于功率 $P = M\omega$，所以对式（6-1）两边同乘以 ω 后便得到

$$P_i - P_{el} = I_\rho \omega \frac{d\omega}{dt} \approx I_\rho \omega_0 \frac{d\omega}{dt}$$

在动态过程中 $\frac{d\omega}{dt} \neq 0$，所以 $P_i \neq P_{el}$，这说明在用发电机功率信号代替汽轮机功率信号
时，动态过程中少了一项反映转子动能改变的转速微分信号。

为了预防反调现象发生，通常设置如下动态校正元件。

1. 转速一次微分器

将转速一次微分器接在频差校正器后，也就是转速微分信号 $\frac{d\omega}{dt}$ 用于补偿 P_{el} 与 P_i 的不平
衡量，同时强化转速回路的调节作用，但微分信号会使系统的高频干扰信号放大影响系统的
正常工作。

2. 带惯性延迟的测功器

为了削弱测功信号的功率反调作用，将功率信号延迟一段时间，为此在测功器上增加一
个功率信号延迟环节。

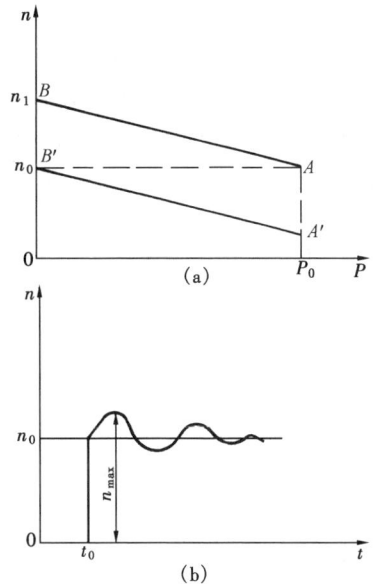

3. 功率负微分器

将功率负微分器并接在测功器的两端，在电功率突变的初期，功率负微分信号与功率信号同时突然改变，两信号变化方向相反，相加后的净输出值大大减小。

通常在功率负微分器的输入端加上一个死区，这样功率的微小波动以及干扰信号就被这个死区过滤掉，从而提高电液调节系统的稳定性。

在生产实践中，往往综合应用上述一些措施，并同时可采用其他一些措施，例如调整有些设备先后连接的次序，采用不同的时间常数、放大倍数等，均能够较好地预防或削弱功率反调作用。

第四节 数字电液调节系统

一、数字电液调节系统的方框图

图 6-22 为数字电液调节系统的方框图，它也是一种功率频率调节系统，与模拟电调相比较，其给定、综合比较部分和 PID（或 PI）的运算部分，都是在数字计算机内进行的。由于计算机控制系统是在一定的采样时刻进行控制的，所以两者的控制方式完全不同，模拟电调属于连续控制，而数字电调则属于离散控制，也称采样控制。

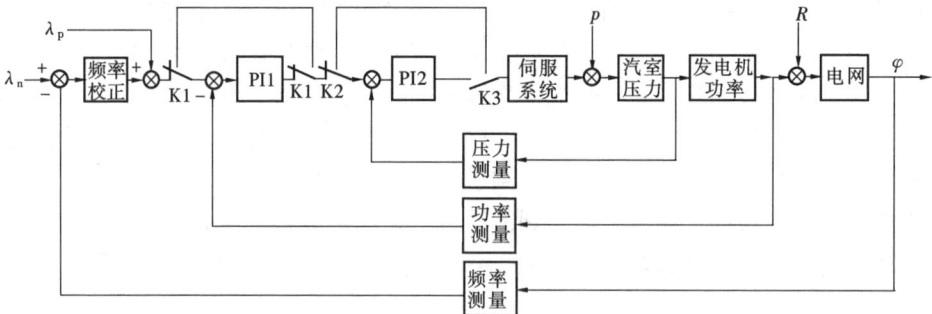

图 6-22 数字电液调节系统方块图

图 6-22 中的调节对象，考虑了调节级汽室压力特性、发电机功率特性和电网特性，而计算机的综合、判断和逻辑处理能力又强，因此，它是一种更为完善的调节系统。

该系统采用 PI 调节规律，是一种串级 PI 调节系统。整个系统由内回路和外回路组成，内回路增强了调节过程的快速性，外回路则保证了输出严格等于给定值；PI 调节规律既保证了对系统信息的运算处理和放大，积分作用又可以保证消除静差，实现无差调节。

系统的虚拟"开关"由软件实现，K1 和 K2"开关"的指向可提供不同的运行方式，既可按串级 PI 方式运行，又可按单级 PI 方式运行。这就使得当系统中某个回路发生故障时，如变送器损坏等情况下，系统仍能正常工作，这对于液压调节系统来说是办不到的。运行方式的变更既可以通过逻辑判断和跟踪系统自动切换，又可以通过键盘操作进行切换。

系统中的外扰是负荷变化 R，内扰是蒸汽压力变化 p，给定值有转速给定 λ_n 和功率给定 λ_P，两给定值彼此间受静态关系的约束。机组启停或甩负荷时用转速回路控制，并网运行不参与调频时用功率回路控制，参与调频时用功率频率回路控制。

由于各种控制模式的处理都可以用计算机实现，有利于机炉协调控制，甚至实现最优控制，比模拟电调方便得多。

二、数字电液调节系统的组成

引进型 300MW 和超临界压力 600MW 等机组的 DEH 调节系统，均将固体电子器件（数字计算机系统）与液压执行机构的优点结合起来，使调节系统的执行机构（油动机）的尺寸大大缩小，能够解决日趋复杂的汽轮机控制问题，并且具有迟缓率小、可靠性高、便于组态和维护等特点。

图 6-23 为机组 DEH 的系统图，主要由五大部分组成。

（1）电子控制器。电子控制器是 DEH 系统的核心设备，安装在计算机房的控

微课 6-5
数字电液调节
系统的组成

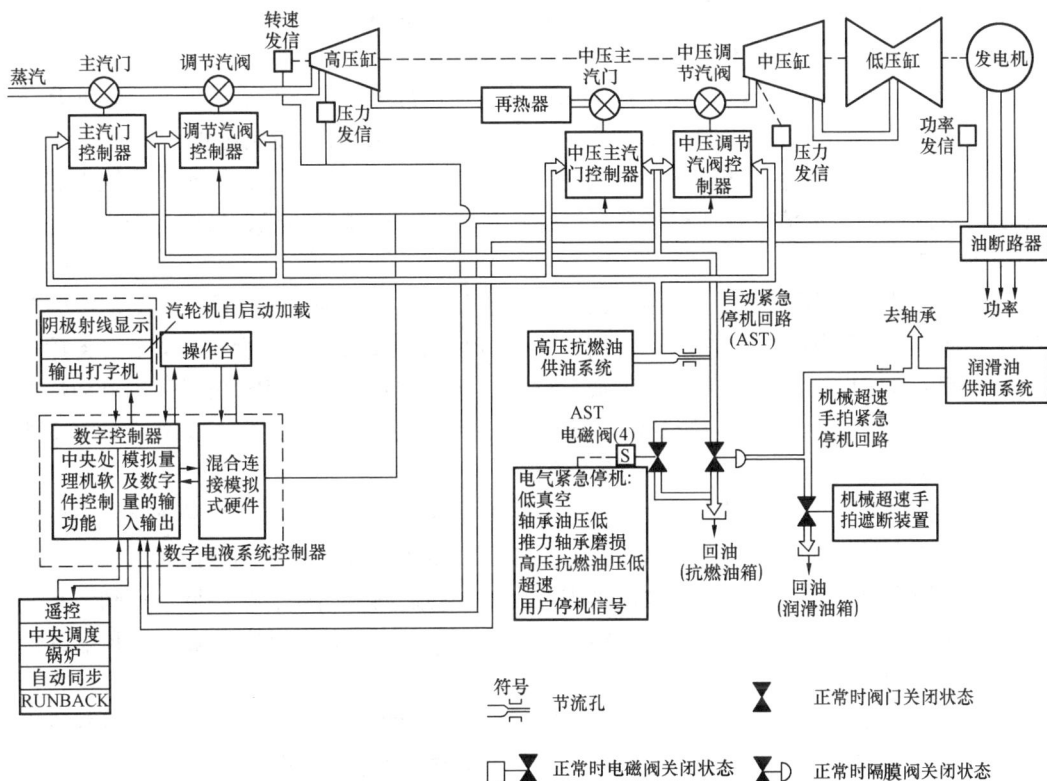

图 6-23　DEH 系统的原理示意

制柜内。它由三台主计算机和若干个微处理器、单片机组成，通过总线进行连接，完成数据处理、通信、运算、监测和控制任务。它吸收分散控制系统的优点，将不同的功能分散到各处理单元，并采用冗余配置，以提高系统的可靠性，且便于调试、维修和扩展。其中两台主计算机的结构和功能相同，互为备用，完成基本控制的数据的采集、处理和运算，发出流量请求指令，再经阀门管理器转换为阀门开度指令；另一台主计算机完成运行参数检测、图像生成、转子应力计算和机组自动启动程序控制等任务。

阀门管理器接受数字式控制器发出的蒸汽流量请求值，进行主蒸汽压力修正和阀门特性线性化处理，使输出的阀门开度指令与机组的能量需求对应；并接受确定阀门控制方式（单阀或顺序阀调节）指令，当选择"单阀"调节时，流量请求值被除以 4。

每一个开度连续可控的进汽阀都配置一个信号放大器（VCC 卡），它由数/模（D/A）

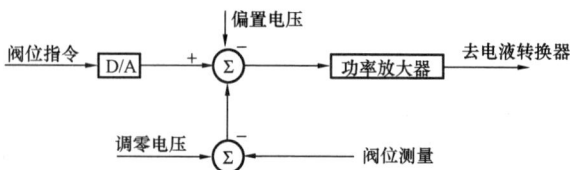

图 6-24　阀门控制的 VCC 卡

转换卡、比较器和功率放大器组成（见图 6-24）。阀门管理器输出的阀门开度指令，经数/模（D/A）转换引入比较器，由于采用断流式错油门控制油动机的进油或排油，将阀位反馈信号也引入比较器，与阀门开度指令相比较，其差值输入功率放大器进行功率放大。若阀位反馈信号与阀门开度指令不相等，则输出差值信号至电液转换器，控制油动机改变阀门开度。当两者相等时，断流式错油门返回关断位置，切断油动机的油路，阀门开度与开度指令一致。当高压调节阀选择"顺序阀"控制时，各调节阀设置不同的偏置电压，偏置电压小的阀门先开启。

（2）操作系统。操作系统也称运行员操作站，是运行员对过程与系统的接口，通常称为人机接口 MMI（Man Machine Interface）。操作员通过 MMI 监视控制过程。MMI 能显示过程信息，传递操作员指令，处理各种报警等。MMI 站通常由计算机及其辅助系统组成，通过显示器给操作员显示信息，通过键盘接受操作员指令，通过打印机、报警为操作员打印记录和提供报警。

（3）油系统。大多数机组高压控制油与润滑油分开。高压油（EH 系统）采用三芳基磷酸酯抗燃油为调节系统提供控制与动力用油，系统设有油泵 2 台，1 台工作，1 台备用，引进型 300MW 机组供油油压为 12.42～14.47MPa，超临界压力 600MW 机组采用电动柱塞恒压泵，油压 14.0±0.5MPa，它接受调节器或操作盘来的指令进行控制。润滑油泵由主机拖动，为润滑系统提供 1.44～1.69MPa 的汽轮机油。

（4）执行机构。主要由伺服放大器、电液转换器和具有快关、隔离和逆止装置的单侧油动机组成，负责带动高压主汽阀、高压调节汽阀和中压主汽阀、中压调节汽阀。

（5）保护系统。设有 6 个电磁阀，其中 2 个用于超速时关闭高、中压调节汽阀，其余用于严重超速（$110\%n_0$）、轴承油压低、EH 油压低、推力轴承磨损过大、凝汽器真空过低等情况下危急遮断和手动停机之用。

此外，为控制和监督服务用的测量元件是必不可少的，例如，机组转速、调节级汽室压力、发电机功率、主蒸汽压力传感器以及汽轮机自动程序控制（ATC）所需要的测量值等。

三、数字电液调节系统的功能

从整体看，DEH 调节系统有四大功能，下面作简单介绍。

1. 汽轮机自动程序控制（automatic turbine control，ATC）功能

DEH 调节系统的汽轮机自动程序控制，是通过状态监测，计算转子的应力，并在机组应力允许的范围内，优化启动程序，用最大的速率与最短的时间实现机组启动过程的全部自动化。

ATC 允许机组有冷态启动和热态启动两种方式。冷态启动过程包括从盘车、升速、并网到带负荷，其间各种启动的操作、阀门的切换等全过程均由计算机自动进行控制。

在非启停过程中，还可以实现 ATC 监督。

2. 汽轮机的负荷自动调节功能

汽轮机的负荷自动调节有两种情况。冷态启动时，机组并网带初负荷（5%额定负荷）

微课 6-6
数字电液调节系统功能及控制模式

后，负荷由高压调节汽阀进行控制；热态启动时，在机组负荷未达到 35％ 额定负荷以前，由高、中压调节汽阀控制，以后，中压调节汽阀全开，负荷只由高压调节汽阀进行控制。处于负荷控制阶段，DEH 调节系统具有下述功能：

（1）具有操作员自动、远方控制和电厂计算机控制方式，以及它们分别与 ATC 组成的联合控制方式。

（2）具有自动控制（A 和 B 机双机容错）、一级手动和二级手动冗余控制方式。

（3）可采用串级或单级 PI 控制方式。当负荷大于 10％ 以后，可由运行人员选择是否采用调节级汽室压力和发电机功率反馈回路，从而也就决定了采用何种 PI 控制方式。

（4）可采用定压运行或滑压运行方式。当采用定压运行时，系统有阀门管理功能，以保证汽轮机能获得最大的效率。

（5）根据电网的要求，可选择调频运行方式或基本负荷运行方式；设置负荷的上下限及其速率等。

此外，还有主蒸汽压力控制（TPC）和外部负荷返回（RUNBACK）等保护主要设备和辅助设备的控制方式，运行控制十分灵活。

3．汽轮机的自动保护功能

为了避免机组因超速或其他原因遭受破坏，DEH 的保护系统有如下三种保护功能：

（1）超速保护（OPC）。该保护只涉及调节汽阀，即转速达到 $103％n_0$ 时快关中压调节汽阀，在 $103％n_0 < n < 110％n_0$ 时，超速控制系统通过 OPC 电磁阀快关高、中压调节汽阀实现对机组的超速保护。

（2）危急遮断控制（ETS）。该保护是在 ETS 系统检测到机组超速达到 $110％n_0$ 或其他安全指标达到安全界限后，通过 AST 电磁阀关闭所有的主汽阀和调节汽阀，实行紧急停机。

（3）机械超速保护和手动脱扣。前者属于超速的多重保护，即当转速高于 $110％n_0$ 时，实行紧急停机，后者为保护系统不起作用时进行手动停机，以保障人身和设备的安全。

4．机组和 DEH 系统的监控功能

该监控系统在启停和运行过程中对机组和 DEH 装置两部分运行状况进行监督。内容包括操作状态按钮指示、状态指示和 CRT 画面，其中对 DEH 监控的内容包括重要通道、电源和内部程序的运行情况等；CRT 画面包括机组和系统的重要参数、运行曲线、潮流趋势和故障显示等。

四、数字电液调节系统的运行方式

为了确保控制的可靠，DEH 调节系统设有四种运行方式，机组可在其中任何一种方式下运行，其顺序和关系是：

二级手动、一级手动、操作员自动、汽轮机自动 ATC，紧邻两种运行方式相互跟踪，并可做到无扰切换。此外，居于二级手动以下还有一种硬手操，作为二级手动的备用，但两者无跟踪，需对位操作后才能切换。

二级手动运行方式是跟踪系统中最低级的运行方式，仅作为备用运行方式。该级全部由成熟的常规模拟元件组成，以便数字系统故障时，自动转入模拟系统控制，确保机组的安全可靠。

一级手动是一种开环运行方式，运行人员在操作盘上按键就可以控制各阀门的开度，各按钮之间逻辑互锁，同时具有操作超速保护控制器（OPC）、主汽阀压力控制器（TPC）、外部触点返回（RUNBACK）和脱扣等保护功能，该方式作为汽轮机自动方式的备用。

操作员自动方式是 DEH 调节系统最基本的运行方式，用这种方式可实现汽轮机转速及负荷的闭环控制，并具有各种保护功能。该方式设有完全相同的 A 和 B 双机系统，两机容错，具有跟踪和自动切换功能，也可以强迫切换。在该方式下，目标转速和目标负荷及其速率，均由操作员给定。

汽轮机自动（ATC）是最高一级运行方式，此时包括转速和负荷及它们的速率，都不是来自操作员，而是由计算机程序或外部设备进行控制，因此，是居于操作员自动上一级的最高级运行方式。

五、数字电液调节系统的控制模式

DEH 的控制器，是 DEH 系统的核心。总体而言，它具有两种控制模式，其中又可细分成许多具体的控制方式。

1. 主汽阀（TV）控制模式

主汽阀控制有两种控制方式：

（1）主汽阀自动（AUTO）方式。亦称数字系统控制方式。当计算机发出指令进行控制时，称汽轮机主汽阀自动控制（ATC）；当由运行人员自操作盘通过计算机进行控制时，称汽轮机主汽阀操作员自动控制。

（2）主汽阀手动方式。此时数字系统不参与，而通过模拟系统对机组进行控制。

2. 调节汽阀（GV）控制模式

（1）调节汽阀自动（AUTO）方式。调节汽阀自动方式即计算机参与的控制方式，为数字系统运行。在负荷控制阶段，GV 有以下五种运行方式。

1）操作员自动控制方式（OA）。在系统正常的条件下，阀位限制未投入，可由"手动"方式切换为"操作员自动"方式。在此方式下，由操作员设定目标转速和升速率，或目标负荷和升负荷率，DEH 系统按此设定自动控制机组启动、停机和变负荷。

2）遥控方式（REMOTE）。在该方式下，系统接受协调控制（CCS）或负荷调度中心（ADS）输入的目标负荷及其速率，并进行控制。协调控制方式（CCS）是在机、炉自动控制系统均完好，机组已正常运行的条件下投入的运行方式。在此方式下，DEH 系统接受 CCS 主控制器发出的调节信号。若汽轮机为"手动"，则采用"炉跟机"方式；若锅炉为"手动"，则采用"机跟炉"方式。

3）电厂计算机控制方式（PLANT COMP）。在该方式下，系统接受厂级计算机输入的目标负荷及其速率，并进行控制。

4）自动汽轮机控制方式（ATC），该方式也称自动程控启动方式。在机组启动时，由"操作员自动"切换为"程控方式"后，DEH 系统按机组的温度状态和预定的程序，以及转子应力水平进行冲转、升速、暖机、并网、带初始负荷。此后自动切换为操作员自动方式，由操作员设定目标负荷和升负荷率，完成升负荷过程。

这是一种联合控制方式。其组合形式有 OA‐ATC、CCS‐ATC、ADS‐ATC 和 RE-MOTE‐ATC 等几种。此时，由前者给定目标负荷和速率，ATC 负责监控，根据机组运行情况选取一个最小的速率作为当前执行速率。

5）电厂限制控制方式。采用此方式时，DEH 系统受电厂内部运行条件制约，其具体形式有主蒸汽压力控制方式（TPC）和外部负荷返回控制方式（RUNBACK）。

主蒸汽压力控制方式（TPC），该方式在主蒸汽压力下降时限制汽轮机负荷，避免锅炉汽压急剧下降。

外部负荷返回控制方式（RUNBACK），该方式主要是考虑辅机故障，例如，在给水泵和风机等跳闸的情况下，系统将以一定的速率去关小调节汽阀，直到故障消除为止。

（2）调节汽阀手动方式。在调节汽阀手动控制方式下，计算机不参与控制，而是由运行人员发出指令，通过模拟系统输出的信号进行控制。

由此可见，无论是 TV 还是 GV，都有数字控制和模拟控制两种方式，它们之间应设有数/模转换和跟踪系统，以便在系统或运行方式变更时，实现无扰动切换。

六、数字电液调节系统的工作原理

汽轮机电液调节系统的基本控制功能有两个，其一是单机运行时的转速控制，其二是并列运行时的功率控制。对于定压运行的汽轮机来说，无论是转速控制还是功率控制，主要都是通过改变蒸汽阀开度来调节进汽量的，从而达到调节的目的。

（一）转速控制（调节）

1. 转速控制回路

转速控制回路由转速给定值形成单元、比较器、阀门切换、比例积分器、转速测量等元件组成，其输出的转速请求值引入相应进汽阀的液压控制组件，控制阀门开度。图 6-25 是转速控制回路的示意，其上部是转速给定值形成单元。

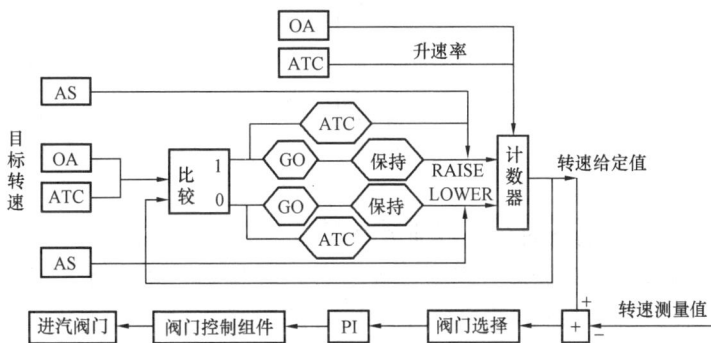

微课 6-7
数字电液调节系统的转速控制

图 6-25　转速控制回路示意

转速给定值形成单元是将设定的目标转速阶跃值，按设定的升速率转换为逐渐变化的转速给定值。目标转速与转速给定值在比较器内进行比较，若有差值，则双向计数器按设定的升速率进行计数：差值为正，则正向计数，转速给定值逐渐增大；差值为负，则负向计数，转速给定值逐渐减小，最后使转速给定值与目标转速相等。在"操作员自动"方式，目标转速和升速率由操作员设定，按动"GO"按钮后，计数器进行计数；按"保持"按钮，计数器停止计数，保持转速给定值不变，再按动"GO"按钮，只要转速给定值与目标转速不相等，双向计数器继续计数。在"程控启动"方式，目标转速和升速率由启动程序设定；在同期并网过程中，由自同期装置自动叠加一个幅值为 30r/min 周期性变化的目标值。

转速给定值与转速测量值的差，引入比例积分器（PI），其输出直接送往相应进汽阀的 VCC 卡和液压控制组件，控制阀门开度。至于送到哪些阀门，由启动方式和逻辑运算确定。

转速给定值形成、比例积分和进汽阀门选择的运算由数字式控制器相应元件完成，此时的输入量是目标转速、升速率和转速测量值。对于超临界压力 600MW 汽轮机转速控制回路

的技术特性如下：

转速调节范围：0～3360r/min；

转速控制回路的控制精度：±1r/min，有很强的抗内扰性能；

最大升速率下的超调量：不大于0.15％额定转速；

迟缓率：0.067％；

能保证自动地迅速冲过临界转速区。

转速控制回路与汽轮机旁路系统相配合，能适应汽轮机带旁路或不带旁路；高压缸或中压缸启动，或高、中压缸联合启动等各种启动方式。能根据机组不同热状态下的启动升速要求，实现高压主汽门、高压和中压调节阀之间在各个升速阶段的自动切换。

2. 转速调节（控制）原理

汽轮机在机组并网前，必须将转速由零提升到额定转速附近，为机组并网创造条件。为了提高升速过程的安全性、经济性，减少设备的寿命损耗，通常采用多阀组合式升速控制方案。下面以引进型300MW机组根据西屋公司DEH-III型的功能原理开发的数字电液调节系统为例分析说明。

汽轮机在采用高压缸启动方式时，冲转前将旁路系统切除（BYPASS OFF），通过高压主汽阀与高压调节汽阀的顺序开启组合来控制升速过程。在启动的开始阶段（0～2900r/min），采用高压主汽阀（TV）控制转速，当汽轮机转速达到2900r/min时，用高压调节汽阀（GV）控制转速。

通常，美国的300MW机组不采用旁路系统，但我国的引进型机组仍保留有旁路系统，因此，在DEH调节系统中，还增加了中压调节汽阀的控制功能。机组在启动过程中，旁路系统是否投入，其控制方式是不同的，在操作台上有一旁路投/切按钮，可供运行人员选择。

汽轮机在采用中压缸启动时，冲转前旁路系统不切除，通过中压调节阀、高压主汽阀和高压调节阀三种阀门的组合顺序控制升速过程。并网后，由高压调节汽阀和中压调节汽阀同时承担负荷的控制，负荷的设定值乘以旁路流量百分比作为中压调节汽阀的负荷控制设定值，在负荷带到30％时，中压调节汽阀达到全开状态，这相当于最大的旁路流量。

图6-26为DEH调节系统中的转速调节原理图，由图可见，此转速调节回路可接受两种转速控制信号扰动，一是自动控制方式下的转速给定值扰动；二是手动控制方式下的手动转速阀位指令扰动。

（1）转速给定值扰动下的转速调节。在自动控制方式下，系统的转速调节主回路与两个阀位控制子回路均为闭环控制结构。

若系统处于稳定状态，则转速给定值 n^* 与转速反馈值 n 相平衡，转速偏差 $\Delta n = 0$，阀位偏差信号 $\Delta V_T = 0$，$\Delta V_G = 0$。

1）高压主汽阀的转速控制（$n < 2900r/min$）。汽轮机在采用高压缸启动方式时，冲转前切除了旁路系统，中压主汽阀、中压调节汽阀、高压调节汽阀均全开，由高压主汽阀冲转并控制升速至2900r/min。

当需要升速时调整转速给定值 n^*，使之增大，产生转速给定值扰动信号 $\Delta n^* > 0$，进而在转速调节器 $P_2 I_2$ 上输入产生转速偏差信号 $\Delta n > 0$。有了偏差，转速调节器便按特定的调

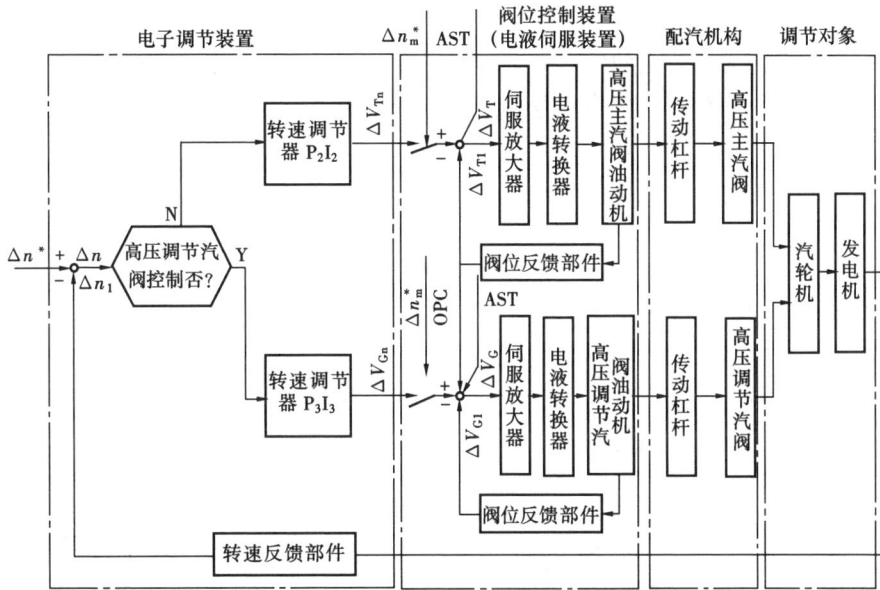

图 6-26　DEH-Ⅲ型调节系统的转速调节原理图

Δn^*—转速给定值扰动信号；Δn_m^*—手动转速阀位指令信号；ΔV_T，ΔV_G—阀位偏差信号；

OPC—电超速保护控制信号；AST—危机遮断保护信号

节规律进行工作，输出阀位调节指令信号 $\Delta V_{Tn} > 0$。阀位控制子回路受 ΔV_{Tn} 的扰动后产生阀位偏差信号 $\Delta V_T > 0$。此电信号放大后，通过电液转换器转换成调节油压信号去控制油动机，使其产生位移，从而驱动高压主汽阀，使其开度增加，进汽量随之增大，实际转速相应升高。与此同时，取自油动机活塞位移的阀位反馈信号 ΔV_{T1} 在增加，转速反馈信号 Δn_1 也在增加。

在反馈作用下，当主回路、子回路的稳定条件同时得到满足时，系统便达到了新的稳定状态，新的实际转速与新的转速给定值相等。

2) 高压主汽阀/高压调节汽阀的阀切换控制。当机组转速按要求升速到 2900r/min 时，转速由高压主汽阀切换到高压调节汽阀控制。阀切换时，高压调节汽阀从全开位置很快关下，当实际转速下降一定数值（30r/min）时，说明高压调节汽阀已产生节流作用，接管了高压主汽阀而进行转速控制。随后，在高压调节汽阀控制转速为 2900r/min 左右的同时，高压主汽阀逐渐开到全开位置，阀切换过程结束。

3) 高压调节汽阀的转速控制（$n > 2900$r/min）。当转速高于 2900r/min 时，转速处于高压调节汽阀控制阶段，其转速调节原理与高压主汽阀的转速调节原理基本相同。

无论是高压主汽阀控制还是高压调节汽阀控制，由于主、子回路均为闭环结构，所以具有抗内扰能力。实际转速完全受转速给定值精确控制，转速偏差小于 2r/min。

(2) 手动转速阀位指令扰动下的转速调节。在手动控制方式下，系统的转速调节主回路在自动/手动切换点处断开，所以是开环控制结构。两个阀位调节子回路必须是闭环控制结构。

当需要改变转速时，通过手动，可直接发出手动转速阀位指令信号 $\Delta n_m^* \neq 0$。此信号通过相应的阀位控制装置的调节作用，使相应汽阀产生位移，引起进汽量相应变化，最终导致转速改变。

由于在手动控制方式下主回路是开环控制，所以系统没有抗内扰能力，即使阀位不变，蒸汽参数的波动也会使转速产生自发飘移。

（二）功率控制（调节）

1. 功率控制（调节）原理

功率调节系统是由三个串级的回路构成，如图 6-27 所示，通过对高压调节汽阀的控制来控制机组的功率。这三个回路分别是：内环调节级压力（IMP）回路、中环功率（MW）调节回路和外环转速（WS）一次调频回路。负荷给定值经一次调频修正后变为功率给定值，经功率校正器修正后，变为调节级压力给定值，最后经过阀门管理器转换为阀位指令信号。三个回路可以有自动或手动两种运行方式的选择，为此可以构成各种运行方式如阀位控制、定功率运行、功-频运行、纯转速调节等。

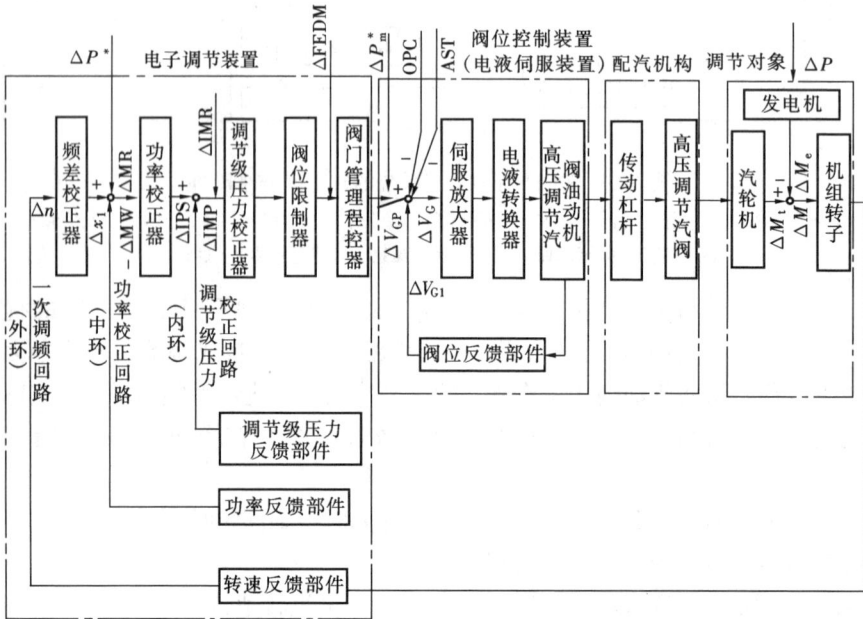

图 6-27 DEH-Ⅲ型调节系统的功率调节原理图

ΔP—外界负荷扰动信号；ΔP^*—功率给定值扰动信号；ΔP_m^*—手动功率阀位指令信号；OPC—电超速保护控制信号；AST—危机遮断保护信号

（1）功率控制策略。

1）采用多回路综合控制。液压调节系统造成负荷适应性差的主要原因是只采用了单一主回路即转速调节主回路，在并网运行时用作一次调频回路。在功率调节中，由于受中间再热容积以及蒸汽参数波动等因素的影响，功率的动态偏差量与静态偏差量相差很大，反映出液压调节系统功率调节的动态特性较差。

为避免采用单一主回路所带来的问题，电液调节系统通常设置 2～3 个主回路，DEH-Ⅲ型调节系统设置了 3 个主回路（即 3 个主环），即在外环一次调频回路基础上增设了中环功率校正主回路与内环调节级压力校正回路。

增设中环功率校正回路的目的是：将实际的功率动态偏差信号与来自外环一次调频回路的功率静态偏差请求值信号相比较，根据其差值进行校正，差值越大，调节幅度也越大，速度也越快。因此，可减小动态调节过程中的动静偏差量，从而改善了功率调节的动态特性。

根据汽轮机变工况理论可知，将定压运行的凝汽式汽轮机所有非调节级取作一个级组时，调节级后汽室压力的变化与主蒸汽流量的变化成正比，而流量变化又与汽轮机功率变化成正比，因此，可用调节级汽室压力的变化来加快反映由于调节汽阀开度的变化、蒸汽参数的变化等因素引起的功率变化，它比电功率信号及转速信号快得多。所以内环调节级压力回路是一快速内回路，不但能消除蒸汽参数波动引起的内扰，而且能起快速粗调机组功率的作用。功率的细调是通过中环功率校正回路的进一步调整来完成的。

由上述分析可知，中环与内环本质上都是用于功率调节的。

2）采用多信号综合控制。大机组的集中控制要求运行方式灵活、多样，电子技术的应用为其实现提供了有利条件。

a. 给定值信号综合控制。通过改变汽轮机功率给定值信号来源，便能灵活地进行多种运行方式的综合控制。

b. 中间环节限值信号控制。有时受机组运行条件改变的限制，达不到原运行要求，例如达不到原功率要求值，则将反映机组运行条件改变的限值信号送至某一中间环节进行低选限值处理。

c. 直接阀位控制。当机组遇到异常情况时，有专用控制信号（如危急遮断信号或电超速保护信号）直接送至阀位控制装置，进行快速的阀位控制，以求阀门快速动作。

3）采用调节汽阀阀门管理技术。阀门管理程序将流量调节信号转换成阀位控制信号，并根据运行需要选择阀门启闭控制方式。一是单阀控制，即采用单一信号控制，使所有高压调节汽阀同步启闭，适用于节流调节；二是多阀控制，即采用多个不同信号分别控制若干个高压调节汽阀，使它们按一定顺序启闭，适用于喷管调节。

从第三章中的分析可知，节流调节能使汽轮机接近全周进汽，受热均匀，从而可以减小转速变动过程中和负荷变动过程中转子热应力，但会降低部分负荷下的运行经济性。一般情况下，在汽轮机升速过程、低负荷暖机过程、大幅度变负荷过程以及正常停机过程，采用节流调节。在定压运行过程中负荷稳定时，以及在高负荷时，采用喷管调节。运行人员可以根据需要来选择最佳配汽方案。单阀控制和多阀控制方式之间可以实现无扰切换。

（2）功率调节原理。由图 6-27 所示的系统可接受四种功率扰动信号：一是外界负荷扰动信号；二是自动控制方式下的功率给定值扰动信号；三是内部蒸汽参数扰动信号；四是手动控制方式下的手动功率阀位指令信号。

1）外界负荷扰动下的功率调节。若系统的三个主环（即三个主回路）及相应的子环（即阀位控制子回路）均为闭环控制结构，则系统处于功频调节方式。

设系统在原稳定状态下，$n = n_0$，$P = P^*$。当外界负荷扰动时，例如外界负荷增加时，发电机电磁反力矩将增大，引起 $\Delta M_e > 0$，此时由于 $\Delta M_t = 0$，所以 $\Delta M = \Delta M_t - \Delta M_e < 0$。根据转子的运动特性，转速将下降，产生转速偏差信号 $\Delta n < 0$。通过频差校正器的调节作用，输出功率静态偏差校正量 $\Delta x_1 \left(\Delta x_1 = \dfrac{n - n_0}{\delta n_0} P_0 \right)$，由于 $\Delta P^* = 0$，所以功率静态偏差请

求值信号 $\Delta REF1 = \Delta P^* - \Delta x_1 > 0$。

随后，中环功率校正回路受 $\Delta REF1$ 扰动后，产生功率静态偏差信号 $\Delta MR > 0$，经过功率校正器 P_4I_4 的校正作用后，输出功率校正请求值信号 $\Delta REF2 > 0$，再经参数变换到调节级压力请求值信号 $\Delta IPS > 0$；内环调节级压力回路受 ΔIPS 扰动后，产生调节级压力偏差信号 $\Delta IMR > 0$，经过调节级压力校正器 P_5I_5 的信号校正以及阀位限值处理后，生成主蒸汽流量请求值 $\Delta FEDM > 0$，再经过阀门管理程序处理后，变为阀位指令信号 $\Delta V_{GP} > 0$；阀位控制子回路受 ΔV_{GP} 扰动后，产生阀位偏差信号 $\Delta V_G > 0$，此信号通过电液转换器转换成调节油压信号，用以驱动油动机，进而驱动调节阀开大，主蒸汽流量随之增加，蒸汽动力矩、功率、调节级压力相应增大，与此同时，取自油动机活塞杆位移的阀位反馈信号 ΔV_{GL}、调节级压力反馈信号 ΔIMP、功率反馈信号 ΔMW 与蒸汽动力矩反馈量 ΔM_t 也相应增大。

系统的稳定条件是

$$\Delta V_G = \Delta V_{GP} - \Delta V_{GL} = 0 \tag{6-9}$$

$$\Delta IMR = \Delta IPS - \Delta IMP = 0 \tag{6-10}$$

$$\Delta MR = \Delta REF1 - \Delta MW = 0 \tag{6-11}$$

$$\Delta M = \Delta M_t - \Delta M_e = 0 \tag{6-12}$$

当上述四个条件同时满足时，系统便达到了新的稳定状态。负荷减小的调节过程各信号变化方向与上述相反。

2）功率给定值扰动下的功率调节。在自动控制方式下，系统的三个主环及相应的子环均为闭环控制结构。

为了分析问题方便，首先假设电网频率不变且为额定值，因此机组转速 n 也不变，此时转速偏差信号 $\Delta n = 0$ 即 $n = n_0$，外环处于软阻断状态，相当于外环是开环结构，无校正作用，即 $\Delta x_1 = 0$。由图 6-27 可知，当出现功率给定值扰动时，将引起功率给定值 P^* 变化，例如 $\Delta P^* > 0$，相应地引起功率偏差信号 $\Delta MR > 0$，相继经过功率校正器、调节级压力校正器、阀位限值器、阀门管理程序以及阀位控制装置的作用后，使调节汽阀开大，蒸汽量增大，功率增加。与此同时，阀位反馈信号、调节级压力反馈信号以及功率反馈信号随之增大，在同时达到子环、内环、中环的稳定性条件时，系统便达到新的稳定状态，此时机组实发功率与新的功率给定值相等。

若在功率给定值扰动的同时出现外界负荷扰动，则外环也参与调节，其总的调节效果可看成是由两种扰动单独作用后相叠加的结果。

当出现给定值扰动信号 $\Delta P^* < 0$ 时，调节过程中信号变化方向相反。

3）内部蒸汽参数扰动下的功率调节。液压调节系统不具备抗内扰能力，在蒸汽参数变化时，如主蒸汽压力、主蒸汽温度、排汽压力变化等，机组的功率就会自动飘移。在电液调节系统中，当内环、中环投入时，系统具有抗内扰能力，蒸汽参数的变化不会影响功率的稳定性。

当内环、中环均投入时，若出现幅度不大的蒸汽参数扰动且此时 $\Delta n = 0$，$\Delta P^* = 0$。例如，主蒸汽压力在允许范围内降低时，则引起蒸汽流量减小，根据汽轮机变工况理论可知，当将所有非调节级取作一个级组时，该级组前的压力即调节级后汽室压力随着流量的减小而减小，产生快速的调节级压力反馈信号 $\Delta IMP < 0$；内环调节级压力校正回路受 ΔIMP 扰动后，产生调节级压力偏差信号 $\Delta IMR > 0$，经过调节级压力校正器的信号校正，再通过阀位限值处理以及随后的压力 - 流量数值转换作用，输出主蒸汽流量（相对值）请求值信号 $\Delta FEDM > 0$，再经过阀门管理程序处理后变成阀位调节指令信号 $\Delta V_{GP} > 0$；阀位控制子回路受 ΔV_{GP} 扰动后产生阀位偏差信号 $\Delta V_G > 0$，此信号通过电液转换器转换成调节油压信号，用以驱动油动机，进而驱动调节汽阀开大。在主蒸汽压力降低引起蒸汽流量减小以及整机理想焓降减小时，汽轮机功率将下降，产生滞后于调节级压力反馈信号的功率反馈信号 $\Delta MW < 0$，此信号作用于中环功率校正回路，产生功率偏差信号 $\Delta MR > 0$，经过功率校正器的校正作用后输出功率校正请求值，随后通过功率 - 压力参数变换成调节级压力请求值信号 $\Delta IPS > 0$，此信号作用于调节级压力校正回路也产生调节级压力偏差信号 $\Delta IMR > 0$，通过随后各环节的调节作用，也会使得调节汽阀开大。也就是说，主蒸汽压力下降时，通过内环、中环两个反馈信号的作用是同向叠加的，均使得调节汽阀开大。随着调节阀的开大，蒸汽流量增加，调节级压力、汽轮机功率均相应回升，反馈信号 ΔV_{GL}、ΔIMP、ΔMW 也相应回升。

当系统的稳定条件即式（6-9）～式（6-11）同时满足时，系统便达到了新的稳定状态，功率恢复到原稳定值。

通过上述分析可知，系统的内环、中环是通过改变调节汽阀的开度来补偿内部蒸汽参数扰动对功率的影响，从而能维持功率不变。

当系统的中环断开时，虽然可以依靠内环来抗内扰，但不能精确的维持功率不变。

当系统的内环断开时，虽然可以依靠中环来抗内扰，精确的维持功率不变。但调节的过渡过程时间长些。

在阀门管理程序中，阀门的流量特性根据主蒸汽压力来修正，当主蒸汽压力变化时，具有一定的抗内扰辅助作用。

功率控制精确度可达 $\pm$（$0.5 \sim 0.67$）%。

4）手动功率阀位指令扰动下的功率调节。在手动控制方式下，系统的三个主回路均在自动/手动切换点断开，所以全是开环结构，阀位控制子回路必须是闭环结构。

当需要改变机组功率时，通过手动直接发出功率阀位指令信号。由于机组处于并列运行方式，所以此时的阀位指令即为手动发出的功率给定值扰动信号。其调节过程与手动转速阀位指令扰动下的转速调节过程基本相同，不同的仅为调节结果是改变了机组功率而不是转速。

2. 负荷给定值形成单元

负荷给定值 P^* 由负荷给定值形成单元产生，其工作原理与转速形成单元相似，其不同点在于目标负荷设置的方式较多，以满足各种运行方式的要求。图 6-28 是负荷给定值形成

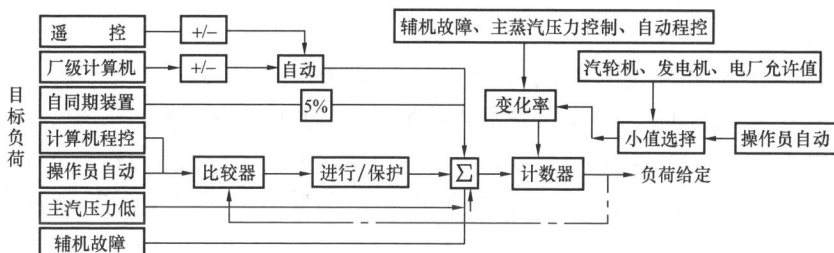

图 6-28 负荷给定值形成单元的原理框图

单元的原理框图，其目标负荷的输入途径是根据机组状态和运行方式，经逻辑判断确定，其中主蒸汽压力低和辅机故障减负荷优先。

变负荷率可以由运行人员设定，但受热应力和设备状况允许的变负荷率自动限制，选择两者的最小值。在辅机故障时，或主蒸汽压力控制和程控启动方式，变负荷率由控制逻辑确定。

当机组的运行工况或蒸汽参数出现异常时，为避免损坏机组，并使机组的运行尽快恢复正常，控制子系统能对机组的负荷进行限制。这些限制至少包括：

（1）设备允许的最高最低负荷限制。限制值由人工给定，并可根据需要随时改变。

（2）主蒸汽压力限制。当主蒸汽压力降低到规定值时，主蒸汽压力限制回路自动投入工作，输出减小汽阀开度指令去限制负荷，协助锅炉尽快恢复主蒸汽压力。此时，汽阀控制回路不再接受其他的目标负荷指令。

（3）主要辅机故障负荷限制。当无备用的辅机发生故障，必须限制机组功率，因此系统接到故障信号后，经逻辑判断，发出负荷返回指令。负荷返回的目标值和变负荷率均预先按故障部位和性质设定。例如：一台送风机或引风机故障，返回到 50% 的额定负荷。

（三）汽轮机自动控制（ATC）

汽轮机在启动或改变负荷时，由于汽轮机热惯性大，特别是转子，如果蒸汽温度变化快，则汽轮机内部温差就会较大，将产生过大的热应力。启动与停机过程中转子应力变化方向相反，每启停一次便构成一次大幅度的应力循环。同理，负荷每升降一次，也会构成一次一定幅度的应力循环。经过多次应力循环后，汽轮机部件有可能产生疲劳裂纹，导致设备损坏。工程上用应力循环次数来代表设备寿命，而循环次数与应力大小关系很大，假如汽轮机设计寿命是 1 万次应力循环，当设备使用不当，导致过大的应力时，则实际寿命就可能只有几千次了。因此现代大型汽轮机普遍采用同时控制高、中压转子应力大小以及应力循环次数来保证设备达到设计寿命。

通过控制汽轮机转速变化量及变化率、功率变化量及变化率和汽轮机中的蒸汽参数、流量的变化量及变化率便间接控制了转子的应力水平。

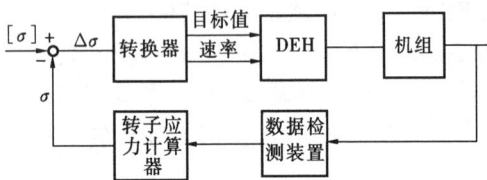

图 6-29　应力控制回路方块图

高压转子、中压转子应力均采用闭环控制方式，如图 6-29 所示。

通过数据检测装置，采集汽轮机有关点的温度参数，按照专门的计算程序计算出高压转子、中压转子实际应力，然后将它与许用应力进行比较，得其差值，再将它转换为转速或功率目标值和相应的变化率，通过系统控制来改变机组转速或功率，最终使转子应力水平控制在允许值范围内。

DEH-Ⅲ中设置的汽轮机自动控制程序由一个管理调用程序和十六个子程序组成，它不仅能实现启动升速过程中相关设备及系统的顺序控制，而且能通过高、中压转子应力的自动控制来调整机组启动工况。在升负荷过程中，可根据转子应力、机组运行条件等多项因素来选择升负荷率。在整个启动过程中，能够对汽轮发电机组金属温度等多种参数进行自动监视。

七、数字电液调节系统的特性

一个良好的调节系统，应该是静态特性和动态特性都好。但是，如果系统的静态参数不匹配，动作规律就不对，因此静态特性是基本特性。系统的动态特性不满足要求也是不允许的。对调节系统的正确要求应该是在满足静态特性要求的前提下，具有尽可能好的动态特性。

微课 6-9
数字电液调节
系统的静态特性

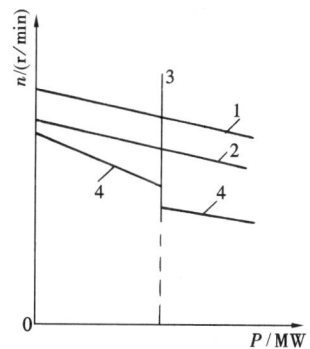

（一）调节系统的静态特性

调节系统的静态特性反映了转速和功率在稳定工况下的关系。在 DEH 调节系统中，机组稳定运行后，功率校正回路的 PI1（见图 6-22）输入信号为零，故得

$$(\lambda_P + x) - P = 0 \tag{6-13}$$

而

$$x = K\Delta n \quad （存在不灵敏区时，|\Delta n| > 不灵敏区）$$
$$= K(n_0 - n)$$
$$P = -Kn + (Kn_0 + \lambda_P) \tag{6-14}$$
$$n = -\frac{1}{K}P + \left(n_0 + \frac{\lambda_P}{K}\right) \tag{6-15}$$

式中　P——发电机功率，MW；

$\quad\quad K$——频率校正环节的放大倍数，MW·min/r；

n、n_0——机组的实际转速、额定转速，$n_0 = 3000$r/min；

$\quad\quad \lambda_P$——设定值形成回路输出的功率给定值，MW；

$\quad\quad x$——经频率校正环节校正以后的转速偏差，MW。

图 6-30 就是根据功率特性方程式（6-15）作出的 DEH 调节系统的静态特性曲线，从图中可看出以下几点。

（1）由于 DEH 系统采用了转速和功率反馈信号，系统具有功率 - 频率的静态特性（曲线 1），且有良好的线性关系。

（2）运行中变更功率给定值 λ_P，可使特性曲线平移（曲线 2），从而实现二次调频，保证频率稳定。

（3）转速不灵敏区可根据需要确定，当 Δn 取的足够大时，机组不参与一次调频，其出力只随功率设定值而变化（曲线 3），图中为一垂线。

（4）频率校正环节的放大倍数 K 反映了系统的速度变动率，改变 K 可以改变特性曲线的斜率；同时改变 K 和 Δn 可以改变斜率和纵切距（曲线 4），从而获得不同的系统特性。

图 6-30　DEH 调节系统的静态特性

（二）DEH 调节系统的动态特性

由于 DEH 调节系统具有多种运行方式、多种控制手段和多种控制规律，按不同方式运行会有不同的动态特性，下面介绍数字系统运行的动态特性。

1. 串级 PI 控制下 DEH 调节系统的动态特性

（1）理想情况下调节系统的动态特性。理想情况是指调节系统在无约束全自由运动状态下的运动规律，它可以作为衡量调节品质的理想尺度。图 6-31 为该情况下机组甩额定负荷时调节系统的过渡过程，此时机组脱离了电网而单机运行。

图中曲线 1 和曲线 2 对比，表示甩负荷后中调门关闭，中间再热环节对机组超速不再构

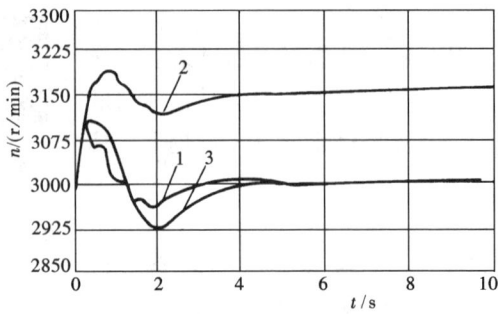

图 6-31　理想情况下机组甩负荷时
DEH 系统转速的过渡过程

成影响，只是由于曲线 2 是在功率给定不切除情况下进行的，结果是系统动态品质变坏，稳态时转速偏差 δn_0，即 150r/min。曲线 1 和 3 对比，两种情况甩负荷时功率给定均切除，仅中间再热容积影响的差别，结果曲线 3 的动态品质下降，但稳态时无转速偏差。

（2）有约束情况下调节系统的动态特性。有约束条件下调节系统的动态特性是实际系统的动态特性，在该情况下，系统的运动受到油动机行程和蒸汽参数变化实际情况的约束。图 6-32 表示机组甩额定负荷和功率给定切除时理想与实际情况下转速 n 和油动机相对行程 μ 的过渡过程。图中曲线 1 表示无约束情况，曲线 2 表示有约束情况。在有约束情况下，转速的振幅增大，油动机的振荡强烈，系统的动态品质全面下降，表明实际情况下的系统动态特性不及理想情况。

2. 机组并网运行时调节系统的动态特性

对于 DEH 调节系统采用不同的 PI 方式运行时，其动态特性将不同。图 6-33 给出了电网负荷变化 2% 时，三种运行方式的转速过渡过程，图中曲线 1、2 和 3 分别表示串级 PI、单级 PI1 和单级 PI2 控制的情况。从图中可看出，由于串级控制有双内回路的快速响应作用，其动态特性全面优于单级 PI 控制方式，当过渡过程结束时，三种控制方式的转速都回到电网对应的转速，动作规律正确。

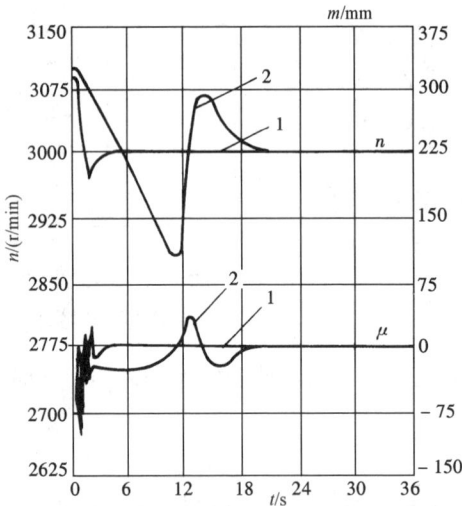

图 6-32　机组甩负荷时，
约束对动态特性的影响

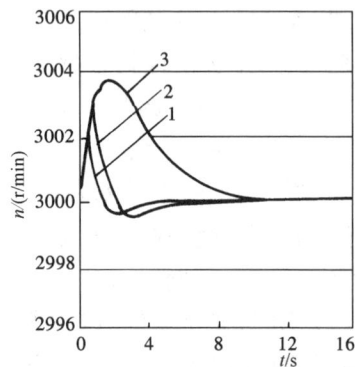

图 6-33　并网运行时三种控制
方式转速的过渡过程

综合上述分析，可得下述重要结论：

（1）DEH 系统在串级 PI 方式运行时动态品质最好，应作为基本运行方式。

（2）为避免反调，机组甩负荷时功率给定必须切除，此时机组能稳定在给定转速上，有利于重新并网。

（3）中间再热容积对机组转速的影响很大，机组甩负荷时，除立即关闭高压汽阀外，同时关闭中压汽阀也至关重要。

第五节　电液调节系统的主要装置

从图 6-26 与图 6-27 可以看出：电液调节系统主要由四部分组成，即电子调节装置、阀位控制装置（电液伺服装置）、配汽机构、调节对象。在 DEH 中，电子调节装置中的各电子调节器采用数字量传送信号，在输入、输出接口处采用必要的模/数转换器和数/模转换器。

与液压调节系统相比，电液调节系统主要是用电子调节装置替代了转速感受机构，其次是用电液伺服装置替代了液压伺服装置。

一、电子调节装置

1. 转速测量器件

转速测量器件主要由磁阻发讯器与频率（转速）变送器组成。它的作用是将转速信号转变为直流电压模拟信号后发送给 DEH。

微课 6-10
转速及功率
测量装置

如图 6-34 所示，磁阻发讯器由测速齿盘和测速头组成。测速齿盘装在汽轮机轴上，测速头固定在齿盘旁边的支架上，处于齿盘径向位置。测速头内装有永久磁钢、铁芯与线圈，铁芯端部与齿顶之间留有较小的间隙。当齿盘随主轴转动时，铁芯与齿盘之间的间隙交替变化，从一个齿到另一个齿，气隙磁阻交变一次，相应的线圈中的磁通量交变一次，从而在线圈两端感应出交变电势，该电势的频率 f 与齿数 z、汽轮机转速 n（r/min）的关系为

$$f=\frac{nz}{60}$$

该电势经过频率电压变送器，将电势频率 f 转换成直流电压模拟信号。

2. 功率测量器件

如图 6-35 所示，将一矩形半导体薄片置于磁场 B 中，当沿薄片的一对边 1、2 通以电流 I_s 时，则另一对边 3、4 就会产生电势 V_H，此为霍尔效应，该半导体薄片被称为霍尔元件。当霍尔元件用于测量发电机功率时，将发电机出线电压经电压互感器转换成电流 I_s，另将发电机电流经电流互感器后，接至激磁绕组上，产生磁场 B。电势 V_H 的幅值正比于电流和磁场强度的乘积，也就是正比于发电机电流和电压的乘积。因此 V_H 可作为电功率测量信号，此信号较弱，经过放大后再输出。三相功率要用三个霍尔元件来分别测量，其值相加。

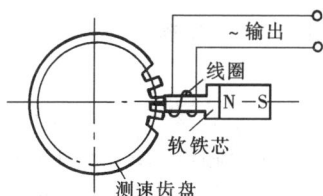

图 6-34　磁阻发讯器

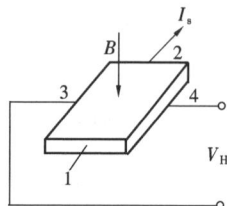

图 6-35　霍尔测功原理图

3. 频差校正器

频差是指电网实际频率与额定频率之差，变换成转速后，是汽轮机实际转速与额定转速

之差 Δn。频差校正器采用比例调节规律 P。

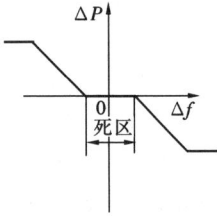

图 6-36　频差校正器的静态特性

通常，频差校正器采用可调的死区 - 线性 - 限幅校正方式，如图 6-36 所示。死区的大小、特性线斜率、限幅值均可调整。

设置死区有两个用途：其一是当设置的死区较小时，可以过滤掉转速小扰动信号，使机组功率稳定；其二是当设置的死区较大时，使机组不参与电网一次调频，只带基本负荷。

当转速偏差信号越过较小的死区而参与一次调频时，校正量与转速偏差量之间呈线性关系。

当转速偏差量超过一定范围时，中间再热机组的负荷适应能力因受锅炉动态特性的限制而采取限幅措施。

图 6-37 是 DEH-Ⅲ 频差校正器原理图。在一次调频回路投入情况下，外界负荷变化引起电网频率以及汽轮机实际转速 n 变化时，例如转速由 n_0 上升时，经比较器输出的转速偏差信号 $\Delta n = n - n_0 > 0$，此信号经过死区函数发生器、乘法器、限幅器处理后输出一次调频校正量 $\Delta x_1 = \dfrac{P_0}{\delta n_0}(n - n_0) > 0$，此校正量经比较器 2 后生成功率静态偏差请求值信号 $\Delta REF1$。若此时功率给定值无扰动，则

$$\Delta REF1 = \Delta P^* - \Delta x_1 < 0$$

当调整速度变动率时，就能改变频差校正器的输出特性，即改变调节系统特性线的斜率，δ 的可调范围是 2%～10%。

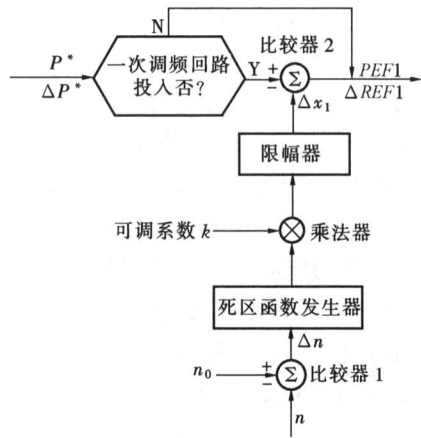

图 6-37　频差校正原理图

当机组额定功率 P_0 为 300MW，额定转速 n_0 为 3000r/min 时，可调系数为

$$k = \frac{P_0}{\delta n_0} = \frac{300}{\delta 3000} = \frac{0.1}{\delta}$$

在实际系统中，通过改变可调系数 k 来改变 δ 的值。在电液调节系统中，改变可调系数 k 是很方便的。

4. 功率校正器

在 DEH-Ⅲ型调节系统中功率校正器采用了比例 - 积分调节规律 PI。

如图 6-38 所示，在功率校正回路投入的情况下，来自一次调频回路的 $\Delta REF1$ 信号一方面进入乘法器，另一方面进入比较器与送入负端的电功率反馈信号 ΔMW 进行比较后生成 ΔMR，ΔMR 与额定功率 P_0 相除后变成功率相对偏差

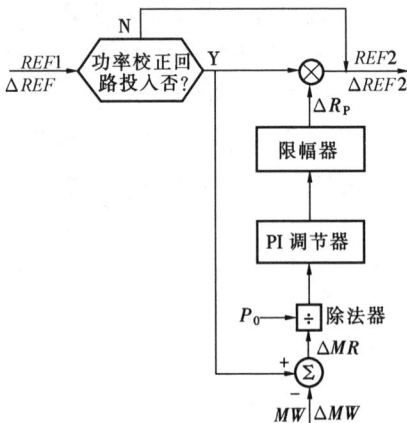

图 6-38　功率校正器原理

量，再经 PI 校正及上下限幅处理后成为功率校正系数 ΔR_P。该系数在乘法器中与 $\Delta REF1$

相乘后生成功率校正请求值信号 $\Delta REF2$。

5. 调节级压力校正器

在 DEH-Ⅲ 型调节系统中，调节级压力校正器采用了比例-积分调节规律 PI。如图 6-39 所示，功率校正回路输出的 $\Delta REF2$ 在参数变换器中进行功率-调节级压力参数信号变换，生成 ΔIPS，然后才送往调节级压力校正回路。

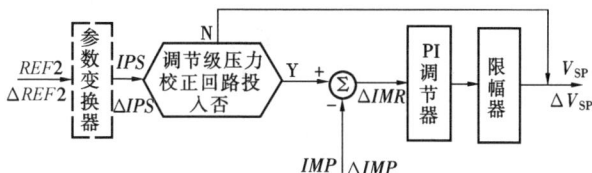

在调节级压力校正回路投入的情况下，ΔIPS 与送往比较器负端的调节级压力反馈信号 ΔIMP 进行比较，产生调

图 6-39 调节级压力校正器原理

节级压力偏差信号 ΔIMR，经 PI 校正以及上下限幅处理后生成 ΔV_{SP}。用 ΔV_{SP} 除以调节级压力额定值后变成相对值，然后将其送往阀位限制器。

二、阀位控制装置

在电液调节系统中，阀位控制装置也被称作电液伺服装置，它主要由阀位控制器、电液转换器、油动机及阀位（位移）反馈测量元件等组成。

（一）电液转换器

电液转换器是将阀位偏差电信号经过转换放大而成为液压信号（调节油压），以此控制油动机的位移。它是电液调节系统中的一个关键部件，要求具有较高的精确度、线性度、灵敏区和动态性能。

电液转换器由力矩马达和液压放大两部分组成。力矩马达有动圈式和动铁式两种基本类型，它的作用是将电的信号转换成为机械位移信号；液压放大部分从结构上分为断流式（或滑阀式）和继流式（或称蝶阀式）两种，它的作用是将机械位移信号放大并输出液压信号。力矩电动机和液压放大的不同配合，就得到电液转换器的不同结构形式。

1. 动圈式电液转换器

动圈式电液转换器的结构如图 6-40 所示。这种电液转换器主要由磁钢、控制线圈、十字平衡活塞、控制套环、跟踪活塞、节流套筒等零部件组成。

当电气调节装置输出的电流被送入控制线圈时，安装在磁钢及磁轭间隙内的控制线圈在磁场及电流作用下产生了移动力，如果电流增加，则线圈移位向下。由于控制套环（与导杆连接在一起）改变了跟踪活塞的控制喷油口 a 和 b，使套环上边缘的喷油口 a 开度增大，下边缘喷油口 b 的开度减小。这样，高压油经过跟踪活塞的节流孔后再经这两个喷油口 a 和 b 排出的油量发生了变化，使活塞下部的排油量增加，上部排油量减小，从而改变了作用在跟踪活塞上、下面积上的油压力使跟踪活塞下移。只有当喷油口 a 和 b 恢复到原来稳定的开度，活塞上下油压的作用力达到平衡时，活塞才维持不动。活塞的位移也即线圈的位移，使上部十字弹簧产生变形，所增加的弹簧力与线圈所受的电磁力相平衡，控制线圈处于一个新的平衡位置。已经下移的跟踪活塞改变了其下凸肩所控制的脉冲油排油节流窗口。当减小排油节流窗口时，输出的脉冲油就会增加。为了保证输出的脉冲油与输入的电流信号成线性正比，节流窗口做成二次曲线型。

微课 6-11
动圈式、动铁式
电液转换器结构

在控制线圈上绕有两层线圈。一层为直流线圈，输入直流电流作为控制信号用。另一

层为交流线圈，输入 50Hz 的 6.3V 交流电流，使套环产生脉动，防止套环卡涩。为了使控制套环与跟踪活塞之间有良好的同心度，以保持四周间隙均匀，有足够的润滑，在跟踪

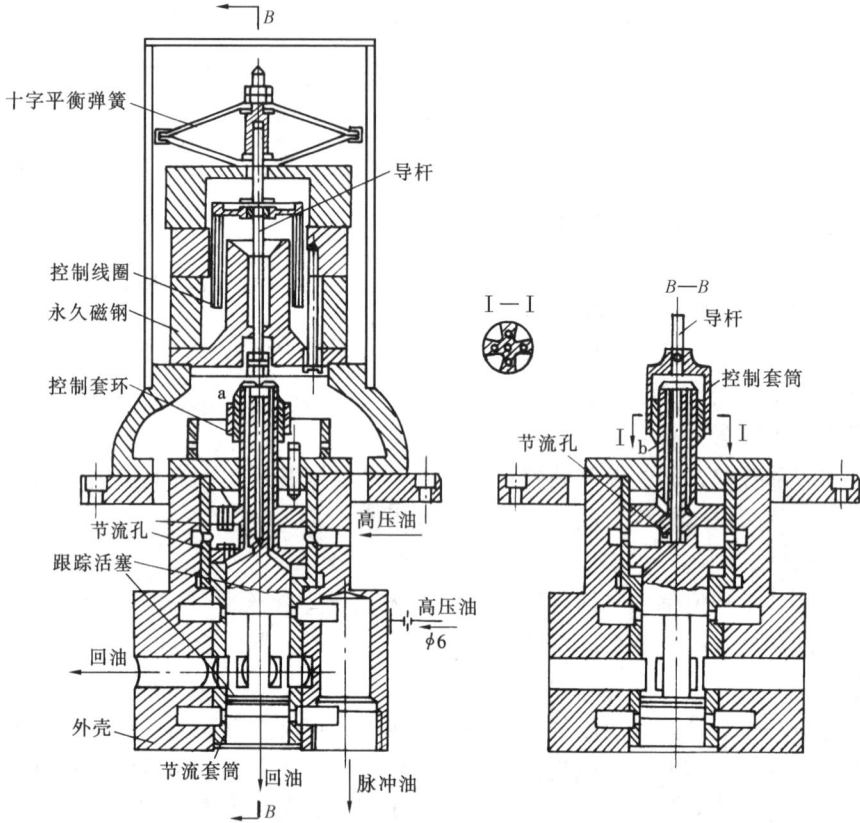

图 6-40 动圈式电液转换器结构

活塞的中心开有油孔。高压油经节流孔流入中心油孔，自活塞上端四个喇叭形的径向小孔流出。如图中剖开面 Ⅰ—Ⅰ 所示，压力油经四个径向节流孔流至套环与活塞之间，四周压力均匀，使活塞自动对中。如果哪一侧间隙减小，相应喇叭口中的油压就会升高，相对 180°的喇叭口中油压就会降低，在此油压差作用下，套环将作径向移动，维持四周间隙均匀。由于这四个径向喷油小孔的直径只有 0.3mm，所以高压油进入电液转换器之前，除需经过一般的刮片式滤油器外，还要经过磁性滤油器，以防止任何杂质进入堵塞小孔，也防止铁屑被强磁钢吸附、磨损线圈、产生短路或卡死。

2. 动铁式电液转换器

图 6-41 (a) 是带双喷管式前置级放大器的电液转换器结构示意，图 (b) 是带射流管式前置级放大器的电液转换器结构示意。这类力反馈电液转换器一般具有线性度好、工作稳定、动态性能优良等优点。

双喷管型电液转换器由控制线圈、永久磁钢、可动衔铁、弹性管、挡板、喷管、断流滑阀、反馈杆、固定节流孔、滤油器、外壳等主要零部件构成。压力油进入电液转换器后分成两股油路，一路经过滤油器与左右端的固定节流孔到断流滑阀两端的油室，然后从喷管与挡板间的控制间隙中流出。在稳定工况时，挡板两侧的间隙是相等的，因此排油面积也相等，

作用在断流滑阀两侧的油压也相等，使断流滑阀保持在中间位置，遮断了油动机的进、出油口。另一路压力油就作为移动油动机活塞用的动力油，由断流滑阀控制。

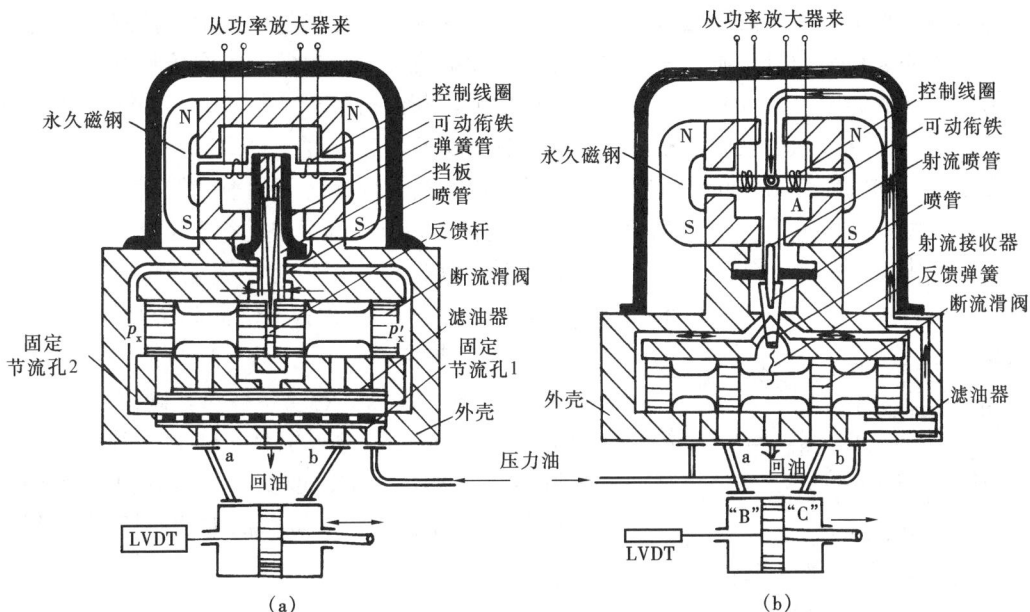

图 6-41 动铁式电液转换器结构示意
（a）双喷管式电液转换器；（b）射流管式电液转换器
LVDT—线性电压—位移传感器

当阀位偏差信号（电流）送入控制线圈，在永久磁钢磁场的作用下，产生了偏转扭矩，使可动衔铁带动弹簧管及挡板旋转，改变了喷管与挡板的间隙。间隙减小的一侧油路油压升高，间隙增大的一侧油路油压降低。在此油压差的作用下，使断流滑阀移动，打开了通向油动机的压力油及回油两个控制油口，使油动机活塞移动，用以调整调节汽阀的开度。

当可动衔铁、弹簧管及挡板旋转时，弹簧管发生弹性变形，反馈杆发生挠曲。待断流滑阀在两端油压差作用下产生位移时，就使反馈杆产生反作用力矩，它与弹簧管、衔铁吸动力等形成的反力矩一起与输入电流产生的主动力矩相比较，直到总力矩的代数和等于零时，断流滑阀达到一个新的平衡位置，在这一位置，断流滑阀位移与输入电流增量 ΔI 成正比。当输入信号方向相反时，滑阀位移方向也随之相反。随着油动机活塞的位移，阀位反馈信号逐渐增强。当阀位反馈信号将阀位偏差信号削弱至零时，滑阀便回复到原来的中间位置，重新遮断通向油动机的进、出油口，于是阀位控制装置便达到新的稳定状态。

采用弹簧管可以防止喷管排油进入电磁线圈部分，这就消除了油液污染电磁部分的可能性。有的电液转换器在喷管挡板前置级液压放大器的回油路上，加装了节流孔，使喷管扩散的喷油具有背压，油流不会产生涡流及汽蚀现象，从而提高了挡板运动的稳定性。

射流管式电液转换器由控制线圈、永久磁钢、可动衔铁、射流喷管、射流接收器、断流滑阀、反馈弹簧、滤油器及外壳等主要零部件组成。高压油进入转换器后，也分成两路。一路经滤油器送入射流喷管，油从射流管高速喷出。在射流喷管正对面安置了一个射流接收器，上面有两个扩压通道。如果射流喷管处于中间位置，则左右两个扩压通道中形成相同压力，断流滑阀两端油压相同，也处于中间位置，遮断了进出执行机构（油动机）的油口。另一路高压油仍作为动力油，由断流滑阀控制。

当电调装置来的电流信号送入控制线圈时，在永久磁钢磁场的作用下，控制线圈发生了扭转，使可动衔铁带动射流喷管偏离中间位置，而射流喷管喷出的油流在接收器两个扩压通道中形成不同的油压。在这两个油压差值的作用下，断流滑阀产生位移，打开油动机进油和回油两个控制窗口，油动机活塞移动，从而控制了调节阀的开度。

在断流滑阀偏离它的中间位置时，它通过反馈弹簧力使偏转了的射流管达到一个新的平衡位置，从而使整个调节过程很快的稳定下来。

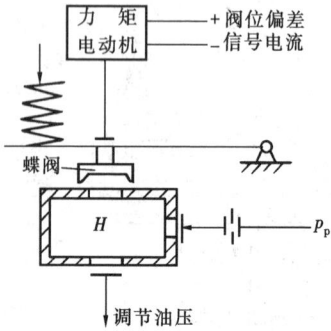

图 6-42　蝶阀型电液转换器

这两种电液转换器对加工精度、装配工艺要求都很高，断流滑阀与套筒之间的间隙很小，对油清洁度要求高。

3. 蝶阀型电液转换器

图 6-42 为一国产蝶阀型电液转换器。阀位偏差信号电流输入力矩电动机后引起蝶阀位移，蝶阀漏油面积改变，从而从腔室 H 输出的调节油压改变。与前者相比，不仅结构简单而且性能大有改善，不易被油中杂质堵塞，可靠性大大提高。

（二）油动机

油动机用作调节信号的最后一级放大，油动机活塞位移用来控制调节汽阀的开度，要求输出功率大。

微课 6-12
油动机结构
及评价指标

油动机按进油方式分为两种：一种是双侧进油式；另一种是单侧进油式。

油动机有两个重要指标：一是提升力；二是时间常数。

1. 双侧进油式油动机

（1）进油控制方式。如图 6-43 所示，双侧进油式油动机在调节过程中，当活塞上侧进油时下侧排油；当下侧进油时上侧排油。在稳定状态下，两侧既不进油也不排油。因此，必须配置断流式滑阀来控制油动机的进、排油，用以推动油动机活塞。

当系统采用断流式电液转换器时，只要液压部分输出功率足够大，则电液转换器滑阀与双侧进油式油动机之间可采用直接连接方式。图 6-41 所示的装置为其一例。

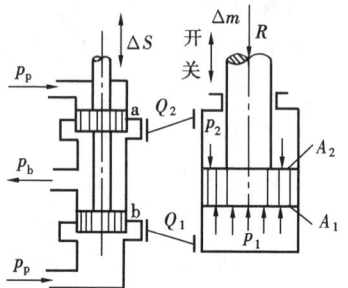

图 6-43　双侧进油式油动机
的进油控制方式

（2）油动机的提升力。正确油动机的提升力主要取决于活塞两侧的压差与活塞的面积。在排油压力一定时，提高主油泵出口压力、减小流动压力损失与增加油动机活塞面积都可以增大油动机的提升力。

油动机所具有的提升能力应当比开启调节汽阀所需要的力大得多，以确保调节汽阀能顺利开启。

（3）油动机时间常数。油动机在动作时，开启与关闭调节汽阀的速度，取决于油动机活塞的移动速度，也就是取决于油动机活塞两侧的进、排油速度。

双侧进油式油动机的时间常数是指当滑阀位移为最大时油动机活塞在最大进油量条件下走完整个工作行程所需的时间。油动机时间常数的大小对汽轮机甩全负荷时调节性能的影响最为重要，因为这时要求迅速将调节汽阀暂时关闭，以防止汽轮机超速过大。因此，油动机时间常数主要针对关闭调节汽阀而言。

大功率汽轮机的油动机时间常数通常为 0.1～0.25s。为了减小油动机时间常数，可以增大滑阀油口宽度，滑阀最大位移、油压，在保证油动机提升力足够大的前提下还可以减小油动机活塞面积。

尽管双侧进油式油动机活塞走完全程所需扫过的容积不大，但由于油动机时间常数很小，因此流量很大。

双侧进油式油动机无论向哪个方向移动都依靠两侧油压差，因此，当压力油管破裂而失压时，活塞无法动作，致使调节汽阀无法关闭。为了解决这个问题，一般是在调节汽阀杆上装设压缩弹簧，在压力油失去的情况下依靠弹簧力作用也能使调节汽阀关闭。当然，在压力油正常的情况下，它能协助油动机活塞加速调节阀的关闭。但是，在油动机活塞驱使调节汽阀开启的过程中却起反作用，它使油动机提升力的富裕程度相对减小一些。

2. 单侧进油式油动机

（1）进油控制方式。如图 6-44（a）所示，单侧进油式油动机在活塞的同一侧实现进、排油。在调节过程中，当需要开大调节汽阀时，油动机进油通道打开，活塞一侧进油，克服另一侧弹簧力作用，使活塞产生位移。当需要关小调节汽阀时，油动机活塞有油的一侧与排油接通，使活塞在另一侧弹簧力作用下移动。

以上描述的是断流式滑阀控制的单侧进油式油动机的进油控制方式。断流式滑阀单侧进油式

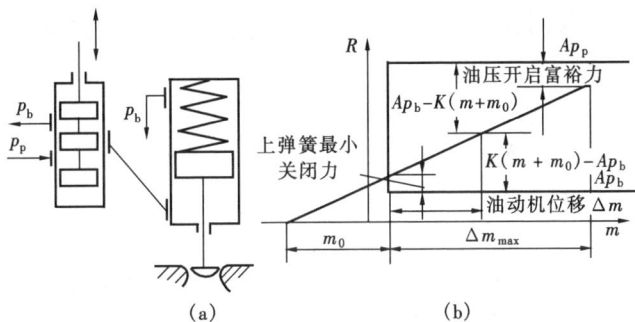

图 6-44 断流式滑阀—单侧进油式油动机
（a）进油控制方式；（b）提升力与油动机位移的关系

油动机主要用作调节系统的最后一级放大（功率放大）。当系统采用断流式电液转换器时，如果液压部分的输出功率足够大，则电液转换器滑阀与单侧进油式油动机可采用直接连接方式，电液转换器的输出油压较高，调节油直接进入油动机，推动活塞运动；如果电液转换器液压部分输出功率较小，则只能采用间接连接方式即在电液转换器滑阀与油动机之间必须加设断流式滑阀，这时，电液转换器输出的调节油压信号转换成断流式滑阀的位移，进而间接控制单侧进油式油动机的进、排油。

（2）油动机提升力。单侧进油式油动机开启调节汽阀时的提升力是作用在油动机活塞上的油压作用力与弹簧作用力之差。如图 6-44（b）所示，随着油动机活塞的上移，弹簧不断被压缩，其变形力不断增大，故提升力不断减小。从图中可知，油动机活塞在"全开位置"处的提升力最小。

为了使调节汽阀能可靠的提升，则要求油动机的最小提升力必须大于开启调节汽阀所需的力，并留有一定的裕量。

在同样的油动机尺寸及油压条件下，单侧进油式油动机的提升力比双侧进油式油动机的提升力小，这是它的一个缺点。但是，单侧进油式油动机是靠弹簧力关闭的，不需要压力油，这不仅保证在压力油失去的情况下仍能可靠地关闭调节汽阀，而且可大大减少机组甩负

荷时的用油量，这是其最大优点。大功率汽轮机通常设计成一只油动机驱动一只调节汽阀，这样，每只油动机所需要的提升力可减小。由于其耗油量少，所以主油泵的设计容量可明显减小。目前，人们越来越重视在大功率汽轮机上应用单侧进油式油动机。

在油动机关到最小位置时仍需要有一定的弹簧作用力，即弹簧的预压缩量 m_0 要足够大，以保证在调节汽阀关闭后阀芯能紧压在阀座上。

（3）油动机时间常数。单侧进油式油动机关闭调节汽阀的速度取决于弹簧力将油压出的速度。由于弹簧力与活塞位置有关，所以其速度是一个变量。

单侧进油式油动机时间常数通常指的是关闭时间常数，定义为：当滑阀开度为最大 s_{max} 时，油动机活塞由最大工作行程位置 Δm_{max} 关闭到工作行程位置为零时所需要的时间。

在相同几何尺寸及油压条件下，双侧进油式油动机时间常数小于单侧进油式油动机时间常数。但是，双侧进油式油动机时间常数受主油泵容量的限制而难以进一步减小，而单侧进油式油动机只要弹簧设计合理、滑阀的排油口足够大，就能将时间常数减小到需要的数值。使用单侧进油式油动机对提高调节系统稳定性、可靠性以及甩负荷性能都有益处。

三、配汽机构

改变调节汽阀阀位（开度）可以调整汽轮机的进汽量。油动机可以直接驱动调节汽阀，也可通过传动机构来间接驱动调节汽阀。调节汽阀及其传动机构被统称为配汽机构。

（一）驱动调节汽阀的传动机构

驱动调节汽阀的传动机构有三种：提板式、杠杆式、凸轮式。常用的是后两种。

1. 杠杆式传动机构

如图 6-45 所示，一个或几个调节汽阀吊装在传动杠杆上，阀杆与杠杆之间用圆柱销连接，圆柱销穿装在腰子槽内，随着杠杆一起转动的圆柱销，可在腰子槽内作相对运动。当油动机驱动着杠杆绕其支点作逆时针转动时，通过圆柱销带动调节汽阀，调节汽阀的开启次序取决于调节汽阀关闭状态下圆柱销到腰子槽顶部的距离与圆柱销到杠杆支点的距离的比值，比值小的调节汽阀先开。通过调节螺母可以调整圆柱销到腰子槽顶部的距离，从而可以调整调节汽阀开启时机。

2. 凸轮式传动机构

如图 6-46 所示，油动机通过齿轮、齿条、凸轮及杠杆驱动调节汽阀。调节汽阀的开启

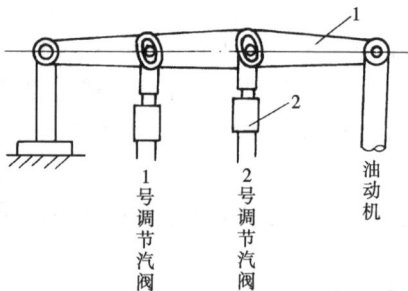

图 6-45　杠杆式配汽传动机构
1—杠杆；2—调整螺母

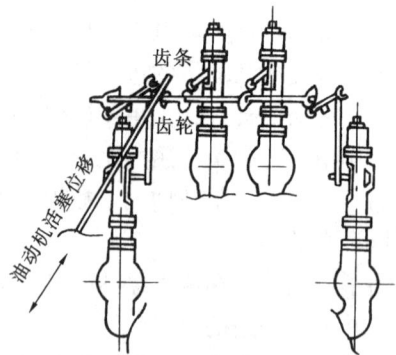

图 6-46　凸轮式配汽传动机构

顺序由凸轮型线和安装角来决定。为了保证配汽机构的特性接近线性关系，凸轮型线往往按转角与升程之间的线性关系进行设计。

（二）调节汽阀

1. 结构型式

按阀芯的数量可将调节汽阀分成单阀芯式和双阀芯式两种。单阀芯式如图6-47所示，其结构简单，但所需要的提升力大，一般只在中、小型汽轮机上使用。

现代大型汽轮机调节汽阀均采用双阀芯式，所谓双阀芯是指调节汽阀具有一个主阀芯和一个预启阀芯，如图 6-48 所示。

如图 6-48（a）所示，在开启带普通预启阀的调节汽阀时，首先提升预启阀，让蒸汽经预启阀进入汽轮机，阀后压力 p_2 随之上升，主阀芯前后压差随之减小。由于预启阀的蒸汽作用面积小，因而所需的提升力就小。当预启阀上行至极限位置后带动主阀芯一起提升，由于主阀芯开始提升时前后压差已经减小，所以主阀芯所需的最大提升力就减小。

如图 6-48（b）所示，当蒸汽弹簧预启阀处于全关位置时，压力为 p_1 的新蒸汽自 B 孔漏入 A 室，这时 A 室压力 $p_2' = p_1$，主汽阀、预启阀均紧贴在相应的阀座上，保证有较好的严密性。当预启阀开启时，由于 B 孔节流作用而产生阻尼效应，使 p_2' 很快降至 p_2，从而减少了主阀芯前后压差，使主阀芯所需的最大提升力减少。只要保证预启阀的通流面积能使其通过的流量大于 B 孔漏入 A 室内蒸汽量，就能起到减少提升力的作用。这种型式的调节汽阀在大型汽轮机上得到广泛采用。

图 6-47　单阀芯式汽阀

（a）球形单座阀；（b）锥形单座阀

1—球形阀芯；2—阀座；3—扩

压管；4—锥形阀芯

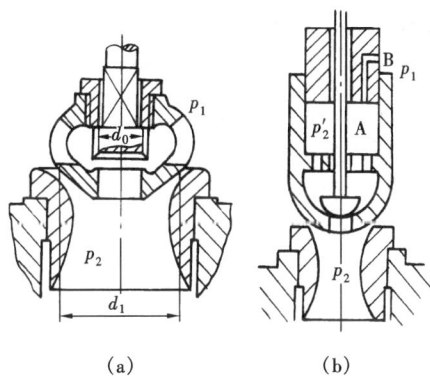

图 6-48　双阀芯式汽阀

（a）普通双阀芯式汽阀；

（b）蒸汽弹簧式双阀芯式汽阀

微课 6-13
调节汽阀结构
及型式

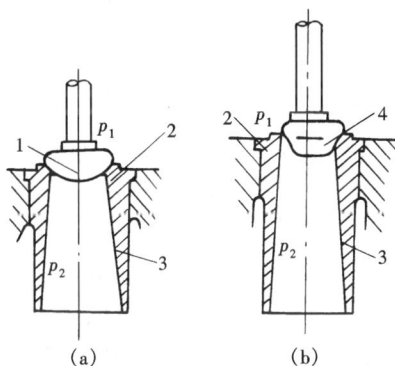

2. 升程 - 流量特性

单只调节汽阀的升程 - 流量特性如图 6-49（a）所示。当升程 $L = 0$ 时，流量 $G = 0$。当升程很小时，调节汽阀后压力很低，阀门前后的压比很小，汽流通过汽阀时存在临界状态，若汽阀前压力不变，则流量与升程近似成正比。随着汽阀的开大阀后压力逐渐升高，阀门前后压比逐渐增大，而阀门前后压差逐渐减小，所以随着升程 L 的增加，流量 G 的增大趋于缓慢。当升程 L 超过调节汽阀有效升程后，阀门前后压比很大，压差很小，因而通流能力

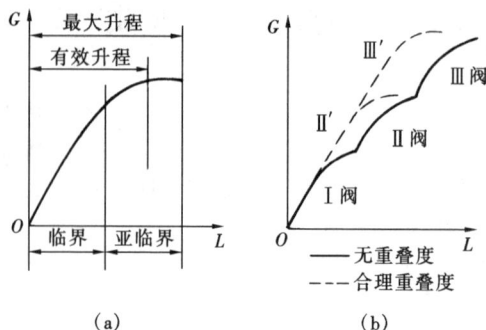

图 6-49　调节汽阀升程 - 流量特性

（a）一只调节汽阀开启；（b）三只调节汽阀开启

受到限制，流量的增加很小。通常认为阀门前后压比达 0.95～0.98 时就算开足。

汽轮机采用喷管调节时，调节汽阀是依次启闭的。如果后一个调节汽阀是在前一个调节汽阀开足后再开启，那么汽轮机总的升程 - 流量特性曲线将是波浪形的，如图 6-49（b）所示。这将直接影响调节系统静态特性的形状，以致出现不允许的情况。为了避免这种情况的发生，通常在前一阀尚未开足时就开启后一阀，即两阀升程之间具有一定的重叠度。一般在前一阀开至阀门前后压比达 0.85～0.90 时开启后一阀。此时，汽轮机总的升程流量特性如图 6-49（b）中虚线所示，线性度较好。但在重叠部分，两阀都在部分开启状态下，所以节流损失增加，经济性下降，因而，两个阀之间的重叠度的选择应适当。

为了改善汽轮机启动过程中的前期受热状态，通常将 1、2 号阀同时开启，增加通流面积，使汽轮机受热不均匀程度降低，从而减小热应力，有利于快速启动。当然，由于两阀开度比采用单阀控制时的开度小，因而节流损失要大些。

3. 升程-提升力特性

单座球形阀的升程-提升力特性如图 6-50（a）所示。当阀门开度 $L = 0$ 时，由于阀门前后压差最大，所以所需的提升力最大。随着阀门升程的增加，阀后压力逐渐增大，阀门前后压差逐渐减小，所以提升力逐渐减小。

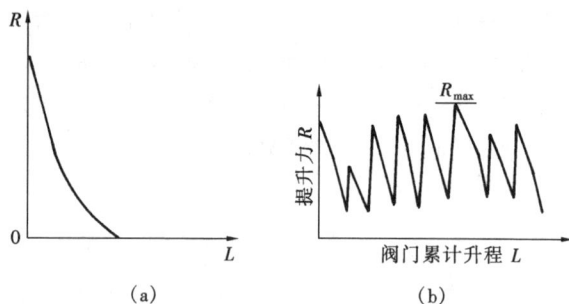

图 6-50　调节汽阀升程 - 提升力特性

（a）单座阀升程 - 提升力特性；（b）多阀依次开启时总的升程 - 提升力特性

阀门所需的提升力大小与阀门的相对升程（升程与阀门公称直径之比）、阀门前后压比有关。

若用一只油动机来提升数只调节汽阀，则当这些调节汽阀依次开启时，其联合提升力曲线如图 6-50（b）所示。第一阀刚开启时提升力很大，随着升程的增加，第一阀的提升力逐渐减小。开第二阀时，第二阀后已有一定的压力，但此时第二阀的压差仍很大，压比很小，而且相对升程为零，因而有较大的提升力，使总的提升力曲线出现第二峰值。其后各阀情况相似。由于各阀直径不尽相同，所以阀门前后压差也不相同，各阀提升力也就不一定相同。

四、DEH-Ⅲ型调节系统的电液伺服执行机构

在 DEH 调节系统中，数字部分的输出，经过数/模转换后，进入电液伺服执行机构，该机构由伺服放大器、电液转换器、油动机及其位移反馈（LVDT）组成，是 DEH 的放大和执行机构。

图 6-51 为引进型 300MW 机组 DEH 调节系统的液压系统图。一般机组的调节油和润滑油为分开的独立系统。这里介绍的为调节油，即 EH 油系统，它由四大部分组成：图的右下方为保护和遮断系统，用于机组保护；右上方为遮断试验系统，

微课 6-14
DEH 调节系统
的液压系统图

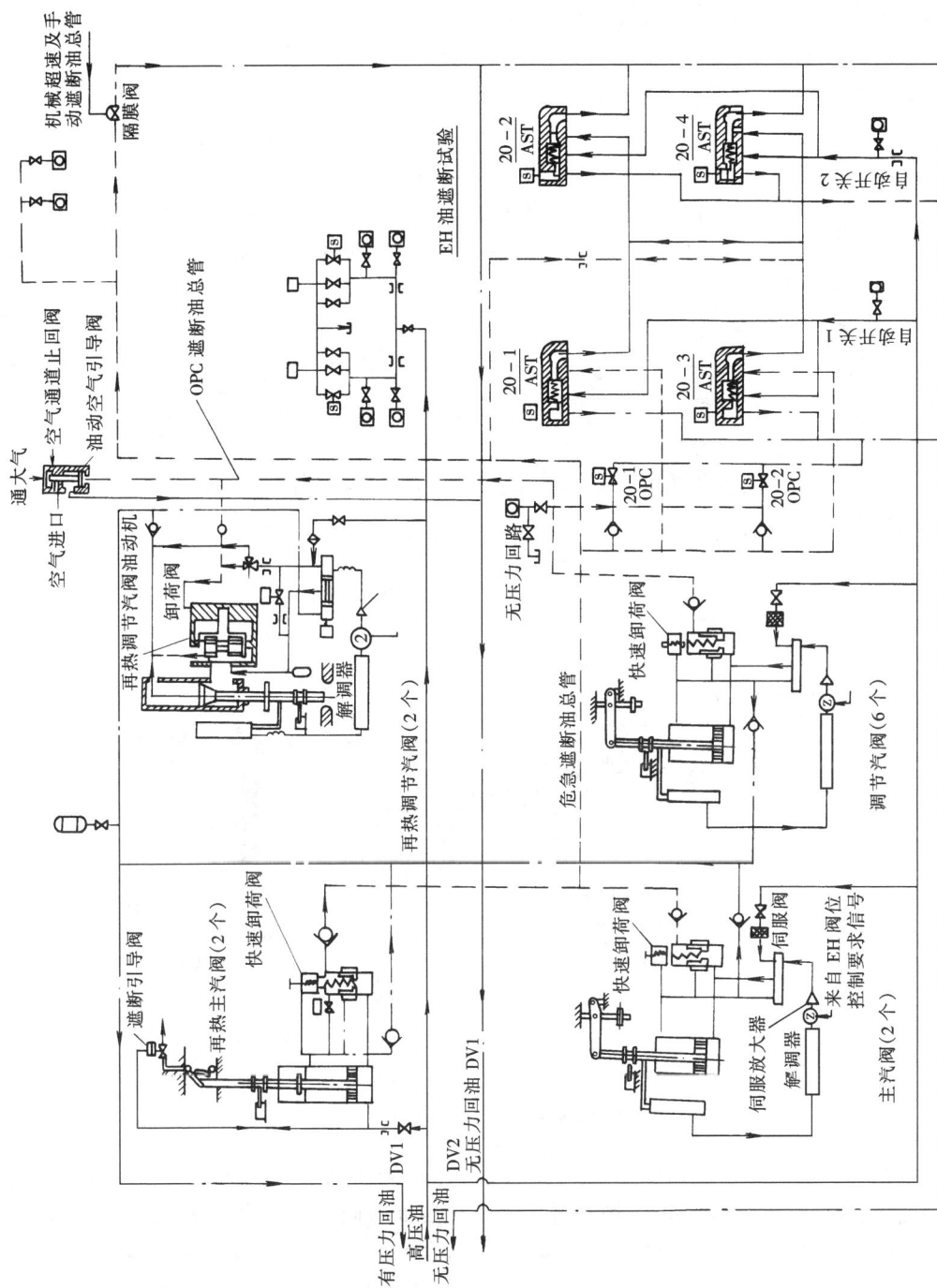

图 6-51 DEH 调节系统的液压系统图

用于系统试验；左上方为中压主汽阀（2个）和调节阀（2个）控制系统；左下方为高压主汽阀（2个）和调节汽阀（6个）控制系统。各油动机及其相应的汽阀称为 DEH 系统的执行机构，整个调节系统有 12 个这种机构，由于其调节对象和任务的不同，其结构型式和调节规律也不相同，但从整体看，它们具有以下相同的特点：

（1）所有的控制系统都有一套独立的汽阀、油动机、电液伺服阀（开关型汽阀例外）、隔绝阀、止回阀、快速卸荷阀和滤油器等，各自独立执行任务。

（2）所有的油动机都是单侧油动机，其开启依靠高压动力油，关闭靠弹簧力，这是一种安全型机构，例如在系统漏"油"时，油动机向关闭方向动作。

（3）执行机构是一种组合阀门机构，在油动机的油缸上有一个控制块的接口，在该块上装有隔绝阀、快速卸荷阀和止回阀，并加上相应的附加组件构成一个整体，成为具有控制和快关功能的组合阀门机构。

（一）高压主汽阀和调节汽阀的组合机构

高压主汽阀（TV）和高压调节汽阀（GV）是一种控制型的阀门机构，运行时可以根据需要将汽阀控制在任意的中间位置上，其调节规律是蒸汽流量与阀门的开度成正比。

1. 控制型汽阀的工作原理

图 6-52 为控制型汽阀的工作原理图，图中给出了组合阀门的各种主要功能构件，TV 和 GV 两种汽阀的结构相同。

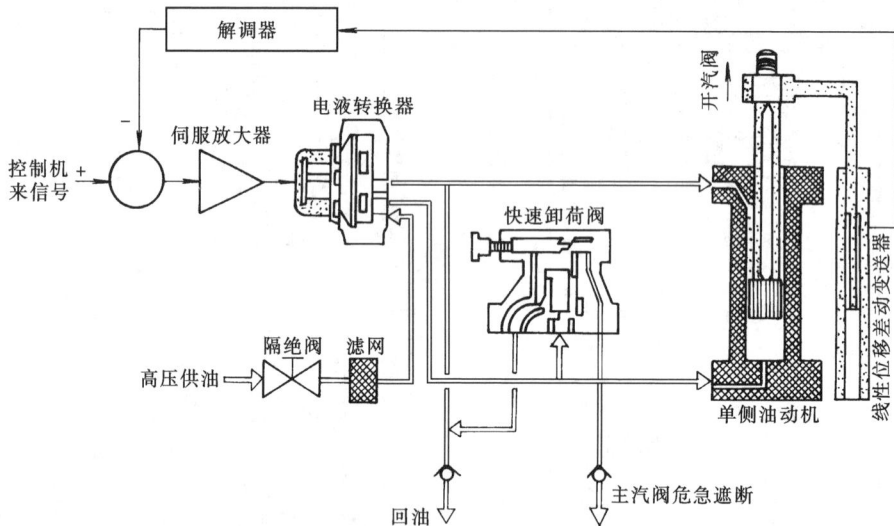

图 6-52　高压主汽阀和调节汽阀的工作原理图

高压抗燃油经隔绝阀和 $10\mu m$ 滤油器到电液伺服阀，由伺服阀控制油动机。在每一个控制型的伺服执行机构前，即在 DEH 控制器中均有一块伺服回路控制卡（VCC 卡），本系统中共装有 10 块 VCC 卡，即 GV-VCC 卡 6 块，TV-VCC 卡 2 块，IV-VCC 卡 2 块。在 DEH 控制器中经计算机运算处理后的阀位指令信号在综合比较器中和线性差动变送器（LVDT）来的并经解调器处理后的负反馈信号相比较即相减，其差值信号经放大器放大后控制电液伺服阀，在电液伺服阀中将电气信号转换成位移信号，使伺服阀的主滑阀移动，并将液压信号放大后控制油通道。当增加负荷时，伺服阀使高压油进入油动机活塞下油腔，油动机活塞向上移动，经杠杆或连杆使汽阀开启；当减小负荷时，伺服阀使压力油自活塞下腔泄出，借助弹簧力使活塞下移而关小汽阀。只要阀位指令信号与活塞位移（LVDT 的反馈）的差值不为零，伺服阀就控制油动机的活塞位移。只有差值为零时，电液伺服阀的主滑阀回到中间位置，从而切断油动机的油通道，油动机停止运动。此时油动机活塞及阀门停留在 DEH 控制器所要求的位置上，从而控制了阀门的开度及汽轮机的进汽量。

主汽阀和调节汽阀的油动机旁，各设有一个快速卸荷阀，用于汽轮机故障需要停机时，通过安全油系统使遮断油总管失压，快速泄去油动机下腔的高压油，依靠弹簧力的作用，使汽阀迅速关闭，以实现对机组的保护。在快速卸荷阀动作的同时，工作油还可排入油动机的上腔室，从而避免回油旁路的过载，这是一种巧妙的设计。

2. 电液伺服阀

电液伺服阀结构见图 6-41（a）。

3. 快速卸荷阀

快速卸荷阀是一种由导阀控制的溢流阀，用于机组发生故障时，迅速泄去安全油，实行紧急停机。

图 6-53 为快速卸荷阀的工作原理图。该阀安装在油动机板块上，它的上部装有一杯状滑阀，滑阀下部的腔室与油动机活塞下部的高压油路相通，并受到高压油的作用。在滑阀底部的中间有一个小孔，使少量的压力油通到滑阀上部的油室。该室有两条油路，一路经过止回阀与危机遮断油路相通，正常运行时由于遮断油总管上的油压等于高压油的油压，它顶着止回阀并使之关闭，滑阀上的压力油不能由此油路泄去；另一路是经针形阀控制的缩孔，控制通到油动机活塞上腔的油通道，调节针形阀的开度，可以调整滑阀上的油压，以供调试整定之用。

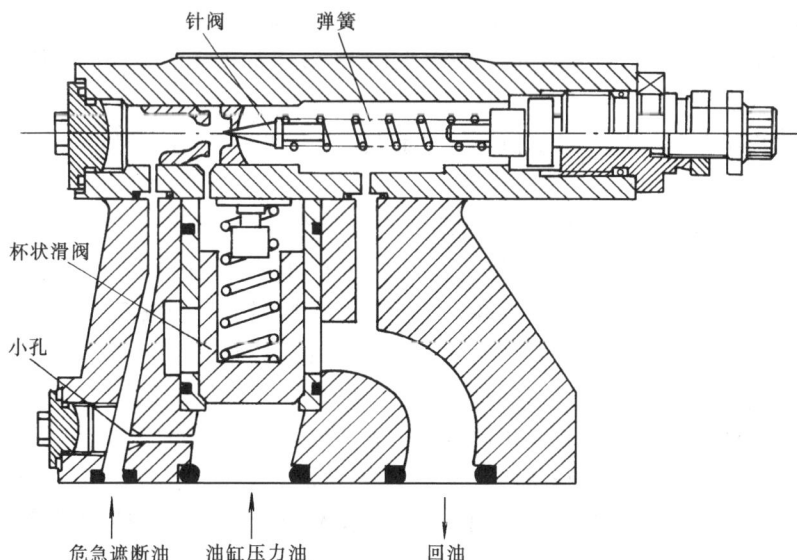

图 6-53 快速卸荷阀的工作原理

正常运行时，滑阀上部的油压作用力加上弹簧的作用力，大于滑阀下部高压油的作用力，使杯形滑阀压在底座上，连接回油油路的油口被关闭。当汽轮机故障、电磁阀动作，遮断油总管失压时，作用在杯形滑阀上的压力油顶开止回阀并泄油，使滑阀上部的油压急剧下降，下部的高压油推动滑阀上移，滑阀套的泄油孔被打开，从而使油动机的高压油失压，并在弹簧力的作用下迅速下降，关闭调节汽阀，实行紧急停机。

快速卸荷阀也可用作调节汽阀或主汽阀的手动关闭。在手动关闭任何一个汽阀时，首先要关断隔绝阀，以防止快速卸荷阀放走大量的高压油，然后将压力整定调整杆反向慢慢旋出，从而改变针形阀控制的泄油口，缓慢地改变快速卸荷阀中杯形滑阀上部的油压，使杯形滑阀上升，开启快速卸载油口，改变油动机活塞下腔室的动力油压，使汽阀慢慢关闭。此后，如要重新打开汽阀，应首先将压力调整杆调到最高油压位置，然后慢慢打开隔绝阀。

4. 隔绝阀

隔绝阀也称隔离阀，用于切断通往油动机的高压油。工作时该阀全开，运行中关断该阀，可以对油动机、电液伺服阀、快速卸荷阀和位移变送器进行不停机检修，以及清理或更换过滤器等。

5. 过滤器

为了保证电液伺服阀的清洁，保证阀内节流孔喷管和滑阀能正常工作，所有进入电液伺服阀的高压油，均需经过 $10\mu m$ 过滤器的过滤。滤网要每年更换一次，被更换下来的滤网，当有合适的滤网清洗设备时，在彻底清洗干净后还可以再使用。

此外，电液伺服阀内还有一道滤网，以确保油的清洁。

6. 止回阀

在油动机的控制油路上设有 2 个止回阀，1 个是通往危机遮断油路总管去的止回阀，见图 6-52。其作用是当检修运行中某一台油动机时，其对应的隔绝阀已经关闭，使油动机活塞下的油压消失，由于其他油动机还在工作，该止回阀的作用，就是阻止危机遮断油总管上的油倒流入油动机；另一个止回阀是安装在回油管路上，以防止在油动机检修期间，由压力回油总管来的油倒流到被检修的油动机去。两阀共同保证了油动机的不停机检修。

7. 线性位移差动变送器

LVDT 的作用是把油动机活塞的位移（同时也代表调节汽阀的开度）转换成电压信号，反馈到伺服放大器前，与计算机送来的信号相比较，其差值经伺服放大器功率放大并转换成电流值后，驱动电液伺服阀、油动机直至调节汽阀。当调节汽阀的开度满足了计算机输入信号的要求时，伺服放大器的输入偏差为零，于是调节汽阀处于新的稳定位置。

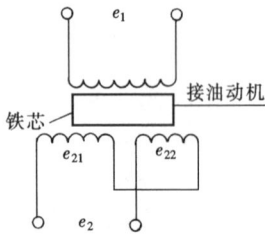

图 6-54 LVDT 工作原理简图

LVDT 由一芯杆与外壳所组成，如图 6-54 所示，在外壳中有 3 个线圈，一个是初级线圈，供给交流电源；在中心点的两侧各绕有一个次级线圈，这两个线圈是反向连接，因此，次级线圈的净输出是该两线圈所感应的电动势之差值。当线圈内的铁芯处于中间位置时，两个次级线圈所感应的电动势相等，变送器输出的信号为零。当铁芯与线圈有相对位移，例如铁芯向上移动，则上半部线圈所感应的电动势较下半部线圈所感应的电动势大，其输出的电压代表上半部的极性。次级线圈感应的电动势经整形滤波后，转变为铁芯与线圈间相对位移的电信号输出。在实际装置中，外壳是固定不动的，铁芯通过杠杆与油动机活塞连杆相连，这样，输出的信号便可模拟油动机的位移，于是，也就代表了调节汽阀的当前开度。

（二）中压主汽阀的组合机构

中压主汽阀也称再热蒸汽主汽阀，它只在全开和全关两个位置，属于开关型汽阀。

中压主汽阀组合机构的主要组成部件是：油缸、控制块、电磁阀、溢流阀、隔绝阀、止回阀（2个）等，其组成与上述高压调节阀类似，但由于它是一种开关型执行机构，没有控制功能，因此具有不同的特点。

（1）由于没有控制功能，所以不必装设电液伺服阀及其相应的伺服放大器。

（2）增设1个二位二通电磁阀，用于开关中压主汽阀，以及定期进行阀杆的活动试验，保证该阀处于良好的工作状态。当电磁阀动作时，能迅速地泄去中压主汽阀的危机遮断油，使快速卸荷阀动作，紧急关闭主汽阀。

该机构安装在中压缸主汽阀的弹簧室上，其油动机活塞杆与该主汽阀的阀杆直接相连，因此，当油动机向上运动时为开启中压主汽阀，油动机向下运动时为关闭中压主汽阀。油动机是单侧油动机，高压抗燃油提供开启汽阀的动力，快速卸荷阀泄油可使油动机下腔室的动力油失压，依靠弹簧力的作用，快速关闭中压主汽阀。

图 6-55 是中压主汽阀的工作原理图，高压动力油自隔绝阀引入，经过一个固定节流孔板后直接进入油动机的下腔室，该节流孔板是用来限制油动机进油的，其作用一是开门时使汽阀缓慢开启，避免冲击；二是在危急遮断系统动作，大量卸去油动机下腔室的高压油并关闭主汽阀时，避免大量的高压油又自隔绝阀涌入，会使中压主汽阀的关闭速度减慢，仍有超速的危险。

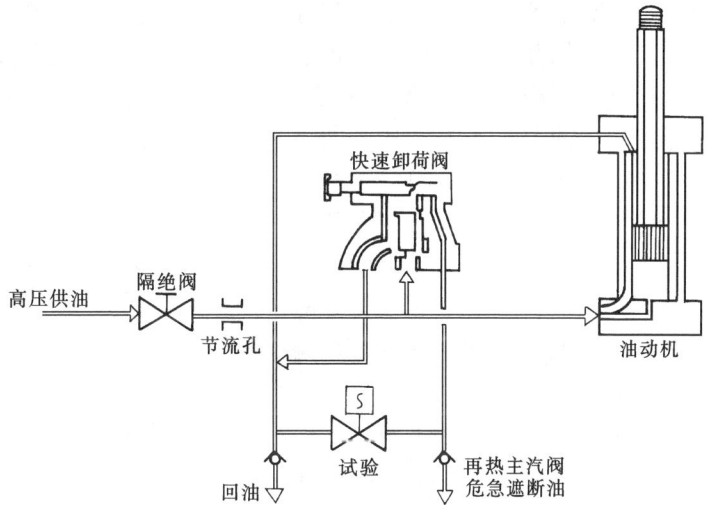

图 6-55　中压主汽阀的工作原理图

快速卸荷阀的结构和工作原理与图 6-53 相同，该阀是由危急遮断总管油压控制的，当该总管油压被迫遮断时，通过快速卸荷阀，迅速关闭中压主汽阀。该汽阀关闭的动力来自中压油动机重弹簧的约束力。此外，快速卸荷阀的回油管与油动机的上腔室相连，因而瞬间排油也不会引起回油管的过载。

二位二通电磁阀用于遥控，它的开启可把遮断油泄去，使快速卸荷阀杯形滑阀上部的油压失去，并将与油动机连通的油路卸油，从而使油动机迅速关闭。同样，进行试验时把旁路阀打开，也可使油动机关小或关闭。此外，手动压力调整螺杆，还可以打开或关闭油动机。

由于中压主汽阀只处于全开或全关位置，因此不设置 LVDT 变送器，而且该阀在安装后一般不做特殊的调整工作。同样，对于每一个中压主汽阀的组合机构，只要关断隔绝阀的进油，并有止回阀阻止回油的倒流，都可以进行不停机检修，保证机组仍可继续运行。

（三）中压调节阀的组合机构

中压调节汽阀（IV）也称再热蒸汽调节汽阀，是一种控制型的执行机构，可在它的控制范围内，把阀门控制在所需要的任意中间位置上，并能按比例进行调节。其控制原理与组合机构同高压调节阀基本一致，在此由于篇幅所限不作过多介绍。

第六节　危急遮断保护系统和供油系统

一、危急遮断保护系统

（一）电气危急遮断保护系统

微课 6-15
汽轮机电气危急遮断保护系统

电气危急遮断保护系统分两种情况：一是在机组运行中，为防止部分设备失常造成机组严重损坏，装有自动停机危急遮断系统（AST），当发生异常情况时，关闭所有进汽阀，立即停机；二是超速保护遮断控制系统（OPC），使高压调节汽阀及中压调节汽阀（再热调节汽阀）暂时关闭，减少汽轮机进汽量及功率，但不能使汽轮机停机。因此机组设有相应的自动停机危急遮断油路（AST 油路）和超速保护控制油路（OPC 油路）。OPC 油路仅控制高压调节阀和中压调节阀，AST 油路控制高压主汽阀和中压主汽阀并通过 OPC 油路控制高压调节阀和中压调节阀。

引进技术生产的 300MW 汽轮机 DEH 调节系统的电气危急遮断保护系统如图 6-51 所示。该系统由两个 OPC 电磁阀、四个 AST 电磁阀、两个止回阀和空气引导阀等组成。

1. 超速保护电磁阀（OPC 电磁阀）

两个 OPC 电磁阀由 DEH 调节器的 OPC 系统控制。机组正常运行时，该阀是关闭的，切断了 OPC 总管的泄油通道，使高、中压调节汽阀油动机活塞的下腔室能建立油压，起到正常调节作用。当 OPC 系统动作，例如转速达到 $103\%n_0$ 时，该电磁阀被激励信号所打开，使 OPC 总管泄去安全油，快速卸荷阀随之打开并泄去油动机的动力油，使高压缸和中压缸的调节汽阀关闭。

两只 OPC 电磁阀并联布置，这样即使一路拒动，另一路仍可动作，即可使超速保护控制油路（OPC）泄放，使高压调节汽阀和中压调节汽阀关闭。这样便提高了超速保护控制的可靠性。另外，还可以进行在线试验，即当对一个回路进行在线试验时，另一回路仍具有连续的保护功能，避免了保护系统失控。

当 OPC 电磁阀动作，使 OPC 油管中油泄放后，高压调节汽阀和中压调节汽阀则关闭，但如果当调节汽阀暂时关闭后，转速回到 103% 以下时，则 DEH 控制器的 OPC 控制又使 OPC 电磁阀关闭，OPC 油管中的油压重新建立。这样高压调节汽阀和再热调节汽阀就可重新开启。

2. 自动停机危急遮断电磁阀（AST 电磁阀）

该系统中有四个 AST 电磁阀，它们是受危急跳闸装置（ETS）电气信号所控制。AST 电磁阀在正常运行时是被励磁关闭，从而封闭了自动停机危急遮断总管中抗燃油的泄油通道，使所有蒸汽阀执行机构活塞下的油压建立起来，当电磁阀打开，则 AST 总管泄油，导致所有蒸汽阀关闭停机。四个 AST 电磁阀组成串并联布置，这样具有多重保护性，每个通道中至少必须有一只电磁阀打开，才可导致停机。

危急跳闸装置（ETS）监视机组的某些重要运行参数，当这些参数超过安全运行极限时，将通过此装置给出接点控制信号去控制 AST 电磁阀，使汽轮机的主汽阀和调节汽阀迅速关闭，以保证机组的安全。

300MW 机组的危急跳闸装置监视的项目和控制参数为：

（1）超速保护。转速达到 $110\%n_0$ 时遮断机组。

（2）轴向位移保护。以轴向位移的定位点 3.56mm 为基准，机头方向超过 2.54mm 或发电机方向超过 4.57mm 时，遮断机组，这种限定意味着极限位移离基准位置的两侧各有 1mm 左右。

（3）轴承供油低油压和回油高油温保护。轴承供油油压低到 $34.47\sim48.26$kPa 时遮断机组。

（4）EH（抗燃）油低油压保护。EH 油压低到 9.31MPa 时遮断机组。

（5）凝汽器低真空保护。汽轮机的排汽压力高于 20.33kPa 时遮断机组。

此外，DEH 系统还提供一个可接受所有外部遮断信号的遥控遮断接口，以供运行人员紧急时使用。

3. 单向阀（止回阀）

两个单向阀分别安装在自动停机危急遮断油路（AST）和超速保护控制油路（OPC）之间，当 OPC 电磁阀动作，OPC 油路泄压，此时高压调节汽阀和再热调节汽阀关闭而单向阀可维持 AST 油压，使主汽阀和再热主汽阀保持全开。当转速降到额定转速时，OPC 电磁阀关闭，高压调节汽阀和再热调节汽阀重新打开，从而由调节汽阀来控制转速，使机组维持额定转速。当 AST 电磁阀动作，OPC 油路通过两个单向阀，油压也下跌，将关闭所有的进汽阀与抽汽阀而停机。

4. 空气引导阀

空气引导阀安装在汽轮机前轴承座旁边，该阀用于控制供给汽动抽汽止回阀的压缩空气，为 EH 油、压缩空气和排大气提供了接口，该阀是一个油缸体上带钢柱的青铜阀体，附在阀杆上的弹簧提供了关闭阀门所需的力。

当 OPC 母管有压力时，空气引导阀的提升头便封住了排大气的孔口，使压缩空气通过此阀；当 OPC 母管无压力时，该阀由于弹簧力的作用而关闭，封住压缩空气的通路。截留到抽汽止回阀去的管道中的压缩空气经过大气阀孔口排放，这使得抽汽止回阀快速关闭。

（二）机械超速危急遮断系统

汽轮机转子在运行中所受的离心力很大，离心力的大小与转子转速的平方成正比，考虑到各种运行条件下转子所需的转速正常变化范围，规定驱动发电机的汽轮机转子转速按 $120\%n_0$ 进行强度校核。若运行转速过高，则可能发生破坏性事故，例如叶片断裂等，严重时会发生飞车事故。因此，一般规定转子的转速不超过 $(110\%\sim112\%)n_0$，最高也不能超过 $(114\%\sim116\%)n_0$。

微课 6-16
机械超速危急
遮断保护系统

汽轮机调节系统在正常情况下可以控制汽轮机转速的超限，即使甩全负荷也不会使转速超过 $109\%n_0$。但是，在异常情况下，机组转速有可能超过 $110\%n_0$，因此，每台汽轮机都具有超速遮断保护功能。实现超速遮断保护功能的装置有两类：机械式和电气式（见自动停机危急遮断）。

机械超速遮断装置由机械超速保安器与机械超速遮断滑阀两部分组成。机械超速保安器实质上是转速超限时的危急信号发送器，按其结构特点可分为飞锤式和飞环式两种。

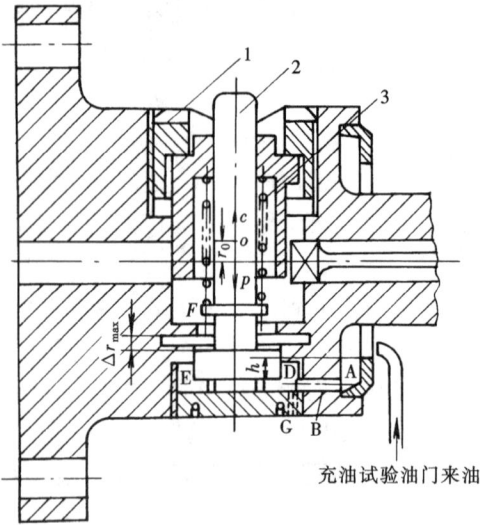

图 6-56 飞锤式超速保安器
1—调整螺帽；2—偏心飞锤；3—压弹簧

图 6-56 是飞锤式超速保安器的结构图，它装在主轴前端，主要由飞锤、压弹簧、调整螺帽等组成。飞锤的重心与汽轮机转子旋转轴中心偏离一定的距离，所以又称作偏心飞锤。在转速低于飞锤的动作转速时，压弹簧 3 对飞锤 2 的作用力大于飞锤 2 所受的离心力，飞锤处于图示位置，不动作；当转速升高到略大于飞锤 2 的动作转速时，飞锤 2 所受的离心力增大到略超过压弹簧的作用力，飞锤动作，迅速向外飞出。随着飞锤向外飞出，飞锤的偏心距增大，离心力相应不断增大，同时弹簧的压缩增加，因此弹簧力也随之增加，但是离心力的增大速度大于弹簧力的增大速度，所以，飞锤一经飞出，就一直走完全程，到达极限位置时为止。随着飞锤向外飞出，通过传动机构，将机械超速遮断滑阀打开，使机械脱扣油母管与

排油管接通，使机械脱扣油母管中的油压快速下跌，使汽轮机紧急停机。

随着汽轮机转速因汽源切断而降低，飞锤离心力减小，当转速降低到飞锤离心力小于弹簧约束力时，飞锤开始回复，随着飞锤回复，偏心距减小，离心力和弹簧力同时减小，但离心力的减小速度大于弹簧力，弹簧力超出离心力部分不断增大，所以飞锤一旦回复便一直运动到原来位置。飞锤回复时的转速称为超速保安器的复位转速。

图 6-57 是飞环式超速保安器的结构图。偏心式飞环套在短轴上，当汽轮机转速升高到略大于动作转速时，偏心飞环因所受的离心力大于弹簧力，飞环即向外飞出。

图 6-58 为引进技术生产的 300MW 汽轮机 DEH 调节系统的机械超速危急遮断系统的工作原理图。该系统的油系统与自动停机危急遮断系统互为独立，采用的是与润滑油主油泵相连接的油系统。当机组正常运行时，脱扣油母管中的油，自主油泵出口管经节流后分两路进入危急遮断滑阀，其中一路经二级节流后，作用在危急遮断油门滑阀并使之紧压在阀座上，把滑阀的泄油口关闭；另一路只经一级节流，引入超速保护试验滑阀，再进入危急遮断滑阀。由于危急遮断滑阀左侧的面积小于右侧的面积，所以油压的作用力把

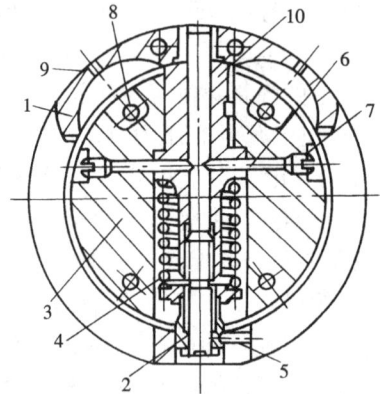

图 6-57 飞环式超速保安器
1—飞环；2—调整螺帽；3—主轴；4—弹簧；
5—螺钉；6—圆柱销；7—螺钉；8—油孔；
9—排油孔；10—套筒

滑阀推向左侧，使蝶阀紧压在阀座上，堵住了泄油孔，结果脱扣油母管中的油压等于主油泵出口的油压，遮断系统处于等待备用状态。当超速飞锤飞出作用在脱扣碰钩（板击）上时，使碰钩围绕其短轴旋转，带动危急遮断滑阀向右运动，蝶阀随之离开阀座并泄油，导致机械脱扣油母管中的油压降低，通过隔膜阀的作用，使汽轮机紧急停机。

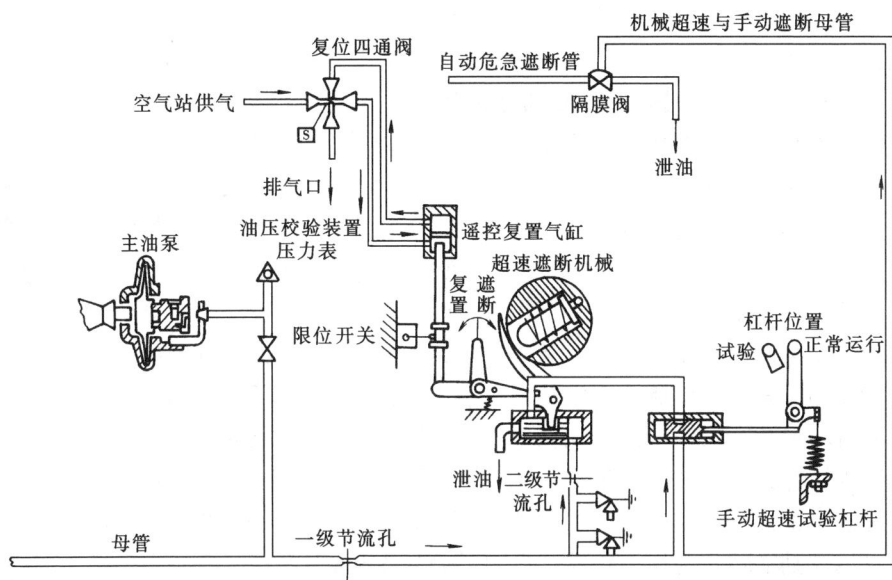

图 6-58 机械超速危急遮断系统的工作原理图

图 6-59 为隔膜阀的结构示意。隔膜阀实现了两种不同工作介质即汽轮机油与抗燃油的隔离。

汽轮机在正常运行时，从机械超速和手动停机总管来的油供到隔膜上部，克服隔膜下部弹簧力的作用，将阀芯紧压在阀座上，切断了自动停机危急遮断总管中的高压抗燃油的泄油通道。当机械超速遮断装置或手动危急遮断装置动作后，机械超速和手动停机总管的油压快速下跌，在弹簧力的作用下，隔膜带动阀芯迅速向上移动，从而打开了自动停机危急遮断油路的泄放通道，导致自动停机危急遮断油压力快速下跌，机组停机，同时保证润滑油和抗燃油彼此互不接触。

另外调节系统还设有手动危急遮断装置。该装置通常装在机头轴承箱上。根据紧急停机或正常停机需要，通过现场手动操作，打开机械脱扣油母管的泄放通道，使机械脱扣油压快速下跌，继而引起所有主汽阀、调节汽阀及抽汽止回阀关闭，达到停机的目的。

二、供油系统

供油系统的主要作用是：

（1）供给轴承润滑系统用油。在轴承的轴瓦与转子的轴颈之间形成油膜，起润滑作用，并通过油流带走由摩擦产生的热量和由高温转子传来的热量。

（2）供给调节系统与危急遮断保护系统用油。供油系统的可靠工作对汽轮机的安全运行具有十分重要的意义。一旦供油中断，就会引起轴颈烧毁重

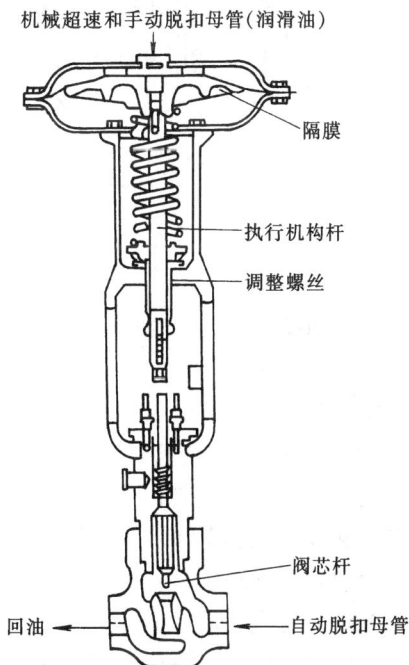

图 6-59 隔膜阀结构示意

大事故。

供油系统按工作介质可分为采用汽轮机油的供油系统和采用抗燃油的供油系统。

（一）采用汽轮机油的供油系统

微课 6-17
供油系统油
路及工作过程

根据供油系统中主油泵的型式不同，采用汽轮机油的供油系统又可分为具有容积式油泵的供油系统和具有离心油泵的供油系统两大类。现对大型汽轮机来说采用较多的是离心油泵的供油系统，故下面只对离心油泵的供油系统作简单介绍。

图 6-60 是一种典型的离心油泵供油系统示意。离心式主油泵由汽轮机主轴直接驱动。它的压力流量特性线较平坦，在油动机快速动作需要大量用油时不至于引起供油压力及润滑油量变动太大。离心泵工作缺点主要是泵的进口自吸能力差，进口侧受空气影响大。为了避免进口侧吸入空气，离心式主油泵进口采用注油器 I 正压供油。为了减轻油动机快速动作需大量供油时注油器 I 的负担，在系统中将油动机的排油引至主油泵进口。此外，为了保证润滑油供应正常，还单独设置了注油器 II，它与注油器 I 并联运行。注油器将主油泵来的高压油经过喷管进行加速，流速剧增，压力剧减，将油箱内的净油吸入，再经扩压管后，动能转化为压力势能，压力升高后供油。

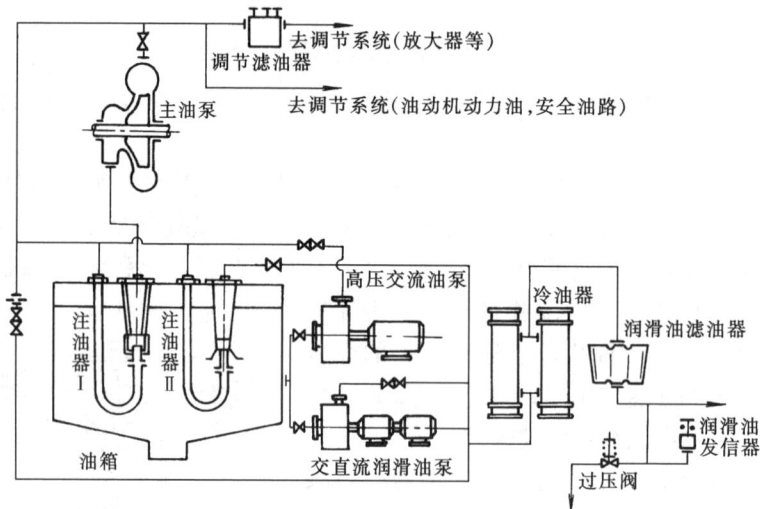

图 6-60 典型的离心泵供油系统

系统中的高压交流油泵的出口压力与主油泵出口压力相近（或略低些），容量小些。高压交流油泵在启动时使用，因为此时主油泵因转速低而不能正常供油。当汽轮机升速至接近于额定转速时，主油泵出口压力略大于系统中的油压，由止回阀自动内切换，使系统由高压交流油泵供油自动转换到主油泵供油，这时可将高压交流油泵停下。

大型汽轮机油管路容积很大，进油前存有不少空气，所以在启动高压交流油泵前一定要先启动交流低压润滑油泵，以便在较低油压下将油管中的空气赶尽。否则，高压油突然进入管道会引起油击现象。

图中的交直流润滑油泵是一低压油泵，可分别由两侧的交流电动机、直流电动机驱动。当系统中的润滑油压下降到某一限定值时，低油压发信器将发出信号，自启动交流电动机；在系统润滑油压低于另一更低的限定值时自启动直流电动机。例如，在系统润滑油压因故下降而交流电源又失去的情况下，会在油压跌到对应的限定值时直流电动机自启动，从而保障润滑油系统不断油。

为了过滤油中的杂质，在油箱中设有滤网，油管上设有滤油器。有的供油系统还外设有净油装置。

油温不能太高或太低。油温太高，使油的黏性过小，轴承中油膜的承载能力下降，易产生干摩擦而损坏设备，同时油温高还会加速油的劣化；油温太低，使油的黏性过大，油膜的摩擦耗功增加，还会引起机组振动。正常运行时由系统管路中的冷油器来调温。机组启动前若油温过低，则可使用油箱中的电加热器来升温。

随着机组参数的提高以及容量的增大，阀门所需的提升力加大，同时为了减小油动机尺寸以及时间常数，改善调节系统动态特性，必然要提高调节、保护系统油压，而润滑油压变化不大。所以调节、保护系统的油压与润滑系统的油压差在增大，这样若仍采用同一个供油系统时，必然按高油压值进行设计，为满足润滑油压低值的要求，系统中不得不设置节流元件，导致能耗增加。为避免此问题，有的大型机组虽然仍采用汽轮机油作工质，但却设置两个供油系统，分别向调节系统与润滑油系统供油。

油压提高容易使管路漏油和爆管，汽轮机油的燃点低，易引起火灾，因此，必须加强防火措施。例如，采用套管式设计，内管通高压油，内外管夹层用作无压力回油母管等。

当汽轮机采用电液调节时，对油质的要求更高。系统中增设磁性过滤器可以避免磁性杂质被电液转换器中磁性很强的磁钢吸附，从而防止磁钢气隙中的动圈（控制线圈）卡涩，同时还可以防止节流孔堵塞。

（二）采用抗燃油的供油系统

1. 抗燃油及供油系统

为了提高控制系统的动态响应品质，大容量汽轮机组普遍采用了抗燃油。抗燃油是一种三芳基磷酸酯的合成油，它具有良好的润滑性能、抗燃性能和流体稳定性，自燃点为560℃以上，因而在事故情况下，当有高压动力油泄漏到高温部件上时，发生火灾的可能性大大降低。但抗燃油价格昂贵，且有一定腐蚀性，并对人体健康有影响，不宜在润滑系统内使用，因而设置单独的抗燃油供油系统，常称为 EH（electric hydrolic）油系统。

微课 6-18
抗燃油供油系统的组成设备及作用

国产优化引进型 300MW 机组的 EH 油系统（见图 6-61）主要由 EH 油箱、高压油泵、控制单元、蓄能器、过滤器、冷油器、抗燃油再生装置及其他有关部套组成。系统的基本功能是提供电液控制部分所需的压力油，驱动伺服执行机构，同时保持油质完好。

整个 EH 油系统由功能相同的两套设备组成，当一套投运时，另一套为备用，如果需要则立即自动投入。

为了保证电液控制系统的性能完好，在任何时候都应保持抗燃油油质良好，使其物理和化学性能都符合规定。因此，除了在启动系统前要对整个系统进行严格的清洗外，系统投入使用后还必须按需要运行抗燃油再生装置，以保证油质。

系统工作时，由交流电动机驱动高压叶片泵，油箱中的抗燃油通过油泵入口的滤网被吸入油泵。油泵输出的抗燃油经过 EH 控制单元中滤油器、卸荷阀、止回阀和过压保护阀，进入高压集管和蓄能器，建立起系统需要的油压。当油压达到 14.484MPa 时，卸荷阀动作。切断油泵出口与高压油集管的联系，将油泵的出口油直接送回油箱。此时，油泵在卸荷（无

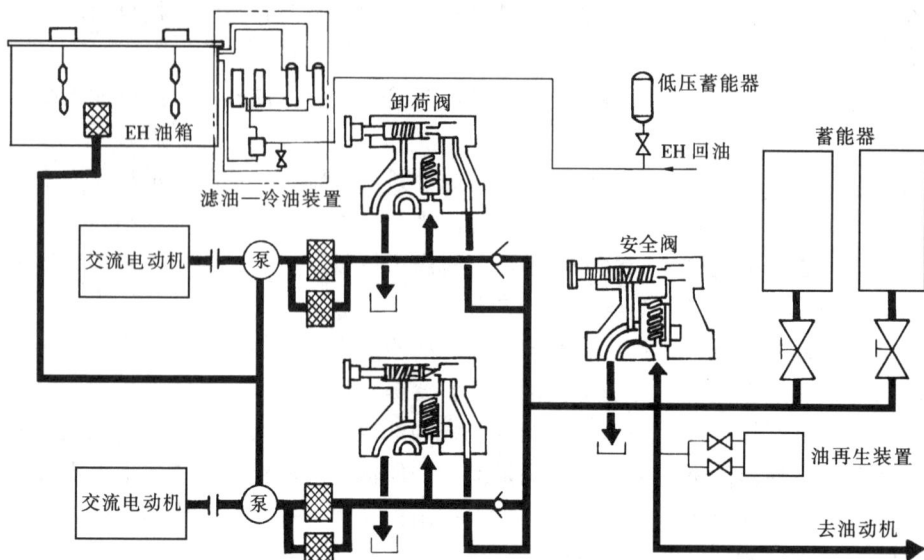

图 6-61　EH 供油系统

负荷）状态下工作，EH 系统的油压由蓄能器维持。在运行中，伺服机构和系统中其他部件的间隙漏油使 EH 系统内的油压逐渐降低，当高压集管的油压降至 12.42MPa 时，卸荷阀复位，高压油泵的出口油重又供向 EH 系统。高压油泵就这样在承载和卸荷的交变工况下运行，使能量的消耗量和油温的升高量减少，因而可以增加油泵的工作效率和延长油泵的寿命。回油箱的抗燃油由方向控制阀导流，经过一组滤油器和冷油器流回油箱。抗燃油的回油管是压力回油管，回油管中的压力靠低压蓄能器维持。系统正常运行时，油压由卸荷阀控制维持在 12.420～14.484MPa 范围内。当油泵在卸荷状态下工作时，位于卸荷阀和高压集管之间的止回阀可防止抗燃油从 EH 油系统通过卸荷阀反流进入油箱。运行和备用的两套装置有一个共同的过压保护阀，用以防止 EH 油系统油压过高，当压力达到 15.86～16.21MPa 时，过压阀动作，将油泵出口油直接送回油箱。

在高压集管上装有压力开关，用于自动启动备用油泵和对油压偏离正常值进行报警。另外，在冷油器出水口管道上装有温度控制器，通过调节冷却水量来控制油箱的温度。油箱内部还装有温度测点和油位计，在油温过高和非正常油位时报警。

2. 蓄能器

为了维持系统油压在卸荷阀两个动作油压之间的相对稳定，以防止卸荷阀或过压保护阀反复动作，在国产引进型 300MW 机组 EH 油系统中装有 5 只活塞式蓄能器，也称高压蓄能器，如图 6-62 所示。其中一只容量较大，为 19L，安装在油箱边上，另外 4 只容量较小的安

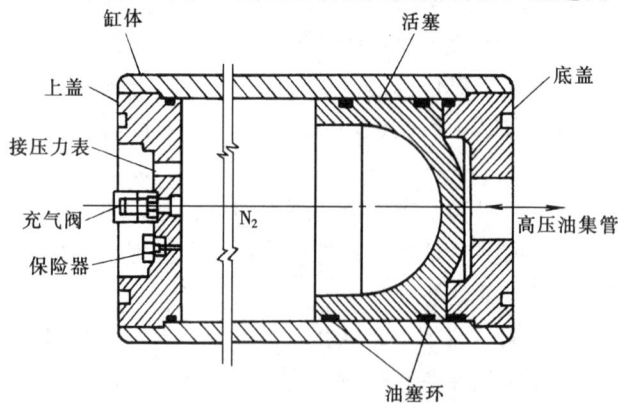

图 6-62　活塞式蓄能器

装在调节阀附近的支架上。

活塞式蓄能器实际上是一个有自由浮动活塞的油缸。活塞的上部是气室，下部是油室，油室与高压油集管相通，为了防止泄漏，活塞上装有密封圈。蓄能器的气室充以干燥的氮气，充气时，用隔离阀将蓄能器与系统隔绝，然后打开其回油阀排油，使油室压力为0，此时从蓄能器顶部气阀充气，活塞落到下限位置，正常的充气压力是 8.966MPa。机组运行时，蓄能器中的气压与系统中的油压相平衡，不会发生气体泄漏。但停机时，系统中无油压，会发生一定的漏气。当气室压力小于 7.932MPa 时，需要再次充气。在调节机构动作而油泵又没有连续向集管输油的情况下，蓄能器的储油借助气体膨胀被活塞压入高压油集管，以保证调节机构动作需油量及所需的动作油压。当集油管油压达 14.484MPa 时，卸荷阀动作使高压油处于卸荷状态工作，无压力油送入集管，这时活塞式蓄能器的气室压力也是 14.484MPa，用以维持系统的油压和补充系统的用油量。

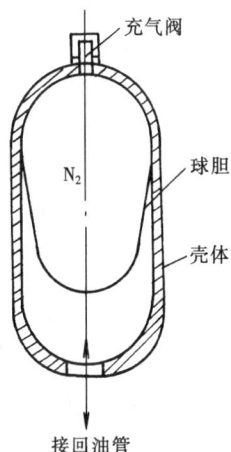

图 6-63 低压蓄能器

另外，在通向油箱的压力回油管路上装有 4 个低压蓄能器。低压蓄能器结构是球胆式的（见图 6-63）。由合成橡胶制成的球胆装在不锈钢壳体内，通过壳体上的充气阀可以向球胆内充入干燥的氮气，充气压力为 0.209 6MPa。壳体下端接压力回油管，球胆将气室与油室分开，起隔离油气的作用。由于合成橡胶球胆可以随氮气的压缩或膨胀任意变形，因此使低压蓄能器在回油管路上起调压室的缓冲作用，减小回油管中的压力波动。当球胆中氮气压力降到 0.165 5MPa 时，必须再充气。

3. EH 油再生装置

EH 油再生装置是一种用来储存吸附剂和使抗燃油得到再生的装置。再生的目的是油保持中性，并去除油中的水分等。该装置主要由硅藻土滤油器与波纹纤维滤油器（精密滤油器）串联而成，实际上是一个精密滤油组件，通过带节流孔的管道与高压油集管相通。对国产引进型 300MW 机组，此节流孔管路每分钟大约有 3.78L 的油流过油再生装置，然后进入油箱。硅藻土过滤器根据情况可以经旁路，使油仅通过波纹纤维滤油器。

第七节　背压式和抽汽式汽轮机的调节

一、背压式汽轮机调节的概念

背压式汽轮机是既供电又供热的汽轮机的一种。显然，热用户所需要的蒸汽量和电用户对汽轮机功率的要求是不可能完全一致的。在一般情况下，背压式汽轮机是按照热负荷运行的，也就是根据热用户的需要决定汽轮机的运行工况，此时汽轮机的进汽量由热用户所消耗的蒸汽量决定，并随供热量的变化而作相应的改变，汽轮机的功率将随热负荷变化，而电网频率将由电网中并列运行的其他凝汽式机组维持。

背压式汽轮机进汽量的调节由调压器来实现。当热用户消耗的蒸汽量增大时，供热压力降低，调压器接受这一压力信号后，通过中间放大机构开大调节汽门，以增加汽轮机进汽量，反之亦然。由于调压器的作用，背压式汽轮机的排汽压力将维持在一定范围内。

图 6-64（a）为背压式汽轮机调节示意。错油门 4 既可由调压器 2 控制，也可由调速

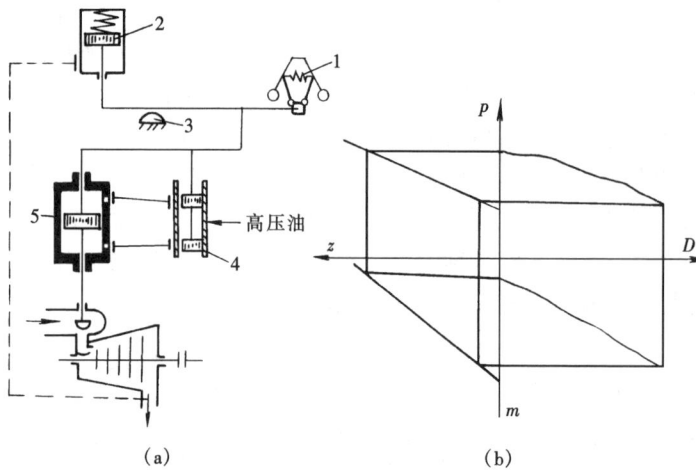

图 6-64　背压式汽轮机的调节

（a）调节系统示意；（b）调压系统的静态特性

1—调速器；2—调压器；3—支点；4—错油门；5—油动机

器 1 控制。当机组运行工况由热负荷决定时，汽轮机并列在电网中，转速保持不变，调速器滑环位置不变。此时，热负荷变化将使排汽压力变化，在弹簧力的作用下，调压器活塞移动，带动错油门使高压油进入油动机 5 的上腔或下腔，油动机活塞移动，将调节汽门开大或关小，以适应热负荷的需要。

调压系统的静态特性和调速系统静态特性相仿，如图 6-64（b）所示。此时，机组背压 p 相当于转速 n，调压器活塞位移 z 相当于调速器滑环位移 z，而蒸汽量 D 则相当于机组功率 P。由此可得到调压系统的不等率 δ_p，即压力不等率，它表示最小蒸汽流量时的最高背压 $p_{\max}$ 与最大蒸汽流量时的最低背压 $p_{\min}$ 之差与额定压力 p_e 之比，即

$$\delta_p = \frac{p_{\max} - p_{\min}}{p_e} \times 100\%$$

通常此值可达 $10\% \sim 20\%$，甚至更大。

值得注意的是，当背压式汽轮机突然甩负荷时，转速迅速升高，调速器滑环向上移动，关小调节汽门。但与此同时，供汽量减小，排汽压力相应降低，调压器将力图开大调节汽门，增加进汽量，因此调压器对调速器存在一个反作用。为了限制调压器的反作用，图 6-64 中设有一支点 3，当调压器位移使杠杆与支点 3 相遇时，调压器活塞就不会再向下移动，此时调速器可单独控制汽轮机，以维持空负荷运行。

二、具有一段抽汽的抽汽式汽轮机的调节概念

抽汽式汽轮机与背压式汽轮机相比，它不仅能供电，还能供热，而且电能和热能可以分别调整。图 6-65（a）为具有一段抽汽的抽汽式汽轮机的工作原理图。可以看出，在稳定状态下，汽轮机的总功率 $P = P_1 + P_2$，而供热蒸汽量 $D_e = D_0 - D_c$。

当供热蒸汽量 D_e 增加时，抽汽管道中的压力 p_e 减小，压力调节系统工作，将开大高压缸 1 的调节汽门 5，并关小低压缸 2 的调节汽门 6，此时高压缸流量为 $D_0 + \Delta D_0$，低压缸流量为 $D_c - \Delta D_c$，而供热量为 $D_e + \Delta D_e = D_0 + \Delta D_0 - D_c + \Delta D_c$。高压缸功率增加 ΔP_1，低压缸功率将减小 ΔP_2，适当调节高低压缸调节汽门开度，可使 $\Delta P_1 - \Delta P_2 = 0$，即高压缸功率的增大值等于低压缸功率的减小值，从而在抽汽量变化时汽轮机的总功率将维持不变。

当电负荷变化时，如汽轮机功率增大，调节系统应同时开大高低压调节汽门，高低压流量分别为 $D_0 + \Delta D_0$ 和 $D_c + \Delta D_c$，而功率分别为 $P_1 + \Delta P_1$ 和 $P_2 + \Delta P_2$。为保证在电负荷变化 $\Delta P = \Delta P_1 + \Delta P_2$ 时，向热用户提供的蒸汽量不变，应满足 $\Delta D_e = \Delta D_0 - \Delta D_c = 0$。

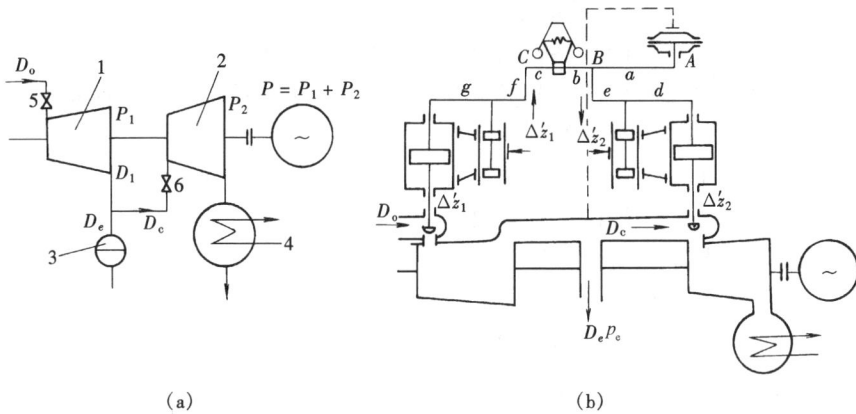

图 6-65 具有一段抽汽的抽汽式汽轮机调节
(a) 工作原理图；(b) 调节系统示意
1—高压缸；2—低压缸；3—热负荷；4—凝汽器；5—高压调节汽门；6—低压调节汽门

图 6-65 (b) 为具有一段抽汽的调节系统示意。该系统中调速器和调压器都能同时控制高压缸和低压缸的调节汽门。根据抽汽式汽轮机的工作原理，当电负荷变化时，应让高压和低压调节汽门向同一方向运动，以使 $D_e = D_0 - D_c$ 保持常数；而当热负荷变化时，应让高压和低压调节汽门作相反方向的运动，以使 $P = P_1 + P_2$ 保持常数。

调节系统满足上述要求的静态性能称为系统的静态自整性，满足上述要求的条件称为静态自整条件。显然，对于图 6-65 所示的系统，只需调整杠杆的各段比例关系就可满足抽汽式汽轮机对静态自整的两个要求。对于液压调节系统，选择合适的油口宽度之比，即可满足静态自整要求。

在机组从一个稳定工况过渡到另一个稳定工况的过程中，应满足热负荷改变而电负荷不变，以及电负荷改变而热负荷不变的要求，这就是动态自整。由于动态过程的时间很短，而且过渡过程中抽汽量或电负荷的暂时变化一般不会引起不良影响，因此实际设计调节系统时，往往可以不满足或只基本满足动态自整条件即可。

复习思考题及习题

1. 从供需角度看电力生产有何特点？供电质量如何评价？

2. 汽轮发电机组转子上作用有哪些力矩？当外界负荷发生变化时，力矩的平衡关系是如何被破坏的？将产生什么后果？如何解决？

3. 汽轮机调节系统的任务是什么？

4. 汽轮机调节系统的形式有哪些？各有什么特点？

5. 画出液压调节系统方框图，并说明其调节原理。

6. 简述三种典型液压调节系统在外界负荷变化时的调节过程。

7. 简述液压调节系统静态特性曲线的求取方法，并说明静态特性曲线的评价指标有哪些？这些指标对机组运行会产生什么影响？

8. 何谓一次调频和二次调频？

9. 简述液压调节系统中同步器的作用。

10. 何谓液压调节系统中同步器的调节范围，其大小是如何确定的？

11. 影响调节系统动态特性的主要因素有哪些？并说明这些因素是如何影响的。

12. 中间再热机组的调节有何特点。

13. 何谓功频电液调节系统？简述功频模拟电液调节的工作原理。

14. 何谓功频电液调节系统的反调现象？其产生的原因是什么？如何消除？

15. 画出数字电液调节系统的方框图，并说明其工作原理。

16. 数字电液调节系统由哪几部分组成？

17. 数字电液调节系统可实现的功能有哪些？

18. 数字电液调节系统的运行方式有哪些？

19. 简述数字电液调节系统的转速和功率调节原理。

20. 画出数字电液调节系统的静态特性曲线并分析之。

21. 简述数字电液调节系统中频差校正器、功率校正器及调节级压力校正器的工作原理。

22. 单侧油动机和双侧油动机各有什么特点？

23. 何谓调节阀间的重叠度？选择合适重叠度的原则是什么？重叠度数值的大小表明了什么含义？

24. 数字电液调节系统的电液伺服执行机构有何特点？该机构的组成情况如何？并说明各组成部分的工作原理。

25. 简述数字电液调节系统中高压调节阀和中压主汽阀执行机构的工作原理。

26. 简述上海汽轮机厂生产的引进型 300MW 汽轮机危急遮断系统的工作原理。

27. 上海汽轮机厂生产的引进型 300MW 汽轮机危急遮断项目有哪些？其控制的参数是多少？

28. 汽轮机危急遮断保护系统的主要装置有哪些？其工作原理如何？

29. 汽轮机供油系统的主要作用是什么？它由哪些设备组成？这些设备在系统中各起什么作用？

30. 简述汽轮机油和抗燃油的性能特点。

31. 简述背压式汽轮机和一次调节抽汽式汽轮机的调节特点。

第七章　汽轮机运行

第七章
数字资源

第一节　汽轮机启停时应注意的主要问题

　　汽轮机的启动与停机是汽轮机运行中的两个重要阶段，它影响着汽轮机的可靠性、经济性和使用寿命。由于各部件所处的条件不同，它们被加热或冷却的速度也不同，故在各部件之间或部件本身沿壁厚方向产生明显的温差。温差的存在，导致产生热应力、热膨胀、热变形、振动等。

一、汽轮机的受热特点

　　汽轮机在启停和负荷变化过程中，各部件的金属温度都将发生变化，尤其在启动过程中，温度变化最为剧烈。如高参数大容量的汽轮机在冷态启动时，进汽部分的金属温度将由原来的室温升高到 500℃ 以上，所以启动过程就其零部件而言是一加热过程。由于各部件的受热条件不同，从而在汽轮机各部件内部产生温度梯度，进而产生热应力、热变形。当热应力、热变形超出允许范围时，这些部件将产生永久变形甚至更严重的损坏。为保证汽轮机启动的安全性，必须了解并掌握汽轮机在启动过程中的受热情况。

微课 7-1
汽轮机受热特点

　　当汽轮机冷态启动时，温度较高的蒸汽与冷的金属部件接触，这时主要以凝结换热的方式将蒸汽的热量传给金属壁面。由于凝结换热表面传热系数很高，且随压力升高而增大，所以汽轮机的通流部分金属表面包括汽缸内壁和转子表面温度很快上升到该蒸汽压力下所对应的饱和温度。

　　当汽缸内壁和转子表面温度高于蒸汽压力下对应的饱和温度后，蒸汽主要以对流换热方式向金属传热。蒸汽的对流换热表面传热系数远小于凝结换热表面传热系数且不断变化，其大小主要取决于蒸汽流速和比体积。通常蒸汽流速越高，比体积越大，换热表面传热系数越大，传热量越大，从而使接触金属表面的温升率越大。因此，在启动过程中可以通过改变蒸汽的压力、温度、流量、流速等方法控制蒸汽对接触金属表面的对流放热量，从而把金属温升率控制在允许范围内。

　　汽轮机各金属部件本身的换热过程是热传导过程。如汽缸壁的传热过程是：内壁以热对流形式吸收蒸汽的热量，然后通过热传导方式传给外壁。因为汽缸内外壁之间存在热阻，所以由傅立叶导热定律可知在汽缸壁内部存在温度梯度，因此产生汽缸内外壁温差。

二、热应力

　　如前面的分析知：汽轮机的启动与停机过程，是加热与冷却的过程。金属与蒸汽的温度差使各金属部件产生膨胀或收缩变形，受约束的热变形就产生热应力。由此可见，产生热应力的条件是：①存在温差；②受约束。另外材质不均也会导致热应力的产生。例如在启动过程中，汽缸内壁面受热膨胀，由于受到较低温度的外壁面的制约，从而内壁面产生压应力，外壁面产生拉应力，即热应力产生的规律是"热压冷拉"。停机过程与启动过程相反，因此汽轮机每启停一次，部件就受到压缩

微课 7-2
汽轮机热应力

与拉伸的一次循环的交变应力。当启停频繁时，就形成低频率的交变应力。当热应力超过金属的许用应力值时，产生永久性的塑性变形。随着运行时间的增长，部件表面就会产生裂纹，使出现疲劳损伤，以致发生转子断裂事故。

1. 汽缸的热应力

运行实践证明，汽缸出现裂纹，大多由拉应力所引起。因汽缸结构不同，不同的汽室换热情况不同，其中喷管调节汽轮机以高压缸调节级和中压缸进汽处蒸汽温度变化最大，热应力为最高。当温差消失后，残留的拉应力再加上蒸汽压差所引起的静拉力，很容易使汽缸产生裂纹。所以在启停过程中要严格控制调节汽室蒸汽温度的变化率，且汽轮机的快速冷却比快速加热更加危险。例如热态启动时若用低温蒸汽，使汽缸内壁受到骤然快速冷却，所以是非常危险的。

对某一汽轮机而言，汽缸壁产生的热应力与汽缸内外壁温差 Δt 成正比，一般情况下，汽缸内外壁温差变化 $1℃$，约能产生 $1.96MPa$ 的热应力。在启停过程中应是热应力值不超过材料的许用应力，即严格控制汽缸内外壁温差 Δt 在允许范围内。最大允许温差 Δt 可由下式求得：

$$\Delta t = \frac{[\sigma](1-\mu)}{\varphi E \alpha_1}$$

式中　　$[\sigma]$ ——材料的许用应力；

　　　　φ ——温度分布系数，对汽缸内壁 $\varphi = 2/3$，外壁 $\varphi = 1/3$。

例如，某汽缸材料为 ZG20CrMoV，工作温度为 $535℃$，泊松比 $\mu = 0.3$，弹性模量 $E = 1.76 \times 10^5 MPa$，线膨胀系数 $\alpha_1 = 1.22 \times 10^{-5}/℃$，材料的高温屈服极限为 $225.4MPa$，取安全系数为 2，则其许用应力 $[\sigma] = (225.4/2) MPa$ 即 $112.7MPa$。

根据上式得

$$\Delta t = \frac{112.7 \times (1-0.3)}{\varphi \times 1.76 \times 10^5 \times 1.22 \times 10^{-5}} = \frac{36.7}{\varphi}$$

（1）在停机或甩负荷过程中，汽缸被冷却，内壁承受拉应力，故应按内壁计算，$\varphi = 2/3$，所以内外壁的最大允许温差为

$$\Delta t = \frac{36.7}{2/3} = 55℃$$

（2）汽轮机在冷态启动时，汽缸被加热，外缸受拉应力，则应按外缸计算，$\varphi = 1/3$，但考虑内壁产生的热应力的绝对值也较大，所以 φ 取内外壁温度分布系数的平均值，即取 $\varphi = 1/2$，得内外壁的最大允许温差为

$$\Delta t = \frac{36.7}{1/2} = 73.4℃$$

此时，汽缸的内外壁最大允许温差可近似取 $70℃$。

用传热学的理论分析得知：Δt 的大小与汽缸内壁的温度变化率（加热或冷却的速度）及汽缸厚度的平方成正比。汽缸内壁温度变化率的大小与汽轮机的启停速度有关。对于较大容量的汽轮机汽缸壁通常做得很厚，故需严格控制汽缸内壁温度变化率，使得启动时间比中小型的要长。

2. 法兰的热应力

对于大容量汽轮机的法兰，厚度通常很大，热阻很大，因此在法兰处常常出现最大温差，是热应力影响较大的区域。法兰本身除受热应力外，还要加上螺栓紧力和法兰与螺栓之间由于空气间隙存在产生温度差而引起的热应力。为防止热应力过大，在法兰上常常装有加

热装置，并严格控制其内外壁温差，减小法兰与螺栓间的温度差。

由于法兰内外壁温差较汽缸内外壁温差大，在很多场合这个温差可作为控制汽轮机启动速度的主要指标。

3. 螺栓的热应力

在汽轮机的启动过程中，汽缸螺栓断裂的事件屡有发生，特别是对于刚拧紧螺栓后汽轮机的启动。由于在启停过程中法兰与螺栓之间存在着较大的温差，启动时，法兰温度比螺栓温度高，由于法兰在厚度方向的膨胀使螺栓被拉长，产生热拉应力。螺栓本身就承受着安装预紧时的紧力和汽缸内部工作蒸汽对其产生的拉伸应力，三者叠加后的拉应力和可能超过材料的屈服极限，使螺栓产生塑性变形甚至断裂。

由于法兰与螺栓之间存在温度差而产生的热拉应力的大小可用 $\sigma_t = E\alpha\Delta t$ 进行粗略计算。公式表明：若金属材料一定，其弹性模数 E 和材料线膨胀系数 α 就一定。这时螺栓的热拉应力随法兰和螺栓的温差 Δt 的增大而增大。

采用滑参数启动时，法兰和螺栓的温差一般不会成为影响机组升速及带负荷速度的因素。但是，当使用法兰加热装置但调整不当时，有可能造成较大的温差，此时螺栓的热应力将是值得注意的问题。法兰内外壁温差使法兰沿宽度方向的各处在高度、厚度上膨胀不均，因而使螺栓产生弯曲应力。

4. 转子的热应力

随着机组容量的增大，汽轮机转子的直径也随之增大。为防止因材质不均而产生热应力，有些转子采用了空心转子。启动时，转子外表面温度上升速度较中心孔快得多，从而产生温差。外表面产生压缩应力，内孔表面产生拉伸应力。若表面温升剧烈，压缩应力会使表面材料屈服，在负荷稳定后，转子表面会受持续残余拉伸应力影响。停机过程与上相反，外表面受拉伸应力，可能与启动中的残余拉伸应力叠加而使拉伸应力达到较大值。这样一次的交变热应力虽不一定立即造成宏观可见的缺陷，但每一次的较大的热应力交变，都会消耗转子的使用寿命，经多次积累，最终使转子出现宏观裂纹损坏。

热态启动时，如果新蒸汽温度没有保证调节级室汽温略高于金属温度，则使转子表面受到冷却，之后随着参数的提高，转子表面又被加热，因此使转子表面先受到拉伸应力，后受到压缩应力；内孔壁承受的则先是压缩应力，后是拉伸应力。这样，一次启动就形成了一次交变应力的循环。

理论证明：在转子半径和法兰厚度相等时，在同样的金属温度变化率下，转子表面和中心孔的最大温差恰好为汽缸内外壁最大温差的一半。并且转子是对称的回转体，温度分布比较均匀，所以在运行中，只要按汽缸法兰热应力值来控制最大允许温升速度，就能保证转子的热应力在允许范围内。但是，大容量的汽轮机一般采用双层缸结构，可减小汽缸的温差，相应的热应力减小；而随着汽轮机容量的增大，转子直径越来越大，在启停过程中转子的热应力、热变形也就越大。这样，限制汽轮机启停及负荷变化率的汽缸热应力就可能不是主要矛盾，而转子的热应力却成为必须考虑的因素。

运行中很难监测转子的温度或应力，试验证明，转子表面的温度变化和调节级汽缸内壁的非常接近，只是稍有滞后，稳定工况下，二者基本相等。所以一般用监视和控制调节级汽缸内壁温度变化率的方法来控制转子的热应力。

三、热膨胀与热变形

（一）热膨胀

1. 汽缸的热膨胀

微课 7-3
汽轮机
的热膨胀

汽缸在被加热时在长、宽、高三个方向膨胀，其膨胀量除了与几何尺寸和金属材料的线膨胀系数有关外，主要取决于汽轮机通流部分的热力过程及汽缸各段金属温度的变化值。因为轴向长度最长，所以轴向膨胀是主要的。如国产 300MW 汽轮机高中压缸轴向总膨胀值可达近 40mm。汽缸以死点为基准，在滑销系统引导下的轴向膨胀值可用下式求得：

$$\Delta L_{cy} = \alpha_{cy} \Delta t_{cy} L_{cy}$$

式中　　ΔL_{cy}——汽缸的轴向热膨胀值，mm；

　　　　α_{cy}——汽缸材料线膨胀系数，1/℃；

　　　　Δt_{cy}——汽缸的平均温升，℃；

　　　　L_{cy}——汽缸的轴向长度，mm。

高参数大容量汽轮机法兰的宽度和厚度远大于汽缸壁的厚度，而且高压汽缸法兰的前后端往往是搁置在轴承座上的，因此汽缸的膨胀值通常是取决于法兰各段的平均温度 $\bar{t}$，可用 $\Delta L_{cy} = \alpha_{cy} \bar{t} L_{cy}$ 计算。

每一台运行中的汽轮机的轴向温度分布有一定的规律性，故总可以找到某一点的金属温度与汽缸自由膨胀值的对应关系。一般选择调节级区段的法兰内壁金属温度作为汽缸轴向膨胀的监视点。通过实测监视点温度与汽缸膨胀值的对应关系，可绘制出的曲线如图 7-1 所示。横坐标为汽缸的轴向膨胀值，纵坐标调节级处法兰内壁温度。

在汽轮机的运行中，只要控制监视点的温度在允许范围内，就能保证汽缸轴向膨胀符合启动和正常运行要求。对于采用了法兰螺栓加热装置的大容量机组，还需保证汽轮机汽缸的横向均匀膨胀，否则汽缸就会发生中心偏移。一般情况下，只要把调节级处左右两侧法兰的温度差控制合理，就能保证汽缸横向膨胀均匀。

图 7-1　调节级处法兰内壁金属温度
与汽缸热膨胀值的关系

对于具有双层缸结构的汽轮机，内外汽缸的绝对膨胀值不同。如 300MW 汽轮机热膨胀时，高中压外缸法兰的总膨胀值为前轴承座的膨胀值。而内缸的绝对膨胀值比较复杂：高压内缸的绝对膨胀值等于外缸在高中压缸分缸面处的膨胀值与高压内缸由此处向前的膨胀值之和；中压内缸的绝对膨胀值等于外缸在高中压缸分缸面处的膨胀值与中压内缸由此处向后的膨胀值之差。

监视汽缸热膨胀时，由于与转子热膨胀可能不同，导致机组动静部分之间的间隙可能改变，由于大型汽轮机的轴向间隙相当小，动静部分之间容易发生碰撞。所以在启停中，对汽缸膨胀的监视，应与监视金属温度和相对膨胀相互对照进行，以保证汽轮机的安全运行。

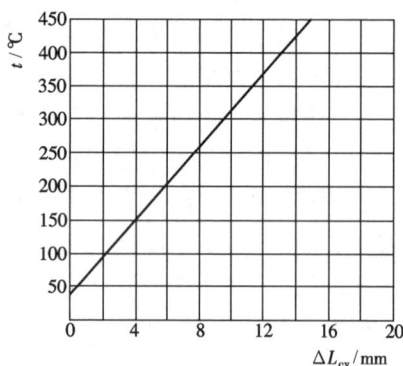

2. 汽缸与转子的相对膨胀

当汽缸以死点为基准向前膨胀时，通过推力轴承的带动，转子将一起向前移动；而转子受热后又以推力轴承为基点向后膨胀。由于汽缸和转子的质面比（质量与蒸汽接触的表面积之比）不同，汽缸的较大，因此在启动初期，转子受热较快，从而产生相对膨胀。转子与汽缸沿轴向膨胀之差称为胀差或差胀。一般规定，当转子的纵向膨胀值大于汽缸的轴向膨胀值时，胀差为正，反之，胀差为负值。按此规定，在启动和增负荷过程中产生正胀差，停机和减负荷过程中产生负胀差。

正胀差使动叶与下级静叶入口间隙减小；负胀差使本级动、静叶间隙减小。无论正负胀差，当超过允许值时，都将发生动静部件间的轴向摩擦而损坏。因此，启动、停机过程中必须将胀差控制在允许范围内。

机组胀差的变化主要与下列因素有关：①主、再热蒸汽的温升、温降率；②轴封供汽温度的高低以及供汽时间的长短；③蒸汽加热装置的投入时间及所用汽源；④暖机时间的长短；⑤凝汽器真空的变化；⑥负荷变化速度；⑦摩擦鼓风损失；⑧转子回转（泊桑）效应等。

由于转子与汽缸的胀差主要取决于蒸汽温度的变化率，所以在运行中，通过控制其大小把胀差控制在允许范围内。有些汽轮机还通过控制法兰内外壁温差来控制胀差的变化。因为一般可以认为法兰内壁或汽缸内壁温度接近转子温度，因此控制法兰内外壁的温差，就是控制汽缸与转子的温差。另外，合理调整轴封供汽也是控制胀差不可忽视的。

（二）热变形

汽轮机在启停和变负荷时，由于各金属部件处于不稳定传热过程中，其加热和冷却速度不同而形成温差，此时汽缸与转子的金属内部除产生热应力、热膨胀外，还会产生热变形，造成通流部分径向间隙和轴向间隙变化。这样不仅使汽封片卡涩和摩擦，增大漏汽量，经济性下降，而且由于动静摩擦往往会引起机组振动以及产生大轴弯曲等事故。

微课 7-4
汽轮机的热变形

1. 上下汽缸温差引起的热变形

汽轮机在启停过程，上下汽缸往往出现温差，且上缸温度高于下缸温度。主要原因如下：①下缸散热面积大且布置有回热抽汽管道和疏水管道；②在汽缸内热蒸汽上升，而经汽缸金属壁冷却后的凝结水流至下缸形成较厚的水膜，使下缸受热条件恶化，且疏水不良时更差；③一般情况下，下汽缸的保温不如上缸，且下汽缸的保温材料容易因机组振动而脱落；④下汽缸置于温度较低的运行平台以下并造成空气对流，使上下汽缸的冷却条件不同而产生温度差。

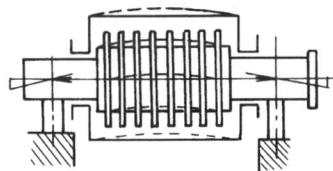

图 7-2　上下缸温差造成汽缸和转子向上弯曲示意

热变形的规律是"热凸冷凹"，由于上缸温度高于下缸温度，所以产生"拱背"热变形，如图 7-2 所示。上下缸温差最大值往往出现在调节级附近区域内，故上缸最大的拱起在调节级附近。

由于汽缸产生热翘曲变形，使汽轮机下部动静间隙减小，同时隔板和叶轮也将偏离正常情况下所处的垂直平面，从而使动静部件轴向间隙也发生变化。通过几种类型汽轮机试验得出：调节级处上下缸温差每增加 10℃，该处动静部件的径向间隙变化 0.1～0.15mm。故在汽轮机启停过程时，上下汽缸温差一般要求控制在 35～50℃范围以内，以免产生动静摩擦。

上下缸温差过大除了引起汽缸热翘曲变形外，还常是发生大轴弯曲的首要因素。为减小上下缸温差，从以下几个方面着手：①必须控制蒸汽温升率；②尽可能使高压加热器随汽轮机一起启动投入；③保证疏水通畅；④下汽缸采用较好的保温结构并选用优质保温材料；⑤在下汽缸可加装挡风板，以减少空气对流。

2. 汽缸内外壁和法兰内外壁温差引起的热变形

在启停过程中，大容量的汽轮机的厚壁汽缸和法兰，若控制不当，除了会产生较大的热应力，还会造成热变形。当内壁温高于外壁时，内壁金属伸长较多，使法兰在水平面产生热弯曲。法兰的热弯曲使汽缸中部横截面由圆形变为立椭圆，使前后截面变为横椭圆，相应段的法兰分别内张口和外张口。汽缸变形示意见图 7-3。立椭圆使水平方向的动静部件间的径向间隙减小，横椭圆使垂直

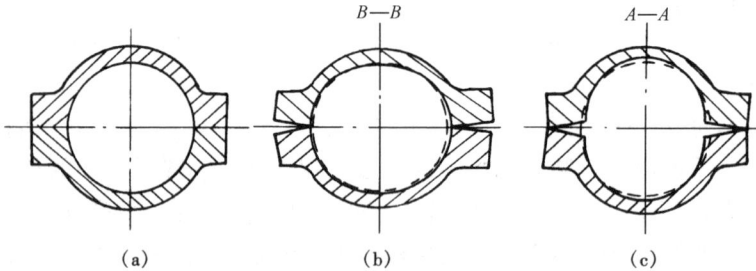

图 7-3 汽缸变形示意
(a) 变形前；(b) 汽缸前后两端的变形；(c) 汽缸中间段的变形

方向上下的动静部件间的径向间隙减小，都有可能造成动静部件的碰磨。

汽缸法兰内外壁温差，也会引起垂直方向的变形。当法兰的内壁温度高于外壁温度时，内壁金属的伸长增加了法兰结合面的热压应力。若该热压应力超过材料的屈服极限时，内壁的结合面金属就会产生塑性变形。当法兰内外壁温差消失后，原为横椭圆的法兰结合面出现内张口，原为立椭圆的法兰结合面出现外张口，从而造成汽轮机运行中的汽缸结合面漏汽。同时，还将使螺栓拉应力增大，导致螺栓拉断或螺帽结合面压坏等事故的发生。

汽缸法兰产生上述变形的根本原因是汽缸、法兰内外壁温差过大。因此汽轮机在运行中，必须将汽缸、法兰内外壁温差控制在规定范围内。对于大容量的汽轮机，法兰厚度比汽缸的大得多，所以一般情况下，法兰的内外壁温差大于汽缸的内外壁温差，因此运行中，只要将法兰内外壁温差控制在允许范围就可以了。对于设有法兰螺栓加热装置的汽轮机，其法兰内外壁温差通常控制在 30℃ 左右，但绝不允许外壁温度高于内壁温度。对于没有法兰螺栓加热装置的汽轮机，法兰内外壁温差要求控制在 100℃ 以内。

3. 转子的热弯曲

引起转子弯曲的原因有很多，主要包括：①启停时上下缸温差大，启盘车装置过晚或停过早，使转子局部过热，产生弯曲；②处于热态的机组，汽缸内进冷汽、冷水，使转子上下出现过大温差，产生的热应力超过屈服极限，产生转子弯曲；③转子材料本身存在过大内应力，在高温下工作使转子弯曲；④套装在转子上的叶轮偏斜、憋劲和产生相对位移，造成转子弯曲；⑤上下缸法兰内外壁存在较大的温差，汽缸变形较大，此时冲动转子，使动静部分发生摩擦、过热引起转子弯曲等。

转子热弯曲使转子质量中心发生偏移而产生不平衡离心力。一般情况下，汽轮机在额定转速时，当转子不平衡离心力超过转子质量的 1/20，机组就会振动。转子弯曲重心偏移产生的不平衡离心力与转速的关系曲线如图 7-4 所示。图中曲线 A 表示转子偏心造成的离心力

等于转子重量的曲线；曲线 B 表示转子偏心造成的明显振动，即转子偏心产生的离心力为转子重量的 1/20；曲线 C 是转子偏心所产生的离心力为转子重量的 1/40 时的曲线。只有转子偏心和转速小于曲线 B 的要求时，汽轮机振动才不会过大即运行平稳；小于曲线 C 的要求时，机组运行将是十分稳定的。

由图 7-4 还可以看出：在低转速下即使转子重心偏移较大，但离心力也不致明显增大，换句话说，低转速下即使无明显振动，但转子的偏心（即弯曲）也可能已经很大了。此点非常重要，否则容易误判断，导致大轴弯曲事故的发生。

当转子弯曲大于动静部件的径向间隙，转子的弯曲高点与隔板汽封将发生摩擦，不仅造成汽封和轴的磨损，还会使转子弯曲部位产生高温，从而进一步加大了转子的弯曲，动静部件的摩擦加剧，机组振动值增大，甚至使转子产生永久性（塑性）弯曲变形事故。一旦转子的弯曲发展到动静部件硬性碰磨时，不仅转子剧烈振动，而且汽缸

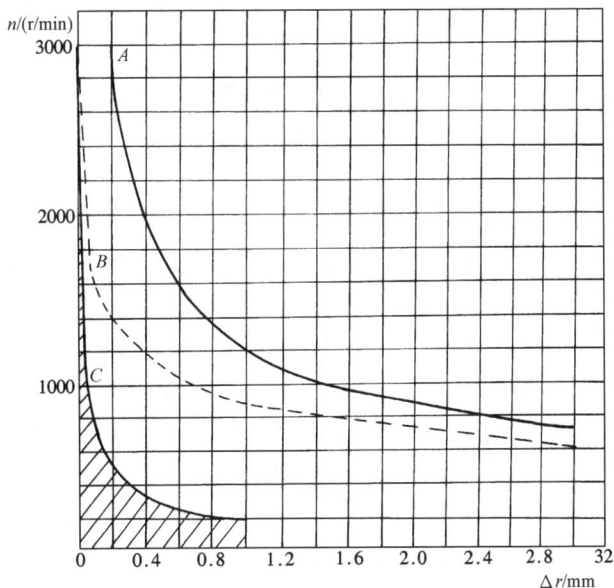

图 7-4 转子重心偏移产生的不平衡离心力与转速的关系曲线

也会振动起来，甚至使保温材料脱落，上下缸温差增大，汽缸变形，振动进一步加剧，形成恶性循环。因此汽轮机在冲转前的盘车过程中，必须测量转子的弯曲值。只有弯曲值在允许范围内时，才可以启动。转子弯曲的最大部位，通常在调节级附近；多缸汽轮机的高压转子和背压汽轮机的转子大概在中部；单缸汽轮机转子稍偏前端。

目前还没有较好的仪器直接测量弯曲值的大小，现场一般用千分表通过测量转子的晃动度间接计算得到。方法是：通过一个接长杆，借着弹簧的压力，使接长杆一端压在转轴上，

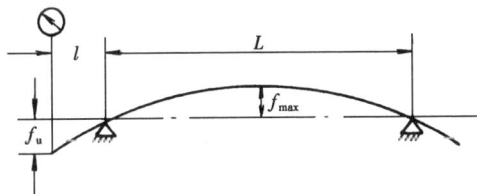

图 7-5 用千分表测定转子热弯曲的示意

另一端与千分表杆相接触，百分表壳固定在轴承外壳上。盘动转子，若转轴存在弯曲，接长杆上下移动，带动千分表杆上下移动，千分表指示出转轴的晃动值。根据测得的晃动值与轴的长度、支撑点和测点间距离的比例关系，如图 7-5 所示，可以计算得到转子的最大弯曲值，计算公式如下：

$$f_{\max} = 0.25 \frac{L}{l} f_{u}$$

式中 f_{u}——用千分表测得的晃动值，mm；

L——两轴承间的转子长度，mm；

l——千分表与轴承间的距离，mm。

因为实际转子的热弯曲通常发生在调节级区域附近，根据比例关系可知，根据上式计算出的数值比实际值偏大，从而延长了启动时间。所以在有的机组上安装电磁感应式测量装置，直接读出转子的热弯曲值。但目前为止，绝大多数汽轮机是通过测量晃动度来计算得到热弯曲值的。由上式看出：在运行中，只要控制转子的晃动度不超过规定值，就可以间接保证转子热弯曲在允许范围内。一般规定汽轮机转子的晃动度不得超过 0.05mm。但随着测量位置的不同，此允许值将有所变化。

四、汽轮机的寿命管理

微课 7-5
汽轮机
的寿命管理

汽轮机寿命管理，是实现机组科学管理的一项重要工作。汽轮机使用寿命控制的主要内容，就是在汽轮机启停及变负荷运行时，最大限度地提高启停速度及响应负荷变化的能力，防止裂纹萌生或降低裂纹的扩展速率，延长汽轮机使用寿命，推迟机组的老化，在安全的基础上，实现汽轮机的长期经济运行。

汽轮机的寿命取决于其最危险部件的寿命。一般来讲，汽轮机转子作为汽轮机的一个关键部件，其材料性能、几何形状和运行工况都对汽轮机的正常运行影响很大。汽轮机转子的工作环境恶劣，热应力变化大，运行温度高，不仅引起低周疲劳损伤，而且还要引起高温蠕变损伤；另外，转子旋转速度高，应力集中部位多，一旦出现裂纹既不能用改变运行方式来阻止裂纹的继续扩展，还容易造成转子转动的不平衡。因此转子是整个机组中最危险的部件，它的寿命决定了整台汽轮机的寿命。

汽轮机的寿命指的就是转子的寿命。一般分为无裂纹寿命和剩余寿命两种。所谓无裂纹寿命是指转子从初次投入运行到转子出现第一条工程裂纹（约 0.5mm 长，0.15mm 深）期间能承受的交变载荷的次数。第一条裂纹产生并不意味着转子寿命的终结，还有一定的剩余寿命。所谓剩余寿命是指从产生第一条工程裂纹开始直到裂纹扩展到临界裂纹所经历的交变载荷的次数。有关文献指出，这部分寿命约占汽轮机总寿命的 10% 左右，也有人认为此段时间会更长。无裂纹寿命和剩余寿命之和就是转子的总寿命。

汽轮机寿命管理的任务就是正确评价汽轮机部件的寿命（包括无裂纹寿命和剩余寿命），合理分配机组各种工况下的寿命损耗率。做好机组寿命管理工作，有助于合理使用材料，充分利用设备潜力，避免灾难性事故的发生。

汽轮机寿命管理包含两层内容：第一是如何合理分配、使用汽轮机的寿命，制定汽轮机寿命分配表，指导运行，以取得最大的经济效益；第二是进行汽轮机寿命的离线或在线监测，对汽轮机寿命和实际损耗做到心中有数，保证汽轮机的安全运行。

1. 汽轮机的寿命分配

目前通常认为汽轮机的服役年限为 30 年。在这 30 年内，如何合理分配汽轮机寿命，充分利用汽轮机的寿命，以取得最大的经济效益是汽轮机寿命分配的出发点。

汽轮机寿命分配与机组接带负荷的性质有密切关系。对于带基本负荷的机组，汽轮机寿命的损耗主要为高温蠕变和正常检修而需要的启、停的低周疲劳对汽轮机寿命的损耗。若年平均运行以 7000 小时计算，30 年内共计蠕变约占总寿命的 25%。此外，考虑不定因素（如负荷、参数波动、事故带厂用电运行等）的损耗后，剩余小于 75% 的寿命可分配给汽轮机启、停时使用。对调峰机组，除检修、维护需要的正常启、停以外，还应根据电网的要求安排一定次数的热态启动和一定范围内的负荷变动。表 7-1 为日本三菱公司推荐的 350MW 汽轮机寿命分配表。

（1）带厂用电和极热态启动应力水平最高，每次寿命损耗都在 0.03% 左右。因此，大容量机组从高负荷突变成低负荷运行，或者在高负荷下突然停机再立即启动接带较低负荷时，易形成很大的温差，故应尽可能避免这种方式运行，或者尽量缩短这种方式的运行时间，如表 7-1 中，30 年内运行期间仅允许出现 10 次。

（2）在正常负荷变化工况下，尽管应力水平不高，疲劳寿命损伤也较小，但由于次数多，所以 30 年内寿命损耗达 30%，计划 30 年内发生 12 000 次，每年平均 400 次。

（3）热态和温态启动共损耗 37.3%，两者的应力水平相近，每次的寿命损耗率在 0.01% 左右，计划安排在 30 年内分别启动 3000 次和 1000 次，即每年 100 次和 30 次。按目前我国情况，三菱机组的调峰性能较强。

2. 汽轮机的寿命监测

汽轮机寿命分配虽然为运行人员预先给定了运行方案及寿命损耗率，但是，在实际工作过程中，由于不可预测的因素存在，可能导致实际寿命损耗率与预测值有较大偏差，因此有必要对汽轮机寿命进行监测。

表 7-1　　　　　　　　　　　日本三菱公司 350MW 机组的寿命分配

运行方式	温度变化量/℃	温度变化时间/min	极限循环次数	每次寿命损耗/%	30 年内使用次数	30 年寿命损耗/%	控制应力极限/MPa
冷态启动	500	300	10 000	0.010	100	1.0	460
温态启动	300	200	10 000	0.010	1000	10.0	460
热态启动	200	100	11 000	0.009 1	3000	27.3	440
极热态启动	180	30	3500	0.029	10	0.3	690
正常停机	100	60	50 000	0.02	4000	8.0	290
强迫冷却停机	170	180	40 000	0.002 5	100	0.3	310
正常负荷变化	80	30	40 000	0.002 5	12 000	30.0	310
带厂用电	180	20	3000	0.033	10	0.3	720
总　计						77.2	

汽轮机寿命监测就是定期或不定期地对汽轮机寿命的实际损耗情况进行核算，以确保机组的安全运行。

监测的方法有两种：离线监测与在线监测。

离线监测：一方面定期地对汽轮机转子的蠕变寿命损耗进行统计计算；另一方面在每次启、停机之后或负荷大幅度变动之后，根据调节级出口的蒸汽温度变化曲线，查取各个阶段的温度变化量和温度变化率，计算其热应力以及寿命的损耗率或直接在转子寿命曲线上查取极限疲劳循环周次，从而计算出寿命的损耗率。

在线监测：则是将调节级出口蒸汽压力、温度、汽轮机转速等相关参数转化为数字信号输入微机，微机按预先给定的数学模型以时间为第二变量进行追踪计算，求出监督部位的热应力及相应的寿命损耗率，随时将计算结果输送到终端或进行显示和打印，实时指导运行人员进行参数的调整，为汽轮机的寿命管理描绘了一个美好的前景。

第二节　汽轮机的启动与停机

一、限制汽轮机启停速度的因素

汽轮机的启动过程是指将汽轮机从静止状态加速到额定转速，并将负荷逐步加至额定值的过程。汽轮机停机过程就是将带负荷的汽轮机卸去全部负荷，发电机从电网解列，切断汽轮机进汽使转子静止的过程。

如本章第一节中所分析的，在汽轮机的启停过程中，各零部件会受到热应力，产生热膨胀、热变形，引起机组振动，而以上均与蒸汽的温度变化率有关。根据转子寿命管理所确定的温度变化率，只能满足热应力不超过规定值，不一定能满足热变形和胀差的要求。因而要综合考虑，通过试验确定合理的蒸汽温度变化率。一般情况下，蒸汽对金属的表面传热系数随蒸汽参数和负荷的提高而增大，从而引起放热量增大，导致金属内外壁温差增大，热应力、热变形也随之增大。在汽轮机的启停过程中，应尽量保持蒸汽对金属的放热量不变，则蒸汽温度变化率应随着表面传热系数的提高而减小。在启动初期，因蒸汽的表面传热系数偏小，可适当提高温升率（3~4℃/min）；带负荷后蒸汽参数提高，表面传热系数增大，应适当减小温升率（1~2℃/min）。在汽轮机的停机过程中，蒸汽的降温速度比升温速度要缓慢些，因为此时转子承受拉伸应力，允许极限较小，加上转子转动时同时受到离心拉伸应力，故蒸汽的降温速度一般不超过（1~1.5℃/min）。

在汽轮机的启停过程中，除了控制蒸汽的温升率外，还应监视汽缸内外壁温差、法兰内外壁温差、法兰与螺栓之间的温差、左右法兰间的温差、上下缸温差、汽缸的绝对膨胀值、转子与汽缸的胀差、轴或轴承的振动值以及高中压合缸机组的主蒸汽和再热蒸汽的温差等不超过允许值。

二、汽轮机的启动方式

微课 7-6
汽轮机的
启动方式

1. 按启动过程中新汽参数是否变化分类

（1）额定参数启动。在启动过程中，电动主汽门前的新蒸汽参数始终保持额定值。由于冲转参数高，冲转时蒸汽流量小，使得受热不均，温差大，汽水损失大，启动时间长。因为该启动方式有以上缺点，所以目前只用于母管制的汽轮机。

（2）滑参数启动。启动过程中电动主汽门前的新蒸汽参数随转速、负荷的升高而滑升。对喷管配汽的汽轮机，定速后调节阀保持全开，无节流损失；汽轮机的启动与锅炉启动同时进行，可以缩短启动时间，且蒸汽与金属的温差较小，流量较大，使得汽缸与转子受热均匀，热应力小。因为该启动方式具有以上优点，所以在现代大机组启动中得到广泛应用。根据冲转前主汽门前的压力大小，滑参数启动又可分为：

1）真空法滑参数启动。锅炉点火前，从锅炉出口到汽轮机调节级喷管前的所有阀门全部开启，启动抽气器，使整台汽轮机和锅炉汽包都处于真空状态。锅炉点火后，产生的蒸汽冲动转子，此时主汽门前仍保持真空状态。汽轮机的升速与带负荷，全部由锅炉控制，操作困难，疏水困难，蒸汽过热度低，易引起水击现象，安全性较差。故一般很少采用。

2）压力法滑参数启动。冲转前主汽门前蒸汽具有一定的压力（$p_0 > 1MPa$）和一定的过热度（50℃以上），在冲转和升速过程中逐渐开大调节汽门增加进汽量。利用调节汽门控制转速，并网后，全开调节汽阀，随着新汽参数提高逐渐增加负荷。目前热态、冷态滑参数启

动广泛采用这种方法。

2．按冲转时进汽方式分类

（1）高中压缸联合启动。启动时，蒸汽同时进入高中压缸冲动转子。对高中压合缸的机组，可使分缸处均匀加热，减少热应力，并缩短了启动时间。

（2）中压缸启动。汽轮机启动时，关闭高压汽阀，开启中压调节汽门，利用高低压旁路系统，先从中压缸进汽冲转，升到5％～7％的额定负荷后，切换为高中压缸联合运行方式。但如果控制不当，高压缸容易产生较大胀差，且高压缸鼓风摩擦损失大，需设旁路阀进行冷却。如图7-6所示，图中M1为旁路阀（也称快冷阀），M2为通风阀（也称真空阀），H.V为高压排汽止回门，HP．BV、LP、BV分别为高、低压旁路门。

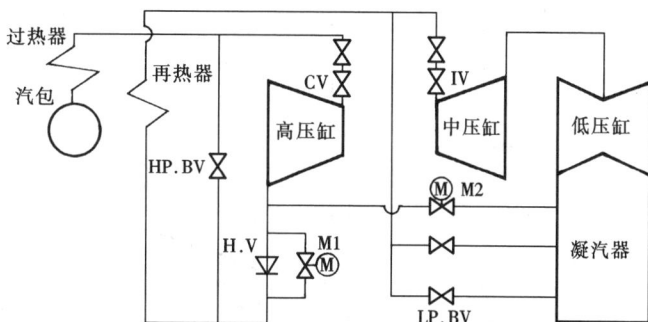

3．按控制进汽量的阀门分类

图7-6　中压缸启动机组的旁路系统图

（1）调节汽门启动。启动时电动主汽门和自动主汽门全部开启，进汽量由调节汽门控制，可减少蒸汽的节流，但冲转时只有部分调节阀开启，蒸汽只通过汽缸某些弧段，易使汽缸受热不均，多用于滑参数启动。

（2）自动主汽门和电动主汽门（或旁路门）启动。启动前，调节汽门全开，进汽量由自动主汽门和电动主汽门（或旁路门）控制。该方式使汽缸在圆周方向受热均匀，但由于自动主汽门频繁启动，易造成关闭不严。目前此法多用于额定参数启动。

4．按启动前汽轮机金属（调节级处高压内缸或转子表面）温度水平或停机时数分类

（1）冷态启动。金属温度低于150～180℃（或停机一周及以上）。

（2）温态启动。金属温度在180～350℃之间（或停机48h）。

（3）热态启动。金属温度在350～450℃之间（或停机8h）。

（4）极热态启动。金属温度在450℃以上（或停机2h）。

根据各国的汽轮机结构和运行经验，所采用的启动方式各不相同。如，日本较多采用中参数启动；德国多采用滑参数高中压缸联合启动；法国较多采用中参数中压缸启动。

三、冷态滑参数启动

以N300-16.17/550/550汽轮机采用调节汽门冲转为例，主要步骤如下：

1．启动前的准备

（1）锅炉点火前关闭电动主汽门及旁路门。

（2）开启锅炉至调节汽阀间蒸汽管道上的所有阀门。

（3）启动润滑油泵和调速油泵，保证润滑和调节系统油温、油压正常后，停低压辅助油泵，进行调节系统静态试验。

（4）启动顶轴油泵，投入盘车装置。

（5）投入凝汽设备。启动循环水泵，试验正常后，投入一台；启动凝结水泵，试验正常后，投入一台，并开启再循环门。

微课7-7　冷态滑参数启动过程

微课7-8　冷态滑参数启动特点

（6）启动抽气器抽真空。

（7）向轴封送汽（对应图 7-7 中 A 点）。抽气器投入后，因轴封漏入空气，真空增长缓慢，凝汽器真空只能达到 2.5×10⁴Pa 左右，所以在盘车过程中应适时向轴封送汽，使真空迅速达到所需值，用备用汽源向除氧器送汽加热给水。

（8）测量转子晃动度等。

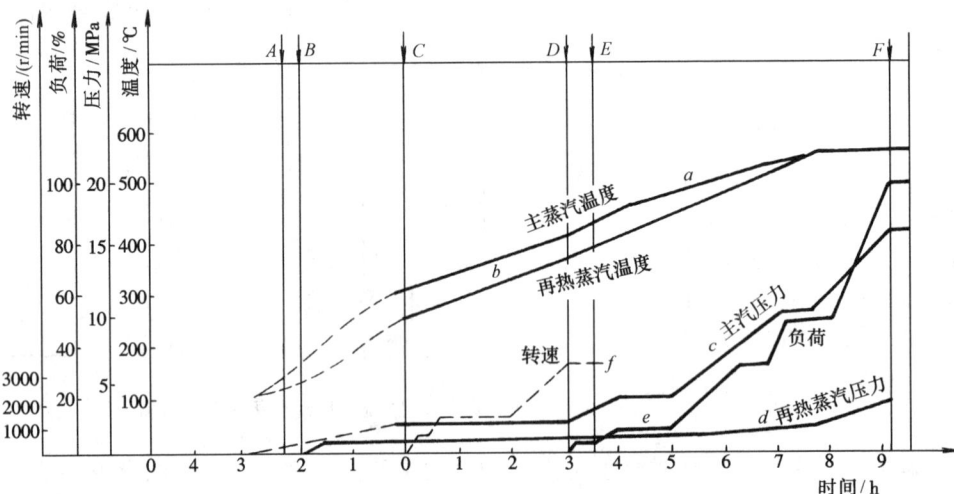

图 7-7　N300-16.7/550/550 汽轮机冷态启动曲线

2. 锅炉点火与暖管、暖机

（1）完成以上操作并正常后，锅炉点火。

（2）开启旁路系统进行暖管、暖机（对应图 7-7 中 B 点）。

（3）对法兰螺栓加热系统进行暖管。

3. 冲转及升速暖机

（1）当电动主汽门前汽压、过热度达到规定值，开启调节汽门，向汽轮机送汽（对应图 7-7 中 C 点），冲动转子。以大约 150r/min 的速度加速，维持在 500～600r/min 下全面检查一次（同时也是低速暖机），投入法兰螺栓加热装置。

（2）一切正常，关小低压旁路，以 100～150r/min 的加速度将转子转速迅速提升到（1200～1800r/min）（避开临界转速），进行中速暖机，时间为 1.5h 左右。

（3）逐步升速至额定值，使与发电机同步。在整个冲转阶段主要是提高高低压转子和汽缸的温度。

（4）在额定转速下应检查各种油压的规定值（一、二、三次脉动油压，主油泵入口油压，调速油压，润滑油压），一切正常进行手打危急保安器和危急保安器充油试验，及其他空负荷试验，包括发电机试验。

（5）全面检查正常，通知电气准备并网。

4. 并网和带负荷

（1）图 7-7 中 D 点表示并网。

（2）转速稳定后关闭旁路系统（对应图 7-7 中 E 点）。

（3）并网后先带 5%～10% 的额定负荷，保持汽温汽压，停留一段时间，进行低负荷暖机。

（4）将调节汽阀逐渐全开，密切监视调节级的蒸汽温升率及胀差。

（5）调节汽阀全开后，严格按启动曲线控制升温升压及加负荷速度，使升压速度控制为 0.03MPa/min，升温速度控制为 1～2.5℃/min。

（6）为使汽轮机各部件温度均匀，降低热应力，常在一定负荷下稳定一段时间。当增至 80％额定负荷时，汽缸温度已接近满负荷时的水平，可通知锅炉以较快的速度升温升压至额定值，同时逐渐关小调节汽阀，以保持负荷稳定。

（7）逐渐开大调节汽阀直至带满负荷。

四、热态滑参数启动

对于两班制运行进行调峰的汽轮机的启动属于热态启动。汽轮机停机后，由于各金属部件的冷却速度不同，存在一定的温差，造成动静间隙变化，给启动带来一定的困难。汽轮机的一些大事故，如大轴弯曲、汽缸变形、通流部分动静摩擦等，往往是由于在热态启动过程中操作不当引起的。掌握热态启动的一般规律，严格按照规程操作，才可使汽轮机实现顺利快速启动。

1. 热态启动的注意事项

（1）大轴晃动度不得超过规定值。一般规定转子的最大弯曲值不允许超过 0.03～0.04mm。

（2）上下缸温差不得超出规定范围。它是限制热态启动的主要因素，一般规定调节级处上下缸温差不得超过 50℃。

（3）进入汽轮机的主蒸汽和再热蒸汽应分别比高压缸调节级汽室和中压缸进汽室的金属温度高 50～100℃，并要求有 50℃的过热度。现场实际经验表明，主蒸汽温度的要求比较容易满足，再热汽温难同时达到要求，可采用尽量开足再热管道疏水且在暖管时有意关小汽轮机低压旁路的方法来提高再热蒸汽温度。

（4）在连续盘车的前提下，先向轴封送汽，后抽真空，轴封供汽参数视汽缸金属温度而定。先投轴封供汽的目的是防止冷空气在抽真空时被吸入汽缸，使转子收缩，引起前几级进汽侧轴向间隙减小，使负胀差超过允许值。

（5）法兰螺栓和汽缸夹层加热装置应根据汽缸温度水平和胀差灵活运用。

（6）在升速过程中机组发生异常振动，特别是中速以下，汽轮机振动超过规定值（如 0.04mm），应立即打闸停机，投入连续盘车。因为中速以下振动超过规定值，并伴有前轴承箱横向晃动，则是由转子弯曲引起的，盲目升速、降速都会导致严重事故。

2. 主要操作步骤

汽轮机热态启动的主要步骤与冷态启动大致相同。与冷态的最大区别是汽轮机所处温度水平不同，启动关键是防止汽缸、转子被冷却。

（1）投入盘车装置。

（2）向轴封供高温辅助蒸汽。

（3）启动抽气器抽真空。

（4）投入凝汽设备、高低压旁路。

（5）以 200～250r/min 的升速率升至额定转速，定速后机组正常应立即并网。升速过程一般为 5～10min。

（6）以每分钟增加5％额定负荷的升负荷率带到初始负荷暖机。所谓初始负荷是指在正常运行情况下，与热态启动汽轮机相同的汽缸温度所对应的负荷。可根据汽缸温度，由该机冷态启动曲线查得。

（7）按冷态启动曲线增加负荷至额定值。在增负荷的过程中，可先开大调节汽门至90％，然后利用提高主蒸汽压力的方法增加负荷。

五、中压缸启动

微课7-9
汽轮机中压缸
启动过程

为了尽量简化机炉操作，降低热冲击、实现快速启动带负荷利于机组调峰运行，目前相当数量的机组采用了中压缸启动。中压缸启动早在多年前已在欧洲许多国家采用，如法国300、600MW机组，捷克500MW机组等。

（一）中压缸启动方式

中间再热机组在冲转前倒暖高压缸，但启动初期高压缸不进汽，由中压缸进汽冲转，机组带到一定负荷后，再切换到常规的高、中压联合进汽方式，直到机组带满负荷，这种启动方式称为中压缸启动。下面简单介绍采用中压缸启动进行冷态和热态启动的主要操作问题。

1. 冷态启动

机组冷态启动时，汽缸温度低，锅炉点火后开始提升参数，待再热器冷段蒸汽温度达到一定数值后（一般比高压内缸温度高出50℃左右），即可打开高排止回门对高压缸进行倒暖。倒暖时，要注意控制温升速度不要太快。在进行倒暖的同时，主蒸汽、再热蒸汽的温度、压力仍按规定的方式升高，待蒸汽参数达到冲转要求时，即可采用中压缸进汽启动。中压缸冲转至中速暖机后，可停止倒暖，同时开大高压缸至凝汽器管道上的真空阀，使高压缸处于真空状态控制其温度水平。暖机结束后，继续升速至额定转速。如果在额定转速下需要延长空转时间（如进行电气试验），那么高压缸由于鼓风摩擦，缸温会升高，这时可用真空调节阀将温度控制在适当的水平。同时，由于高压缸不做功，在同样情况下，进入中压缸的流量较高、中压缸同时进汽时要大，低压缸尾部的冷却要充分一些。当机组具备并网条件后，即可并网接带负荷。然后根据规定的升负荷方式继续升负荷，升至切换负荷时，即可关闭抽真空门进行进汽方式切换，即将中压缸进汽方式切换成高、中压缸联合进汽方式。这时，再热蒸汽压力由中压调节阀控制。高压缸进汽后，应关小高压旁路，切换过程结束时，高压旁路应全关。整个切换过程较短，一般持续3～5min。在切换时，应特别注意高压缸温度的匹配问题，避免产生过大的热冲击。高压调节阀开启的同时，应逐渐关闭高、低压旁路，保持主、再蒸汽参数稳定。此后启动过程与常规启动方式相同。

2. 热态启动

热态启动时，达到冲转参数后，在高压缸处于真空状态下，用中压缸进汽冲转汽轮机，并升速并网，接带负荷，这一过程可按运行人员期望的较快速度进行，而不用考虑高压缸的热应力。中压缸加大进汽量的同时，逐步关闭低压旁路以保持再热压力稳定。当负荷带到切换负荷时，即可进行进汽方式的切换，切换过程结束，可按预定的启动程序来完成随后的启动过程。

需要注意的是，从启动初期直到高压缸切换带负荷结束，锅炉流量要保持稳定，也就是说，在这一过程，经过旁路的流量要全部转移到汽轮机。

（二）中压缸启动的优越性

（1）缩短启动时间。由于汽轮机冲转前已对高压缸倒暖至一定温度，则在启动初期升温升压速度不受高压缸热应力和胀差的限制；另外由于中压缸的进汽量大且为全周进汽，暖机更充分迅速，从而缩短了整个启动时间。

（2）汽缸加热均匀，安全性好。原因同前，并且中压缸暖机同时对高压缸有鼓风作用，也可对高压缸加热。

（3）对特殊工况（主要指空负荷和极低负荷或单机带厂用电运行）具有良好的适应性。采用中压缸启动方式，只要关闭高排止回门，维持高压缸真空，汽轮机即可长时间安全空负荷运行；同样只要打开旁路，隔离高压缸，汽轮机就能在很低的负荷下长时间运行。

（4）控制低压缸尾部温度水平。由于启动初期流经低压缸的蒸汽流量较大，可有效带走低压缸尾部鼓风产生的热量，保持在较低的温度水平。

（5）提前越过脆性转变温度。中压缸启动时，高压缸倒暖，启动初期中压缸进汽量大，这样可使高压转子和中压转子尽早越过脆性转变温度。

六、汽轮机停机

汽轮机的停机过程是汽轮机的冷却过程。和启动过程一样，也会在各零部件中产生热变形、热应力和胀差等，其情况与启动过程相反。因此停机也应保持必要的冷却工况，以防止发生事故。

微课 7-10
汽轮机停
机过程

（一）停机方式

1. 正常停机

正常停机是指根据电网的需要，有计划的停机。如按预定检修计划停机、调峰机组根据需要停机或减负荷运行等。根据目的不同可分为两类：

（1）额定参数停机。额定参数停机时，主蒸汽参数保持不变，依靠关小调节汽门逐渐减负荷到零，直到转子静止。这种停机方式能保持汽缸处于较高的温度水平，便于下一次启动；热应力小；负胀差小。但靠调节汽门节流，使汽轮机各部件降温速度较慢，检修工期长；温度场也不均匀；不能利用锅炉余热。只适用于调峰或消缺后立即恢复运行的大容量机组和采用母管制供汽的小机组。

（2）滑参数停机。滑参数停机就是在调节汽门接近全开位置并保持开度不变的条件下，依靠主蒸汽、再热蒸汽参数的降低来卸载，降低转速直至停机。其优缺点与额定参数停机相反。大容量机组广泛采用这种停机方式。

2. 故障停机

故障停机包括一般故障停机和紧急故障停机。一般故障停机，即做好联系工作后停机；紧急故障停机，就是严重危及设备的安全而被迫停机。

（二）滑参数停机

1. 主要操作

以 300MW 汽轮机为例，如图 7-8 所示。

（1）停机前的准备。试验高压辅助油泵、交直流润滑油泵、顶轴油泵及盘车装置电机；为轴封和除氧器准备好低温汽源；并对法兰螺栓加热装置的管道进行暖管。

（2）减负荷。①带额定负荷的机组，先将负荷按规定速度降到 80%～85%或更多一些

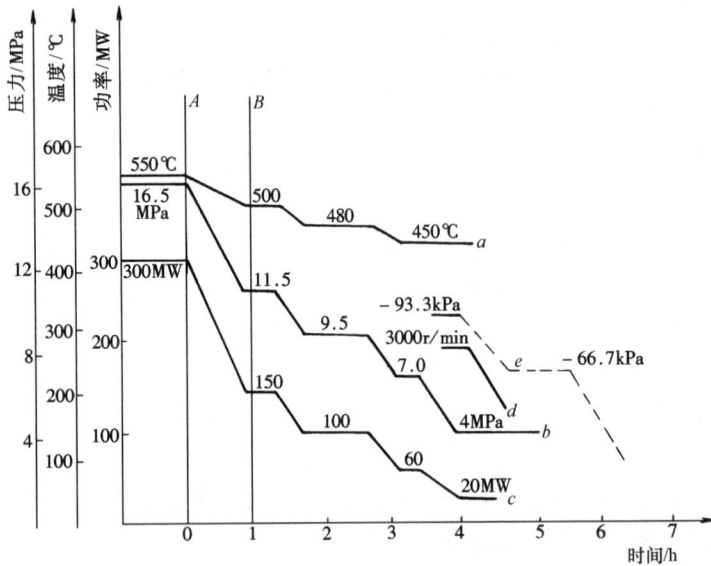

图 7-8　N300MW 汽轮机正常停机曲线

（本机减至 50%）。②通知锅炉减弱燃烧降低蒸汽温度和压力（大概 1℃/min 的降温速度），同时逐渐将调节汽门全开，稳定运行一段时间（本机为 30min）。③待汽缸法兰温差减小后，按滑参数停机曲线分阶段（每一阶段的温降约为 20～40℃）交替降温、降压、减负荷，直至负荷减至较低值。

（3）解列发电机停机和转子惰走。当滑降到较低负荷时，有两种停机方式：一种是手打危急保安器停机，同时锅炉熄火，发电机解列，测转子惰走。这种停机方式，汽缸温度一般在 250℃以上，停机后必须投入盘车装置。另一种是锅炉维持最低负荷后熄火，此时调节汽门全开利用余热发电，负荷减至零时解列发电机，再利用锅炉余汽维持汽轮机空转直至停止。这种停机方式，可使汽轮机金属温度降至 150℃以下，可立即揭缸检修。

发电机自电网解列汽轮机停止进汽后，转子在惯性作用下仍然继续转动一段时间才能静止下来。从主汽阀和调节阀关闭时起到转子完全静止这段时间称为惰走时间。表示转子惰走时间与转速下降的曲线称为转子惰走曲线。惰走曲线的形状及惰走时间随汽轮机的不同而异，大体形状如图 7-9 所示。

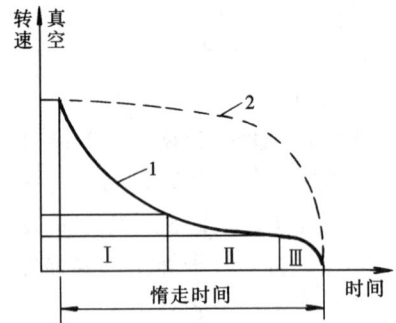

图 7-9　汽轮机停机时的转子惰走
曲线和真空变化曲线
1—惰走曲线；2—真空变化曲线

根据惰走时间的长短，可以判断机组是否正常。惰走曲线与真空度变化值密切相关，如果按同样真空变化规律停机时，惰走时间（比标准时间）过长，说明因主蒸汽或再热蒸汽阀门或抽汽止回门关闭不严使有蒸汽漏入；如果惰走时间过短，则可能是机组通流部分的动静部件发生摩擦或轴承磨损；如果惰走时间变短，说明可能是因轴封漏气增大了阻尼。

（4）盘车。当转子完全静止后，应立即投入盘车装置，防止转子产生热弯曲。

2. 注意事项

（1）滑停时，最好保证蒸汽温度比该处金属温度低 20～50℃为宜。过热度始终保持 50℃，低于该值，开疏水门或旁路门。

（2）控制降温降压速度。新蒸汽平均降温速度为 1～2℃/min，降压速度为 19.7kPa/min，当蒸汽温度低于高压内上缸壁温 30～40℃时，停止降温。

（3）不同负荷阶段降温降压速度不同。较高负荷时，可快些，低负荷时，降温降压应缓慢进行，以保证金属降温速度比较稳定。

（4）正确使用法兰螺栓加热装置，以减小法兰内外壁温差和汽轮机的胀差。因为法兰冷却的滞后会限制汽缸的收缩。

（5）减负荷应等到再热汽温接近主蒸汽温度时，再进行下一次的降压。防止滑停结束时，因再热蒸汽降温滞后于主蒸汽降温，使中压缸温度还较高。

（6）滑停时，不准做汽轮机的超速试验。因为新蒸汽参数较低，要进行超速试验就必须关小调节汽阀，提高压力，当压力提高后，就有可能使得新蒸汽的温度低于对应压力下的饱和温度。此时再开大汽阀做超速试验，就有可能有大量凝结水进入汽轮机造成水冲击。

（三）停机后的快速冷却

随着汽轮机参数、容量及其保温性能的提高，汽轮机停机后，冷却时间大大加长。汽缸温度在停机一天内温降可达 4℃/h，但到后期平均温降不足 1℃/h。如汽轮机正常或紧急停机时，依靠自然冷却缸温至 150℃ 以下，对于 200MW 机组需要 90～120h；对于 300MW 机组需要 100～130h；对于 600MW 机组大概需要 170h。冷却时间的增长，增加了电厂的能量损耗包括盘车、润滑和滑停时的锅炉燃油消耗等。为了缩短机组停运时间以缩短检修工期，提高机组可用系数，采用强制冷却是非常必要的。

微课 7-11
汽轮机停机
后的快速冷却

强制冷却的方法一般有两种：一是蒸汽强制冷却——在停机前降低锅炉出口蒸汽参数，利用低参数的蒸汽来冷却汽轮机；另一种方法是空气强制冷却——在汽轮机停机后，用强制通风代替蒸汽来冷却。目前在我国这两种方式均有采用。

1. 蒸汽强制冷却

因为蒸汽比热容大，强制对流换热表面传热系数也大，所以用低温低压的蒸汽冷却汽轮机可获得较高的冷却速度。冷却用的汽源可以有以下三种：取自邻炉或邻机的抽汽；取自除氧器平衡管；利用锅炉余热或投锅炉底部加热产生微量蒸汽。

图 7-10 为国产 200MW 汽轮机的蒸汽快冷系统图。在该系统中，冷却蒸汽由邻机一段或四段抽汽供给，也可由除氧器平衡管供给。部分冷却蒸汽经高压缸排汽管进入高压缸夹层，通过高压缸前轴封一段抽汽门 18 至六段抽汽；另一部分冷却蒸汽经高压缸导汽管、电动主汽门后的疏水门 3 排至扩容器。中压缸的冷却蒸汽从蒸汽快冷门 5，经止回阀 4、再热蒸汽冷段管路进入再热器 10，通过中压主汽门 11 进入中压缸，再经低压缸排至凝汽器。高压缸的冷却蒸汽为逆流，中压缸的冷却蒸汽为顺流。实践证明，采用这种冷却方式可在 15h 内将汽缸温度从 412℃ 降至 150℃ 左右，而自然冷却从 375℃ 降至 215℃ 就需要 54h。

在蒸汽的快冷过程中，必须详细规定并严格控制以下指标：①法兰沿宽度方向的逆温差；②蒸汽恒温时的降负荷率；③主蒸汽和再热蒸汽的降温速度；④高中压缸的负胀差；⑤高中压缸的上下缸温差。

采用蒸汽冷却的后期，冷却蒸汽流量小，温度低，锅炉控制困难，并且小流量冷却效果不明显，还要防止汽轮机进水，因此本方法不可能将汽轮机的缸温降得很低，需采用其他方法继续降温。

2. 空气强制冷却

在空冷时，空气量及表面传热系数均远小于蒸汽，因而热应力小，且容易控制。空冷因

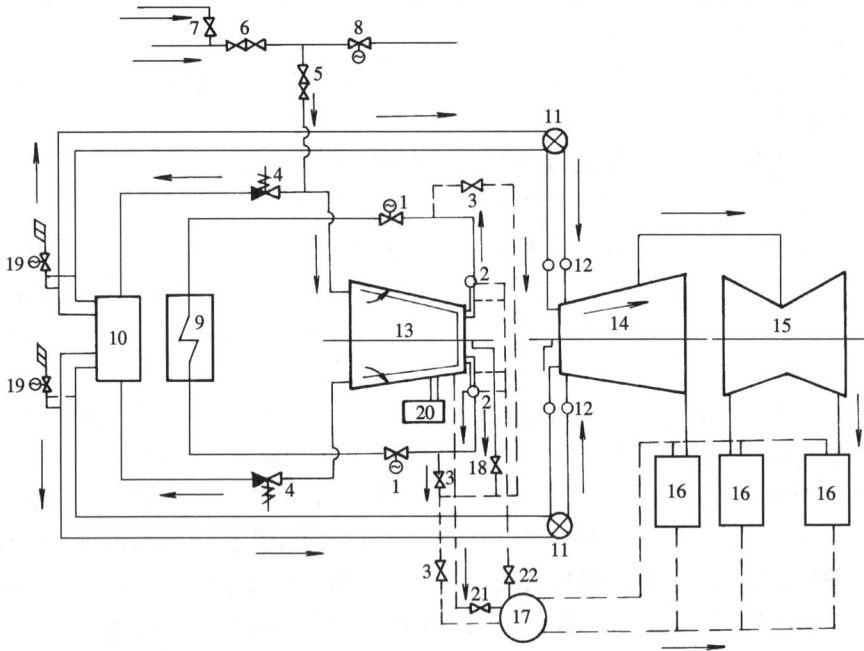

图 7-10　200MW 汽轮机蒸汽快冷系统图

1—电动主汽门；2—高压调节汽门；3—疏水门；4—高排止回阀；5—蒸汽快冷进汽阀；6—邻机二、四段抽汽至快冷门；7—除氧器平衡汽至快冷门；8—本机四段抽汽电动门；9—过热器；10—再热器；11—中压主汽门；12—中压调节汽门；13—高压缸；14—中压缸；15—低压缸；16—凝汽器；17—疏水扩容器；18—高压缸前轴封一段抽汽门；19—再热器向空排汽门；20—法兰螺栓加热装置；21—调节级疏水至扩容器；22—调节汽门及导管疏水门

属于无相变换热，对汽轮机本身安全有利。

空气强制冷却按引入方式的不同分为两类：压缩空气冷却和抽真空吸入环境空气冷却。这两种方法可以单独或联合使用，且联合使用效果更佳。

（1）压缩空气冷却。

采用压缩空气经电加热（防止冷却开始阶段在空气引入口产生热冲击）后送入汽缸，对汽轮机通流部分进行冷却。一般预先将空气加热至 250℃ 左右，随着缸温的降低，空气温度也随之下降，同时流量不断增大。

根据空气引入的位置不同，压缩空气冷却方式分为顺流冷却和逆流冷却两种。顺流冷却是目前普遍采用的一种冷却方式。图 7-11 为 300MW 机组压缩空气顺流快冷系统图。

厂压缩空气母管来压缩空气经阀 1 进入汽水分离器，两个加热器可据空气温度要求串联或并联，串、并联方式及空气量由 2、3、4、5 调节，加热后的空气分 3 路进入汽缸：一路由 10、11 控制分别进入法兰螺栓混温联箱、夹层混温联箱；一路经 15 串联联络门或 16 并联联络门和 6、7 进入高压缸，从 12 排掉；一路经 8、9 进入中压缸，从低压缸进汽管上的排气门排出。

压缩空气冷却，汽缸降温速度可达 20～30℃/h，正常情况下，机组停运 40h 左右，可达到盘车要求。结合滑参数停机，效果更佳，可在 30h 以内将机组冷却，大大缩短机组停运时间。

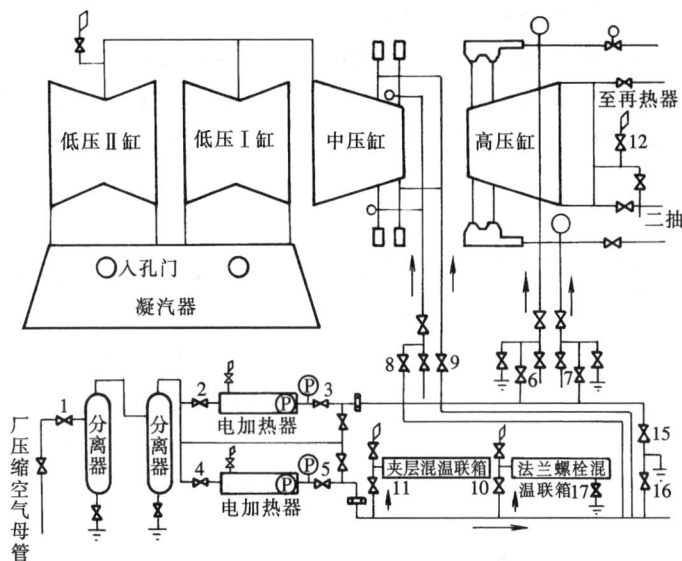

图 7-11　300MW 机组压缩空气顺流快冷系统图

（2）抽真空吸入环境空气冷却。

汽轮机停机后连续盘车状态下，继续对凝汽器抽真空，使系统处于微负压（一般真空为10～20kPa），从而引入环境空气对汽轮机进行冷却。该方法既安全又经济，且系统的改造工作量少，运行操作也较方便。

抽真空冷却一般为逆流式，高压缸的冷却空气从再热冷段的安全阀吸入，经主汽门前后的疏水管排向凝汽器，最后由抽气器引出。冷却过程中，通过控制真空达到调整汽缸降温速度的目的。一般可达到 8～12℃/h 的降温速度，可比自然冷却缩短 30～40h。

总之，无论采用什么方式实现快速冷却，缩短大、小修工期，都应在保证汽轮机安全的前提下进行。通过控制高、中压汽缸和转子的降温速度，使其热应力、热变形、胀差和上下缸温差等控制在允许范围内。

第三节　超（超）临界参数汽轮机的运行特点

一、超（超）临界参数机组的固体颗粒侵蚀现象与防止措施

所谓固体颗粒侵蚀是指锅炉出口蒸汽中携带的氧化铁颗粒进入汽轮机时对汽轮机喷嘴和动叶造成的侵蚀。这种侵蚀不仅会影响汽轮机的效率，还会影响叶片的安全性。

微课 7-12　超超临界汽轮机的固体颗粒侵蚀现象与防止措施

1. 氧化铁颗粒的来源

超临界或超超临界参数机组一般配用直流锅炉。虽然直流锅炉的给水品质较高，但由于它没有汽包，不能进行排污，当锅炉凝结水处理设备故障时，给水中的杂质和污染物进入锅炉，这些杂质和污染物就会随锅炉出口的蒸汽进入汽轮机。加之，超超临界参数机组的温度高，锅炉高温受热面管内易产生氧化垢，这些氧化垢也会随蒸汽进入汽轮机。

当蒸汽温度高于 600℃时，锅炉受热面管子高温腐蚀和汽侧氧化问题十分显著，锅炉常

用的奥氏体管材的最大腐蚀出现在 640～700℃。

汽轮机内蒸汽中固体颗粒的浓度在启动期间比正常满负荷时高 2～3 个数量级，这是因为在停机冷却时，管道内的热应力使金属氧化物粒子剥落到蒸汽里，散落到锅炉的各种管道中。在机组启动到蒸汽流速大到一定程度时，这些金属粒子被大量带入汽流，浓度随之增高。

2. 侵蚀机理

蒸汽中携带的固体颗粒对汽轮机部件尤其是叶片的侵蚀有两个方面：变形侵蚀和切削侵蚀。

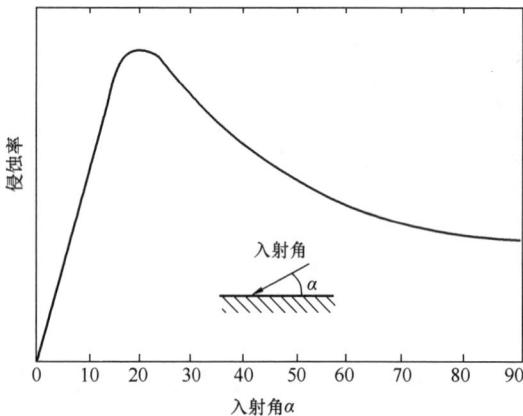

图 7-12 入射角对侵蚀的影响

变形侵蚀是固体颗粒的入射角等于 90°的侵蚀现象；切削侵蚀是固体颗粒的入射角小于 90°的侵蚀现象。固体颗粒侵蚀的程度取决于汽流速度（撞击速度）和入射角：在相同的入射角下，汽流速度越大，侵蚀越严重；在相同的汽流速度下，入射角在 20°～25°范围内时，侵蚀现象最严重，其关系如图 7-12 所示。

3. 侵蚀的部位

汽轮机内受到固体颗粒侵蚀的主要部位是调节级喷嘴和动叶，此外汽轮机的进汽阀门（高中压主汽阀、高中压调节阀等）也是受到侵蚀的重要部位。

定压运行的机组蒸汽流速高于变压运行机组的蒸汽流速，所以固体侵蚀现象更为严重。

冲动式喷嘴出口汽流速度比反动级的高，所以冲动级喷嘴出口和动叶受到的固体侵蚀现象更为严重。

调节级喷嘴受侵蚀的主要部位在喷嘴出汽边内弧面上，部分进汽时侵蚀最严重的是最先开启的喷嘴弧段。喷嘴受侵蚀的严重程度取决于：喷嘴前后的蒸汽压力比、喷嘴通道内汽流的平均速度及汽道几何形状等。喷嘴出口的氧化铁固体颗粒会撞击动叶进汽边，如图 7-13 所示。

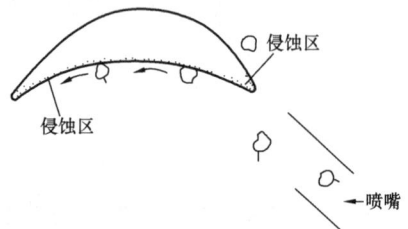

图 7-13 冲动级叶片受固体颗粒侵蚀部位

4. 防止措施

防止调节级叶片受侵蚀的措施有：

（1）改变喷嘴端壁面的几何形状，以调整固体颗粒的入射角；

（2）改变高中压缸内第一级喷嘴与动叶之间的相对距离，以减小固体颗粒对叶片的撞击速度；

（3）倾斜调节级喷嘴，以调整固体颗粒入射角；

（4）采用扩散合金铁铬硼涂层、等离子喷涂铬碳化物等技术喷涂叶片表面，以提高叶片表面的耐磨性。

对汽轮机的进汽阀门，可采用的防侵蚀措施有：

（1）在阀门进口安装蒸汽滤网，以过滤蒸汽中的杂质；

（2）对阀座、阀碟等容易受到侵蚀的部分，采取强化措施，以提高耐磨性。

为了减少蒸汽中的固体颗粒，在锅炉方面也可采取下列措施：

（1）锅炉装有内置分离器或采用旁路系统，将蒸汽中的固体颗粒分离出来；

（2）高温受热面和高温管道上采用更好的抗氧化材料，可以有效地减少产生的氧化铁剥离物；

（3）在过热器和再热器管材表面喷丸或镀铬，以减少汽侧氧化物的形成；

（4）运行中对锅炉管子和蒸汽管道进行定期酸洗，在氧化物疏松剥落之前就将其除去。在酸洗时必须严防酸洗废物进入汽轮机、污染汽轮机。

二、超（或超超）临界参数机组的特点和启动系统

超（或超超）临界参数机组常用中压缸或高中压缸同时进汽的启动方式。一般采用双回路系统，即高压缸 - 高压排汽通风阀 - 凝汽器回路及中低压缸 - 凝汽器回路。为减小汽缸和转子的热应力，缩短启动时间，以中压缸进汽为主。在旁路失效时，也可改用高压缸启动方式。

微课 7-13　超超临界参数汽轮机的特点和启动系统

对于超（或超超）临界参数机组，由于配用的是直流锅炉，所以必须有适应直流锅炉的启动系统，启动时主要考虑的就是机炉协调问题。

（一）超临界参数汽轮机的特点

（1）汽轮机的高压缸承受更高的蒸汽压力，所以壁厚增加，给机组启停带来了更严重的热应力问题，并影响启动时间。

（2）机组具有热应力计算和控制功能，能对汽轮机的启停实现自动控制。既增加了机组工况变化的可靠性，又缩短了启停时间，还减轻了运行人员的操作负担，同时还能对汽轮机的寿命损耗进行控制。

（3）机组的高低压旁路系统既参与机组的启停控制，又起到锅炉过热器安全门的作用，在锅炉与汽轮机之间不再设任何关断阀门。由于高、低压旁路参与运行，在机组启动和事故情况下，锅炉和汽轮机可以做到不相牵连而单独运行。同时，低压旁路使中、低压缸单独运行成为可能，可以根据需要控制汽轮机的暖机和冲转过程。低压旁路还有保证和控制再热器压力的作用。

（二）汽水分离器启动系统

超（或超超）临界参数单元机组的汽水分离器启动系统有两类：内置式和外置式，它们的区别在于汽水分离器的投入方式。外置式汽水分离器只在机组启停过程中投入运行，而在正常运行时解列。内置式汽水分离器在机组启停、正常运行中均投入使用。在机组启停及低负荷运行时，内置式汽水分离器起汽水分离的作用，而在机组正常运行期间，内置式汽水分离器只是系统内的蒸汽通道。

由于外置式汽水分离器系统复杂，在解列和投运时操作烦琐，而且引起的汽温波动也较大，对汽轮机的运行不利，所以一般只用在定压运行的机组上。

国产超（或超超）临界参数机组普遍采用的是带疏水扩容器的内置式汽水分离器系统，如图 7-14 所示。该系统的疏水扩容器设于汽轮机侧，一般采用汽轮机的本体疏水扩容器。在机组启动过程中，汽水分离器中的疏水经扩容后，产生的蒸汽排入凝汽器的汽侧，水排入凝汽器的水侧。

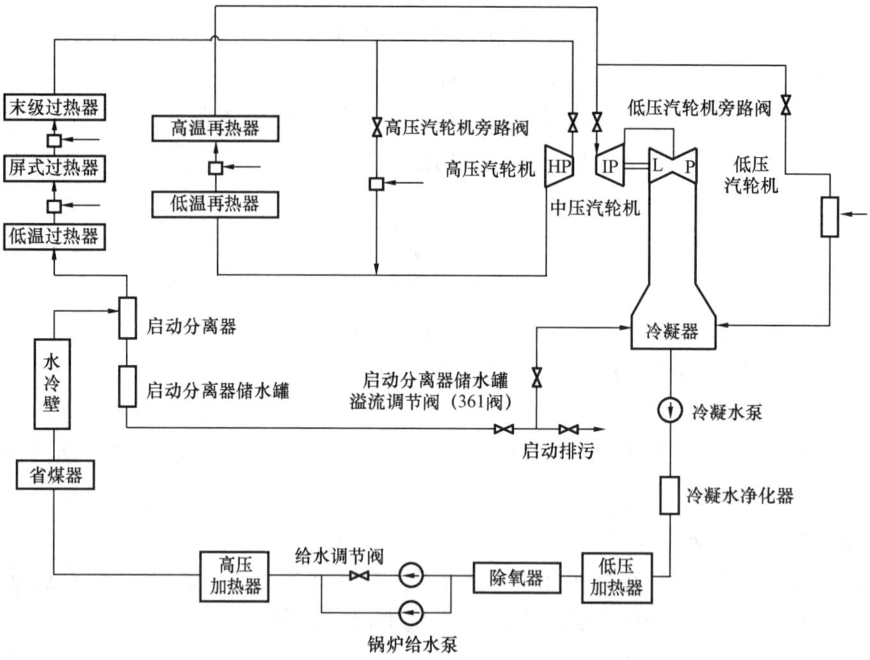

图 7-14　带疏水扩容器的内置式汽水分离器启动系统

（三）专门的旁路启动系统

超（或超超）临界参数机组的旁路启动系统在锅炉点火前就不间断地向锅炉送水，以建立起足够的启动流量，保证各受热面被强制流经的水冷却。在锅炉点火后，参数达不到要求的蒸汽经启动旁路送入再热器，保护再热器后，再送入凝汽器回收工质。

直流锅炉维持稳定燃烧的流量一般为最小循环蒸汽量的 25%～30%。在启动期间，汽轮机要求的蒸汽量小于该值时，启动旁路系统就来进行协调。

由上述分析可见，旁路启动系统与亚临界参数机组的流程及功能几乎相同。

（四）高压缸和阀壳预暖系统

1. 高压缸预暖系统

汽轮机冷态启动时，可以用轴封蒸汽来预暖高压缸。由于向轴封系统所提供的蒸汽参数很低，分配到每个汽封齿前后的压差非常小，所以汽流速度很低；此时转子处于低速盘车状态，蒸汽与转子金属表面的相对速度也很小，所以蒸汽与转子之间的热交换很缓慢，因此需要较长的时间才能达到要求的温度。

为了加快高压缸的预暖速度，有效的措施是设置高压缸预暖系统，如图 7-15 所示。该系统向高压缸通入蒸汽，并根据要求的温升率，逐步升高汽压至目标值，直至汽缸的金属温度升高至蒸汽压力对应的饱和温度或稍高时，预暖过程结束。一般规定：第一级后汽缸金属表面温度低于 150℃时，应进行高压缸的预暖。升温率为 1.0℃/min，高压缸内的蒸汽压力达到 0.4～0.5MPa，高压缸内第一级后的金属温度接近冲转所需的温度时，预暖就完成了。

高压缸预暖系统向高压缸送入的蒸汽与通流部分的相对速度很小，转子的盘车速度也很低，可以认为蒸汽基本通过热传导和微弱的热辐射向转子传送热量，所以转子内部的温差很小，转子、汽缸的寿命损伤几乎为 0。

2. 阀壳预暖系统

汽轮机冲转前，主汽阀和调节汽阀内外壁温差也需满足要求，如图 7-16 和图 7-17 所示，如果不满足这一要求，就需进行阀壳预暖，以免启动时阀门汽室遭受过大的热冲击。

阀壳预暖系统的蒸汽通过主汽阀的预启阀进入另一根管道的调节阀蒸汽室（即通过 2 号主汽阀预启阀的蒸汽进入 1 号调节汽阀的蒸汽室，反之亦然）。预暖时，主蒸汽温度应按规程规定选取，在预暖过程中要控制蒸汽室内外壁温差不得超过允许值。当蒸汽室内外壁温度都升至规定值以上，并且内外壁金属温差低于 50℃时，暖阀过程结束。

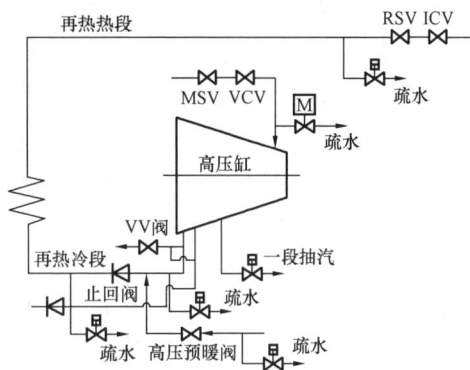

图 7-15　高压缸预暖系统
MSV—高压主汽阀；VCV—高压调节阀；
RSV—中压主汽阀；ICV—中压调节阀

（五）汽轮机启动操作注意事项

（1）汽轮机冲转蒸汽如果是主蒸汽和汽水分离器的疏水扩容器的蒸汽混合物，要注意两股蒸汽参数的协调，以防止蒸汽参数的太大波动；

（2）在锅炉点火前，汽轮机内就要具备一定的真空，因此汽轮机的启动准备工作基本与锅炉的启动准备工作同步进行。由于抽真空后 5～6h 汽轮机才开始冲转，长时间的轴封端加热，会引起胀差的增加，要加以注意。

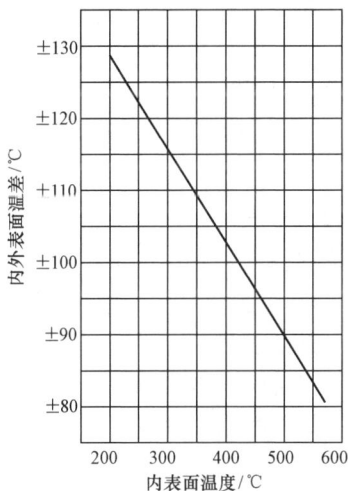

图 7-16　主汽阀内外壁温差允许值

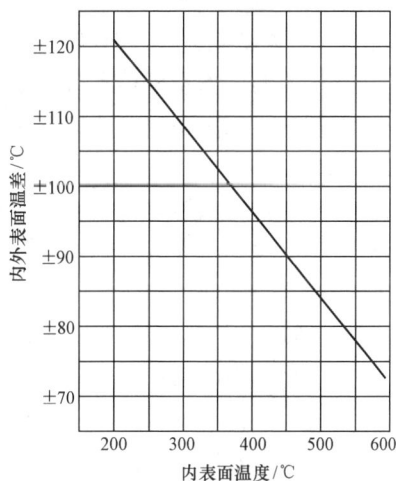

图 7-17　调节阀内外壁温差允许值

三、超（或超超）临界参数的汽流激振问题

理论分析和实际经验总结已确认：汽流激振问题更容易发生在高参数、大容量的高压转子上，尤其是超临界参数汽轮机组上。由于汽流激振力近似正比于机组的出力，所以由汽流激振引起的振动已成为限制超临界参数机组出力的重要因素。

微课 7-14　超超临界参数汽轮机的汽流激振

1. 汽流激振产生的原因

研究表明：汽流激振产生的原因主要有蒸汽涡动、汽流扰动造成强迫振动、汽缸与转子摩擦造成强迫振动。其中蒸汽涡动是机组在高负荷运行时高中压转子轴系中一阶振动模式的自激振动。

在下列情况下会发生自激振动：

（1）存在不对称的蒸汽力和力矩。对于喷嘴调节的汽轮机，在运行时，一般首先开启下半部分的调节汽阀，这时，转子就会受到不对称的蒸汽力作用。转子受到的不对称蒸汽力方向向上时，轴承的比压下降，轴瓦的稳定性就降低，转子系统就会处于不稳定状态。

不对称的蒸汽力和力矩的大小和方向的影响因素为：各调节阀的开启顺序、开度和各调节阀控制的喷嘴数量等。

（2）叶顶间隙激振力。汽轮机转子与汽缸不同心时，圆周方向叶顶间隙就会分布不均匀，导致同一级各叶片的汽流力不相等。叶片周向汽流力的合力在转子轴心上的横向分力会引起转子的自激振动。该力随转子偏心距的增加而增大。

（3）蒸汽汽封激振力。转子偏心时，轴封和隔板汽封部分周向的蒸汽压力分布不均匀，这一垂直于转子偏移方向的合力会引起转子的自激振动。

（4）高中压转子系统的刚性相对较低。使得同样扰动下的振动加剧。

2. 振动特点

汽流激振有以下几个特点：

（1）大功率汽轮机的高压（或高中压）转子上会突然发生汽流激振引起的振动，高参数的超超临界机组尤其明显。

（2）汽流激振对于负荷非常敏感，超过某门槛负荷值时，立即发生汽流激振，当负荷降至某一数值时，又恢复正常，且有较好的再现性。

（3）汽流激振的振动频率等于或略高于高压转子一阶临界转速。

（4）汽流激振不能用动平衡的方法来消除。

3. 防止措施

从理论上来说，应从加大转子刚度、增大系统阻尼和减小汽流激振力三个方面着手，在实际操作时，应从设计、安装、检修和运行维护多方面采取措施，具体如下：

（1）改变调节阀的开启顺序，以保证在任何情况下，都不会对转子产生向上的作用力。

（2）高中压缸采用可倾瓦轴承，以给转子系统提供足够的阻尼。

（3）将调节级出力限制在20%左右，可以在降低激振力的同时减少蒸汽涡动。

（4）确定转子与汽缸的最佳间隙，以防止转子和汽缸间摩擦造成的强迫振动。

四、过载补汽

微课 7-15
过载补汽

1000MW超超临界参数机组的调节级为全周进汽，为了提高该机组的运行经济性和灵活性，西门子公司率先开发使用了过载补汽技术。

所谓过载补汽技术是当汽轮机的负荷高于某值时，从高压主汽阀后、高压调节阀前引出一些新蒸汽（为进汽量的5%～10%），经节流后送入高压缸内某级的动叶后空间，主蒸汽与这股蒸汽混合后在该级后各级继续膨胀做功的一种运行措施。

由于汽轮机采用全周进汽时，汽轮机没有调节级，由汽轮机的变工况特性可知：汽轮机的进汽压力与流量成正比。所以这类机组只有在最大负荷工况运行时，进汽压力才能达到额

定值，其他工况下的进汽压力均低于额定值。同时在外界负荷变化时，这类汽轮机只能采用节流调节方式，机组的运行经济性会较低。

采用过载补汽技术，一般将补汽点选择在额定负荷处，能保证机组在额定负荷运行时调节汽阀处于全开状态，避免了蒸汽节流。在超负荷运行时，采用过载补汽技术，汽轮机的调节汽阀仍处于全开状态。当机组低负荷运行时，调节汽阀的开度比不采用补汽技术的机组开度大，节流损失小。因此，过载补汽技术可以提高额定工况以下所有工况的运行经济性。

过载补汽还有两个优点：一是过载补汽机组的补汽阀一般都保持一定的漏汽，充分利用补汽温度低于主蒸汽温度30℃的特点，对汽缸进行冷却，有利于提高高温部件的可靠性。二是过载补汽阀还具有提供变负荷速率的功能，有利于提高大电网的稳定性。

过载补汽阀的结构与其他进汽调节阀类似，是单侧进油往复式油动机控制的单座阀门，位于高压缸的下部，由电液控制系统来调节开度，当调节油消失时，由弹簧带动阀门安全关闭。

过载补汽的汽源分别从两个高压调节阀的壳体（高压主汽阀后，高压调节阀的阀芯前）引出，直接连接到过载补汽阀，经过载补汽阀后分两路再从高压缸的下部供气管道进入高压缸内外缸之间的封闭腔室，再经该腔室的径向孔进入某级动叶出口混入主流膨胀做功。

五、超临界参数机组的运行特点

超（或超超）临界参数火力发电机组的蒸汽温度高达580~600℃，长期处于该高温下工作的汽轮机转子，不仅承受正常工作时高速旋转的离心力，还要承受启停过程中产生的较大的热应力，而且低周疲劳损伤和高温蠕变疲劳损伤均比较大。

超临界及其以上参数机组启停和变负荷时主要应考虑：汽轮机蒸汽室、阀门和内缸的热应力、汽轮机转子的低周疲劳寿命和汽轮机在启停过程中的振动及胀差。

与亚临界参数机组相比，超临界及其以上参数机组普遍采用变压运行方式，所以超临界及其以上参数机组也可能在亚临界压力范围内运行。在超临界区，当将水加热至饱和温度时直接全部汽化，而在亚临界区，将水加热到饱和温度时，水要吸收汽化热逐渐汽化，加之锅炉不同燃烧率下锅炉蒸发段位置迁移等因素的影响，使超临界及其以上参数机组比亚临界参数机组更难控制。

超临界及其以上参数机组可利用的蓄热也比亚临界参数机组的少，所以负荷变化时蒸汽参数的变化比较大。

第四节　汽轮机的典型事故处理

汽轮机的发展，不仅参数不断提高，容量不断增大，而且自动控制、安全保护方面也达到相当完善和可靠的程度。但是在运行时，汽轮机仍受到各种程度的事故威胁。汽轮机发生运行事故，一般来自两个方面原因：一是机组本身存在缺陷，包括结构缺陷、材料缺陷、制造缺陷、安装缺陷、检修缺陷；二是运行操作调整不当。严重的事故会造成设备损坏、被迫停机，需要相当长的时间才能恢复发电。

微课7-16　汽轮机典型事故处理

对汽轮机运行中可能出现的事故，应以预防为主，要求运行人员熟练地掌握设备的结构和性能，熟悉系统和有关事故处理规定。一旦发生事故，运行人员应本着下列原则进行处理：

（1）事故发生时切忌主观、片面，应根据有关仪表指示、设备外部象征、声音、气味等进行综合分析，迅速准确判断出产生事故原因、部位、范围，并尽可能及时向班长、值长汇报，以便统一指挥。

（2）在事故处理中坚守岗位、沉着冷静，抓住重点进行操作处理，迅速消除事故，保证人身和设备安全。

（3）保证所有非事故设备的安全运行，并加强对公用系统的监视与调整。

（4）事故消除后，应将事故的原因、事故的发展过程、损坏的范围、恢复正常运行采取的措施、防止类似事故发生的方法和事故发生时的监视过程以及机组主要技术参数做好详细记录。

汽轮机的运行事故种类很多，本节只介绍几种典型事故及处理方法。

一、真空下降

（一）危害

（1）导致排汽压力升高，做功能力（焓降）减小，使机组出力减小。

（2）排汽缸和轴承座受热膨胀，轴承负荷分配发生变化，机组产生振动。

（3）凝汽器铜管受热膨胀产生松弛、变形甚至断裂。

（4）排汽容积减小，使末级产生脱流和旋涡。

（5）若保持负荷不变，将使轴向推力增大和叶片过负荷。

（二）现象

（1）真空表指示下降；

（2）低压缸排汽温度升高；

（3）凝汽器端差明显增大；

（4）凝结水过冷度增大；

（5）在汽轮机调节汽门开度不变的情况下，负荷降低。

运行中，按真空降落速度的不同，可分为真空急剧下降和真空缓慢下降两种情况。

（三）真空急剧下降的原因与处理

1. 循环水中断

（1）主要表征：凝汽器真空急剧降落；排汽温度显著升高；循环水泵电机电流和进出口压差到零。

（2）原因及处理：

1）循环水泵出口压力、电机电流摆动，通常是循环水泵吸入水位过低、入口滤网脏堵所致，此时应尽快采取措施，提高水位或清除杂物。

2）若循环水泵出口压力、电机电流大幅度下降则可能是循环泵本身故障引起。启动备用循环水泵，关闭事故泵的出水门；若两台泵均处于运行状态同时跳闸时，即使发现并未反转时，可强行合闸；无备用泵，应迅速将负荷降到零，打闸停机。

3）循环水泵运行中出口误关，备用泵出口误开，造成循环水倒流，也会使真空急剧下降。若在未关死前及时发现，应设法恢复供水，根据真空情况紧急减负荷；若发现较晚，需不破坏真空紧急停机。

4）循环水泵失电或跳闸，需不破坏真空紧急停机。

2. 射水抽气器工作失常

若射水泵出口压力、电机电流同时到零，说明射水泵跳闸；若射水泵出口压力、电机电流下降，则是由于泵本身故障或水池水位过低。发生以上情况均应启动备用射水抽气器，水位过低时应补水至正常水位。

3. 凝汽器满水

凝汽器在短时间内满水，一般是由于铜管泄漏严重（同时凝结水硬度增大），大量循环水进入汽侧或凝结水泵故障（出口压力和电机电流减小甚至到零）所致。处理方法是：立即开大水位调节阀并启动备用凝结水泵，必要时将凝结水排入地沟，直至水位恢复正常。

4. 低压轴封供汽中断

轴封供汽中断的可能原因有：负荷降低时未及时调整轴封供汽压力使供汽压力降低；汽源压力降低蒸汽带水；轴封压力调整器失灵，调节阀芯脱落。因此在机组负荷降低时，要及时调整轴封供汽压力为正常值；若是轴封压力调整器失灵应切换为手动，待修复后投入；若因轴封供汽带水造成，则应及时消除供汽带水。

5. 真空系统管道严重漏气

真空系统漏入的大量空气，最终都汇集到凝汽器中，使传热热阻增大，真空异常下降。运行中真空管道严重漏气，可能是由于膨胀不均使管道破裂，或误开与真空系统连接的阀门所致。若是真空管道破裂漏气则应查漏补漏予以解决；若是误开阀门引起的，应及时关闭。

6. 冬季运行时，利用限制凝汽器冷却水入口流量保持汽轮机排汽温度，致使冷却水流速过低而在冷却水出口管道上部形成汽塞，阻止冷却水的排出，也会导致真空急剧下降

（四）真空缓慢下降的原因与处理

因为真空系统庞大，影响真空因素较多，所以最容易发生，查找原因也比较困难。引起真空缓慢下降的原因通常有：

1. 循环水量不足

循环水不足表现在同一负荷下，凝汽器循环水进出口温差增大。造成循环水不足的原因有很多，处理方法也不同，主要有以下几个方面：

（1）凝汽器铜管内有杂物进入或结垢严重而使部分管堵塞，这在用河水作为循环水的电厂常能遇到。此时要用胶球清洗装置进行反冲洗、凝汽器半面清洗来消除。

（2）若凝汽器出口真空降低且入口压力增大，说明虹吸被破坏，应启循环水系统的辅助抽气器，使形成出水真空，必要时启备用泵增大循环水量恢复虹吸作用；当循环水系统没有备用泵或抽空气装置时，应关小循环水出水门放空气并维持较高的循环水母管压力运行；管板堵塞或循坏水真空部位漏空气造成的虹吸破坏，需清理管板堵物并消除漏气才能解决问题。

（3）若循环水泵进口真空降低，则是循环水泵进口法兰或盘根等处漏气，处理方法是调整水泵盘根、密封水，拧紧法兰螺栓。

（4）循环水出口管积存空气也会使凝汽器的传热热阻增大，导致传热量减少，凝汽器真空下降，此时应开启出水管的放空气门。

2. 凝汽器水位升高

导致凝汽器水位升高的原因可能有：凝结水泵入口汽化（凝结水泵电流减小）、铜管破裂（凝结水硬度增大）、软水门未关、备用凝结水泵的止回门损坏（关备用泵的出口门后水

位不再升高）等。处理方法分别为：启备用泵，停故障泵；关闭备用泵的出水门，更换止回门；关补充水门；降低负荷停半面凝汽器，查漏堵管。

3. 射水抽气器工作水温升高

工作水温升高，使抽汽室压力升高，降低了抽气器的效率。当发现水温升高时，应开启工业水补水，以降低工作水温。

4. 真空系统管道及阀门不严密使空气漏入

真空系统是否漏入空气，可通过严密性试验来检查。此外，空气漏入真空系统，还表现为凝结水过冷度增加，凝汽器传热端差增大。

5. 凝汽器内冷却水管结垢或脏污

其表象是：随着脏污日益严重，凝汽器传热端差也逐渐增大，抽气器抽出的空气混合物温度也随着增高。经真空严密性试验证明不是由于真空系统漏入空气而又有以上现象时就可确认凝汽器真空缓慢下降是由凝汽器表面脏污引起，应及时进行清洗。

6. 冷却水温上升过高

通常发生在夏季，采用循环供水更容易出现这种情况。为保证凝汽器真空应适当增加循环水量。

（五）预防措施

（1）加强对循环水供水设备（包括循环水泵、阀门、滤网、冷却塔等）的维护工作，确保正常运行。

（2）加强对凝结水泵、真空泵、抽气器的维护工作，确保正常运行。

（3）轴封供汽压力自动、凝汽器水位自动要可靠投用，调整门动作要可靠，并加强对凝汽器水位和轴封供汽压力的监视。

（4）凝结水泵、循环水泵、真空泵、射水泵的自启动装置应定期试验，确保可靠投入，并保证备用设备可靠备用。

（5）至凝汽器的汽水水封设备的运行要加强监视分析，防止水封设备损坏或水封头失水漏空气。

二、汽轮机进水

水或低温蒸汽进入汽轮机，会导致严重的结构损坏、机械故障和非计划停机。汽轮机进水造成的事故称为进水事故，也称水冲击。这类事故在国内外时有发生，应引起高度重视。

1. 危害

（1）叶片的损伤与断裂。汽轮机通流部分进水，使动叶片，尤其是长叶片受到水冲击而损伤或断裂。如某厂 125MW 汽轮机由于低加满水倒灌入汽轮机低压缸，低压缸发出两声巨响，机组强烈振动，紧急停机后检查，发现发电机侧末级叶片 5 片有裂纹，3 片已断裂。

（2）动静部分碰磨。水或低温蒸汽进入汽轮机使发生强烈振动，汽缸变形，胀差急剧变化，导致动静部分轴向和径向碰磨。径向碰磨严重时会产生大轴弯曲事故。

（3）永久变形，导致汽缸或法兰的结合面漏汽。

（4）由于热应力引起金属裂纹。金属在高的热应力或者交变的不大热应力作用下，都可能出现裂纹。如由于受到汽封供汽系统来的水或低温蒸汽的反复急剧冷却，汽封套或汽封套处转子表面就会出现裂纹并不断扩大。

（5）推力轴承的损伤。由锅炉带出的水进到汽轮机，如果量大，将引起轴向推力增大，甚至使推力轴承超载而损坏。原因是水的密度比蒸汽大得多，在汽轮机喷管内不能获得恰当的加速度和喷射角，打在叶片背弧上，产生一轴向推力；且由于水不能顺利通过叶片通道，使得叶片中的压降增大，也使得轴向推力增大。在实际中，轴向推力可增大到正常情况的10倍左右。轴向推力过大，使得推力轴承超载导致乌金烧毁。

对于中间再热机组，若主蒸汽温度急剧下降，高压缸进水，使得负轴向推力增大，而非工作瓦块承载能力较小，且轴承球面和瓦枕的接触面也小，若不及时停机，不仅会引起转子向前窜动，而且还会烧毁推力瓦，发生轴向碰磨。

2. 现象

（1）汽轮机轴向位移、振动、胀差负值大；

（2）抽汽管上下温差大于报警值，抽汽管振动，有水击声和白色蒸汽冒出。

（3）主蒸汽或再热蒸汽温度急剧下降。

（4）主蒸汽或再热蒸汽管道振动，轴封有水击声，管道法兰、阀门、密封环、汽缸结合面和轴封处有白色湿蒸汽冒出。

（5）推力瓦乌金温度和回油温度急剧增高。

（6）加热器满水或汽包、凝汽器满水。

（7）监视段压力异常升高，机组负荷骤然下降。

（8）上下缸温差增大。

各机组发生水冲击的原因不同，上述象征不一定同时出现。

3. 产生原因

由于系统设计不正确，设备存在缺陷以及运行人员误操作等，才有可能造成汽轮机进水或冷蒸汽。防止汽轮机进水的主要任务是找出进水或冷蒸汽的来源，才能正确判断事故原因，从而采取针对性的措施。

进入汽轮机的水或冷蒸汽，可能来自以下系统及设备：

（1）来自锅炉和主蒸汽系统。由于误操作或自动调整装置失灵，锅炉蒸汽温度或汽包水位失去控制，有可能使水或冷蒸汽从锅炉经主蒸汽管道进入汽轮机。严重时发生水冲击。

对中间再热机组，高压缸进水，使得负轴向推力增大，所以要重点监视非工作瓦块金属温度。

（2）来自再热蒸汽系统。再热蒸汽系统中通常设有减温水装置，用以调节再热蒸汽温度。在这种情况下，如果阀门关闭不严或减温器喷水阀失灵打开，或误操作，水有可能从再热蒸汽冷段反流到高压缸或积存在冷段内，启动时会造成汽轮机进水或管道振动。对再热热段，如果疏水管径太小，疏水不畅，启动时也会造成汽轮机进水。

（3）来自抽汽系统和给水加热器。水或冷蒸汽从抽汽管道进入汽轮机，多数是由于加热器管子泄漏或加热器疏水不畅引起。另外，除氧器漏水，水可能从抽汽、门杆漏气倒流入汽轮机，产生水冲击。

（4）来自轴封系统。汽轮机启动时，如果轴封系统暖管不充分，疏水将被带入轴封内。如果轴封母管和轴封供汽管道疏水不畅，也会将水带入轴封内。正常运行中，轴封供汽来自除氧器平衡管的机组，若除氧器满水，就要引起轴封进水。另外，在停机过程或事故情况下，切换备用汽源，轴封也有进水可能。

（5）来自凝汽器。凝汽器满水倒入汽缸的事故曾多次发生。

（6）来自疏水系统。从疏水系统向汽缸返水，多半是设计问题。如把不同压力的疏水接到同一联箱上且泄压管的尺寸又偏小，压力大的疏水就可能从低压疏水管返回汽缸。

汽轮机进水或冷蒸汽的可能性是多方面的，根据不同机组的热力系统，除上述原因外，还会有其他水源进入汽轮机的可能性，所以要求运行人员具体分析。

4. 处理原则

当机组发生水冲击事故时，应立即破坏真空紧急停机，密切监视推力瓦温度、回油温度、振动、轴向位移和机内声音，开启汽轮机本体及有关蒸汽管上的疏水门，注意转子惰走情况。停止后，立即投入盘车，注意盘车电流并测量大轴弯曲值。转子如果在停机过程中没有发现任何不正常情况，可小心谨慎地重新启动。若停机或再次启动有异常情况时，应开缸检查。

5. 预防措施

（1）运行中和停机后均应密切监视汽缸金属温度和上下缸温差。

（2）注意监视汽包、给水加热器、除氧器、凝汽器水位，防止满水事故发生。

（3）启动时，主蒸汽、再热蒸汽系统、汽封系统的暖管应充分，疏水应通畅。

（4）正确设置疏水点和布置疏水管。①疏水扩容器与凝汽器间连通管的尺寸应足够大，使扩容器的压力基本接近凝汽器压力。②汽缸的疏水不应与压力高的疏水管接在一起。③在再热蒸汽的减温水调节门前设置一动力操纵的截止门。当再热蒸汽停止流动时，两个阀门能迅速自动关闭等。

（5）定期检查汽封系统的连续疏水，确保不被堵塞，可采用热电偶或其他温度传感器来监视。

（6）在滑参数停机时，汽温和汽压按规定逐渐降低，且保证蒸汽有50℃的过热度。

（7）当高压加热器保护装置故障时，不能投入运行，同时相应抽汽管上的疏水门要开启。

（8）抽汽管上的止回门在加热器水位高时，应能自动关闭。

（9）打闸停机前，不得切除串轴保护。

（10）在锅炉熄火后即便没有引起带水，但处于得不到保证的情况下，只能运行15min。这段时间只作为处理事故和恢复时间，而不采用余热发电的运行方式。

三、汽轮机大轴弯曲

（一）危害

大轴弯曲事故，大多发生在机组启动（特别是热态启动）或滑停过程中和停机后。大轴弯曲通常分为热弹性弯曲（指转子内部温度不均匀，引起转子沿径向的热膨胀不同而产生的弯曲）和永久性（塑性）弯曲（转子局部区域受到急剧加热或冷却时，使该区域与邻近部位产生很大的温度差，使受热部位热膨胀受约束，产生很大的热应力，超过材料的屈服极限时，使转子局部产生塑性变形）。二者的区别是：前者当温度均匀后，热弯曲会消失，而后者不能。

汽轮机大轴弯曲时，由于转子质量中心与回转中心不重合，存在偏心，偏心引起摩擦，摩擦热变形进一步加大偏心，使汽轮机转子振动，且随转速升高振动加剧。

（二）产生原因

1. 动静部分摩擦

（1）设计制造、安装等方面存在缺陷，给大轴弯曲留下隐患。

（2）汽缸受热不均，造成上下缸温差过大，法兰内外壁温差过大，使汽缸产生热变形可能导致轴端和隔板汽封径向间隙消失而产生摩擦。

（3）转子自身的动不平衡。转子动平衡质量不高或转子质量平衡定位不完善，造成转子在升速过程中，产生异常振动，可能引起机组动静部分摩擦。

（4）机组热态启动前，大轴晃动度超过规定值，当转速升高时，不平衡离心力增大，将引起机组剧烈的振动，不及时停机，弯曲了的转子必然加剧和汽封的摩擦。

2. 水冲击

汽缸进水后，汽缸与转子急剧冷却，造成汽缸变形，转子弯曲。

（三）防止大轴弯曲的措施

1. 在设计、制造、安装、检修方面

（1）在设计制造汽轮机时，要保证机组结构合理、通流部分膨胀通畅、动静间隙（尤其是轴封间隙）合适，主蒸汽和再热蒸汽管及汽轮机本体有完善的疏水装置。

（2）安装检修时：①应按要求调整汽封间隙，不得任意缩小动静部分的径向间隙；②联轴器找中心后，要保证大轴晃动值小于 0.05mm；③机组要有良好的保温。

（3）对机组的胀差、大轴晃动值、轴或轴承振动、汽缸的膨胀、轴向位移、汽缸壁温等设置测点，安装表计，各表计指示正确。

2. 运行方面

（1）汽轮机冲转前，必须符合下列条件：

1）大轴晃动度不超过原始值的 0.02mm；

2）高压内缸上下温差不超过 35℃，高压外缸及中压缸上下温差不超过 50℃；

3）主蒸汽和再热蒸汽温度在不超过额定值的前提下至少较汽缸最高金属温度高 60～100℃，且至少有 50℃ 的过热度。

（2）冲转前应充分盘车，一般不少于 2～4h。

（3）热态启动应严格遵守运行规程中的所有规定。

（4）启动升速过程中应有专人监视轴承振动，若有异常，应查明原因，及时处理。

（5）启动过程中疏水系统投入时，应注意保持凝汽器的水位低于疏水扩容器的标高。

（6）机组启停和变工况运行，应按规定的曲线控制参数变化，严格控制汽轮机的胀差及轴向位移变化。当 10min 内汽温直线下降 50℃ 以上，应立即打闸停机。

（7）机组运行中，轴承振动值一般不应超过 0.03mm，大于 0.05mm 时应设法消除。

（8）停机后应立即投入盘车。

（9）停机后应认真监视凝汽器、除氧器、加热器的水位，防止产生水冲击。

（10）汽轮机处于热状态，若主蒸汽系统截止阀不严，锅炉不宜进行水压试验。

（11）转子处于静止状态时，禁止向轴封供汽和进行暖机。

四、汽轮机叶片损坏

叶片损坏事故包括：叶片裂纹、断落、水蚀；拉金开焊或断裂；围带飞脱；叶轮损坏等。汽轮机发生的事故中，由于叶片损坏而导致的事故占很大一部分。

（一）叶片断落的一般象征

（1）汽轮机内部或凝汽器内有突然的响声，伴随机组突然发生振动。

（2）当叶片不对称脱落较多时，使转子不平衡，引起机组振动明显增大。

（3）调节级围带飞脱堵在下一级静叶片上时，使通流部分堵塞，导致调节汽室压力升高。

（4）低压末级叶片飞脱落入凝汽器内时，除了有较强的撞击声，且若打坏铜管，会使凝结水的硬度和导电率突增，热井水位增高，凝结水的过冷度增大。

（5）若机组抽汽部位叶片断落，则叶片可能进入抽汽管。使抽汽止回阀卡涩，或进入加热器使管子损坏，水位升高。

（二）叶片损坏的原因

叶片损坏的原因很多，但不外乎下列三个方面：

1. 叶片本身

（1）振动特性不合格。

（2）设计不当。叶片设计应力过高或叶栅结构不合理，以及振动强度特性不合格，均会导致叶片损坏。

（3）材质不良或错用材料。

（4）加工工艺不良。

2. 运行方面

（1）低电网频率运行。汽轮机的振动特性是按照50Hz设计的，当电网频率降低时，可能使叶片组处于共振范围引起共振。

（2）超负荷运行。一般机组过负荷运行时，各级叶片应力增大，特别是末几级叶片。

（3）低温过低。新蒸汽温度降低，带来两种危害：一是末几级叶片处湿度过大产生水蚀，二是在出力不降低时会使流量增加，引起叶片过负荷。

（4）蒸汽品质不良。蒸汽含盐会使叶片结垢腐蚀，还使蒸汽通道减小，级焓降增加，导致叶片应力增大。

（5）真空过高或过低。真空过高，使末几级叶片过负荷和湿度增大，加速水蚀使损坏；真空过低仍维持最大出力不变时，也可能因流量增大使末几级叶片过负荷。

（6）水冲击。水冲击使汽缸等部件产生不规则变形，造成动静碰磨，使叶片损坏。

（7）机组振动过大。造成动静部件碰磨，导致叶片损坏。

（8）启停与增减负荷时，操作不当，使胀差过大，导致动静部件碰磨，叶片损坏。

（9）停机后维护不当。如停机后少量蒸汽漏入汽缸，导致叶片严重锈蚀。

3. 检修方面

（1）动静间隙不合标准。

（2）隔板安装不当，起吊过程碰伤损坏叶片。

（3）机内或管道内留有杂物。

（4）通流部分零件安装不牢固等。

（三）处理方法

如果危急保安器未动作，应立即手打危急保安器，破坏真空紧急停机。若需重新启动，必须做超速试验，经调整合格，确认正常，才可以重新启动。危急保安器动作后主汽门不能关闭，多数原因是阀杆卡涩、弹簧松弛或阀座中有杂物，此时应强行关闭，并立即关闭电动主汽门破坏真空紧急停机。待缺陷消除后才可重新启动。

（四）预防措施

1. 运行管理方面

（1）电网应保持在额定频率和正常允许变动范围内稳定运行。

（2）避免机组低频率、超负荷运行。

（3）加强运行中的监视与调节，当初终蒸汽参数及抽汽参数超过规定值时，应相应减负荷。

（4）加强汽水品质监督，防止叶片结垢、腐蚀。

（5）经常倾听机内声音，检查振动情况的变化。

（6）停机后加强对主汽门严密性的检查，防止汽水漏入汽缸。

2. 检修方面

（1）对每台汽轮机的主要级叶片建立完整的技术档案。

（2）新机组投运前需全面测定叶片的振动特性。对不调频叶片检验频率分散率；对调频叶片除需检验频率分散率外。还需检验其共振安全率。

（3）在机组大修时，全面检查叶片、拉金、围带，存在缺陷，及时处理。

（4）严格保证叶片检修工艺。

（5）起吊搬运时防止碰损叶片。

（6）发现叶片有明显的热处理工艺不当而遗留下过大残余应力时，应进行高温回火处理。

（7）对异常水蚀或腐蚀的叶片损伤应查明原因，采取措施，消除不利因素等。

采取上述预防措施可以把叶片的损坏事故控制在最小限度，从而提高汽轮机运行的安全性和经济性。

五、汽轮机轴承损坏

1. 危害

轴承损坏事故，主要针对汽轮发电机组的推力轴承和支持轴承而言。当油膜被破坏，除会引起轴承烧瓦事故外，还会引起如下严重后果。

（1）轴瓦乌金烧熔时，转子因轴颈局部受热而弯曲，引起轴承振动和噪声。

（2）推力瓦乌金烧熔时，转子向后窜动，轴向位移增大，将引起汽轮机通流部分碰磨，导致机组损坏。

2. 产生原因

（1）润滑油压过低。造成油压过低的原因有：主油泵磨损；入口滤网脏堵；油系统逆止门不严密，使部分油从辅助油泵倒流入油箱；各轴承的压力进油管及连接法兰漏油等。

（2）润滑油温过高。冷油器运行失常使润滑油温升高，油的黏度下降。

（3）润滑油中断。造成润滑油中断的原因有：主油泵故障；油系统管道堵塞；油箱油位过低使主油泵不能正常工作等。

（4）油质不良。包括：油质劣化，油中含有机械杂质；油中含水。

（5）轴瓦与轴的间隙过大。轴瓦间隙正常为轴径的 0.001～0.003 倍。若过大，一是油从轴瓦中流出速度过快，难形成连续油膜；二是随轴上负荷的增大，更多的润滑油被挤出，使油膜厚度减小。

（6）乌金脱落。产生原因：轴承振动过大；乌金质量不良或乌金材料因疲劳而变形；推力轴承负载过大；浇铸乌金时温度过高，使发生大小不一的块状剥落。

（7）发电机或励磁机漏电。使推力瓦块产生电腐蚀，承载能力下降。

3. 处理原则

（1）当发现轴向位移逐渐增加时，迅速减负荷使恢复正常，特别注意推力瓦金属温度和回油温度。

（2）当推力轴承轴瓦乌金温度及回油温度急剧升高冒烟，振动增大，说明轴瓦烧损，此时应立即手打危急保安器，解列发电机。

4. 预防措施

（1）润滑油泵的电源必须可靠。

（2）为防止切换油系统时误操作，冷油器油侧进、出油门应有明显的禁止操作的警告牌。

（3）机组启动时先启交流润滑油泵，缓开出口门，通过充油门排除调速系统积存的空气后，开启调速油泵。定速后停用调速油泵时，要缓慢关闭出口门，监视主油泵出口油压和润滑油压。

（4）安装和检修时，对可能发生位移的瓦块，应加止动装置。

（5）装设各种监视和保护装置。包括：轴承温度、推力瓦块温度、润滑油温测量装置、油箱油位监视装置、油压低保护装置和轴向位移监视保护装置等。

六、油系统着火

1. 危害

汽轮机油系统着火，往往来势凶猛不易控制，若不及时切断油源、热源，火势将迅速蔓延、扩大，以致烧毁设备、厂房、危及人身安全。

2. 着火原因

根据燃烧的三个基本条件——可燃物、空气、温度，可知汽轮发电机组油系统着火必须具备两个条件：一是有油漏出；二是附近有未保温或保温不完善的热体。汽轮机的漏油点一般在高压油管法兰、油动机、表管接头等处。汽轮机的调节润滑用油，燃点低的只有200℃，而高温蒸汽管道的保温层外表面温度可达到200℃左右，油喷上立即着火。

3. 处理原则

发现油系统着火，应迅速切断油源和故障设备的电源。发出事故信号，迅速通知消防人员，并设法主动灭火。不得使用水或沙子灭火。若火不能立即扑灭，且威胁到机组安全时，应破坏真空紧急停机，并打开事故放油门，将油箱中的油放至主厂房外的油箱内。且应防止火势蔓延到相邻机组。

4. 预防措施

（1）防止油系统漏油或喷油。对于易损坏的法兰推荐采用耐油橡胶、石棉板等材料。及时消除调速系统故障，避免由于调速油压晃动导致油管路破裂或损坏。

（2）油系统附近的热体保温良好，要求室温在25℃时，保温层表面不超过50℃，并及时更换浸油保温层。

（3）在油系统的法兰接头及一次表门集中地点装设防爆箱或保护罩。

（4）采用抗燃油。近几年大功率汽轮机上采用了磷酸酯类抗燃油，其自燃温度高于过热蒸汽温度，且有良好的润滑性能、对金属无腐蚀、抗氧化性能稳定。但价格较高，有一定毒性，故在一定程度上限制了其应用。

（5）采用隐蔽式管路结构。将高压油管套装在低压回油管内，即使泄漏也不会喷溅到热体上造成火灾事故。

（6）消防设施齐全。汽轮机厂房内应配置足够的消防器材，并放在明显位置，附近不得堆放杂物，保持通道通畅。

七、厂用电中断

厂用电除用来驱动各种泵与风机外，还是各种电动门、调整门的操作动力，计算机、仪表、自动保护装置及照明的电源。厂用电中断分为全部中断和部分中断两种。

（一）厂用电部分中断

厂用电部分中断表现为某段厂用电母线失电。发生的区域不同，故障现象、处理方法也不同，下面仅就给水泵、循环水泵、凝结水泵的厂用电中断的情况加以讨论。

1. 给水泵电源失去

（1）现象：跳闸给水泵电流到零，红灯灭、绿灯闪；联锁备用泵投入运行，红灯闪，绿灯灭。

（2）处理方法：

1）合上联动备用泵开关在"运行"位置，检查运行是否正常；

2）断开跳闸泵开关，检查是否倒转，置"停用"位置；

3）监视给水母管压力，将另一台泵设为联动备用；

4）询问电气并要求尽快恢复电源；

5）若备用泵不能联动投入运行，允许重合闸两次，跳闸泵重合一次，若仍不能启动备用泵，应紧急通知电气并报告班长，根据给水量相应调整负荷，电源恢复立即投入运行。

2. 凝结水泵电源失去

（1）现象：跳闸凝结水泵电流到零，红灯灭、绿灯闪；联锁备用泵投入运行，红灯闪，绿灯灭。

（2）处理方法：

1）～5）同给水泵电源中断的处理方法1）～5）。

6）备用泵不联动时，还需进行以下操作：迅速减去负荷，避免凝汽器满水；对射汽式抽气器机组切换为辅助抽气器；用新蒸汽向轴封供汽；停止各段抽汽；严格监视热水井水位和凝汽器真空，当凝汽器满水或真空下降到极限时，该部分的厂用电仍无法恢复，应立即故障停机。

3. 循环水泵电源失去

（1）现象：跳闸循环水泵电流到零，红灯灭、绿灯闪；联锁备用泵投入运行，红灯闪，绿灯灭。

（2）处理方法。根据循环水母管压力下降情况，尽量减少循环水用途，开打工业水补水门，必要时根据现场具体情况，凝汽器半面运行。若汽动给水泵有自己的凝汽器，可将该凝汽器的循环水停用，以提高循环水供水压力。循环水量减小，使凝汽器真空下降，根据真空下降情况按相关规定进行处理，必要时减负荷，直至停机。

（二）厂用电全部失去

1. 现象

（1）交流照明灯灭，直流事故照明灯亮，并发出声光报警信号；

（2）给水泵所有运行的泵与风机跳闸停止转动，电流表指示到零；

（3）新蒸汽温度、压力及凝汽器真空迅速下降，排汽温度升高；

（4）凝汽器热水井水位升高；

（5）锅炉 MFT 动作；

（6）汽轮机跳闸等。

2. 处理原则

（1）无论有无停机保护或是否动作，都要立即停机。

（2）在事故停机过程中，启直流油泵向各轴承供油。

（3）与厂用电部分中断一样，除失电的泵与风机置"停用"位置外，其他操作也相同，如切换为辅助抽气器运行、倒换轴封汽源为新蒸汽等。

（4）事故处理过程中，应要求电气尽早恢复事故保安电源的供电。

（5）厂用电恢复后，应迅速启动各泵与风机，全面检查负荷启动要求后，根据值长命令重新启动带负荷。

复习思考题及习题

1. 解释下列概念：

（1）热应力；（2）低周疲劳损伤；（3）转子寿命；（4）胀差；（5）滑参数启动；（6）中压缸启动。

2. 简述汽缸、转子、法兰螺栓在启动过程中的热应力特点。

3. 简述影响转子与汽缸胀差大小的因素有哪些。

4. 简析启停过程中上下缸温差产生的原因。如何控制其大小？

5. 简述汽轮机寿命管理的实质。

6. 限制汽轮机启停速度的因素有哪些？

7. 汽轮机启动、停机方式的分类有哪些？

8. 简述汽轮机压力法滑参数启动的主要步骤。

9. 热态滑参数启动时的注意事项。

10. 画出中压缸启动的旁路系统图，并简述在切换前如何防止高压缸因鼓风摩擦而超温。

11. 如何根据转子的惰走时间判断机组是否正常？

12. 滑参数停机的主要步骤及注意事项。

13. 大机组停机后快速冷却的意义及方法。

14. 凝汽器真空急剧下降的原因、判断及处理原则。

15. 水冲击的危害、处理原则及预防措施。

16. 大轴弯曲的产生原因及预防措施。

17. 叶片损伤的原因、处理原则及预防措施。

18. 轴承损坏的原因及处理原则。
19. 预防油系统着火的措施有哪些?
20. 厂用电全部失去的现象及处理原则。

参 考 文 献

[1] 吴季兰 . 300MW 火力发电机组丛书：汽轮机设备及系统 . 北京：中国电力出版社，1998.

[2] 赵义学 . 电厂汽轮机设备及系统 . 北京：中国电力出版社，1998.

[3] 黄保海，白玉，牛卫东 . 汽轮机原理与构造 . 北京：中国电力出版社，2002.

[4] 朱新华，江运汉，张延峰 . 电厂汽轮机 . 北京：水利电力出版社，1999.

[5] 沈士一，庄贺庆，康松，等 . 汽轮机原理 . 北京：中国电力出版社，2002.

[6] 肖增弘，徐丰 . 汽轮机数字式电液调节系统 . 北京：中国电力出版社，2003.

[7] 华东六省一市电机工程（电力）学会 . 汽轮机设备及系统 . 北京：中国电力出版社，2000.

[8] 韩中合，田松峰，马晓芳 . 火电厂汽轮机设备及系统 . 北京：中国电力出版社，2002.

[9] 望亭发电厂 . 汽轮机 . 北京：中国电力出版社，2002.

[10] 李维特，黄保海 . 汽轮机变工况热力计算 . 北京：中国电力出版社，2001.

[11] 席洪藻 . 汽轮机设备及运行 . 2 版 . 北京：水利电力出版社，1988.

[12] 翦天聪 . 汽轮机原理 . 北京：水利电力出版社，1992.

[13] 中国华东电力集团公司科学技术委员会编著 . 600MW 火电机组运行技术丛书：汽轮机分册 . 北京：
中国电力出版社，2000.

[14] 宋彦萍 . 弯扭叶片的主要研究成果及其应用 . 热能动力工程，1999（14），03：159 - 163.

[15] 曹祖庆 . 汽轮机变工况 . 北京：水利电力出版社，1991.

[16] 胡念苏 . 汽轮机设备及系统 . 北京：中国电力出版社，2006.

[17] 孙奉仲 . 大型汽轮机运行 . 北京：中国电力出版社，2008.

[18] 孙为民 . 电厂汽轮机设备 . 北京：中国电力出版社，2015.

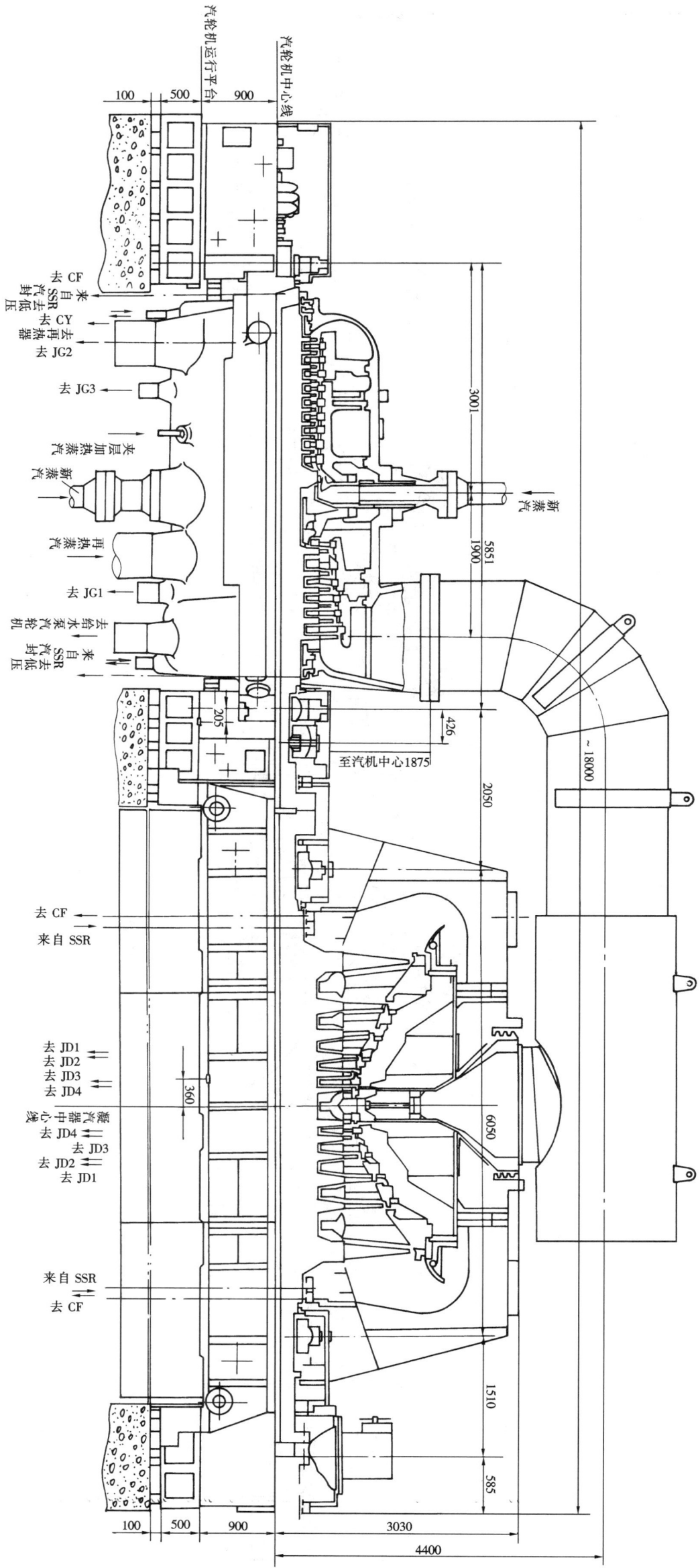

图 1-8 东方汽轮机厂制造的 N300-16.7/537/537 型汽轮机纵剖面

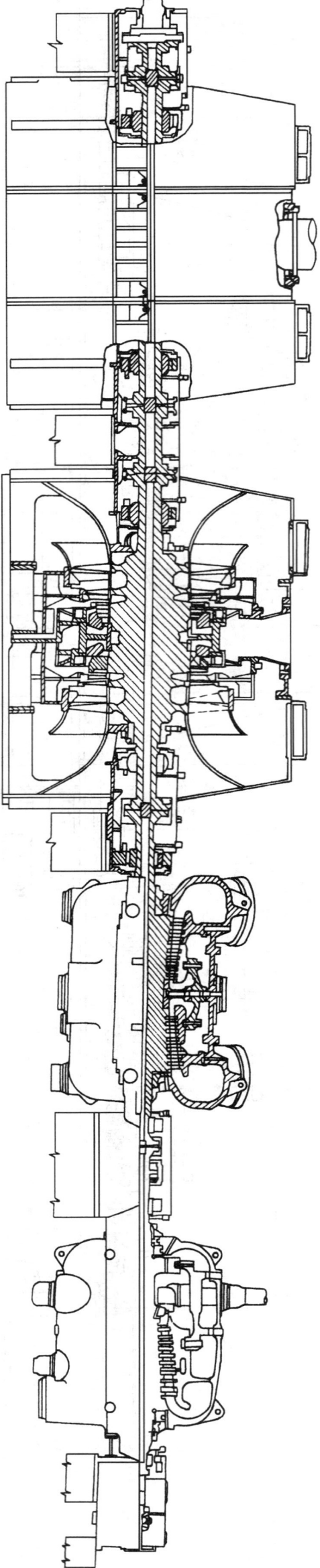

图 1-9　哈尔滨汽轮机厂制造的 600MW 反动式凝汽式汽轮机纵剖面